普通高等教育计算机类系列教材

Android Studio 程序设计教程

丁 山 编著

机 械 工 业 出 版 社

本书内容涵盖了 Android 系统相关领域，大致可以分成两个部分，第一部分为理论篇，主要介绍 Android 操作系统、Android 生命周期与组件通信、Android 用户界面、Android 多线程、Android 数据存储与交互、Android 服务与广播机制、图形与多媒体处理、Android 网络技术和 Android NDK；第二部分为实践篇，主要介绍 Android 通信应用、定位与电子地图开发、Android 传感器应用等内容。本书内容丰富，浅显易懂，并配套所有例题的源代码、电子课件，欢迎选用本书作为教材的老师登录 www.cmpedu.com 注册下载。

本书可以作为高等院校电子信息类、计算机类专业高年级学生和研究生的教材，也可以作为学习 Android 系统程序设计的工程技术人员的参考书。

图书在版编目（CIP）数据

Android Studio 程序设计教程/丁山编著. —北京：机械工业出版社，2020.9（2021.1 重印）

普通高等教育计算机类系列教材

ISBN 978-7-111-66002-6

Ⅰ. ①A… Ⅱ. ①丁… Ⅲ. ①移动终端－应用程序－程序设计－高等学校－教材 Ⅳ. ①TN929.53

中国版本图书馆 CIP 数据核字（2020）第 118303 号

机械工业出版社（北京市百万庄大街 22 号 邮政编码 100037）
策划编辑：路乙达 责任编辑：路乙达
责任校对：李 杉 封面设计：马精明
责任印制：常天培
北京捷迅佳彩印刷有限公司印刷
2021 年 1 月第 1 版第 2 次印刷
184mm×260mm • 24 印张 • 565 千字
标准书号：ISBN 978-7-111-66002-6
定价：59.80 元

电话服务	网络服务
客服电话：010-88361066	机 工 官 网：www.cmpbook.com
010-88379833	机 工 官 博：weibo.com/cmp1952
010-68326294	金 书 网：www.golden-book.com
封底无防伪标均为盗版	机工教育服务网：www.cmpedu.com

前　言

Android 是谷歌公司于 2007 年 11 月推出的一款开放的嵌入式操作系统平台，由于其完全开源的特性，广泛应用于手机、平板计算机、家电及其他嵌入式系统设计中，包括车载设备、智能电视、VoIP 电话和医疗设备等。Android 正以空前的速度吸引着大批开发者的加入，尤其是应用开发工程师。本书以 Android 系统的程序设计开发为主体，并结合真实的案例向读者介绍 Android 基本组件的使用及程序开发的整个流程。

本书力求全面、实用，对例题进行详细分析和解释，既可以帮助读者理解知识和概念，降低学习难度，又具有启发性，使读者更加轻松、迅速地理解和掌握本书内容。本书在内容的组织上分为理论篇和实践篇，共 12 章，其中第 1～9 章为理论篇，第 10～12 章为实践篇。各章的具体内容如下：

第 1 章主要对 Android 的发展、特点、环境搭建和体系结构进行简要介绍。并且讲解 JDK、Android Studio、Android SDK 软件的下载及安装的基本知识。对 Android 应用程序进行解析，提高读者对程序的创建、目录的结构、资源的管理及程序权限的理解。最后讲解如何调试 Android 程序。

第 2 章主要讲述 Android 生命周期和组件之间的通信。生命周期主要讲述 Android 四大组件之一的 Activity 生命周期，包括生命周期函数、栈结构和基本状态三方面。组件的通信靠 Intent 启动方式，介绍 Intent 信息传递方法。

第 3 章主要从 Android 用户界面开发出发，讲述开发过程中经常使用的控件，包括菜单、常用基础控件、对话框与消息框。界面中控件的结构及位置等需要通过有效的界面布局控制，Android 中提供了六种界面布局格式，即线性布局、相对布局、表格布局、网格布局、绝对布局和框架布局。

第 4 章主要讲述 Android 多线程机制的实现，使用异步消息处理机制 Message、Handler、MessageQueue 和 Looper 完成对 Android 多线程的操作。AsyncTask 本质上是一个静态的线程池，其派生出来的子类可以实现不同的异步任务，这些任务都会提交到线程池中去执行。

第 5 章主要讲述 Android 数据存储与交互方面的内容，系统中数据交互主要通过五种方式实现，共享优先数据机制、SQLite 数据库、File 文件机制、内容提供器控件和网络存储。其中在应用程序中最常用也最有效的数据交互方式是使用 SQLite 数据库。

第 6 章主要讲述 Android 服务与广播机制。服务由系统提供的 Service 或者 IntentService 实现。启动服务有两种方式，一种是通过 StartService()方法，此方式启动的服务与组件无联系；另一种是绑定服务 bindService()方式，此方式形成了客户端-服务器模式，当服务进行多线程操作时使用 Android 提供的 IntentService 类。服务可分为本地服务和远程服务。绑定服务有三种方式，其中继承 Bundle 实现本地服务，远程服务使用 Messenger 和 AIDL，并介绍前台服务的基本使用方法。另一方面讲述依靠 BroadCastReceiver 组件实现广播接收者，其中有两种注册广播的方式：静态注册与动态注册。发送广播也有两种方式：发送普通广播与发送有序广播。

第 7 章介绍通过程序实现图形绘制、音频和视频播放、录音与拍照等操作。首先介绍 Android 图形绘制与特效，包括图像的绘制、平移、旋转及缩放等操作，保存指定格式的图像文件。其次介绍音视频的播放，在 Android 中音频有三种播放方式：从源文件播放、从文件系统播放和从流媒体播放。视频播放有两种方式：一种是应用视频视图组件 VideoView 播放视频；另一种方式是应用媒体播放器组件 MediaPlayer 播放视频。最后通过示例介绍在 Android 中录音与拍照的应用。

第 8 章主要讲述网络应用程序开发，介绍 Android 手机中内置的 WebKit 内核浏览器，并介绍如何使用 WebView 浏览网页。重点是使用 HTTP 和 URL 获得网络资源。学习在 Android 中使用 HTTP 协议进行网络交互的知识，虽然 Android 中支持的网络通信协议有很多种，但是 HTTP 协议无疑是最常用的一种协议。通常使用 HttpURLConnection 和 HttpClient 来发送请求，主要掌握两种请求方式：GET 和 POST。

第 9 章介绍 Android NDK 的相关知识，从 NDK 的简单介绍到开发环境的配置以及开发流程。使用 NDK 实现一些对代码性能要求较高的模块，并将这些模块嵌入到 Android 应用程序中会大大地提高程序效率，比如用 NDK 开发 OpenGL。此外，如果项目中包含了大量的逻辑计算或者 3D 特效，这时 Android NDK 便会显示出它超强的功能。

第 10 章介绍 Android 的两种通信方式：蓝牙及 WiFi，并对它们通信中所需的各种 API 及其使用方法进行介绍。

第 11 章介绍 GPS 的概念、系统架构以及底层驱动程序的编写，并通过例子讲解 GPS 在 Android 上的应用。

第 12 章详细介绍 Android 系统所支持的传感器类型，如何使用传感器 API 来获取传感器数据，如何通过 SensorManager 来注册传感器监听器，如何在 SensorEventListener 中对传感器进行监听，如何使用几种常用的传感器等。最后通过两个加速度传感器的有趣应用来进一步介绍传感器开发的流程。

本书内容充实、系统全面、重点突出，阐述循序渐进、由浅入深。书中所有例题均在 Android Studio 环境下运行通过。本书配有免费的电子课件及所有例题的源代码，欢迎选用本书作为教材的教师登录 www.cmpedu.com 注册后下载。

由于作者水平有限，书中难免有错误和不足之处，恳请各位专家和读者批评指正。

编 者

目　　录

第2篇 实践篇

第 1 篇　理论篇

第 1 章　Android 操作系统

Android 是科技界巨头之一谷歌（Google）公司推出的一款运行于手机和平板计算机等设备的智能操作系统。Android 以其开源性及强大的功能成为目前世界上最为流行的首个真正开放和完整的手机移动平台。本章主要对 Android 的发展历程、体系结构、环境搭建和安装下载等内容进行简要介绍，方便读者对 Android 进行初步的了解，为后续学习打下基础。

1.1　Android 概要

1.1.1　Android 的起源

Android 一词英文本意为“人形机器人”，该系统起初是由安迪·鲁宾（Andy Rubin）等人开发研制，目的是创建一个数字照相机的先进操作系统；但是后来发现市场需求不够大，加上智能手机市场的快速成长，于是 Android 被改造成一款面向智能手机的操作系统，于 2005 年 8 月被 Google 收购。2007 年 11 月 5 日，Google 公司正式对外展示基于 Linux 内核的开放源代码移动设备操作系统并宣布将其命名为 Android。该平台由操作系统、中间件和应用软件组成，是第一个可以完全定制、免费、开放的手机平台。自此 Android 便以最具开放性的手机平台开发系统在操作系统中开始崭露头角。为了更好地开发与推广 Android 手机操作系统，2007 年 11 月，Google 公司与 34 家手机相关企业携手建立了开放手机联盟（Open Handset Alliance，OHA）。开放手机联盟建立的目的是支持谷歌可能发布的手机开发系统和应用软件，并共同开发名为 Android 的开放源代码的移动系统，开发多种技术，以大幅削减移动设备和服务的开发和推广成本。开放手机联盟的组成成员涵盖了手机和其他终端制造商、移动运营商、半导体芯片商、手机硬件制造商、软件厂商和商品化公司等。例如宏达、三星、摩托罗拉、中国移动等知名品牌公司。然而苹果、微软、诺基亚、RIM 等公司并没有在联盟成员之列。至此 Google 公司与开放手机联盟开始共同研发和改良 Android 系统，随后，Google 以 Apache 免费开放源代码许可证的授权方式，发布了 Android 的源代码。让生产商推出搭载 Android 的智能手机，Android 操作系统后来更逐渐拓展到平板计算机及其他领域上。

1.1.2　Android 的发展历程与趋势

Android 的产生发展与 Google 密不可分。2007 年 Google 在收购了 Android 后，将其特

有的 Google 服务与 Android 手机操作系统相连，赋予了 Android 操作系统以全新的灵魂。

2008 年 9 月 23 日，Google 发布 Android 1.0 版，这是第一个稳定的版本。1.0 版本的 SDK 中分别提供了基于 Windows、Mac 和 Linux 操作系统的集成开发环境，包含完整高效的 Android 模拟器和开发工具，以及详细的说明文档和开发示例。程序开发人员可以快速掌握 Android 应用程序的开发方法，同时也降低了开发手机应用程序的门槛。2009 年 2 月，Android 1.1 版正式发布。该版本修正了 1.0 版本存在的缺陷，如设备休眠状态的稳定性问题、邮件冻结问题、POP3 链接失败问题和 IMAP 协议的密码引用问题等。同时，该版本增加了新的特性，例如当用户搜索地图或详细查看时，允许用户对地图进行评论；允许用户保存彩信的附件等。2009 年 4 月 15 日，Android 1.5 版正式发布。此后 Android 手机操作系统便开始以“甜点”命名。Android 1.5 cupcake（纸杯蛋糕）版提升了性能表现，例如提高了摄像头的启动速度和拍摄速度；提高了 GPS 位置的获取速度，使浏览器的滚动更为平滑；提高了获取 Gmail 中对话列表的速度等。2009 年 10 月 28 日，Android 2.0/2.1 Éclair（法式奶油夹心甜点）版发布。此版本引入了大量新特性，例如数字变焦、多点触摸和多个账户邮箱等，并在账户同步和蓝牙通信等方面增加了新的 API，开发者可使用这些新 API 让手机与各种联系源进行同步，并实现点对点链接和游戏功能。新版 SDK 改进了图形架构性能，可以更好地利用硬件加速，改进了虚拟键盘，使操作更为便利。2010 年 5 月 21 日，谷歌发布 Android 2.2 Froyo（冻酸奶）版。此版本在企业集成、设备管理 API、性能、网络共享、浏览器和市场等领域都提供了很多新特性。借助于新的 Dalvik JIT 编译器，CPU 密集型应用的速度要比 Android 2.1 版快 2～5 倍，并加入对 Adobe Flash 视频和图片的完美支持。在网络共享方面，通过手机提供的热点，将多个设备点连接到互联网上。在浏览器方面，由于使用了 Chrome V8 引擎，JavaScript 代码的处理速度要比 Android 2.1 版快 2～3 倍。Android 2.2 版的最大改进是可以将应用程序安装在 microSD 卡上，应用程序可以在内部存储器和外部存储器上迁移。2010 年 12 月 7 日 Android 2.3 Gingerbread（姜饼）版正式发布，此版本主要增强了对游戏、多媒体影音和通信功能的支持。在游戏方面，增加了新的垃圾回收和优化处理事件，以提高对游戏的支持能力，原生代码可直接存取输入和感应器事件、EGL/OpenGL ES、OpenSL ES，并增加了新的管理窗口和生命周期框架。在通信方面，支持前置摄像头、SIP/VoIP 和 NFC（近场通信）功能。

Android 3.0 Honeycomb（蜂巢）版于 2011 年 2 月 3 日正式发布，如图 1-1 所示。这是专为平板计算机设计的 Android 系统，因此在界面上更加注重用户体验和良好互动性。重新定义了多任务处理功能，丰富了提醒栏，支持 Widgets，并允许用户自定义主界面。Android 3.0 版原生支持文件/图片传输协议，允许用户通过 USB 接口连接外部设备以同步数据，或通过 USB 或蓝牙连接实体键盘进行更快速的文字输入，改进了 WiFi 连接，搜索信号速度更快，并可通过蓝牙进行 Tether 连接，分享 3G 信号给其他设备。2011 年 5 月 10 日，Android 3.1/3.2 Honeycomb（蜂巢）版正式发布。作为 Android 3.0 的升级版，Android 3.1 在界面上做了一些美化与调整，还加入了全系统适用的声音回馈。增加了对 USB 设备的支持，如 USB 鼠标、键盘和游戏控制器等。Widget 允许用户通过拖拽修改外观尺寸，将 Widget 放大后可显示更为详细的信息。Android 3.1 除了支持许多新标准与功能外，内建的应用程序也做了一些更新，更适合平板计算机使用。同年 10 月 19 日，

Android 4.0 Ice Cream Sandwich（冰淇淋三明治）版发布。这一版本最为显著的特征是同时支持智能手机、平板计算机、电视等设备，而不需要根据设备不同选择不同版本的 Android 系统。该版本取消了底部物理按键的设计，直接使用虚拟按键，在增大屏幕面积的同时控制手机整体大小，而且这样的操作方式可以使智能手机与平板计算机保持一致。人脸识别功能在 4.0 版本中得到应用，用户可以使用自拍相片设置屏幕锁，Android 系统根据脸部识别结果控制手机的解锁功能。不久之后，Android 4.1/4.2/4.3 Jelly Bean（果冻豆）版正式发布。此版本主要在 Photo Sphere 全景拍照、键盘手势输入、Miracast 无线显示共享、手势放大缩小屏幕以及为盲人用户设计的语音输出和手势模式导航功能等方面做出了重大改进和升级。2013 年 9 月 4 日，Android 4.4 Kit Kat（巧奇）版正式发布。此版本支持两种编译模式：除了默认的 Dalvik 模式，还支持 ART 模式。其对内存使用做了进一步的优化，在一些硬件配置较低的设备上仍可以良好地运行，甚至可以在仅有 512MB 内存的老款手机上流畅运行。增加了低功耗音频和定位模式，进一步降低了设备的能量消耗。该版本增加了新的蓝牙配置文件，可以支持更多的设备，包括鼠标、键盘和手柄，还能够与车载蓝牙交换地图，功耗也更低。另外还增强了红外线兼容性，新的红外线遥控接口可以支持更多设备，包括电视、开关等。

图 1-1　Android 3.0

2014 年 10 月 15 日，Android 5.0 Lollipop（棒棒糖）版正式发布。它采用全新 Material Design 界面，使得各种界面小部件可以重叠摆放。编译模式也由 ART 取代 Dalvik，成为默认选项，这种预编译操作由原本在程序运行时进行提前到用户应用安装时进行，应用运行效率也随之提高，其性能可提升 4 倍。由于 “多构”取代“多核”成为硬件发展趋势，更丰富的传感器将被引入，并且支持 64 位处理器。在 2015 年的 Google I/O 大会上，Google 正式发布了 Android 6.0 Marshmallow（棉花糖）系统。Android 6.0 版依然对于系统性能进行了大幅优化，带来了全新的 Doze 点亮管理功能，启动该模式，手机长时间不使用将自动清理后台，使得设备的续航能力提升了 30%左右。而且，Android 6.0 版还开始支持锁屏下语音搜索、原生指纹识别、Now on Top 功能和 App Links 功能。2016 年 5 月，Google 正式发布了 Android 7.0 Nougat（牛轧糖），后来发布的 Android 7.1 版同样命名为 Nougat。在 Android 7.0 版上面，分屏多任务、消息快捷回复、电话黑名单等国内 ROM 早已支持的功能开始被加入。除此之外，全新的通知管理、设置页面以及类似 3D Touch 的 PinnedShortcuts（固定快捷键）功能也被加入带 Android 系统当中。2017 年 3 月，Google 公布了 Android 8.0 Oreo（奥利奥）的首个开发者预览版本。到 2017 年 5 月的 Google I/O 大会上，Google 公布了第二版 Android 8.0 预览系统，如图 1-2 所示。在 Android 8.0 中，Google 进一步优化了 Android 系统的后台限制，并且对未知来源应用的安装进行了更加细致的限制。优化了应用的启动速度、加入画中画功能并且新增了超过

60 个符合 Unicode 10 标准的表情符号。

图 1-2　Android 8.0 预览系统

Android 系统天生的移动特性加上越来越多的互联网服务需求，使得车载系统跟 Android 有天然的契合点。Google 近几年也确实在汽车领域发力了。从 2016 年开始，Android Nougat、Oreo 的代码分支上也都有 Car 相关的代码在不断更新。CES 2017 和 Google I/O 2017 上也有 Audi、Volvo、FCA 这样的车企展示了它们新的基于 Android 的车载信息娱乐系统的概念产品。Android 系统的优势是交互体验、连接能力和拥有强大的开发者支持的生态环境。但是车载系统并不仅仅是信息娱乐系统，还有其他很多子系统，也就是说车载系统不同于手机，会运行在一个更复杂的系统之中，而且对于系统的稳定性、实时性也有新的要求。这就要求 Android 做出很多改变，比如 Android O 的 Automotive 版本中就把 Audio 和 Camera 的处理从 Java 层移到了 Native 层，从而实现快速启动的要求。此外，Android 在汽车领域还面临来自于 Linux、QNX 甚至 Windows 等既有系统的挑战。另一方面，Android 引入了 DayDream 来支持 VR（Virtual Reality，虚拟现实），在新的版本中又引入了 ARCore 来支持 AR（Augmented Reality，增强现实）应用，给 AR 提供了一个事实标准，这使得以前 AR、VR、MR（Mixed Reality，混合现实）相互之间的内容无法兼容的情况得到了改善。更重要的是，对于高通、MTK 这样的芯片厂商，有了 AR 的标准，它们就可以针对新的标准进行优化，跟应用开发者一起为用户提供更好的体验效果。而对于 AI（Artificial Intelligence，人工智能），即将发布的 Android NN 将集成 TensorFlow Lite，为 AI 的开发者提供基本的 AI 框架，实现移动设备端的 AI 计算平台。而芯片厂商也会根据这个架构，利用 DSP、GPU 来优化 AI 的计算效率。也就是说，未来的 Android 中高端手机应该都能集成 AI 计算的能力，使得诸如图像处理识别等算法的效率大大提高。而且随着 AI 的应用逐渐普及，还会有更多的应用享受到嵌入式 AI 的好处。

1.1.3　Android 的特点

Android 操作系统为何会脱颖而出，这与市场的选择性和 Android 的优越性紧密相关。

目前，最受人们欢迎并且被普遍使用的是功能手机和智能手机。功能手机是指能够完成基本的手机应用并集成了一定手机扩展功能的手机，和智能手机不可混为一谈。功能手机所具有的功能是手机生产厂商利用 Java 软件集成于手机之中的，而智能手机内置与计算机类似的操作系统。用户可以根据需要下载和安装不同的软件来扩展手机的功能，而不受手机生产厂商的限制。所谓智能手机，即“像个人计算机一样，具有独立的操作系统，可以由用户自行安装软件、游戏等第三方服务商提供的程序，通过此类程序来不断对手机的功能进行扩充，并可以通过移动通信网络来实现无线网络接入的这样一类手机的总称”。

智能手机的特点如下：

1）拥有一般手机的全部功能，能够进行正常的手机通话、收发短信等手机通信功能。并且具备智能手机的典型功能之一，即多任务功能和复制粘贴功能。

2）具备手机无线网络接入能力和平板计算机的功能。

3）具备手机功能扩展能力。使用者可以根据自身的需要下载安装相应功能软件，从而达到扩展手机功能的目的。

目前市场上的智能手机操作系统主要有开放手机联盟的 Android 操作系统、诺基亚的 Symbian 操作系统、苹果的 IOS 操作系统、RIM 的 Blackberry 操作系统等。自从 IOS 操作系统和 Android 操作系统进入市场，Symbian 操作系统的市场份额已被占去大多半。

与 Symbian 和 IOS 系统相比，Android 系统的特点及优势如下：

1）可自动切换无线网络，节省上网费用。

2）操作界面更简洁、更具个性化，与实际使用联系紧密。更易上手，操作方便。

3）互联网连接使用简单便捷，可称为最佳的互联网移动终端。

4）支持多任务运行，切换简单快捷，流畅无阻。

5）支持与微软 Exchange 的同步，办公娱乐两不误。

6）全新开源系统，软件数量和增长速度远超过 Windows Mobile。无“证书”限制，安装软件更自由，系统发展更具前景。软件安装卸载更方便，无需第三方平台软件。

7）强大 Linux 内核，内存管理更优秀，不容易宕机。

1.1.4　Android 的体系结构

Android 是基于 Linux 内核并开放源代码的移动平台操作系统，它采用了分层式架构，主要分为四层，从低层到高层依次为 Linux 核心层（LINUX KERNEL）、系统运行层（LIBRARIES）、应用程序框架层（APPLICATION FRAMEWORK）及应用程序层（APPLICATIONS），如图 1-3 所示。Android 的分层结构特点是低层为高层提供统一的服务，高层使用低层所提供的服务，并屏蔽低层和本层的差异。当低层结构发生变化时并不会影响高层的结构及功能的实现。

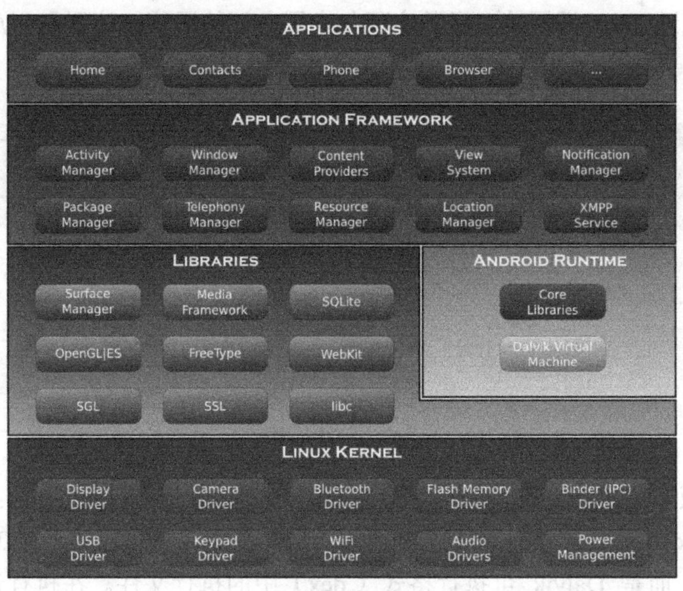

图 1-3　Android 的系统架构

下面将从底层（Linux 核心层）到高层（应用程序层）依次讲解各层的功能及特点。

1．Linux 核心层（LINUX KERNEL）

Android 系统的底层内核是基于 Linux 操作系统，如图 1-4 所示。当前最新版本的 Android 的核心为标准 Linux 3.10 内核。Linux 核心层是硬件和其他软件堆层之间的抽象隔离层，是用户空间和内核空间的分界线。并且仅 Linux 核心层属于内核空间，其余三层均属于用户空间。对于 Linux 核心层，其主要功能是隐藏硬件特性并为高层提供一系列统一的系统服务及驱动程序，例如内存管理、进程管理、网络协议栈等系统服务及 WiFi 驱动、蓝牙驱动等相关功能的驱动程序。Android 底层的操作系统使用 C 和 C++语言编写实现，其实 Android 系统就是 Linux 系统，只是 Android 系统充分利用了已有的机制，尽量使用标准化的内容，如驱动程序，并且做出了必要的扩展。

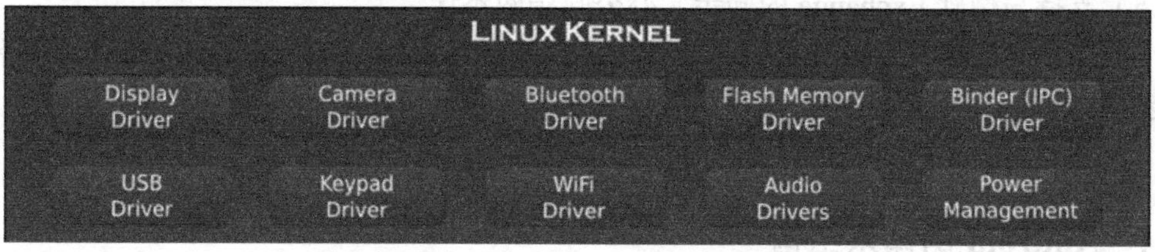

图 1-4　Linux 核心层

2．系统运行层（LIBRARIES）

Linux 核心层的上层主要由系统运行层（LIBRARIES）构成，还包括虚拟机 Dalvik Virtual Machine，如图 1-5 所示。由于 Android 系统需要支持 Java 代码的运行，本层主要包括系统运行库 LIB 和 Android 运行环境，通常称之为中间层。在 Android 系统中，各种库一般以系统中间件的形式提供，它们都有一个显著的特点：与移动设备的平台的应用密切相关，并通过 Java 调用接口函数实现与上层之间的通信。该层由 C/C++开发，主要包括媒体库、Web 浏览引擎、关系数据库引擎、图形库等功能。

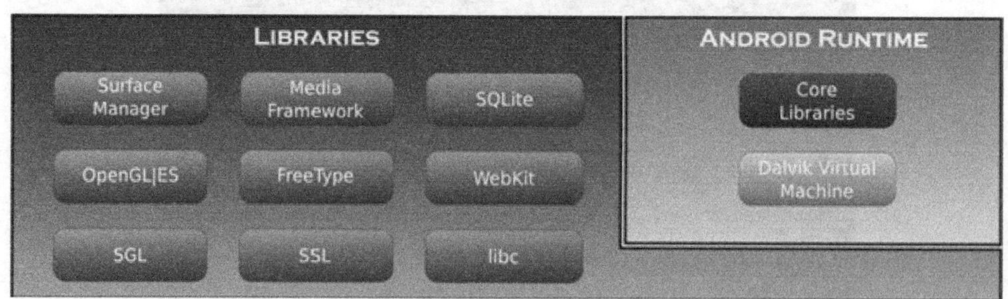

图 1-5　系统运行层

在以前的版本中，Android 运行环境主要是指 Android 虚拟机技术：Dalvik Virtual Machine。Dalvik 虚拟机与 Java 虚拟机（Java VM）不同，它执行的不是 Java 标准的字节码（Bytecode），而是 Dalvik 可执行格式（.dex）中的执行文件。在执行过程中，每一个应用程序即一个进程（Linux 的一个 Process）。二者最大的区别在于 Java VM 是基于栈的虚拟机（Stack-based），而 Dalvik 是基于寄存器的虚拟机（Register-based）。显然。后者最大的好处在于可以根据硬件实现更大的优化，这更适合移动设备的特点。从 Android 4.4 开始，默认的运行环境是 ART。ART 的机制与 Dalvik 不同。在 Dalvik 机制下，应用每次运行的时候，字节码都需要通过即时编译器转换为机器码，这会拖慢应用的运行效率。而在 ART 环境中，应用在第一次安装的时候，字节码就会预先编译成机器码，使其成为真正的本地应用。这个过程叫作预编译（Ahead-Of-Time，AOT）。这样，应用的启动（首次）和执行都会变得更加快速。

3．应用程序框架层（APPLICATION FRAMEWORK）

应用程序框架层包括所有开发所用的 SDK 类库和某些未公开接口类库，是 Android 移动平台的核心机制的体现，如图 1-6 所示。Android 的应用程序框架为应用程序层的开发者提供 API，它实际上是一个应用程序的框架。由于上层的应用程序是以 Java 构建的，因此本层次提供的首先包含了 UI 程序中所需要的各种控件，例如：Views（视图组件），其中又包括了 List（列表）、Grid（栅格）、Text Box（文本框）和 Button（按钮）等，甚至一个嵌入式的 Web 浏览器。

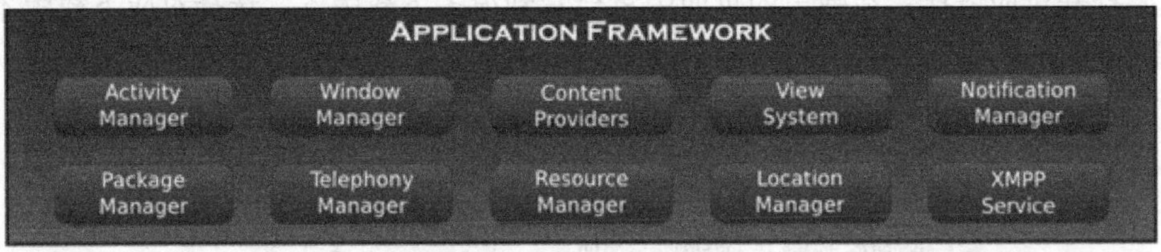

图 1-6　应用程序框架层

4．应用程序层（APPLICATIONS）

应用程序层提供了一系列核心应用程序，包括通话程序、短信程序、电子邮件客户端、浏览器、通讯录、日历、相册、地图和电子市场等，如图 1-7 所示。Android 的应用程序主要是用户界面（User Interface）方面的，通过浏览 Android 系统的开源代码可知，应用层是通过 Java 语言编码实现的，其中还包含了各种资源文件（放置在 res 目录中），Java 程序、电话（Phone）和浏览器（Browser）等众多的核心应用。同时应用程序的开发者还可以使用应用程序框架层的 API 实现自己的程序。

图 1-7　应用程序层

从低层到高层，第 2 层和第 3 层之间，是本地代码层和 Java 代码层的接口。第 3 层和第 4 层之间，是 Android 的系统 API 的接口。对于 Android 应用程序的开发，第 3 层以下的内容是不可见的，仅考虑系统 API 即可。

1.2 Android Studio 开发环境搭建

在 2013 年 5 月 16 日的 Google I/O 大会上，Google 公司推出了新的 Android 开发环境——Android Studio，并对控制台进行了改进。Android Studio 基于 IntelliJ IDEA，集成了 Android 的开发工具和调试工具，类似于 Eclipse ADT 插件。除了 IntelliJ 功能以外，Android Studio 还提供基于 Gradle 的构建支持，可实时预览多个不同尺寸的用户界面，并整合了 Git 等版本控制系统，支持更智能的提示补全功能等。

本书中 Android Studio 开发环境的搭建主要是基于 Windows 64 位操作系统，在此系统的基础上本节将主要讲解 JDK、Android Studio、Android SDK 软件的下载及安装的基本知识。

1.2.1 JDK 下载和安装

在进行 Android Studio 安装前，需要提前安装 Java Development Kit（JDK）7 或以上版本。下载地址为：http://Java.sun.com/Javase/downloads/index.jsp。下载 JDK 方法如下：

1）打开对应链接，在弹出的页面中将会看到很多下载版本，选择对应下载版本，此处选择 Java SE 7。接着将会进入 Java SE Downloads 的下载页面，如图 1-8 所示。

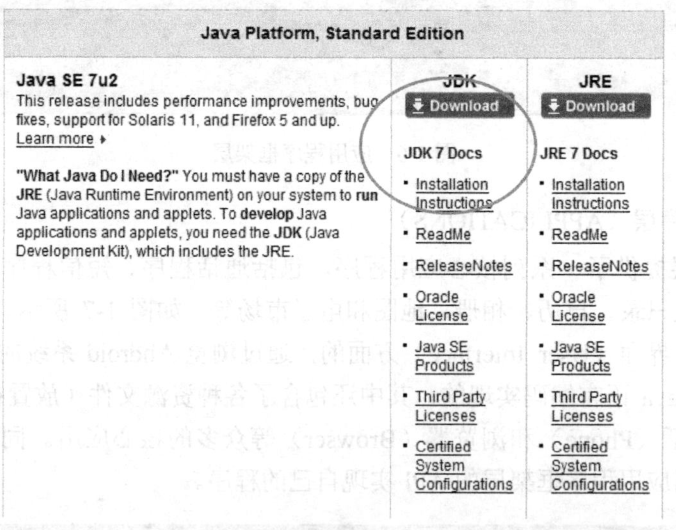

图 1-8 Java SE Downloads 的下载页面

此页面还包括其他与 Java 安装相关的下载项，用户可根据自身需要进行下载，主要使用的是 JDK（其中 JDK 中包含 JRE），单击 Download 进行下载。

2）弹出 JDK 的下载页面，如图 1-9 所示。

在注册登录后便可以下载和用户计算机所安装的系统对应的 JDK 版本，在此处使用的是 Windows x64 下所对应的安装版本。下载完成后单击应用程序文件进行安装（注：在此处程序的安装路径可在安装过程中自行设定）。

Java SE Development Kit 7u2

You must accept the Oracle Binary Code License Agreement for Java SE to download this software.

○ Accept License Agreement　◉ Decline License Agreement

Product / File Description	File Size	Download
Linux x86	63.62 MB	jdk-7u2-linux-i586.rpm
Linux x86	78.62 MB	jdk-7u2-linux-i586.tar.gz
Linux x64	64.51 MB	jdk-7u2-linux-x64.rpm
Linux x64	77.46 MB	jdk-7u2-linux-x64.tar.gz
Solaris x86	135.87 MB	jdk-7u2-solaris-i586.tar.Z
Solaris x86	81.37 MB	jdk-7u2-solaris-i586.tar.gz
Solaris SPARC	138.94 MB	jdk-7u2-solaris-sparc.tar.Z
Solaris SPARC	86.05 MB	jdk-7u2-solaris-sparc.tar.gz
Solaris SPARC 64-bit	16.13 MB	jdk-7u2-solaris-sparcv9.tar.Z
Solaris SPARC 64-bit	12.31 MB	jdk-7u2-solaris-sparcv9.tar.gz
Solaris x64	14.45 MB	jdk-7u2-solaris-x64.tar.Z
Solaris x64	9.25 MB	jdk-7u2-solaris-x64.tar.gz
Windows x86	84.04 MB	jdk-7u2-windows-i586.exe
Windows x64	87.35 MB	jdk-7u2-windows-x64.exe

图 1-9　JDK 的下载

3）本书附有已下载好的 JDK 的安装包，此处以安装包内应用程序进行安装，双击安装包中的 JDK 安装应用程序 jdk-6u3-windows-i586-pJDK.exe，将会弹出安装对话框。选择“接受”选项，然后在弹出的对话框中依次单击下一步。本软件默认安装在 C:\Program Files\Java\jdk1.6.0_03\中。注意在安装过程中将最后一步显示自述文件前边的勾去掉，则安装完成。JDK 的安装过程如图 1-10～图 1-15 所示。

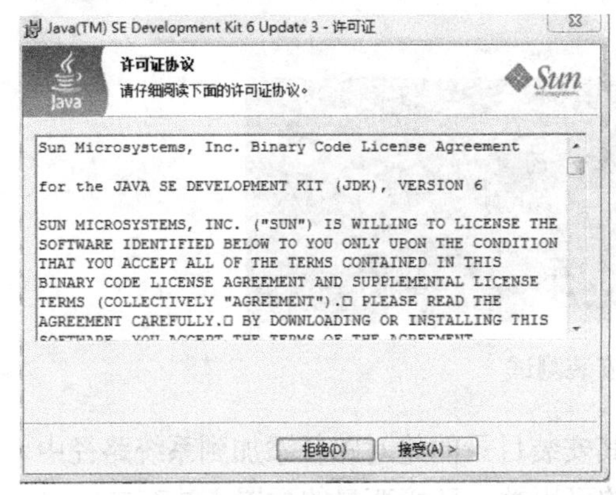

图 1-10　JDK 的安装（一）

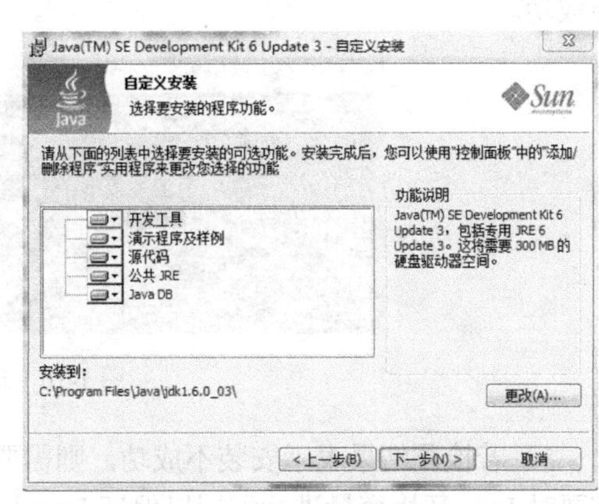

图 1-11　JDK 的安装（二）

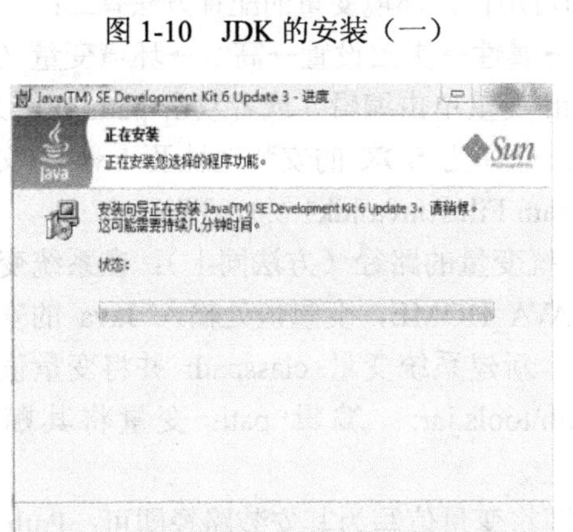

图 1-12　JDK 的安装（三）

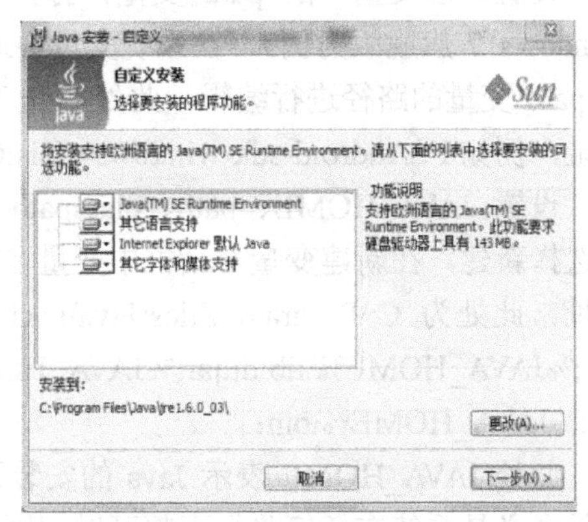

图 1-13　JDK 的安装（四）

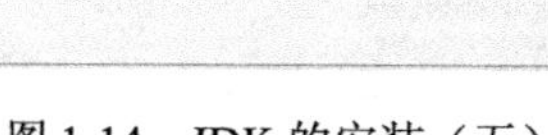

图 1-14　JDK 的安装（五）

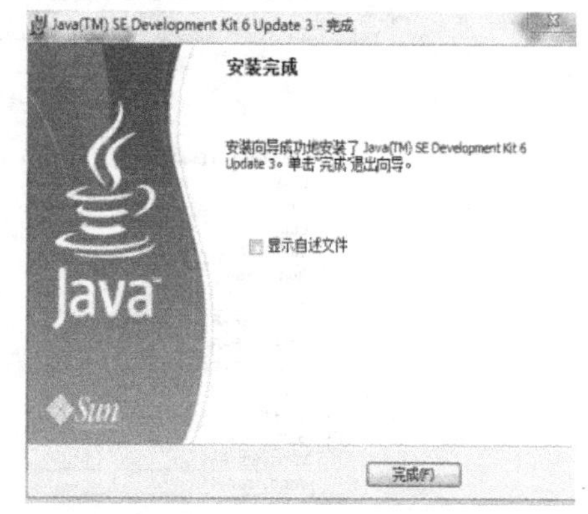

图 1-15　JDK 的安装（六）

4）在 JDK 安装完成后需要对其进行进一步的检测以确定软件成功安装。具体的检测方法如下。

单击“开始”→“运行”（对于 Windows7 旗舰版可直接通过 Win+R 实现），在弹出的对话框中输入“cmd”并按 Enter 确定后，将会弹出 cmd 命令器窗口。在弹出的 cmd 窗口中输入 java–version（注意 java 后面有一个空格）。若显示如图 1-16 所示信息则表示安装成功。

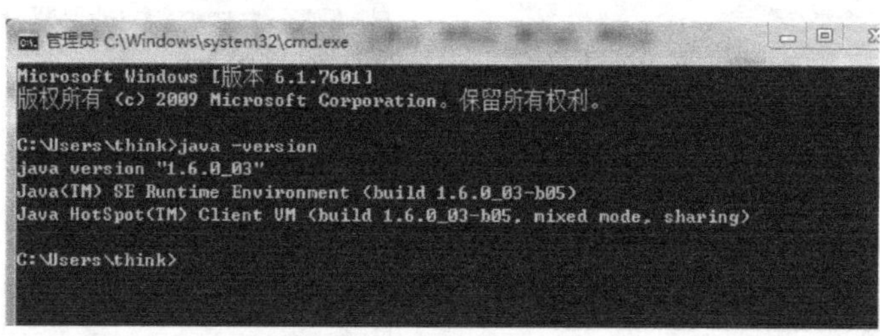

图 1-16　JDK 安装测试

5）若检测结果表示安装不成功，则需要将其安装目录的绝对路径添加到系统路径中。需要对 Java 环境变量进行配置以保证 Java 程序的可用性。环境变量的配置方法有二：

设置环境变量中的 path 变量：打开计算机→属性→更改设置→高级→环境变量（以 Windows 7 旗舰版为例），在系统变量中选中 path 变量单击编辑（或者双击 path 变量），对 path 变量的路径进行编辑，此处 path 变量的路径即为 SDK 的安装地址及 Java 的安装地址，例如 F:\Android-sdk-windows\tools;C:\Program Files\Java\jdk1.6.0_03\bin。

设置 JAVA_HOME、path、classpath 三个系统变量的路径（方法同上）：在系统变量处选择新建，在新建变量对话框中变量名输入 JAVA_HOME，变量值处输入 Java 的安装地址，此处为 C:\Program Files\Java\jdk1.6.0_03；新建系统变量 classpath 并将变量值赋为 .;%JAVA_HOME%\lib\dt.jar;%JAVA_HOME%\lib\tools.jar;；编辑 path 变量将其赋值为.;%JAVA_HOME%\bin;。

此处 JAVA_HOME 表示 Java 的安装路径，即将变量值写为其安装路径即可；Path 变量的含义是系统在任何路径下都可以识别 Java 命令；classpath 为 Java 加载类（class or lib）路径，只有类在 classpath 中，Java 命令才能识别。

在配置好环境变量的前提下，再次检测环境变量是否配置成功。Win+R 输入“cmd”从而打开 cmd 命令器在命令器中输入 java–version，若出现如图 1-17 所示状态则表示配置成功且 Java 程序安装成功并可用。

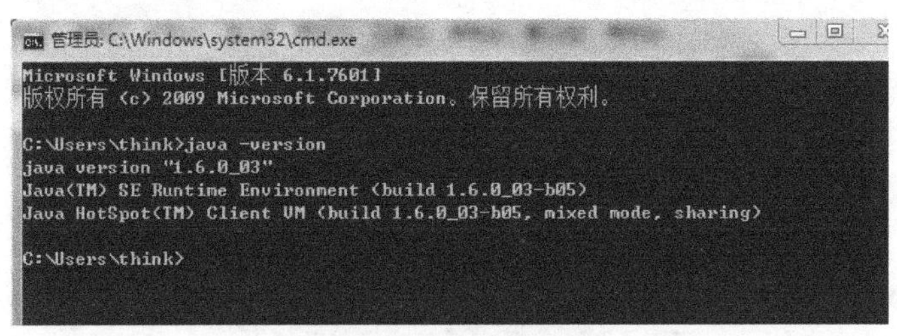

图 1-17　JDK 安装测试

1.2.2　Android Studio 下载和安装

JDK 环境搭建好以后，开始安装 Android Studio。可通过官方和非官方两种方式下载 Android Studio。

（1）通过官方方式获取并安装 Android Studio　在 Android 官方网站公布了 Android 开发所需的完整工具包 Android SDK（Software Development Kit），具体步骤如下。

1）登录 Android 的官方网站 http://developer.android.com/index.html，如图 1-18 所示。

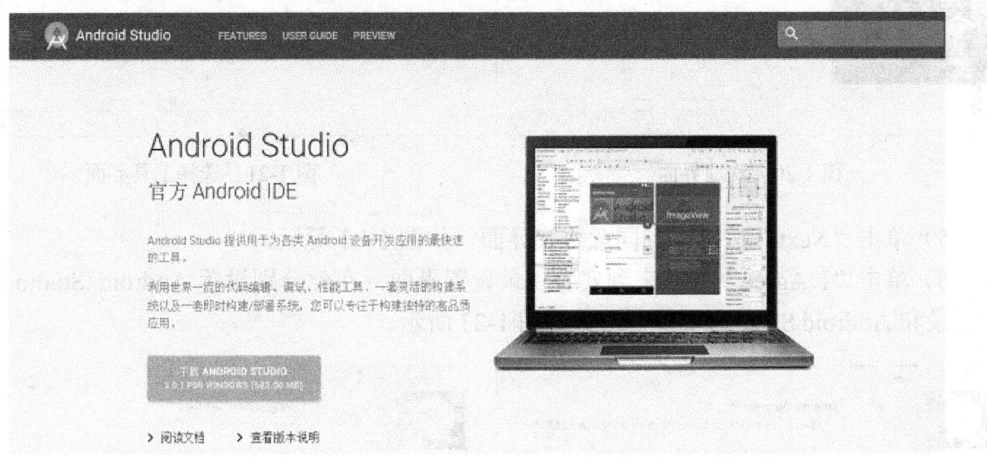

图 1-18　Android 官方网站

2）下拉页面，可以选择与自己设备匹配的系统和格式进行下载，如图 1-19 所示，例如选择“.exe”格式的安装文件或者“.zip”的压缩文件进行下载。

3）下载完工具包后进行安装。本书以“.exe”格式为例进行安装，用鼠标双击文件后弹出欢迎界面，如图 1-20 所示。

4）单击“Next”按钮后来到选择工具界面，如图 1-21 所示。由此可见 Android Studio 是集成了 Android SDK 的，在安装的时候一定要勾选“Android SDK”选项，此处建议都勾选。

图 1-19　Android Studio 下载

12

图 1-20　欢迎界面

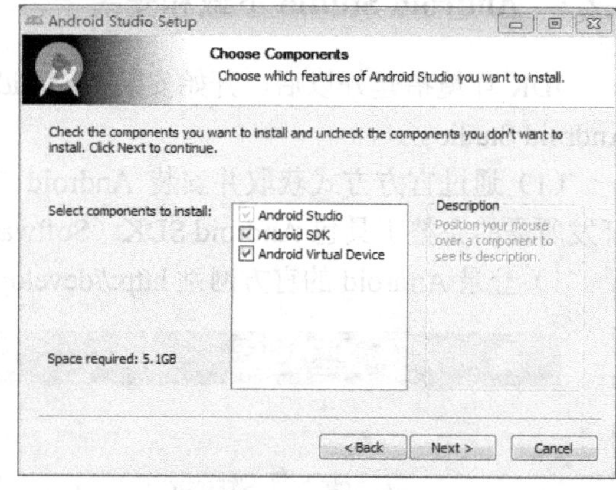

图 1-21　选择工具界面

5）单击“Next”按钮来到同意协议界面，如图 1-22 所示。

6）单击“I Agree”按钮来到安装目录设置界面，在此分别设置 Android Studio 的安装目录和 Android SDK 的安装目录，如图 1-23 所示。

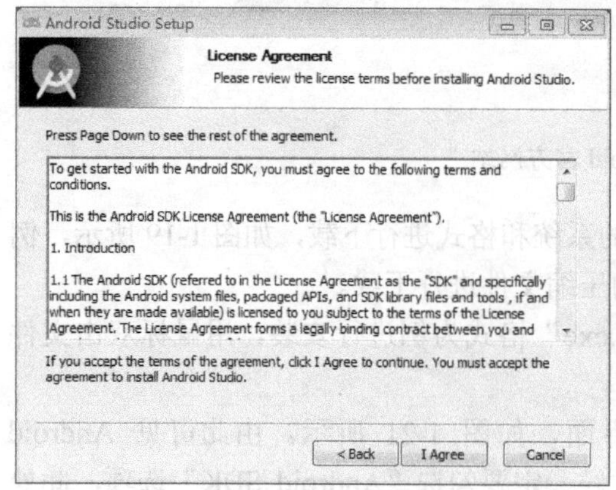

图 1-22　同意协议界面

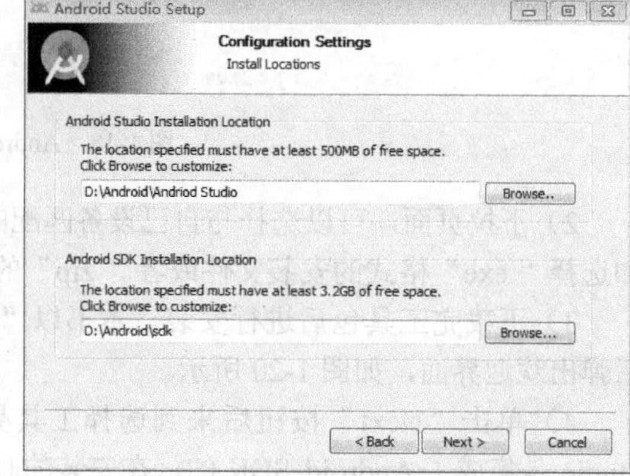

图 1-23　安装目录设置界面

7）单击“Next”按钮来到启动菜单设置界面，在此处设置开始菜单中的启动菜单名，如图 1-24 所示。

8）单击“Install”后弹出一个安装进度条，显示了当前的安装进度，如图 1-25 所示。

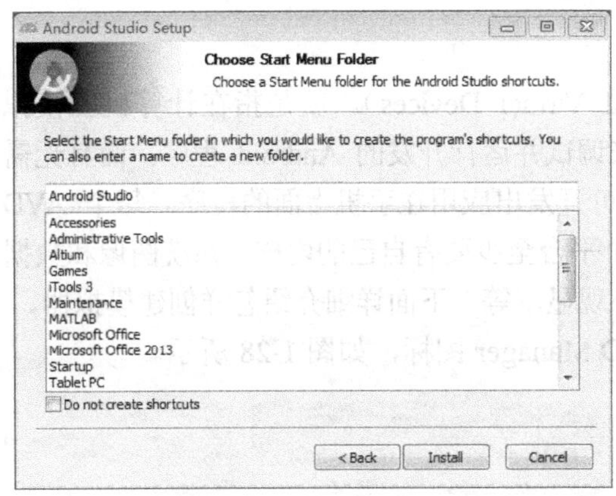

图 1-24　启动菜单设置界面

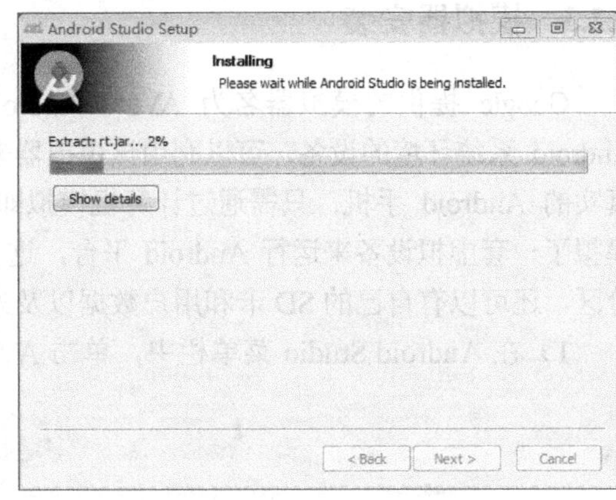

图 1-25　安装进度界面

9）进度条结束后，完成安装单击“Next”按钮，如图 1-26 所示。

10）安装完成后弹出最终完成界面，单击“Finish”按钮后完成全部安装工作，自动打开 Android Studio，如图 1-27 所示。

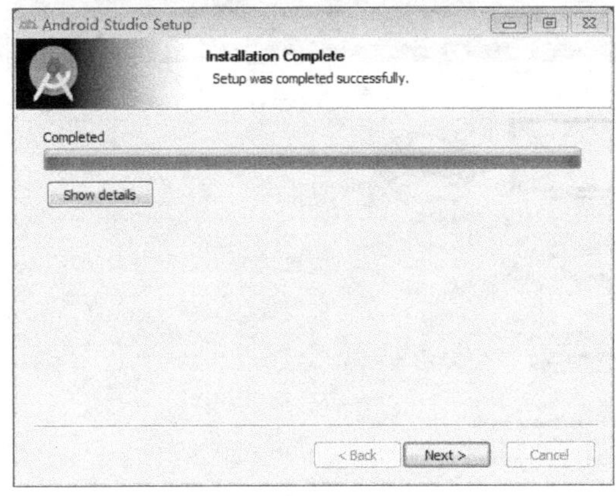

图 1-26　安装完成

图 1-27　最终完成界面

（2）可以通过非官方的方式获取安装包　由于某些原因，可能无法登录到 Android 的官方网站，所以许多网站就会给用户提供一些非官方渠道。用户可以在浏览器中搜索关键词“android-studio-bundle”，会发现大量相关资源。此处提供两个网址：http://www.androiddevtools.cn/或 http://www.android-studio.org/，在这里可以下载完整的 Android 开发工具包，也可以单独下载 Android Studio 和 Android SDK。步骤与上面叙述的一致，这里就不过多介绍，用户可选择适合的方式安装下载。

如果使用 Intel（R）处理器，可以使用 Inter HAXM 技术为 Android 模拟器加速，Inter HAXM 可在 Android SDK 的 Extras 目录的最下边勾选 Inter HAXM 项下载安装。

1.2.3 模拟器安装

Google 提供的模拟器名为 AVD（Android Virtual Devices），就是指在计算机上模拟 Android 系统环境的设备，可以利用该模拟器来调试并运行开发的 Android 程序。而且无需真实的 Android 手机，只需通过计算机模拟即可开发出应用在手机上面的程序。每个 AVD 模拟了一套虚拟设备来运行 Android 平台，这个平台至少要有自己的内核、系统图像和数据分区，还可以有自己的 SD 卡和用户数据以及外观显示等。下面详细介绍怎样创建模拟器。

1）在 Android Studio 菜单栏中，单击 AVD Manager 图标，如图 1-28 所示。

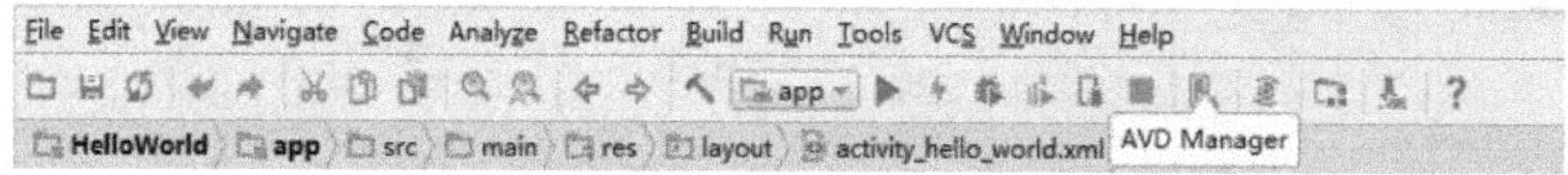

图 1-28 Android Studio AVD Manager 图标

弹出“Android Virtual Device Manager”界面，由于尚未创建虚拟设备，因此 AVD Manager 当前为空，如图 1-29 所示。

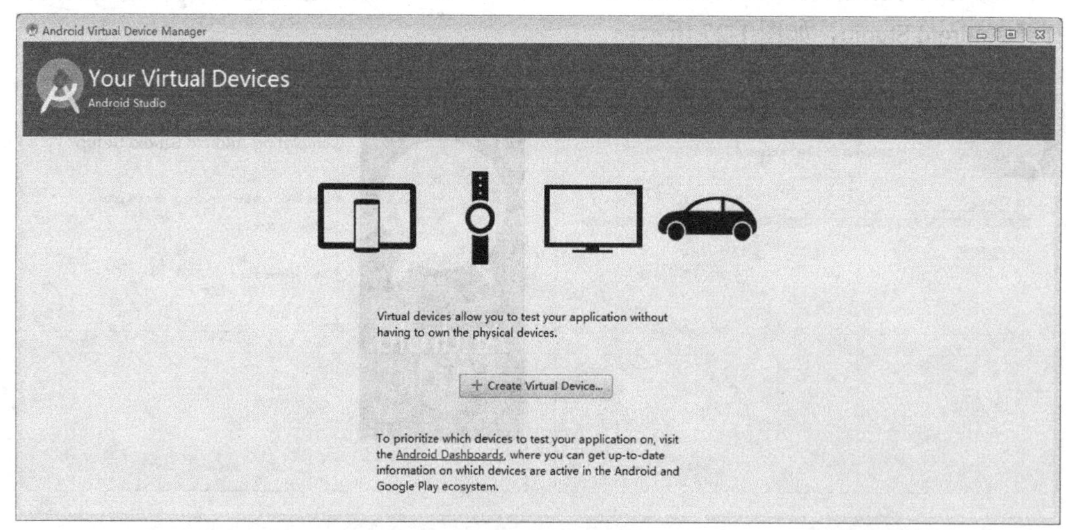

图 1-29 AVD Manager 的初始界面

2）单击“Create Virtual Device”按钮，开始创建虚拟 Android 设备。显示可用设备列表，其中有 Nexus 设备，这是 Google 发布的参考设备，甚至可以创建自己的设备进行测试，如图 1-30 所示。

3）选择 Nexus S，设备各参数如图 1-31～图 1-33 所示。可以根据自己的需求创建模拟器。

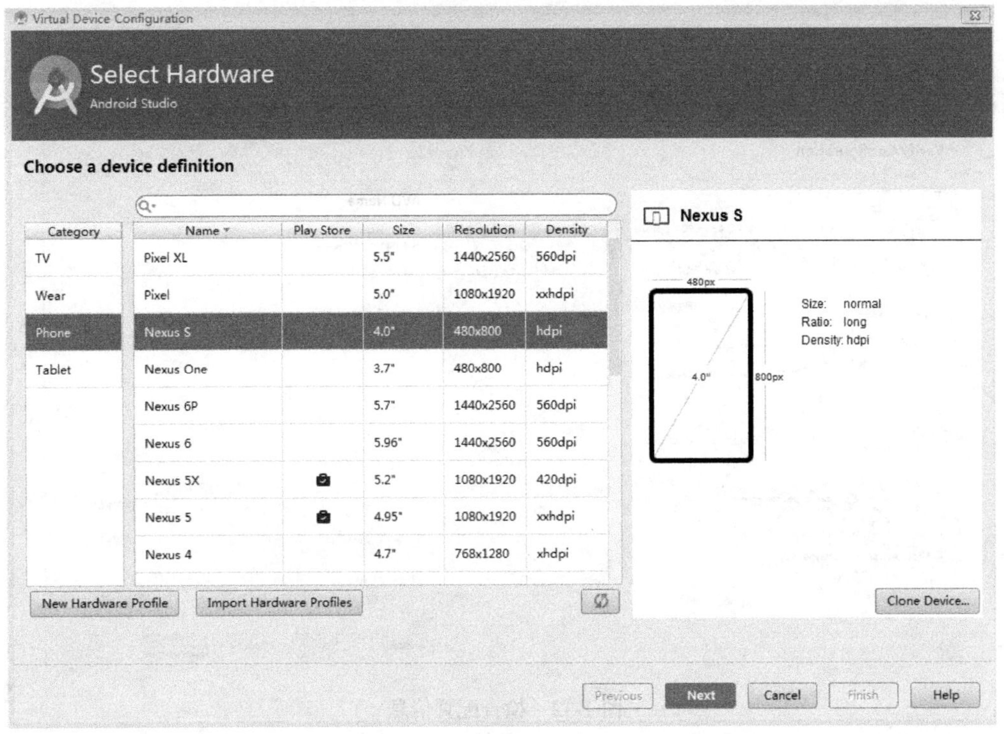

图 1-30　虚拟设备硬件列表

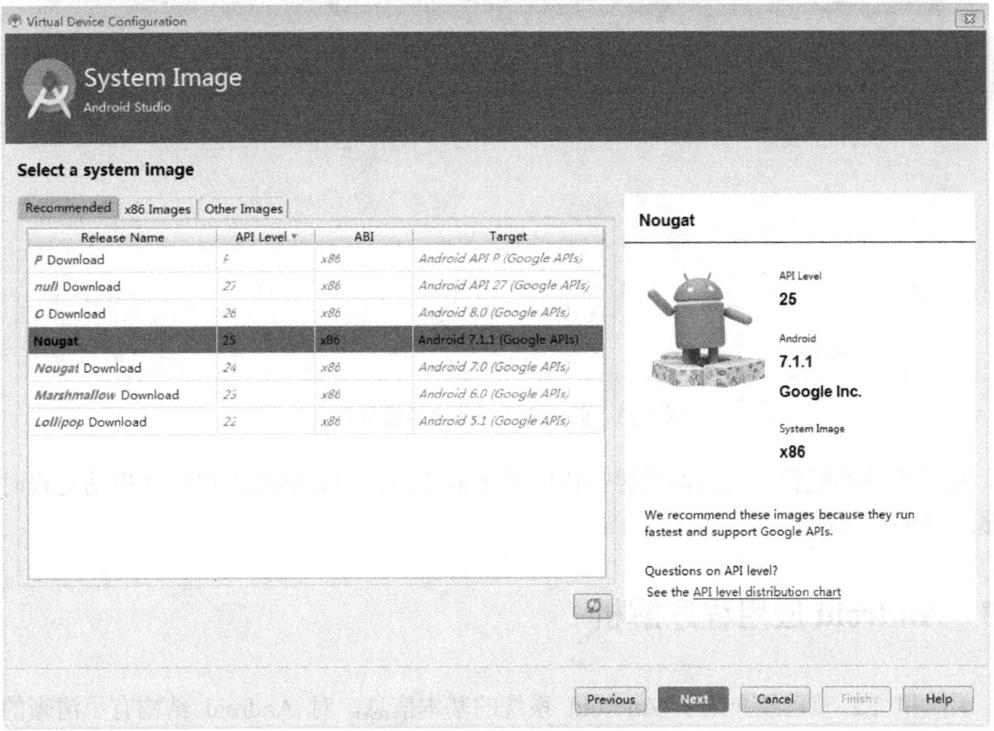

图 1-31　选择模拟器系统

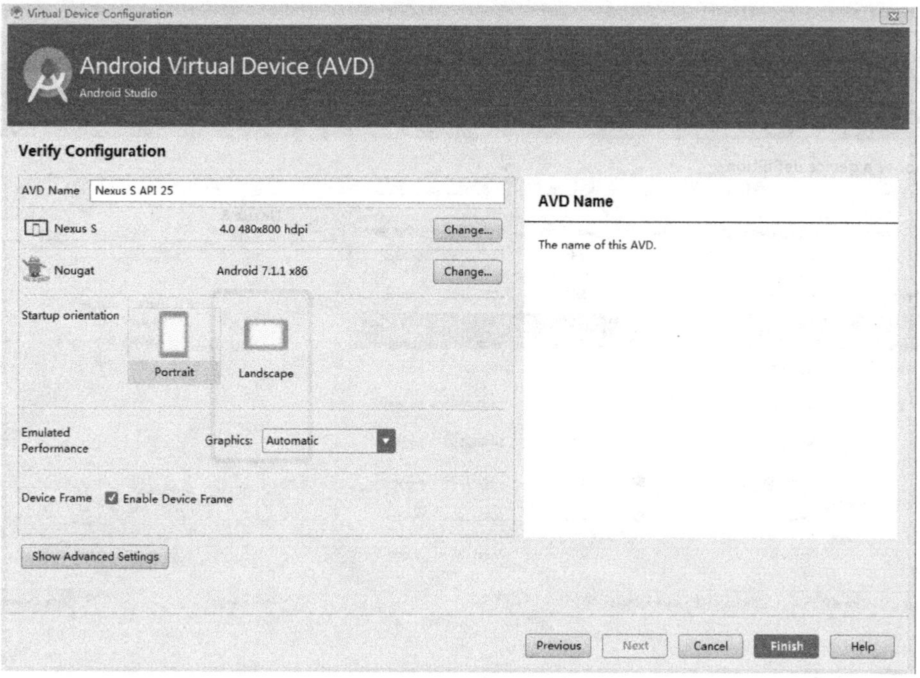

图 1-32 检查配置信息

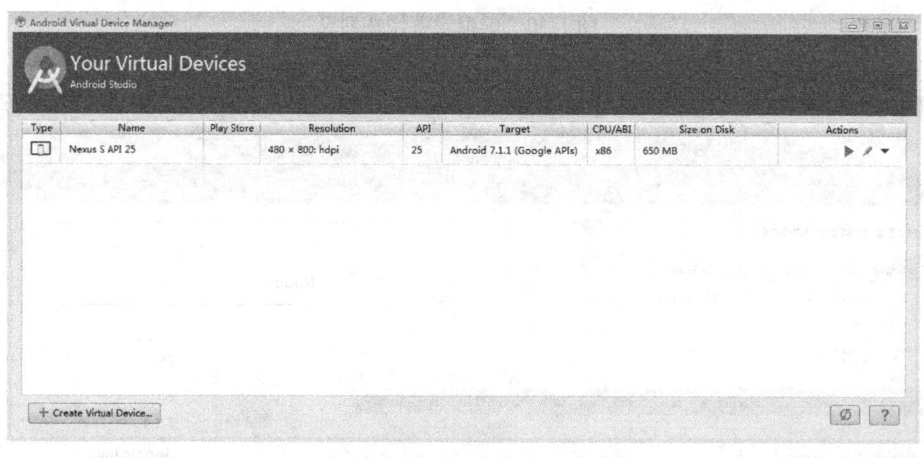

图 1-33 创建完成后的虚拟设备列表

根据硬件的配置，模拟器需要一段时间才能启动，初始启动将比后续启动花费时间更长，请耐心等待。

1.3 Android 应用程序解析

1.1 和 1.2 节已经介绍了 Android 系统的基本信息，对 Android 结构有了清晰的认识，同时也完成了 JDK、Android Studio、Android SDK 以及 AVD 的搭建。本节开始创建一个 Android 项目，明确项目创建过程，再对目录结构进行详尽说明。

1.3.1　Android 项目

创建 Hello World 程序，具体步骤如下。

1）启动 Android Studio，来到 Welcome to Android Studio 界面。单击“Start a new Android Studio project”或者在菜单栏单击“File→New→New Project”来创建新项目，如图 1-34 所示。

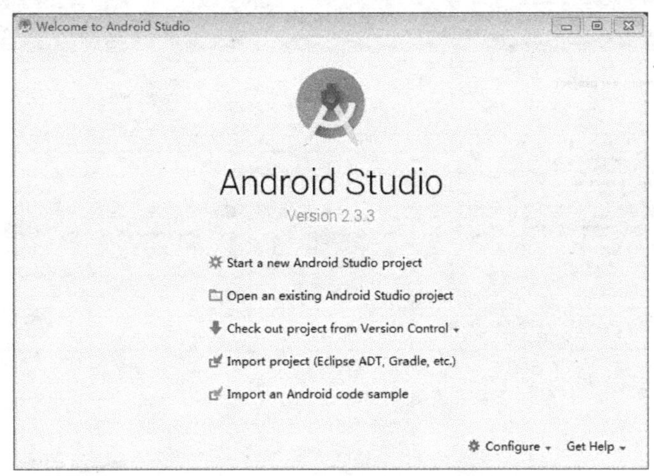

图 1-34　创建新项目

2）如果是第一次创建项目需要先配置 SDK 的路径。在欢迎面板中选择“Configure→Project Defaults→Project Structure”，选择之前安装 Android SDK 的位置，如图 1-35 所示。

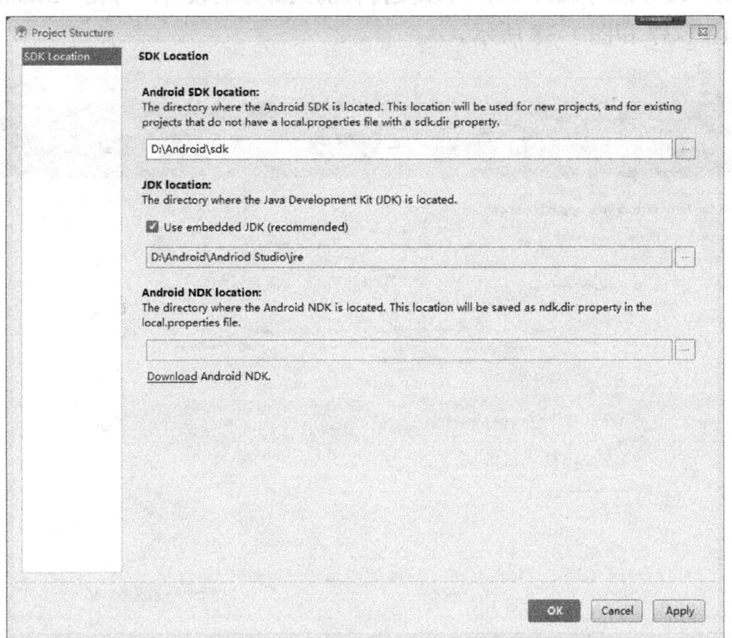

图 1-35　配置 Android SDK 路径

3）弹出“New Project”界面，在此界面可以设置项目的名字和路径，如图 1-36 所示。“Application name”是项目名称，可以自行设定。“Company domain”是公司名，此选项会影响下面的“Package name”值，默认为计算机主机名称，当然也可以单独设置。“Package name”为应用程序打包名称，默认情况下此选项不可更改，单击“Edit”变为可更改状态。

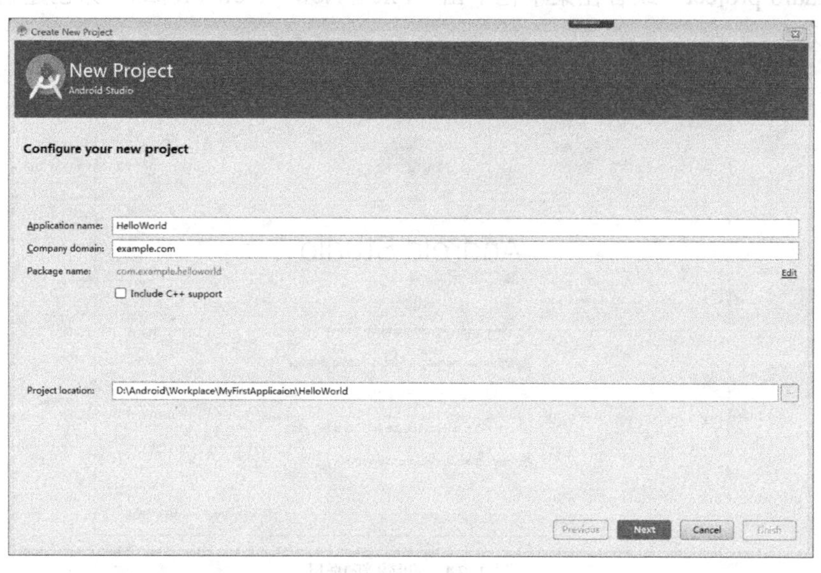

图 1-36　新建项目

4）设置完以上信息后，单击“Next”按钮选择能运行的最低版本 SDK，Android Studio 自带了英文说明，推荐使用 API 15，可以支持目前大部分的设备，可在“Minimum SDK”中更改版本，如图 1-37 和图 1-38 所示。

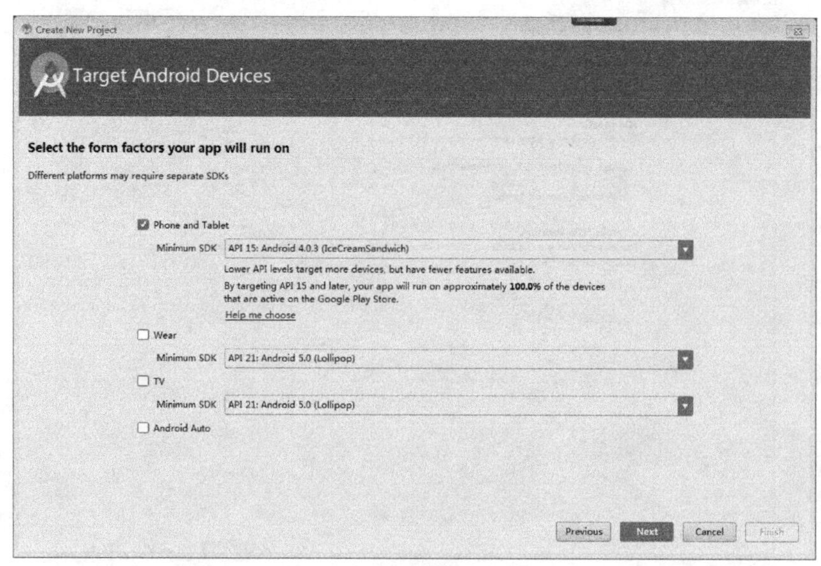

图 1-37　选择支持的最低版本 SDK

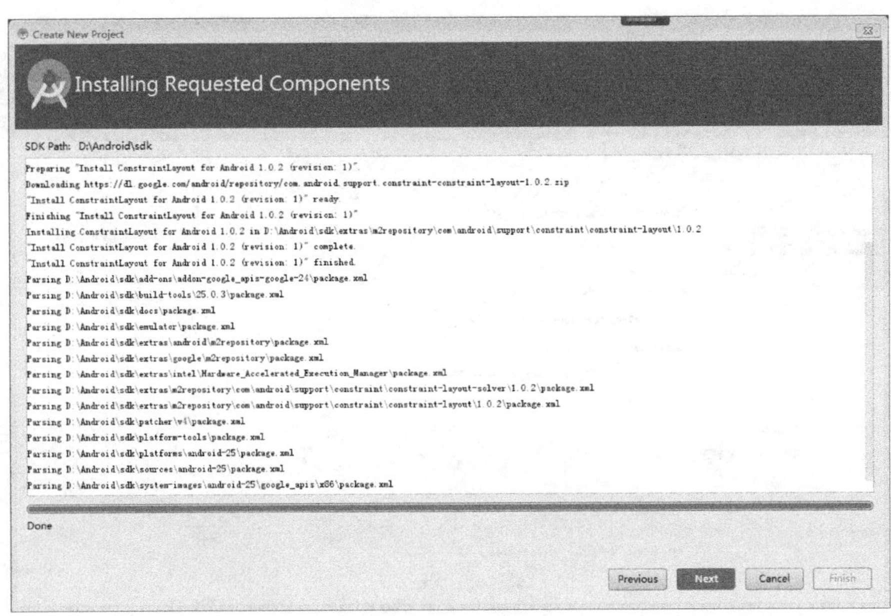

图 1-38　进行安装

5）单击“Next”按钮，弹出添加模板界面，此处选择“Empty Activity”建立一个空白的 Activity 即可，如图 1-39 所示。在以后的项目需要中可自行选择。

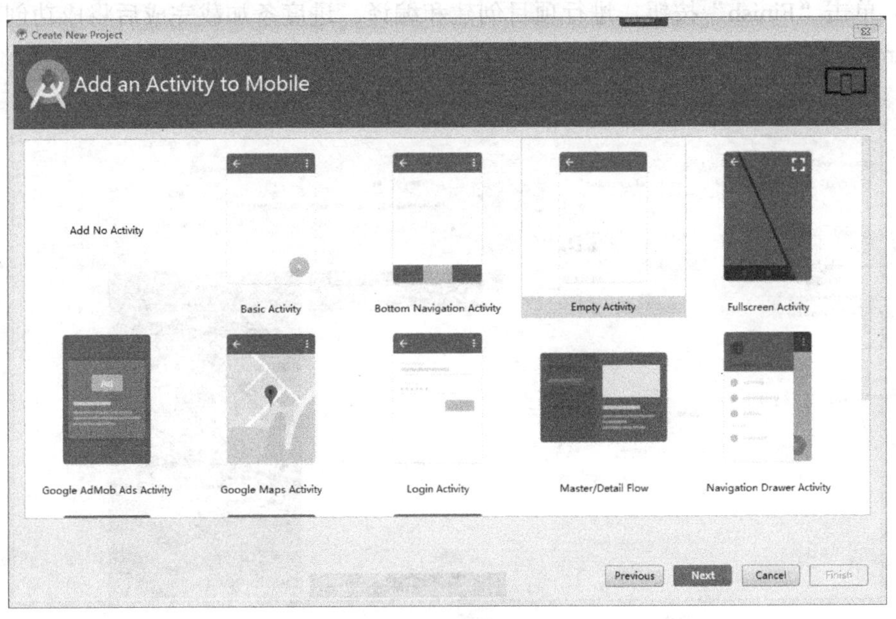

图 1-39　添加模板界面

6）单击“Next”按钮，在弹出的界面中设置创建项目的属性，如图 1-40 所示。“Activity Name”可用默认名称也可自行更改。“Layout Name”根据 Activity Name 自动创建的 Activity 布局文件名称。

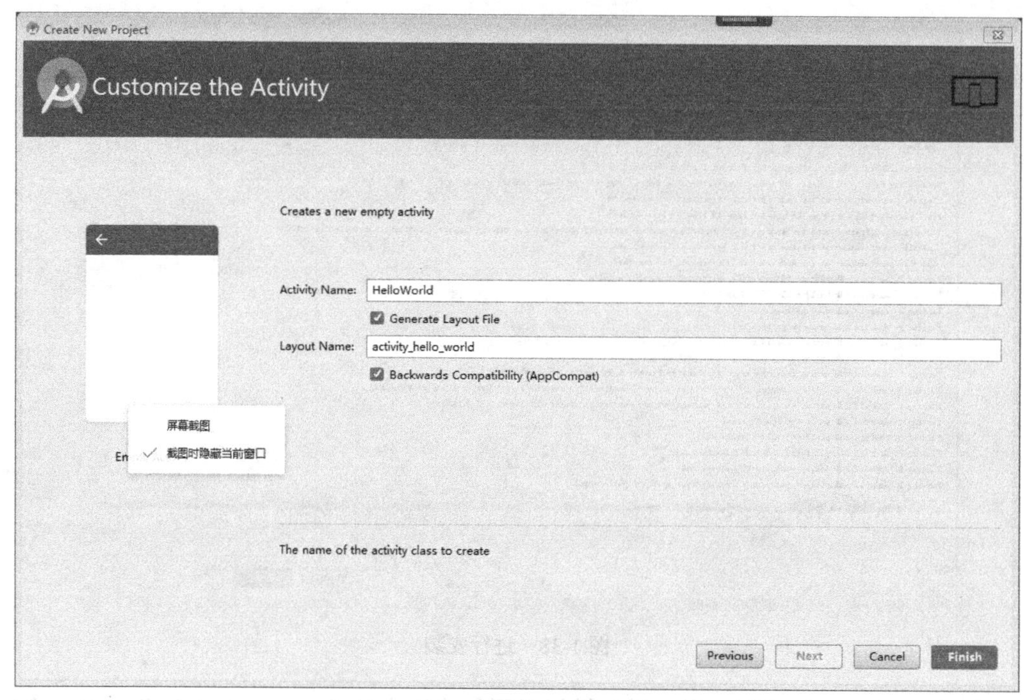

图 1-40　创建项目的属性

7）单击“Finish”按钮，进行项目创建和编译。进度条加载完成后将成功创建第一个 Android 项目，如图 1-41 所示。

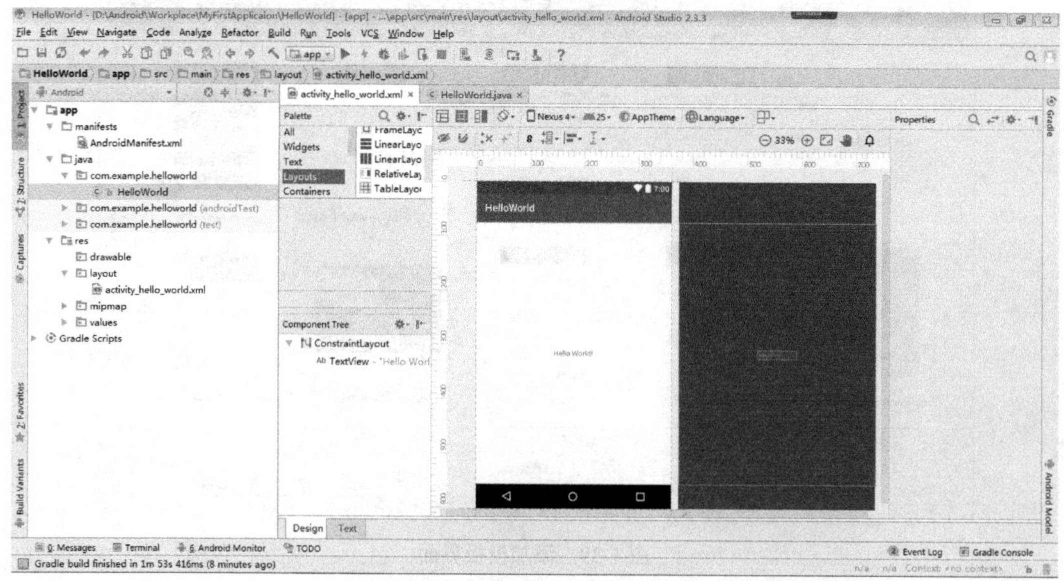

图 1-41　成功创建 Android 项目

8）在此基础上也可以选择一个模拟器运行，单击“Run”按钮或者单击右键运行项目。在此选择 1.2.3 小节中创建的 Nexus S 模拟器，如图 1-42 所示。

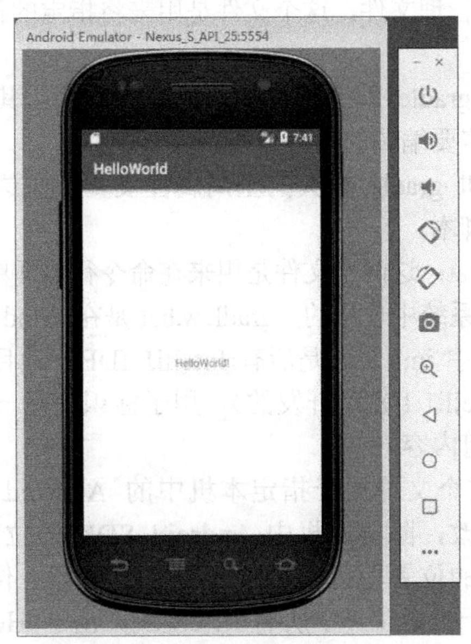

图 1-42 模拟器运行结果

1.3.2 Android 目录结构

本节主要介绍 Android Studio 的两种目录结构，使读者熟悉 Android 应用程序的基本知识，并详细剖析各个组成部分的具体功能，为学习后面的知识打下基础。在使用 Android Studio 开发应用程序时，大部分时间会使用两种模式的目录结构：Project（工程模式）和 Android（Android 结构模式）。下面分析第一个项目 HelloWorld。

（1）Project 模式　在 Android Studio 中打开 HelloWorld 项目，选择 Project 模式后一个基本的 Android 应用项目的目录结构，如图 1-43 所示。

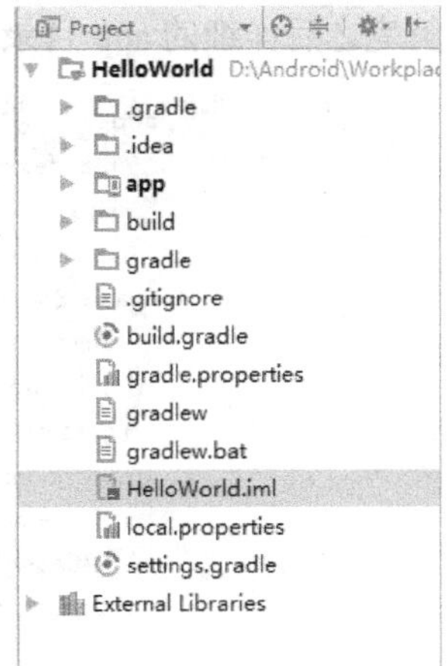

图 1-43 Project 模式

- .gradle：表示 Gradle 编译系统，其版本由 Wrapper 指定。
- .idea：表示 Android Studio IDE 所需的文件。两个目录下放置的都是 Android Studio 自动生成的一些文件，无需关心也不需要手动去修改。
- app：当前项目中的代码、资源等内容几乎都是放置在这个目录下的，后面开发工作也基本是在 app 目录下进行的，之后会对 app 目录单独展开讲解。
- build：表示编辑当前程序代码之后，保存生成的文件。这个目录页无需过多关心。
- gradle：gradle 是一款基于 JVM 的专注灵活性的性能的开源构建工具。gradle wrapper 称为 gradle 包装器，是对 gradle 的一层包装。目录包含了 gradle wrapper 的配置文件，使用 gradle wrapper 的方式不需要提前将 gradle 下载好，而是会自动根据本地的缓存情况决定是否需要联网下载 gradle。可通过 Android Studio 导航栏→File→Settings→Build，Execution，Deployment→Gradle，进行修改。

- .gitignore：git 源码管理文件，这个文件是用来将指定的目录或文件排除在 git 管理之外的。
- build.gradle：实现 gradle 编译功能的相关配置文件，其作用相当于 Makefile。通常这个文件中的内容是不需要编辑的。
- gradle.properties：和 gradle 相关的全局属性设置，在这里配置的属性将会影响到项目中所有的 gradle 编译脚本。
- gradlew 和 gradlew.bat：这两个文件是用来在命令行界面中执行 gradle 命令的，其中 gradlew 是在 Linux 或 Mac 系统中使用的，gradlew.bat 是在 Windows 中使用的。
- HelloWorld.iml：其中 iml 文件是所有 IntelliJ IDEA 项目都会自动生成的一个文件（Android Studio 是基于 IntelliJ IDEA 开发的），用于标识这是一个 IntelliJ IDEA 项目，不需要修改这个文件中的任何内容。
- local.properties：这个文件用于指定本机中的 Android SDK 路径，通常内容都是自动生成的并不需要修改，除非本机中 Android SDK 的位置发生了变化，那么就将这个文件中的路径改成新的位置即可。这个文件是不推荐上传到 VCS 中去的。
- settings.gradle：用于指定项目中所有引入模块。由于 HelloWorld 项目中就只有一个 app 模块，因此该文件中也就只引入了 app 这一个模块。通常情况下模块的引入都是自动完成的，需要手动去修改。这个文件的场景可能比较少。
- External Libraries：表示当前项目依赖的 Lib，在编译时会自动下载。

（2）Android 模式　单击左上角切换模式，基本的 Android 应用项目的目录结构如图 1-44 所示。

- app/manifests：表示 AndroidManifest.xml 配置文件目录。
- app/java：表示源代码目录。
- app/res：表示资源文件目录。
- Gradle Scripts：表示和 gradle 编译相关的脚本文件。

由此可见，和原来的 Eclipse 相比，Android 模式是最为相似的。整体的目录结构了解完之后详细的 app 目录，如图 1-45 所示。

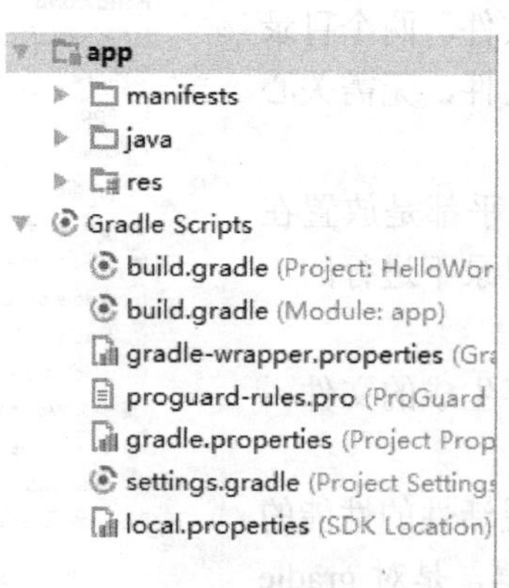

图 1-44　Android 应用项目的目录结构

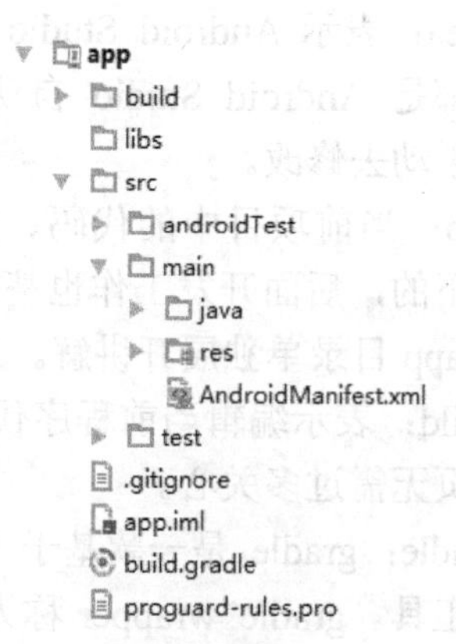

图 1-45　app 目录

- build：这个目录和外层的 build 目录类似，主要是包含了一些编译时自动生成的文件，不过它里面的内容会更加复杂，因此无需过多关心。

- libs：如果项目中使用到了第三方 jar 包，就需要把这些 jar 包放在 libs 目录下，放在这个目录下的 jar 包都会被自动添加到构建路径里去。
- androidTest：用来编写 Android Test 测试用例，可以对项目进行一些自动化测试。
- java：这个目录是放置所有 Java 代码的地方，展开就能看到刚才创建的 HelloWorld 文件代码在里面。
- res：简单来说，就是在项目中使用到的所有图片、布局、字符串等资源都要存放在这个目录下，如图 1-46 所示。res 中有很多子目录，其中以 drawable 开头的文件夹都是用来放图片的；layout 子目录专门用于存放 XML 界面布局文件，主要用于显示用户操作界面；所有以 mipmap 开头的文件都是用来放应用图标的；values 子目录专门用于存放 Android 应用程序中用到的各种类型的数据，不同类型的数据存放在不同文件中，包括 colors.xml 会定义颜色、strings.xml 会定义字符串和数值、styles.xml 会定义风格。

res
drawable
layout
activity_hello_world.xml
mipmap-hdpi
mipmap-mdpi
mipmap-xhdpi
mipmap-xxhdpi
mipmap-xxxhdpi
values
colors.xml
strings.xml
styles.xml
AndroidManifest.xml

图 1-46　res 子目录

- AndroidManifest.xml：这是整个项目的配置文件，又叫清单文件，是每个程序中必须的文件。在程序中定义的所有四大组件（Activity、Service、ContentProvider 和 BroadCastReceiver）都需要在这里进行注册。另外，还可以在这个文件中给应用程序添加权限声明。它描述了 package 中暴露的组件，它们各自的实现类，各种能被处理的数据和启动位置。除了能声明程序中的 Activities、ContentProviders、Services 和 Intent Receivers，还能指定 permissions 和 instrumentation（安全控制和测试）。
- test：用来编写 Unit Test 单元测试用例，是对项目进行自动化测试的另一种方式，也是 Android Studio 独有的测试方式。在 Android 开发过程中，往往忽略了单元测试功能，可能主要还是大家觉得实机在手，运行调试特别直观。不过如果能够养成单元测试的习惯，会提升应用开发的速度。当创建一个 Android Studio 项目时，会发现项目结构中多了一个 test 目录“src/test/java”，这个目录就是 Android Studio 为了方便进行单元测试而帮助创建的。当然，也可以自己进行创建。同时，build.gradle 中，还需要添加 Junit 测试依赖。
- .gitignore：这个文件用于将 app 模块内指定的目录或文件排除在 git 管理之外，作用和外层的.gitignore 文件类似。
- app.iml：表示 Intelli IDEA 项目自动生成的文件不需要编辑。
- build.gradle：这是 app 模块的 gradle 构建脚本，这个文件中会指定很多项目构建相关的配置。
- proguard-rules.pro：这个文件用于指定项目代码的混淆规则，当代码开发完成后打成安装包文件，如果不希望代码被别人破解，通常会将代码进行混淆，从而让破解者难以阅读。

1.4 Android 应用程序的调试

本节将对 Android 应用程序进行解析，提高对程序的创建、目录的结构、资源的管理以及程序权限的理解。

1.4.1 调试程序

Android 调试一般分为 3 个步骤，分别是设置断点、Debug 调试和断点调试。此处设置断点和 Java 中的方法一样，可以通过鼠标单击代码左边空白区域进行断点设置，在断点代码行前面会出现红色圆圈的标记，如图 1-47 所示。Debug Android 调试项目的方法和普通 Debug Java 调试项目的方法类似，唯一不同的是在选择调试项目时选择“Debug app”命令。具体方法是单击 Android Studio 顶部的 按钮，如图 1-48 所示。

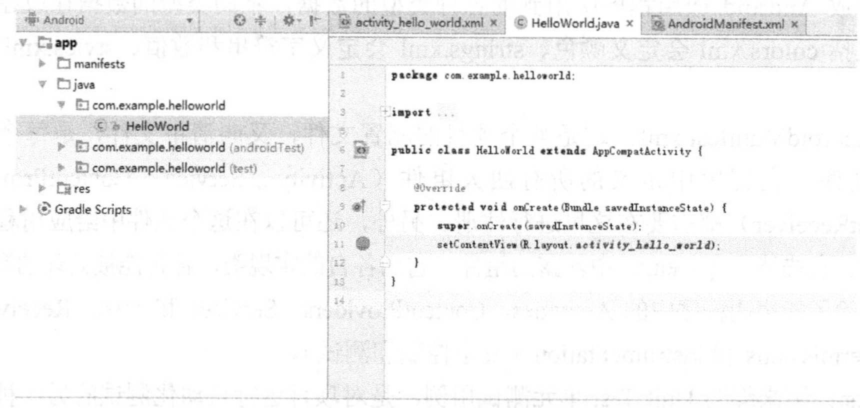

图 1-47　设置断点

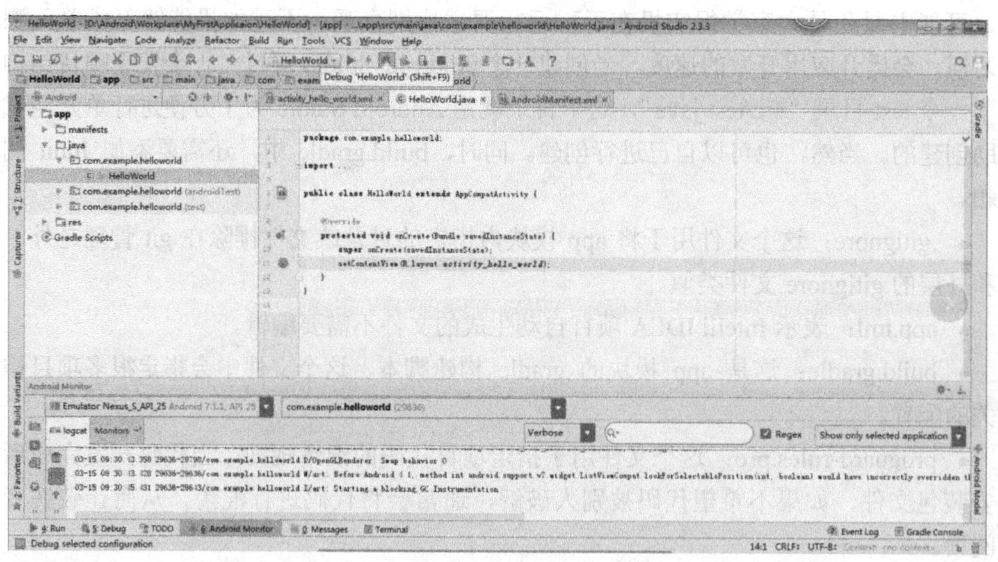

图 1-48　Debug 项目

1.4.2　Android 中的资源访问

Android 中的资源是在代码中使用的外部文件。资源在 Android 架构中扮演了重要角色。Android 中的资源是与可运行应用所绑定的文件（类似于音乐文件或者描述窗口布局的文件）或者值（例如对话框的标题）。这些文件与值的绑定方式可以允许在改变时不必重新编译应用。资源的一些常见例子包括字符串（Strings）、颜色（colors）、位图（bitmaps）和布局（layouts）。资源中的字符串允许使用其资源 id，而不是在代码中进行硬编码。这种间接使用资源的方法可以只改变资源而不用改变代码。Android 中有相当多的资源，接下来将对各种资源的使用进行介绍。

1．字符串资源

Android 允许在一个或者多个 XML 资源文件中定义字符串。这些包含字符串的资源文件位于 res/values 目录下。虽然常见的是名字为 string.xml 的文件，但是事实上其名称可以是任意的。例 1-1 给出了一个字符串资源的例子。

例 1-1　string.xml

```
<?xml version = "1.0" encoding="utf-8"?>
<resources>
    <string name="hello">hello</string>
    <string name="app_name">hello appname</string>
    </resorces>
```

注：在一些 eclipse 版本中，<resources>需要 xmlns 进行限制。只要有 xmlns 描述就可以，而不必管 xmlns 到底指向哪里。例如下面的两个例子都可以：

```
<resources xmlns="http://schmas.android.com/apk/res/android">
<resources xmlns="default namespaces">
```

甚至连第一行（指明这是一个 XML 文件，其编码格式是什么）都可以忽略，Android 依然可以很好的运行。

当该文件创建或者进行更新时，Android 的 ADT 工具会自动在根目录的包中生成一个 R.java 文件，其中不同的字符串有着不同的 id 号（注：无论有多少资源文件，只要一个 R.java 文件生成）。对于例 1-1 中的资源，在 R.java 中对应的结构如例 1-2 所示。

例 1-2　R.java

```
package helloworld.test;
public final class R {
...other entries denpend on your project and applicaton
  public static final class string {
        public static final int app_name=0x7f050000;
        public static final int hello_world=0x7f050002;
        }
    }
```

请注意 Android 是如何定义顶层类的：public final class R。其内部类为 public static final 类型，名为 string。R.java 文件通过创建这个内部类作为 string 的命名空间，来统一管理 string 资源。其中的两个 static final 的 int 数据是与之相对应的字符串资源的 id。可以通过下面的形式在任何地方使用资源 id：R.string.hello_world。这些自动生成的 id 指向的是 int 类型，而不是 string 类型。大多数方法使用字符串时，以这些 int 类型的 id 作为输入，Android 会在需要时将这些 int 类型数据转换为 string 类型。

将所有的字符串定义在 strings.xml 里仅仅是一个约定俗成的规范。任何文件，只要其内部结构类似于例 1-1，且位于 res/values 目录下，android 都可以进行处理。这个文件的结构很容易学习。会有一个根节点<resources>，里面有一系列<string>子元素。每一个<string>子元素里都有一个 name 属性，与 R.java 里的 id 相对应。

2．布局资源

在 Android 中，屏幕上显示的图像往往从 XML 文件中加载而来，而 XML 文件则视为资源，这与 HTML 文件描述网页的内容与布局十分相似。这些 XML 文件称为布局资源。布局文件是 Android UI 编程中的关键性文件。以例 1-3 展示的代码为例。

例 1-3　layout 资源引用。

```
public class MainActivity extends Activity {
@Override
protected void onCreate(Bundle savedInstanceState) {
   super.onCreate(savedInstanceState);
   setContentView(R.layout.activity_main);
   }
```


setContentView（R.layout.activity_main）这一行可以看出，存在着一个静态的类 R.layout，其内部有一个常量 activity_main（int 类型）指向了一个由布局资源文件所定义的视图。该布局文件的名称为 activity_main.xml，位于 res/layout 目录下。换句话说，这个表达式需要程序员创建一个文件 res/layout/main.xml，并在文件中定义必要的布局。activity_main.xml 的内容如例 1-4 所示。

例 1-4　activity_main.xml 文件内容。

```
<?xml version="1.0" encoding="utf-8"?>
<LinearLayout xmlns:android="http://schemas.android.com/apk/res/android"
   android:orientation="vertical"
   android:layout_width="fill_parent"
   android:layout_height="fill_parent"
   >
   <TextView
      android:layout_width="fill_parent"
      android:layout_height="wrap_content"
      android:text="@string/hello_world" />
</LinearLayout>
```

文中第 1 行声明了 XML 的版本及编码方式；第 2 行定义了一个名为 LinearLayout 的根节点以及 XML 的命名空间；第 3 行定义了以垂直方向排列子布局（也可以是水平布局）；第 4、5 行定义了子布局的宽度和高度为填满整个父空间；第 7 行定义了一个文本控件，并在其中定义了文本控件的排列方式；第 9 行的 wrap_content 表示强制性地使视图扩展以显示全部内容。

需要为每个屏幕（或 activity）定义一个单独的布局文件。更确切地说，每一个布局需要对应一个专门的文件。如果打算画两个屏幕，很可能需要两个布局文件：res/layout/screen1_layout.xml 和 res/layout/screen2_layout.xml（注：res/layout 目录下的每一个文件都会根据其文件名（不包括后缀）生成一个独一无二的常量。对于 layout 而言，布局文件的数量是关键，而对于 string 资源，单独的 string 资源的数量才是关键所在）。资源文件中的具体视图，例如 TextView 等可以通过 R.java 中自动生成的资源 id 进行引用，如：

```
TextView tv = (TextView) findViewById(R.id.text1);
tv.setText("Try this text instead");
```

本例中，通过 Activity 类中的 findViewById 方法来定位到 TextView。其中常量 R.id.text1 与 TextView 中定义的 id 相对应。如：

```
<TextView id="@+id/text1">
        ...
</TextView>
```


其中，属性 id 的值，也就是常量 text1 被用来唯一标识该 TextView，和 Activity 中的其他 View 区别开来。“+”表示如果 id."text1"不存在的话则创建一个。下面会看到更多的关于 id 属性的内容。

接下来介绍资源引用符（Resources Reference Syntax）。先不考虑各种资源的类型（目前为止已经接触了 string 和 layout 两种），Android 的 Java 代码中是通过其 id 来引用资源的。在 XML 文件中，将 Android 系统使用 id 与资源相联系的符号称作资源引用符。这种语法并不局限于通过 id 来进行资源定位，它是一种定义 string、layout 和 image 等资源的方法。通过其用法可以看出，id 其实就是一个能追踪类似 string 等资源的数字。想象一下工程里有一些数字，可以从中挑选一个来使之与某个控件相关联。进一步发掘一下这种资源引用的结构。例如，这种资源引用有如下结构：@[package:]type/name

type 与 R.java 中的资源类型的命名空间相对应。例如：

```
R.drawable
R.id
R.layout
R.string
R.attr
R.plural
R.array
```

而与之相对应的资源引用符号如下：

```
drawable
id
layout
string
attr
plurals
string-array
```

而 name 则是这些资源的名称。同时，在 R.java 中它也代表着一个 int 型常量。如果不指定 package 名字，则 type/name 会基于本地资源以及本地生成的 R.java 文件。如果其形式为 android:type/name，则引用会基于 android 包以及 android.R.java。可以使用任何 Java 的包名来作为 package，这样与之对应的 R.java 文件会处理相关引用。

3. 字符串数组

可以设置一个字符串数组作为资源，将其置于 res/values 目录下的任意文件中。需要使用 string-array 作为 XML 的节点。这个节点是 XML 节点的一个子节点，类似于 string 节点。例 1-5 给出了一个在资源文件中定义字符串数组的例子。

例 1-5 定义字符串数组。


```
<resources ...>
  .......Other resources
    <string-array name="test_array">
        <item>one</item>
        <item>two</item>
        <item>three</item>
    </string-array>
  ......other resources
</resources>
```

一旦定义了这样一个字符串数组，就可以在 Java 文件中使用，如例 1-6 所示。

例 1-6 使用字符串数组。

```
//从 Activity 中获取资源对象
Resources res = your-acitivity.getResources();
String[] strings = res.getStringArray(R.array.test_array);
//打印字符串
for(String s : strings) {
    log.d("example", s);}
```

4. 复数

plurals 资源是一个字符串集合。这些字符串根据某个数量的不同有不同的表示形式。例 1-7 将展示如何使用 plurals 来实现字符串根据数量不同而发生改变。

例 1-7 使用 plurals。

```
<resources>
<plurals name="eggs_in_a_nest_test">
<item quantity="one">There is 1 egg</item>
<item quantity="other">There are %d eggs</item>
</plurals>
</resoureces>
```

两种不同表达式在同一个 plurals 里。现在可以在 Java 代码里通过赋予一个数量值来使用这个 plurals 资源。如例 1-8 所示。getQuantityString()的第一个参数是 plural 资源的 id。第二个参数选择使用哪个字符串，当其值为 1 时，使用的是该字符串本身；当不是 1 的时候，必须制定第三个参数来替换%d。如果在 plurals 里使用格式化字符串，则应该至少传入三个参数。第二个参数可能造成混淆，实际上其关键在于该值是否等于 1。

例 1-8 使用 plurals 资源。

```
Resources res = your-acitivity.getResoureces();
String s1 = res.getQuantityString(R.plurals.eggs_in_a_nest_test, 0, 0);
String s2 = res.getQuantityStirng(R.plurals.eggs_in_a_nest_test, 1, 1);
String s3 = res.getQuantityStirng(R.plurals.eggs_in_a_nest_test, 10, 10);
```

上述代码会根据传入的值不同，而返回合适的字符串。

下面介绍如何在 XML 资源文件中定义普通字符串、带引号字符串、HTML 字符串和可替换字符串。

例 1-9 利用 XML 语法定义字符串。

```
<resources>
<string name="simple_string>simple string</string>
<string name="quoted_string>"quoted 'xyz' string"</string>
<string name="double_quoted_string">\"double quotes\"</string>
<string name="java_format_string"> hello %2$s Java format string. %1$s again
</string>
</resources>
```

XML 字符串资源文件需要放在 res/values 目录下，其文件名可以任意。带引号字符串需要通过转义字符输出双引号。字符串还允许以 Java 格式化字符串的形式进行定义。

Android 还允许在 string 节点内部使用 XML 的子节点，如<b>、<i>及其他简单的 HTML 字体标记。可以通过复合的 HTML 字符串来定义字符的样式以便在 textview 中输出。例 1-10 表示如何在 Java 代码中使用这些字符串。

例 1-10 Java 代码中使用字符串。

```
// 使用简单的字符串，并在 textview 中显示
String simpleString = activity.getString(R.stirng.simple_string);
textView.setText(simpleString);
// 读取一个带引号的字符串，并在 textview 中显示
```

```
String quotedString = acitivity.getString(R.string.quoted_string);
textView.setText(quotedString);
// 读取一个带双引号的字符串，并在 textview 中显示
String doubleQuotedString = activity.getString(R.string.double_quoted_string);
textView.setText(doubleQuotedString);
 // 读取一个 Java 格式化字符串
 String javaFormatString = acitivity.getString(R.string.java_format_string);
 // 通过传入参数格式化字符串
 String substitutedString = String.format(javaFormatString, "hello", "Android");
 textView.setText(substitutedString);
 // 读取一个 HTML 字符串，并显示
String htmlString = activity.getString(R.string.tagged_string);
```

5. 颜色资源

和字符串资源一样，也可以使用资源引用符来间接引用颜色资源。这使得 Android 可以将颜色资源本地化，并且可以提供主题。一旦在资源文件中定义了颜色资源标识符，就可以在 Java 代码中通过其 id 引用颜色资源。对比字符串资源，其 id 位于<包名>.R.string 命名空间中，颜色资源位于<包名>.R.color 命名空间中。

Android 在其自带的资源文件中也定义了一套基本的颜色。这些 id 位于 android.R.color 命名空间中。例 1-11 给出了一些在 XML 资源文件中定义颜色资源的例子。

例 1-11 定义颜色资源。

```
<resources>
<color name="red">#f00</color>
<color name="blue">#0000ff</color>
<color name="green">#f0f0</color>
<color name="main_back_ground_color">#ffffff00</color>
</resources>
```

例 1-11 的内容需要位于 res/values 目录下，其文件名可以任意选取。Android 会扫描所有文件，从中选取<resources>和<color>节点来计算出其 id。

例 1-12 给出了如何在 Java 代码中使用颜色资源。

例 1-12 使用颜色资源。

```
IntmainBackGroundColor= activity.getResources().getColor(R.color.main_back_ground_color);
```

例 1-13 给出了如何在定义 TextView 时使用颜色。

例 1-13 定义 TextView 时使用红色。

```
<TextView android:layout_widht="fill_parent"
        android:layout_height="wrap_content"
        android:textColor="@color/red"
        android:text="Sample text to show red color"/>
```

6. 尺寸资源

像素、英寸、点都是尺寸的一种，均可以在 XML 文件和 Java 文件中使用。可以用

这些尺寸资源样式化和本地化 Android 的 UI 而不必修改 Java 代码。例 1-14 列出如何在 XML 文件中使用尺寸资源。

例 1-14 XML 文件中列出尺寸资源。

```
<resources>
<dimen name="mysize_in_pixels">1px</dimen>
<dimen name="mysize_in_dp">1dp</dimen>
<dimen name="medium_size">100sp</dimen>
</resources>
```

可以用以下任意单位定义尺寸：Px（像素）、in（英寸）、mm（毫米）、pt（点）、dp（density-independent pixel，与像素密度无关密度，基于 dpi 为 160 的屏幕而定义，尺寸根据屏幕密度而动态变化）、sp（缩放无关像素，允许用户调整大小的尺寸，主要用于字符）。

在 Java 中，需要实例化一个资源对象来获取尺寸。可以采用在 activity 中调用 getResource()方法，然后根据该资源实例和尺寸资源 id 来获取实际尺寸值。

例 1-15 Java 代码中获取尺寸资源。

```
float dimen = activity.getResources().getDimension(R.dimen.mysize_in_pixels);
```

注：在 Java 中需要调用 dimension 的全称，而在 R.java 命名空间中选取的是其缩写 dimen，相对于 Java 代码，在 XML 中使用尺寸资源，需要使用简写 dimen，见例 1-16。

例 1-16 XML 文件中使用尺寸资源。

```
<TextView android:layout_width="fill_parent"
        android:layout_height="wrap_content"
        android:textSize="@dimen/medium_size"/>
```

7. 图像资源

Android 会为存储在 res/values 目录下的图像资源生成资源 id 号。支持的图像类型为.gif、.png 和.jpg。每个图像资源会根据其名称生成独特的 id 号。如果一个图像的文件名称为 sample_image.jpg，则生成的 id 号为 R.drawable.sample_image。如果有两个文件的名称相同则会得到错误提示。res/drawable 子目录下的图像会被忽略，该目录下的任何文件都不会读取。可以在其他的 XML 文件中引用 res/drawable 的图像资源，如例 1-17 所示。

例 1-17 XML 文件中使用图像资源。

```
<Button
    android:id="@+id/button1"
    android:layout_width="fill_parent"
    android:layout_height="wrap_content"
    android:text="fail"
    android:background="@drawable/simple_image"
```

可以通过 Java 代码来使用图像资源，将其设置到一个 UI 对象里，如 Button。

例 1-18 对按组 UI 对象使用图像资源。

```
// 调用 getDrawable 来获取图像
BitmapDrawable d = activity.getResource().getDrawable(R.drawable.sample_image);
// 然后使用 drawable 设置背景
button.setBackgroundDrawable(d);
// 或者直接通过资源 id 使用
button.setBackgroundResource(R.drawable.sample_image);
```

注：这些背景相关的办法属于 View 类，因此绝大多数 UI 空间都可以使用。

8. 颜色图片资源

在 Android 中，图像是 drawable 资源的一种。Android 还支持其他 drawable 资源，比如 color-drawable 资源。它本质上是一个带颜色的矩形（Android 的说明文档似乎说会支持圆角矩形，但是并没有成功，因此采用了一个替换方案；文档还指出返回的 Java 实例是 PaintDrawable，但是代码返回的是 Color-Drawable）。要想定义一个带颜色的矩形，需要在 res/values 目录下的 XML 文件里通过名为 drawable 的节点来标识。例 1-19 给出了一些 color-drawable 的例子。

例 1-19 定义 color-drawable 资源。

```
<resources>
<drawable name="red_rectangle">#f00</drawable>
<drawable name="blue_rectangle">#0000ff</drawable>
<drawable name="green_rectangle>#f0f0</drawable>
</resources>
```


例 1-20 和例 1-21 分别演示了如何在 Java 代码和 XML 文件中使用 color-drawable 资源。

例 1-20 Java 代码中使用 color-drawable 资源。

```
ColorDrawableredDrawable=(ColorDrawable)activity.getResource().getDrawable(R.drawable.red_rectangle);
        textView.setBackgroundDrawable(redDrawable);
```

例 1-21 XML 文件中使用 color-drawable 资源。

```
<TextView android:layout_width="fill_parent"
        android:layout_height="wrap_content"
        android:textAlign="center"
        android:background="@drawable/red_rectangle"/>
```

9. 使用任意 XML 资源文件

除了之前介绍的结构化的资源，Android 还允许将任意的 XML 文件作为资源。这种方法将对资源的使用扩展到了对任意 XML 文件的使用。首先，可以方便地使用通过这些文件生成的资源 id；第二，这种方法允许本地化这些 XML 资源文件；第三，可以有效编译和在设备上存储这些 XML 文件。

允许通过这种方式读取的 XML 文件存储在 res/xml 目录下。例 1-22 给出了一个名为 res/xml/test.xml 的例子。

例 1-22　XML 文件。

```
<rootelem1>
    <subelem1>
            Hello World from a xml sub element
    </subelem1>
   </rootelem1>
```

正如其他 XML 资源文件一样，Android Studio 通过 Android 资源打包工具 AAPT 将该文件编译，然后打包放入程序包里。如果想解析这些文件，就需要一个 XmlPullParser 实例。可以使用例 1-23 中的代码获取一个 XmlPullParser 的实例（可以在任意 Context 下使用）。

例 1-23　读取 XML 文件。

```
Resources res = activity.getResources();
XmlResourceParser xpp = res.getXml(R.xml.test);
```

返回的 XmlResourceParser 是 XmlPullParser 的一个实例，它还实现了 java.util. AttributeSet 接口。

10．Raw 资源

除了 XML 文件外，Android 还允许使用 raw 文件。这些资源位于 res/raw 目录下，它们可以是音频、视频或 txt 文档，都可以通过资源 id 来进行本地化或者引用。与在 res/xml 目录下的 XML 文件不同，这些 raw 文件不会被编译，但是会打包到应用包里对应的位置。然而，每个文件都会在 R.java 文件中生成相应的标识符。如果创建了一个 res/raw/test.txt 的文件，那么可以使用例 1-24 中的代码读取该文件。

例 1-24　读取 RAW 资源。

```
String getStringFromRawFile(Activity activity) throws IOException{
Resources r = activity.getResources();
InputStream is = r.openRawResource(R.raw.test);
String myText = convertStreamToString(is);
is.close();
return myText;}
String convertStreamToString(InputStream is) throws IOException {
ByteArrayOutputStream baos = new ByteArrayOutputSteam();
int i = is.read();
while(i != -1) {
baos.write(i);
i = is.read();}
return baos.toString();}
```

注：如果文件名称是通过复制自动产生的，则 ADT 会产生一个编译错误。这是所有基于

文件名称产生资源 id 的情况共有的问题。

11．Assets

Android 还提供了其他的一些目录用来存放文件，如/assets。其与 res 属于同一级别目录，也就是说 assets 并不是 res 下的子目录。在 assets 目录下的文件不会在 R.java 中生成资源 id，必须指定路径来读取这些文件，文件路径是基于/assets 的相对路径。如例 1-25 所示，可以使用 AssetManager 来读取文件。

例 1-25　读取 assets 目录中的文件。

```
String getStringFromAssetFile(Activity activity) {
AssetManager am = activity.getAssets();
InputStream is = am.open("test.txt");
String s = convertStreamToString(is);
is.close;
return s;}
```

12．应用程序的权限

一个 Android 应用可能需要权限才能调用 Android 系统的功能；一个 Android 应用也可能被其他应用调用，因此它也需要声明调用自身所需要的权限。

（1）声明该应用自身所拥有的权限

通过为<manifest.../>元素添加<uses-permission.../>子元素即可为自身声明权限。例如在<manifest.../>元素里添加如下代码：

```
<!--声明该应用本身需要打电话的权限-->
<uses-permission android:name="android.permission.CALL_PHONE"/>
```

（2）声明调用该应用自身所需的权限

通过为应用的各组件元素，如<activity.../>元素添加<uses-permission.../>子元素即可声明调用该程序所需的权限。例如在<activity.../>元素里添加如下代码：

```
<!--声明调用本身需要发送短信的权限-->
<uses-permission android:name="android.permission.SEND_SMS"/>
```

通过上面的介绍可以看出，<uses-permission.../>元素的用法并不难，实际上 Android 提供了大量的权限，这些权限位于 Manifest.permission 类中。一般来说有如表 1-1 所示的一些常用的权限。

表 1-1　常用权限

权　　限	说　　明
ACCESS_NETWORK_STATE	允许应用程序获取网络状态信息的权限
ACCESS_WIFI_STATE	允许应用程序获取 WiFi 网络状态信息的权限
BATTERY_STATE	允许应用程序获取电池状态信息的权限
BLUETOOTH	允许应用程序连接匹配的蓝牙设备的权限
BLUETOOTH_ADMIN	允许应用程序发现匹配的蓝牙设备的权限
BROADCAST_SMS	允许应用程序广播收到短信提醒的权限

（续）

权　　限	说　　明
CALL_PHONE	允许应用程序拨打电话的权限
CAMERA	允许应用程序使用照相机的权限
CHANGE_NETWORK_STATE	允许应用程序改变网络连接状态的权限
CHANG_WIFI_STATE	允许应用程序改变 WiFi 网络连接状态的权限
DELETE_CACHE_FILES	允许应用程序的删除缓存文件权限
DELETE_PACKAGES	允许应用程序删除安装包的权限
FLASHLIGHT	允许应用程序访问闪光灯的权限
INTERNET	允许应用程序打开网络 Socket 的权限
MODIFY_AUDIO_SETTINGS	允许应用程序修改全局声音设置的权限
PROCESS_OUTGOING_CALLS	允许应用程序监听、控制、取消呼出电话的权限
READ_CONTACTS	允许应用程序读取用户的联系人数据的权限
READ_HISTORY_BOOKMARKS	允许应用程序读取历史书签的权限
READ_OWNER_DATA	允许应用程序读取用户数据的权限
READ_PHONE_STATE	允许应用程序读取电话状态的权限
READ_PHONE_SMS	允许应用程序读取短信的权限
REBOOT	允许应用程序重启系统的权限
RECEIVE_SMS	允许应用程序接收、监控、处理短信的权限
RECEIVE_MMS	允许应用程序接收、监控、处理彩信的权限
RECORD_AUDIO	允许应用程序录音的权限
SEND_SMS	允许应用程序发送短信的权限
SET_ORIENTATION	允许应用程序旋转屏幕的权限
SET_TIME	允许应用程序设置时间的权限
SET_TIME_ZONE	允许应用程序设置时区的权限
SET_WALLPAPER	允许应用程序设置桌面壁纸的权限
VIBRATE	允许应用程序访问振动器的权限
WRITE_CONTACTS	允许应用程序写入用户联系人的权限
WRITE_HISTORY_BOOKMARKS	允许应用程序写历史书签的权限
WRITE_OWNER_DATA	允许应用程序写用户数据的权限
WRITE_SMS	允许应用程序写短信的权限

1.4.3　电话拨号器实例

基于以上知识的介绍，下面演示一个小例程，实现电话拨号器的功能。具体代码如下：

例 1-26　MainActivity.java 程序代码。

```
public class MainActivity extends AppCompatActivity {
  @Override
  protected void onCreate(Bundle savedInstanceState) {
     super.onCreate(savedInstanceState);
     setContentView(R.layout.activity_main);            //给按钮设置监听
     Button bt = (Button) findViewById(R.id.bt_call); //拿到按钮对象
```

```
        bt.setOnClickListener(new MyListener());          //设置监听
    }
    class MyListener implements View.OnClickListener{
        //按钮被单击时获取输入的号码
        public void onClick(View v) {
            EditText et = (EditText) findViewById(R.id.et_phone);
            String phone = et.getText().toString();
            Intent intent = new Intent();                 //创建意图对象
            intent.setAction(Intent.ACTION_CALL);         //把动作封装到意图对象中
            intent.setData(Uri.parse("tel:" + phone));    //设置打给谁
            startActivity(intent);                        //把动作告诉系统
        }
    }
}
```

activity_main.xml 程序代码：

```
<?xml version="1.0" encoding="utf-8"?>
<LinearLayout xmlns:android="http://schemas.android.com/apk/res/android"
    xmlns:tools="http://schemas.android.com/tools"
    xmlns:app="http://schemas.android.com/apk/res-auto"
    android:layout_width="match_parent"
    android:layout_height="match_parent"
    tools:context="com.example.administrator.a01_.MainActivity"
    android:orientation="vertical"  >
  <TextView
    android:layout_width="match_parent"
    android:layout_height="wrap_content"
    android:text="请输入号码:"
     />
  <EditText
    android:id="@+id/et_phone"
    android:layout_width="match_parent"
    android:layout_height="wrap_content"
    android:inputType="phone"
     />
  <Button
    android:id="@+id/bt_call"
    android:layout_width="match_parent"
    android:layout_height="wrap_content"
    android:text="拨打"
     />
</LinearLayout>
```

电话拨号器初始界面如图 1-49 所示，输入号码界面如图 1-50 所示，拨号后效果如图 1-51 所示。

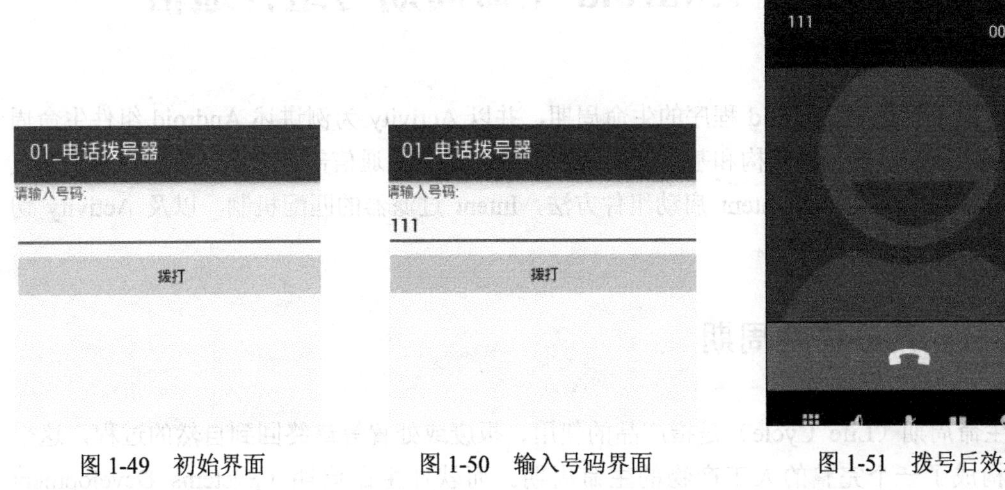

图 1-49　初始界面　　图 1-50　输入号码界面　　图 1-51　拨号后效果

本 章 小 结

本章主要对 Android 的发展、特点、环境搭建和体系结构进行简要介绍，并且讲解了 JDK、Android Studio 软件的下载及安装的基本知识。同时对 Android 应用程序进行解析，提高对程序的创建、目录的结构、资源的管理以及对程序权限的理解。最后讲解如何调试 Android 程序。

习　　题

1. Android 系统具有哪些特点？
2. 简述 Android 开发环境的搭建过程。
3. 简述 Android 项目中主要目录的作用。
4. 创建一个应用程序使其在模拟器上显示“I love Android！”。

第 2 章　Android 生命周期与组件通信

本章主要介绍 Android 程序的生命周期，并以 Activity 为例讲述 Android 组件生命周期的生命周期函数、栈结构和基本状态转换等内容。组件通信部分介绍 Android 系统的组件通信机制，包括使用 Intent 启动组件方法，Intent 过滤器的匹配机制，以及 Activity 切换时数据传递功能的实现。

2.1　Android 生命周期

生命周期（Life Cycle）是指产品的使用、报废或处置等最终回到自然的过程，这个过程构成了一个完整的人工产物的生命周期。而软件生命周期（Systems Development Life Cycle，SDLC）又称为软件生存周期或系统开发生命周期，是从软件的产生直到报废的过程，通常情况下由软件定义、开发和维护三个阶段组成，如图 2-1 所示。软件定义包括问题定义、可行性研究和需求分析三个阶段；软件开发包括总体设计、详细设计、编码和单元测试、综合测试四个阶段；软件维护分为改正性维护、适应性维护、完善性维护、预防性维护四类。软件生命周期中，由软件维护既可以指向软件再定义，也可以完全废弃软件而结束周期循环。这种按时间划分阶段的方法是软件工程中的一种基本思想原则，即逐步推进原则。但随着新的面向对象的设计方法和技术的成熟，软件生命周期设计方法的指导意义正在逐步减小。

Android 系统中，当一个程序或其某些部分被请求时，它的进程就被创建了；当这个程序没有必要再运行下去且系统需要回收这个进程的内存用于其他程序时，这个进程就“死亡”了。Android 系统主动管理资源，为了保证高优先级程序的正常运行或者为了减轻系统内存负载，Android 系统会主动终止低优先级的程序，可见程序的生命周期是由 Android 系统控制，而非程序自身。Android 系统中的进程优先级如图 2-2 所示，按照优先级从低到高的顺序分别为空进程、后台进程、服务进程、可见进程和前台进程。

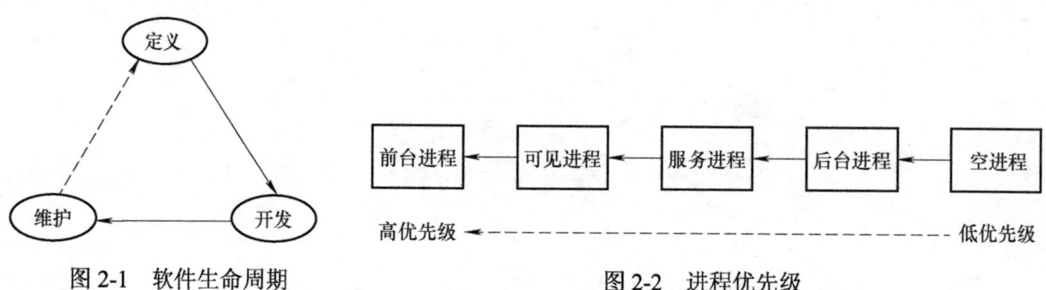

图 2-1　软件生命周期

图 2-2　进程优先级

1．前台进程（Foreground Process）

前台进程也称为活动进程，是指当前正和用户进行交互的承载应用程序的进程，即正在前台运行的进程，说明用户正在通过该进程与系统进行交互。前台进程是 Android 系统中最重要的进程，优先级最高，在 Android 系统中包含以下四种情形：

1）Activity 正在与用户进行交互。

2）进程被 Activity 调用，而且这个进程正在与用户进行交互。

3）进程服务正在执行声明中的回调函数，例如 OnCreate()、OnStart()或 OnDestroy()。

4）进程的 BroadCastReceiver 在执行 OnReceive()函数。

2．可见进程（Visible Process）

可见进程是指可见但是非活动的进程，是指部分程序界面能够被用户看见，却不在前台与用户交互，不影响界面事件的进程。例如，当一个 Activity 被部分遮挡时就视为可见进程，如果一个进程包含服务，且这个服务正被用户可见的 Activity 调用，此进程同样被视为可见进程。Android 系统一般存在少量的可见进程，只有在特殊情况下，Android 系统才会为保证前台进程的资源而清除可见进程。

3．服务进程（Service Process）

服务进程是指包含已启动服务的进程。服务进程没有用户界面，在后台长期为用户服务运行，例如后台的任务管理等。一般情况下，除非 Android 系统不能保证前台进程或可见进程所必要的资源，否则不强行清除服务进程。

4．后台进程（Background Process）

后台进程是指不包含任何已经启动的服务，而且没有任何用户可见的 Activity 的进程。Android 系统中一般存在数量较多的后台进程，在系统资源紧张时，系统将优先清除用户较长时间没有见到的后台进程。

5．空进程（Empty Process）

空进程是没有持有任何活动应用组件的进程。保留空进程的唯一理由是为了提供一种缓存机制，缩短应用下次运行时的启动时间。空进程在系统资源紧张时会被首先清除，但为了提高 Android 系统应用程序的启动速度，Android 系统会将空进程保存在系统内存中，在用户重新启动该程序时，空进程会被重新使用。

2.2　Activity 组件

2.2.1　Android 组件简介

Android 应用程序中主要包括四种类型的组件：Activity、Service、Broadcast Receiver 和 Content Provider。在 Android 中，一个应用程序可以使用其他应用程序的组件，这是 Android 系统一个非常重要的特性。要注意的是，这四种类型的组件都需要在 AndroidMainfest.XML 中进行注册才能生效。

Activity 是用户和应用程序交互的窗口，是程序的呈现层，相当于窗体。在应用中，一个 Activity 通常就是单独的一个屏幕窗口，每一个 Activity 都被实现为一个独立的类，并且继承于 Activity 这个基类。这个 Activity 类将会显示由几个 Views 控件组成的用户接口，并对事件做出响应。大部分的应用都会包含多个 Activity。例如，一个短消息应用程序将会有一个屏幕用于显示联系人列表，另一个屏幕用于写短消息，同时还会有用于浏览旧短消息及进行系统设置的屏幕。每一个这样的屏幕，就是一个 Activity。当打开一个屏幕时，之前的屏幕会被置为暂停状态，并且压入历史堆栈中，用户可以通过返回操作返回到以前打开过的屏幕。虽然很多 Activity 一起工作共同组成了一个应用程序，但每一个 Activity 都是相对独立的。

Service 是一种程序，没有可视化的用户界面，但它会在后台一直运行。它可以运行很长的时间，相当于后台的一个服务。例如，一个服务可以在用户做其他事情时在后台播放背景音乐、从网络上获取一些数据或者计算一些东西并提供给需要这个运算结果的 Activity 使用。每个服务都继承自 Service 基类，通过 startService（Intent service）可以启动一个 Service，通过 Context.bindService()可以绑定一个 Service。

Broadcast Receiver 被称为广播接收器，是一个专注于接收广播通知信息，并做出对应处理的组件。应用程序可以拥有任意数量的广播接收器以对所有感兴趣的通知信息予以响应，所有的接收器均继承自 BroadcastReceiver 基类。广播接收器没有用户界面，然而可以启动一个 Activity 来响应其收到的信息，或者用 NotificationManager 来通知用户。BroadcastReceiver 的注册有两种方式，一种是在 AndroidManifest.xml 中注册，另一种是在运行时的代码中使用 Context.registerReceiver()进行注册。用户还可以通过 Context.sendBroadcast()将他们自己的 intent broadcasts 广播给其他的应用程序。

Content Provider 称为内容提供者，将一些特定的应用程序数据供给其他应用程序使用。数据可以存储于文件系统、SQLite 数据库或其他方式中。内容提供者继承于 ContentProvider 基类，为其他应用程序取用和存储管理的数据提供了一套标准方法。然而，应用程序并不直接调用这些方法，而是通过使用一个 ContentResolver 对象进行调用的方法作为替代。ContentResolver 可以与任意内容提供者进行会话，并与其合作来对所有相关交互通信进行管理。

本节主要讲述 Activity 组件，其他的组件将在后续的章节中详细讲述。

2.2.2 Task 与 Activity 栈

1. Task

一个 Task 是用户可以完成一个特定目标的一组 Activity，与 Activity 属于哪个 Application 无关。除非明确地新建一个 Task，否则用户启动的所有 Activity 都默认是当前 Task 的一部分。这些 Activity 可能属于同一个 Application，也可能属于不同的 Application。例如，从联系人列表（第一个 Activity）开始，然后选择一个邮箱地址（第二个 Activity），然后附加一个照片（第三个 Activity），联系人列表、邮箱地址和照片，这些都存在于不同的

Activity 中，但却属于同一个 Task。

启动 Task 的 Activity 被称作根 Activity。通常，Task 是从应用管理器、主屏或者最近的 Task（长按 HOME 键）开始的。用户可以通过单击根 Activity 的图标回到 Task 里去，就像启动这个 Activity 一样。在这个 Task 中，使用 BACK 键可以回到这个 Task 的前一个 Activity 里，Activity 栈可以由一个或多个 Task 组成。

Task 的一个重要的特性就是用户可以中断其当前正在进行的任务，去进行另一个 Task，然后可以返回原来的 Task 去完成它，即打断 Task。这个特性使得用户可以同时运行多个任务，并且可以在这些任务间切换。有两种主要的情形表示中断一个 Task：其一是用户被 Notification 打断，例如来了一个通知，用户开始关注处理这个通知；其二是用户决定开始另一个任务，例如用户按了 HOME 键，然后开始了另一个 Application。遇到这两种情况时，应该注意能让用户返回到原来的那个任务。除了上面提到的两种方法，还有一种方法开始一个新任务，即在代码中启动 Activity 的时候，定义它要开始一个新 Task。地图和浏览器两个应用就是这么做的。例如，在电子邮件中单击一个地址，会在新 Task 中调出地图 Activity；单击一个链接，会在新的 Task 中调出浏览器。在这种情况下，BACK 键会回到上一个 Activity，即另一个 Task 中的电子邮件 Activity，因为它不是从主屏启动的。

2．Activity 栈

当用户在 Application 中，从一个 Activity 跳到另一个 Activity 时，Android 系统会保存一个用户访问 Activity 的线性导航历史，这就是 Activity 栈，也被称为返回栈。一般来说，当用户运行一个新的 Activity，这个 Activity 就会被加到 Activity 栈里。因此，当用户按 BACK 键的时候，栈中的上一个 Activity 就会被展示出来，用户可以一直按 BACK 键，直到返回到了主屏 Activity。把 Activity 加入到当前栈里的操作，与 Activity 是否启动了一个新 Task 无关，但是返回操作可以使用户从当前 Task 回到上一个 Task。用户可以在应用管理器、主屏或者“最近 Task”屏幕，恢复到刚刚的 Task。

只有 Activity 可以加到 Activity 栈里去，View、Window、Menu 或者 Dialog 都能进行此种操作。假设界面 A 跳到界面 B，然后用户可以用 BACK 键跳回界面 A。这种情况下，界面 A 和界面 B 都要被实现成 Activity。这个规则有一个例外的情况，那就是除非其应用控制了 BACK 键并且自行管理界面导航。

下面介绍多个 Activity 互相调用时 Activity 栈的变化，如图 2-3 所示。假设一个 Application 中包含四个 Activity，为 Activity1～Activity4。应用程序启动之后，运行第一个 Activity1，Activity1 对象被压入到栈中。在 Activity1 中启动第二个 Activity2，Activity2 对象被压入到栈中，由于手机显示的总是位于 Stack 顶部的 Activity，所以此时用户看到的屏幕是 Activity2。在 Activity2 中启动第三个 Activity3，Activity3 对象被压入到栈中，用户看到的屏幕变成 Activity3。在 Activity3 中启动最后一个 Activity4，Activity4 对象被压入到栈中，手机屏幕变成 Activity4。单击 BACK 键，这时 Activity4 对象在栈中被弹出，第三个 Activity 置于栈顶，依次单击 BACK 键，最后可返回到主屏幕 Activity1。

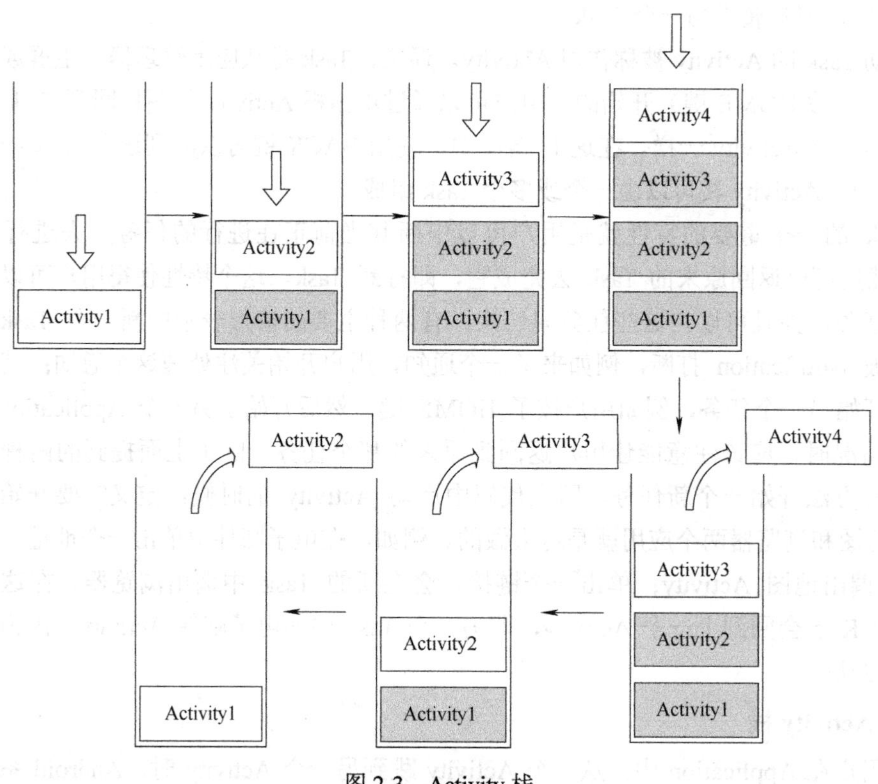

图 2-3 Activity 栈

2.2.3 Activity 的基本状态

掌握 Activity 的生命周期对任何 Android 开发者来说都非常重要，当深入理解 Activity 的生命周期之后，可以写出更加连贯流畅的程序。下面介绍 Activity 的状态。每个 Activity 在其生命周期中最多可能会有四种状态，分别是活动状态、暂停状态、停止状态和非活动状态。

1. 活动状态

活动状态又称运行状态。当一个 Activity 在用户界面中处于最上层，完全能让用户看到，能够与用户进行交互时，这个 Activity 就处于运行状态。系统最不愿意回收的就是处于运行状态的 Activity，因为这会带来非常差的用户体验。

2. 暂停状态

当 Activity 在界面上被部分遮挡，该 Activity 就不再处于用户界面的最上层，且不能够与用户进行交互，则这个 Activity 处于暂停状态。比如对话框形式的 Activity 只会占用屏幕中间的部分区域。处于暂停状态的 Activity 仍然是完全存活着的，只有在内存极低的情况下，系统才考虑回收这种 Activity。

3. 停止状态

当 Activity 在界面上完全不能被用户看到，也就是说这个 Activity 被其他 Activity 全部遮挡，则这个 Activity 处于停止状态。系统仍然会为这种 Activity 保存相应的状态和成员变量，但是这并不是完全可靠的，当其他地方需要内存时，处于停止状态的 Activity 有可能会被系统回收。

4．非活动状态

不在以上三种状态下的 Activity 则处于非活动状态。例如，当一个 Activity 从栈内被移除后就变成了销毁状态。系统最倾向于回收处于这种状态的 Activity，从而保证手机的内存充足。

介绍完 Activity 的四种状态，接下来看一下各个状态之间是怎么转换的，其中各种回调方法会在 2.2.4 节详细叙述。

（1）Activity 活动状态与暂停状态的转换

活动状态到暂停状态：Activity 被别的窗体遮住了部分界面或者被透明窗体覆盖，失去了用户焦点，但仍可见，调用 onPause()方法。

暂停状态到活动状态：上述情况下的 Activity 重新获得焦点，调用 onResume()方法。

活动状态与暂停状态的转换过程中，Activity 的实例总是存在的。

（2）Activity 暂停状态与死亡状态的转换

暂停状态到死亡状态：系统由于资源紧张，需要回收部分资源用于其他高优先级进程使用，此过程依次调用 onStop()和 onDestroy()方法。

死亡状态到暂停状态：转换不可实现。

（3）Activity 活动状态与死亡状态的转换

活动状态到死亡状态：一般情况下，这种转换依次经历了暂停状态和停止状态，但 Activity 在这两种状态下并不存在保持的阶段，而是直接过渡到死亡状态，此过程依次调用 onPause()、onStop()和 onDestroy()方法。

死亡状态到活动状态：这种转换发生在新实例的启动，依次调用 onCreate()、onStart()和 onResume()方法。

（4）Activity 活动状态与停止状态的转换

活动状态到停止状态：这个过程发生在 Activity 的界面完全被别的 Activity 遮住，当然也失去了用户焦点，这个过程中 Activity 的实例仍然存在，依次调用 onPause()和 onStop()方法。

停止状态到活动状态：这种转换 Activity 再次被激活时，依次调用 onResart()、onStart()和 onResume()方法。

（5）Activity 停止状态与死亡状态的转换

停止状态到死亡状态：系统销毁 Activity，调用 onDestroy()方法。

当 Activity 实例被创建、销毁或者启动另外一个 Activity 时，它在这四种状态之间进行转换，这种转换的发生依赖于用户程序的动作，各个状态之间的转换关系如图 2-4 所示，状态转换与事件回调函数的关系如图 2-5 所示。

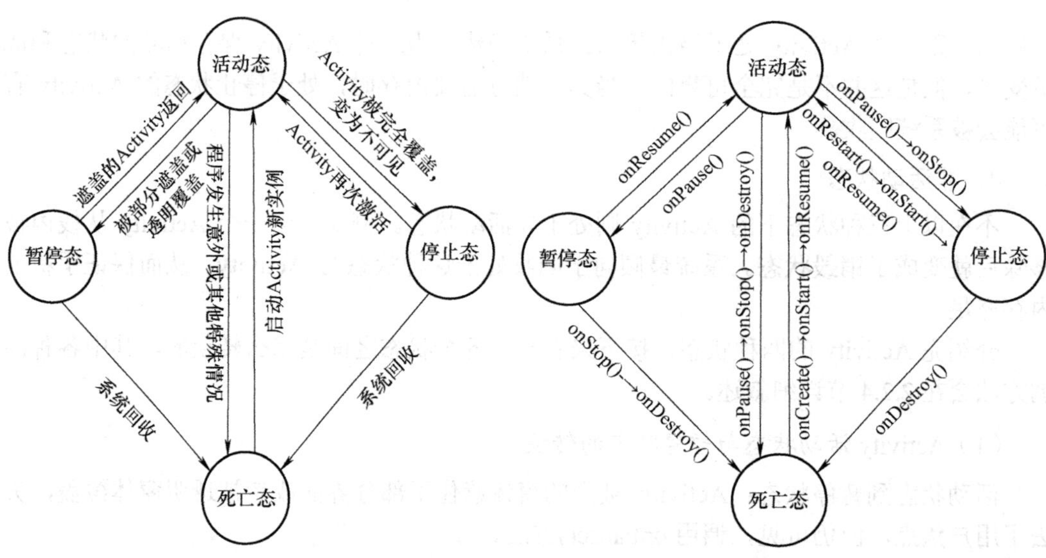

图 2-4　Activity 各个状态之间的转换关系　　图 2-5　Activity 状态转换与事件回调函数的关系

2.2.4　Activity 的生命周期

前面提到 Activity 是用户和应用程序交互的窗口，是呈现给手机用户的界面窗体。下面从 Activity 的创建出发探究 Activity 组件如何用于应用开发。

例 2-1　创建一个生命周期的 NewActivity.Java 代码。

```
1 package edu.neu.androidlab.newactivity;
2
3 import android.support.v7.app.AppCompatActivity;
4 import android.os.Bundle;
5 import android.widget.Button;
6 import android.widget.TextView;
7
8 public class NewActivity extends AppCompatActivity {
9   private TextView m_txtNewAct=null;
10   private Button m_btnNewAct=null;
11  /** Called when the activity is first created.**/
12 @Override
13   protected void onCreate(Bundle savedInstanceState) {
14      super.onCreate(savedInstanceState);
15      setContentView(R.layout.activity_new);
16      m_btnNewAct=(Button)findViewById(R.id.btnNewAct);
17      m_txtNewAct=(TextView)findViewById(R.id.txtNewAct);
18   }
19 }
```

从代码第 8 行可以看出，一个 Activity 就是一个 Java 类。代码第 13 行复写了基类的

onCreate()方法，并且在 14 行调用了父类的 onCreate()方法，这在创建 Activity 时同样是必须的，在 Activity 第一次运行时总会首先执行 onCreate()方法，此方法的作用类似于其他面向对象语言中的构造函数。代码 15 行采用 setContentView()方法设置布局文件，代码 16 和 17 行的 findViewById()方法功能是通过控件 ID 属性获得所需的控件对象，此方法返回 View 类，View 类是 Android 系统的控件基类，可以通过强制类型转换转化成所需的控件对象。创建 Activity 时，除了需要继承基类和复写 onCreate()方法外，每个 Activity 还必须在 AndroidManifest.xml 中注册。

AndroidManifest.xml 文件中声明 Activity 的代码如下：

```
1 <?xml version="1.0" encoding="utf-8"?>
2 <manifest xmlns:android="http://schemas.android.com/apk/res/android"
3 package=" edu.neu.androidlab.newactivity">
4
5   <application
6        android:allowBackup="true"
7        android:icon="@mipmap/ic_launcher"
8        android:label="@string/app_name"
9        android:roundIcon="@mipmap/ic_launcher_round"
10       android:supportsRtl="true"
11       android:theme="@style/AppTheme">
12       <activity android:name=".NewActivity">
13           <intent-filter>
14               <action android:name="android.intent.action.MAIN" />
15
16               <category android:name="android.intent.category.LAUNCHER" />
17           </intent-filter>
18       </activity>
19   </application>
20
21 </manifest>
```

在应用程序 application 元素中声明了前面所定义的 Activity，在 application 元素中同样可以声明 Service、BroadcastReceiver 和 ContentProvider。第 8 行属性 android:label 定义了 Activity 的标签名称，此名称将在 Activity 界面上面以标题形式显示，@string/app_name 是一种资源引用方式，其真实值是 res/values/string.xml 文件中 app_name 元素代表的字符串值。代码第 12 行属性 android:name 定义了实现 Activity 类的名称，其值有两种实现形式，一种是使用全称 com.NewActivity，另外一种是使用简化后的类名称.NewActivity，其中的“.”不可省略。intent-filter 元素中包含了两个子元素 action 和 category，这些元素的意义将在后面详细介绍，在这里 intent-filter 的功能就是设置程序的启动主窗体为包含它的 Activity。

至此，在创建的 Activity 上可以按照需要布局必要的界面控件，如上面的 Activity 上添加了一个按钮（Button）和一个文本框（TextView），其声明的代码如下所示：

```
<?xml version="1.0" encoding="utf-8"?>
<LinearLayout xmlns:android="http://schemas.android.com/apk/res/android"
        android:orientation="vertical"
        android:layout_width="match_parent"
        android:layout_height="match_parent">
<TextView
        android:layout_width="match_parent"
        android:layout_height="wrap_content"
        android:id="@+id/txtNewAct"
        android:text="Hello Android!"/>
<Button
            android:id="@+id/btnNewAct"
        android:layout_width="match_parent"
        android:layout_height="wrap_content"
        android:text="Button"/>
</LinearLayout>
```

属性 android:layout_width 定义控件横向宽度，属性 android:layout_height 定义控件纵向高度，属性 android:layout_width 和属性 android:layout_height 的可选值均为 match_parent 与 wrap_content。match_parent 值代表填充父控件，wrap_content 值代表按照内容填充。属性 android:id 定义控件唯一标识名称，“@+id”告诉系统在 R.java 文件中生成相应的值。

Activity 的创建预示着整个组件生命周期的开始，Activity 生命周期是指 Activity 从启动到销毁的全过程，在生命周期中起重要作用的是它的事件回调函数。Activity 提供了七个生命周期的事件回调函数，在这些事件回调函数中添加相应的功能代码可以实现或者完成相应的功能。系统中 Activity 类实现的事件回调函数，各个事件回调函数的用法可参考表 2-1，其各函数在整个生命周期中的调用顺序和调用时机如图 2-6 所示。

表 2-1　Activity 生命周期事件回调函数

方　法	描　述	是否可终止	可后续方法
onCreate()	Activity 第一次被创建时调用，方法内部可以用于完成 Activity 的初始化、创建 View 控件和绑定数据等	否	onStart()
onStart()	Activity 显示在屏幕上，对用户可见时调用此方法	否	onResume() 或 onStop()
onRestart()	Activity 从停止状态进入活动状态前，调用此方法	否	onStart()
onResume()	Activity 开始和用户交互，用户可输入信息时调用此方法	否	onPause()
onPause()	当系统将重新启动前一个 Activity 或者开始新的 Activity 调用当前 Activity 的此方法，即当前 Activity 进入暂停状态。此方法常用于保存改动的数据或者释放必要的内存	是	onResume() 或 onStop()

（续）

方　法	描　述	是否可终止	可后续方法
onStop()	当 Activity 对用户不可见时调用，通常由于新的 Activity 启动并覆盖当前的 Activity 或者当前 Activity 被销毁	是	onRestart() 或 onDestroy()
onDestroy()	Activity 被彻底销毁前最后调用的方法，通常由于用户主动使用 finish()方法或者系统释放必要内存	是	无

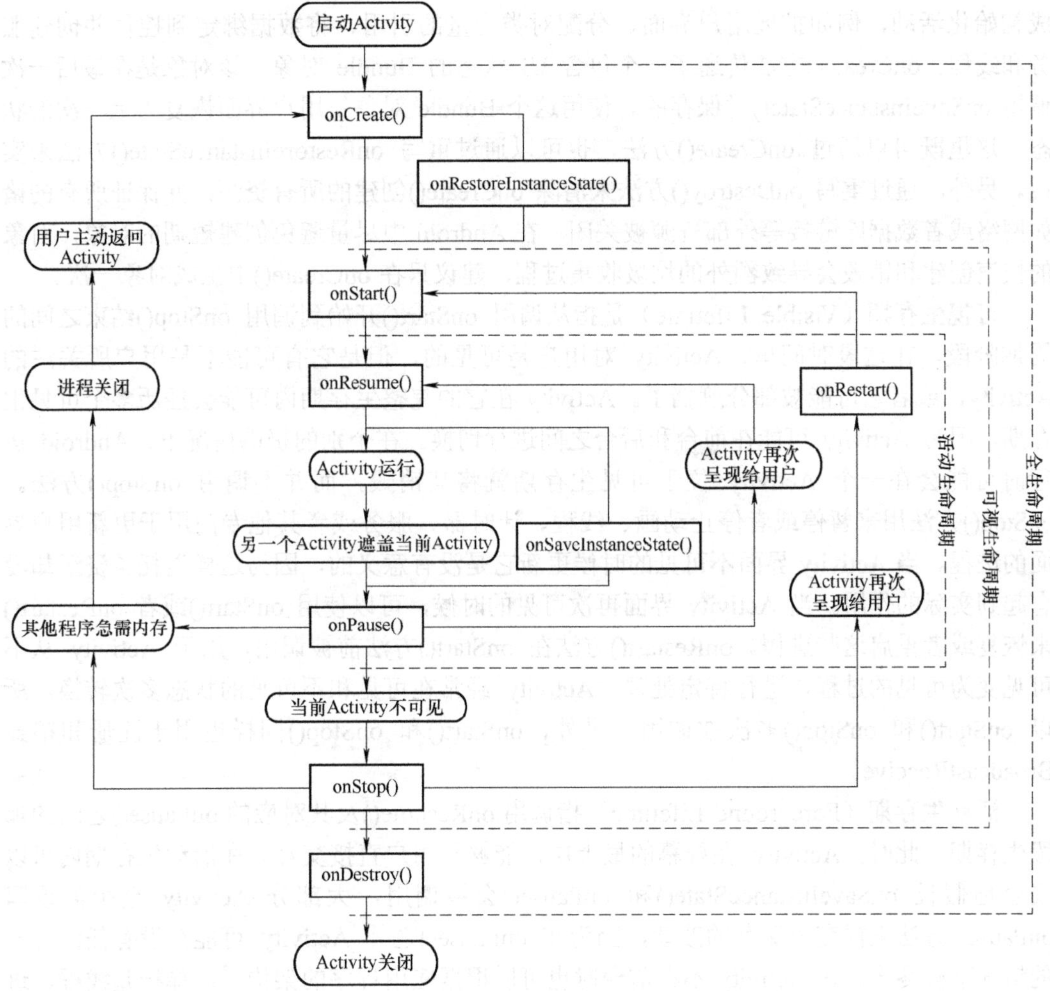

图 2-6　事件回调函数调用顺序和调用时机

Activity 除了七个生命周期的回调函数外，还有两个函数在整个生命周期中同样具有举足轻重的地位，分别是 onRestoreInstanceState()和 onSaveInstanceState()。这两个函数不是生命周期的回调函数，在 Android 系统由于资源紧张需要终止一个 Activity 而此 Activity 会在稍后一段时间仍要显示给用户时的情况下调用。onSaveInstanceState()方法在系统资源不足终止 Activity 前调用，用以保存 Activity 状态信息，供 onRestoreInstanceState()或者 onCreate()方法恢复 Activity 用。onRestoreInstanceState()方法恢复 onSaveInstanceState()保存的 Activity 状态信息，在 onStart()和 onResume()之间调用。

Activity 可以分为完整生存期、可视生存期和活动生存期，其中每个生存期中都包含相应的事件回调函数。三个生存期的关系是包含与被包含的关系，在整个 Activity 生命周期中由外到内，由完整到具体。

完整生存期（Entire Lifetime）几乎和 Activity 的完整生命周期等价，属于从 onCreate()方法的第一次调用开始到 onDestroy()方法的最后一次调用为止的生命段。此生存期存在 Activity 进程被终止而没有调用 onDestroy()方法的特殊情况。onCreate()方法完成初始化活动，例如扩展用户界面、分配对类变量的引用、将数据绑定到控件并创建服务和线程。onCreate()方法传递了一个包含 UI 状态的 Bundle 对象，该对象是在最后一次调用 onSaveInstanceState()时保存的。使用这个 Bundle 对象将用户界面恢复为上一次的状态，这里既可以通过 onCreate()方法，也可以通过重写 onRestoreInstanceState()方法来实现。另外，通过重写 onDestroy()方法来清除 onCreate()创建的所有资源，并保证所有的诸如网络或者数据库链接等外部资源被关闭。在 Android 中尽量避免创建短期的对象，对象的快速创建和销毁会导致额外的垃圾收集过程，建议只在 onCreate()中生成对象一次。

可视生存期（Visible Lifetime）是指从调用 onStart()开始到调用 onStop()结束之间的周期阶段。在这段时间里，Activity 对用户是可见的，但是它有可能不是用户所关注的 Activity，或者它可能被部分遮挡了。Activity 在它的完整生存期内可能会经历多个可见生存期，因为 Activity 可能在前台和后台之间进行切换。在个别的极端情况下，Android 运行时可能会在一个 Activity 位于可见生存期就将其销毁，而并不调用 onStop()方法。onStop()方法用来暂停或者停止动画、线程、计时器、服务或者其他专门用于更新用户界面的进程。当 Activity 界面不可见的时候更新它是没有意义的，因为这样消耗了资源却没有起到实际的作用。当 Activity 界面再次可见的时候，可以使用 onStart()或者 onRestart()来恢复或者重启这些进程。onRestart()方法在 onStart()方法前被调用，用于 Activity 从不可见变为可见的过程，进行特定处理。Activity 经常在可见和不可见的状态多次转换，所以 onStart()和 onStop()多次被调用。另外，onStart()和 onStop()同样也用于注册和销毁 BroadcastReceive。

活动生存期（Foreground Lifetime）指调用 onResume()及其对应的 onPause()之间的那段生存期，此时，Activity 在屏幕的最上层，能够与用户直接交互。在活动生存期内可以安全地假设 onSaveInstanceState()和 onPause()会被调用，大部分 Activity 至少需重写 onPause()方法来提交未保存的改动，因为在 onPause()之外 Activity 可能在没有任何警告的情况下被终止。在 Activity 不在前台时也可以根据应用程序的架构，选择挂起线程、进程或者广播接收器。onResume()方法可以是轻量级的，因为要求加载 Activity 界面的时候可以由 onCreate()和 onRestoreIntanceState()方法处理。使用 onResume()可以重新注册已经使用 onPause()停止的广播接收器或者其他进程。onPause()最好也是轻量级的，因为下一个要显示到前台的 Activity 的 onRsume()，要等当前 Activity 的 onPause 返回后才执行。所以，尽量让 onPause()方法中的代码执行迅速，让 onResume()方法中的代码尽可能少，以保证在前台和后台之间进行切换的时候程序能够保持响应。

下面通过编写代码查看 Activity 生命周期中主要事件回调函数的执行顺序。首先单击导航栏 File 新建一个 ActivityLifeCycleTest 项目，主活动创建完成后，再创建两个子活动。右击 androidlab.neu.edu.activitylifecycletest 包→New→Activity→EmptyActivity，新建活动的名字是 NormalActivity，同时生成其布局文件。然后用同样方式创建 DialogActivity。接下来给出各个活动的.java 代码和.xml 文件代码。

例 2-2　编辑 activity_normal.xml 文件，代码如下：

```
<?xml version="1.0" encoding="utf-8"?>
<LinearLayout xmlns:android="http://schemas.android.com/apk/res/android"
        android:orientation="vertical"
        android:layout_width="match_parent"
        android:layout_height="match_parent">
<TextView
        android:layout_width="match_parent"
        android:layout_height="wrap_content"
        android:text="This is a normal activity"/>
</LinearLayout>
```

这个布局里使用了线性布局和 TextView，用于显示一行文字，在下一章详细讲解。下面编辑 activity_dialog.xml 文件，代码如下：

```
<?xml version="1.0" encoding="utf-8"?>
<LinearLayout xmlns:android="http://schemas.android.com/apk/res/android"
        android:orientation="vertical"
        android:layout_width="match_parent"
        android:layout_height="match_parent">
 <TextView
        android:layout_width="match_parent"
        android:layout_height="wrap_content"
        android:text="This is a dialog activity"/>
</LinearLayout>
```

这两个布局文件的代码几乎相同，只是显示的文字不同。从名字上就能看出，它们一个是普通活动一个是对话框式的活动，两者区别体现在 AndroidManifest.xml 文件中，修改的代码如下：

```
<?xml version="1.0" encoding="utf-8"?>
<manifest xmlns:android="http://schemas.android.com/apk/res/android"
 package=" edu.neu.androidlab.activitylifecycletest">

  <application
      android:allowBackup="true"
      android:icon="@mipmap/ic_launcher"
      android:label="@string/app_name"
      android:roundIcon="@mipmap/ic_launcher_round"
      android:supportsRtl="true"
      android:theme="@style/AppTheme">
```

```
12      <activity android:name=".MainActivity">
13          <intent-filter>
14              <action android:name="android.intent.action.MAIN" />
15
16              <category android:name="android.intent.category.LAUNCHER" />
17          </intent-filter>
18      </activity>
19     <activity android:name=".NormalActivity" >
20      </activity>
21      <activity android:name=".DialogActivity"
22       android:theme="@style/Base.Theme.AppCompat.Dialog">
23      </activity>
24    </application>
25
26 </manifest>
```

这里是两个活动的注册代码，但是 DialogActivity 的代码有些不同，第 22 行给它使用了一个 android:theme 属性，这是用于给当前活动自定主题的，Android 系统内置有很多主题可以选择，当然也可以定制自己的主题。接下来修改主活动的布局文件 activity_main.xml，代码如下：


```
<?xml version="1.0" encoding="utf-8"?>
<LinearLayout xmlns:android="http://schemas.android.com/apk/res/android"
        android:orientation="vertical"
        android:layout_width="match_parent"
        android:layout_height="match_parent">

<Button
      android:id="@+id/start_normal_activity"
      android:layout_width="match_parent"
      android:layout_height="wrap_content"
      android:text="Start NormalActivity"/>

<Button
      android:id="@+id/start_dialog_activity"
      android:layout_width="match_parent"
      android:layout_height="wrap_content"
      android:text="Start DialogActivity"/>

</LinearLayout>
```

可以看到在 LinearLayout 中加入了两个按钮，一个用于启动 NormalActivity，一个用于启动 DialogActivity。布局文件编辑好之后修改一下.java 文件，MainActivity 的代码如下：

```
package edu.neu.androidlab.activitylifecycletest;

```

```
import android.content.Intent;
import android.nfc.Tag;
import android.support.v7.app.ActionBar;
import android.support.v7.app.AppCompatActivity;
import android.os.Bundle;
import android.util.Log;
import android.view.View;
import android.widget.Button;

public class MainActivity extends AppCompatActivity {
  public static final String TAG = "MainActivity";
   @Override
protected void onCreate(Bundle savedInstanceState) {
       super.onCreate(savedInstanceState);
       setContentView(R.layout.activity_main);
       Log.i(TAG,"onCreate");
       Button startNormalActivity=(Button)findViewById(R.id.start_normal_activity);
       Button startDialogActivity=(Button)findViewById(R.id.start_dialog_activity);
       startNormalActivity.setOnClickListener(new View.OnClickListener() {
          @Override
public void onClick(View v) {
              Intent intent=new Intent(MainActivity.this,NormalActivity.class);
              startActivity(intent);
          }
       });
       startDialogActivity.setOnClickListener(new View.OnClickListener() {
          @Override
public void onClick(View v) {
              Intent intent=new Intent(MainActivity.this,DialogActivity.class);
              startActivity(intent);
          }
       });
   }
   @Override
protected void onStart(){
       super.onStart();
       Log.i(TAG,"onStart");
   }
   @Override
   protected void onResume(){
       super.onResume();
       Log.i(TAG,"onResume");
   }
   @Override
protected void onPause(){
       super.onPause();
```

```
        Log.i(TAG,"onPause");
    }
    @Override
protected void onStop(){
        super.onStop();
        Log.i(TAG,"onStop");
    }
    @Override
protected void onDestroy(){
        super.onDestroy();
        Log.i(TAG,"onDestroy");
    }
    @Override
protected void onRestart(){
        super.onRestart();
        Log.i(TAG,"onRestart");
    }

}
```

在 onCreate()方法中，分别注册了按钮单击事件，单击第一个按钮会启动 NormalActivity，单击第二个按钮会启动 DialogActivity。然后在 Activity 的七个回调方法中分别打印了一句话，这样就可以通过观察日志 Logcat 的方式更加直观地理解活动的生命周期以及回调方法的调用时刻和顺序。NormalActivity 和 DialogActivity 中的代码不用动。整体的代码编辑完之后，就可以运行了。运行程序的初始效果如图 2-7 所示。

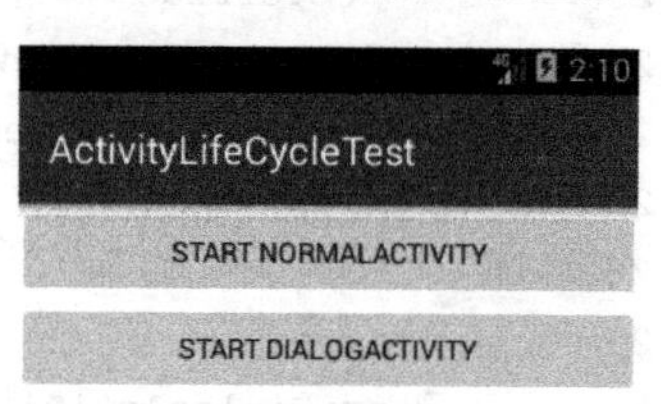

图 2-7　MainActivity 界面

在调试代码的时候若要查看调试信息，需要使用 Android Log 类。android.util.Log 的常用方法有以下五个：Log.v()、Log.d()、Log.i()、Log.w()和 Log.e()，根据首字母对应 VERBOSE、DEBUG、INFO、WARN、ERROR。例子中使用的 Log.i()的输出为绿色，一般提示性的消息 information 不会输出 Log.v()和 Log.d()的信息，但会显示 i、w 和 e 的信息。

此时观察打印日志，单击左下角 Android Monitor→logcat 模式选择 Info，如图 2-8 所示。

```
07-26 03:42:47.152 3264-3264/androidlab.neu.edu.activitylifecycletest I/MainActivity: onCreate
07-26 03:42:47.154 3264-3264/androidlab.neu.edu.activitylifecycletest I/MainActivity: onStart
07-26 03:42:47.154 3264-3264/androidlab.neu.edu.activitylifecycletest I/MainActivity: onResume
```

图 2-8　启动程序时的打印日志

可以看到，当 MainActivity 第一次被创建时会依次执行 onCreate()、onStrat()和 onResume()方法。然后单击第一个按钮，启动 NormalActivity，如图 2-9 所示，此时打印日志如图 2-10 所示。

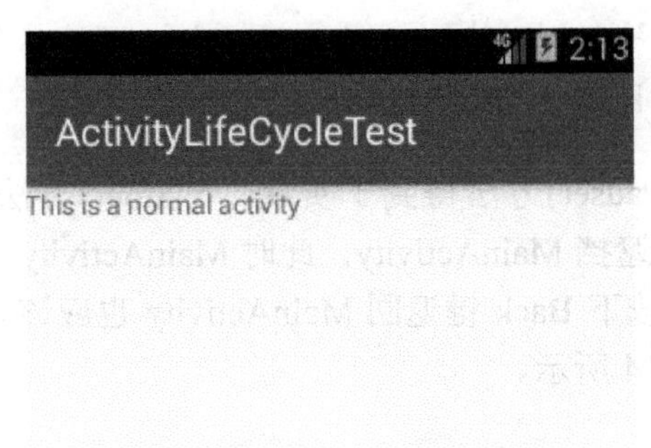

图 2-9　NormalActivity 界面

```
07-26 03:47:20.023 3264-3264/androidlab.neu.edu.activitylifecycletest I/MainActivity: onPause
07-26 03:48:12.500 3264-3264/androidlab.neu.edu.activitylifecycletest I/MainActivity: onStop
```

图 2-10　打开 NormalActivity 时的打印日志

由于 NormalActivity 已经把 MainActivity 完全遮挡住了，因此 onPause()和 onStop()方法都会得到执行。然后按下 Back 键返回 MainActivity，打印日志如图 2-11 所示。

```
07-26 03:50:17.759 3264-3264/androidlab.neu.edu.activitylifecycletest I/MainActivity: onRestart
07-26 03:50:17.759 3264-3264/androidlab.neu.edu.activitylifecycletest I/MainActivity: onStart
07-26 03:50:17.760 3264-3264/androidlab.neu.edu.activitylifecycletest I/MainActivity: onResume
```

图 2-11　返回 MainActivity 的打印日志

由于之前 MainActivity 已经进入了停止状态，所以 onRestart()方法会得到执行，之后又会依次执行 onStart()和 onResume()方法。注意此时 onCreate()方法不会执行，因为 MainActivity 并没有重新创建。然后单击第二个按钮，启动 DialogActivity，界面效果如图 2-12 所示。此时打印日志，如图 2-13 所示。

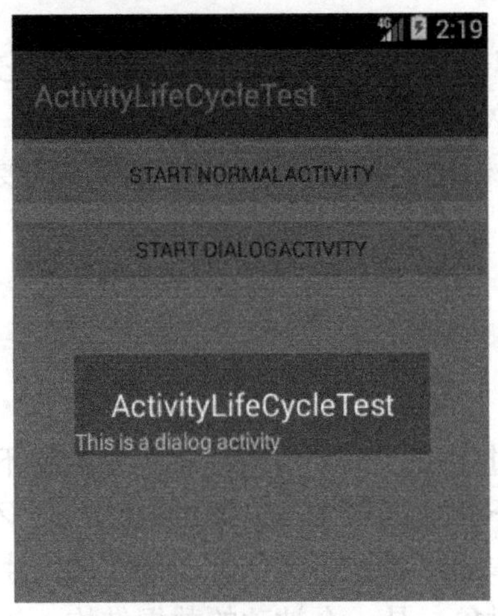

图 2-12　DialogActivity 界面

```
07-26 03:52:31.074 3264-3264/androidlab.neu.edu.activitylifecycletest I/MainActivity: onPause
```

图 2-13 打开 DialogActivity 时的打印日志

可以看到，只有 onPause()方法得到了实现，onStop()方法并没有执行，这是因为 DialogActivity 并没有完全遮挡 MainActivity，此时 MainActivity 进入了暂停状态，并没有进入停止状态。相应地，按下 Back 键返回 MainActivity 也应该只有 onResume()方法会得到执行，打印日志如图 2-14 所示。

```
07-26 03:54:48.231 3264-3264/androidlab.neu.edu.activitylifecycletest I/MainActivity: onResume
```

图 2-14 再次返回 MainActivity 的打印日志

最后在 MainActivity 主界面按下 Back 返回键退出程序，打印日志如图 2-15 所示。依次会执行 onPause()、onStop()和 onDestroy()方法，最终销毁 MainActivity。

```
07-26 03:56:19.352 3264-3264/androidlab.neu.edu.activitylifecycletest I/MainActivity: onPause
07-26 03:56:47.304 3264-3264/androidlab.neu.edu.activitylifecycletest I/MainActivity: onStop
07-26 03:56:47.304 3264-3264/androidlab.neu.edu.activitylifecycletest I/MainActivity: onDestroy
```

图 2-15 退出程序时的打印日志

上面内容详细介绍了 Activity 的生命周期，在 Android 应用开发中，Activity 的生命周期中还需注意以下几点：

1）当 Activity 处于暂停或停止状态时，操作系统内存不足可能会销毁 Activity，或者因为其他意外突发情况，Activity 被操作系统销毁，内存回收时 onSaveInstanceState()会被调用，但是当用户主动销毁一个 Activity 时（例如，按返回键）onSaveInstanceState()就不会被调用。onSaveInstanceState()适合保存一些临时性的数据，onPause()适合保存一些持久化的数据。

2）onRestoreInstanceState()是在 onStart()和 onCreate()之间执行，用户恢复 Activity UI 状态。

3）如果数据比较重要但是仍在运算当中，则应该缓存它们，如果运算结束并且得到了结果，则应该对其进行持久化操作。

4）只要 Activity 被覆盖一定会调用 onPause()方法，只要 Activity 重新回到前台一定会调用 onResume()方法。

2.3 Intent 意图

开发 Android 应用程序过程中，一个应用程序包含多种不同的组件或者包含多个相同的组件，例如 Activities、Services 或者 BroadcastReceivers，不同组件之间的通信靠 Intent 机制完成。Intent 是一个动作的完整描述，包含了动作的产生组件、接收组件和传递的数据信息。Intent 本身是一个对象，是一个被动的数据结构，该数据结构包含被执行动作的抽象描述，所以 Intent 也可称为一个在不同组件之间传递的消息，这个消息在到达接收组件后，接收组件会执行相关的动作。一般来说，Intent 作为参数来使用，协助完成 Android 各个组件之间的通信，比如调用 startActivity（Intent）可以启动 Activity，调用 broadcastIntent（Intent）可以把 Intent 发送给任何相关的 IntentReceiver 组件，调用 startService（Intent, Bundle）以及 bindService（Intent, String, ServiceConnection, int）可以让应用和后台服务进行通信。

本节主要讲述 Intent 对象和通过 Intent 实现 Activity 组件之间的通信，其他组件之间的通信将在后续章节中讲述。

2.3.1　Intent 基本构成

Intent 对象抽象地描述了要执行的动作，其描述的基本内容分为六部分：

1）组件名称（Component Name）。

2）动作（Action）。

3）数据（Data）。

4）类别（Category）。

5）附加信息（Extra）。

6）标记（Flag）。

1．组件名称（Component Name）

组件名称是指 Intent 目标组件的名称，组件名称是一个 ComponentName 对象，这种对象名称是目标组件完全限定类名和目标组件所在应用程序的包名的组合。组件中包名不一定要和 AndroidManifest.xml 文件中的包名完全匹配。

组件名称是一个可选项，如果 Intent 消息中指明了目标组件的名称，这就是一个显式消息，Intent 会传递给指明的组件。如果目标组件名称并没有指定，Android 则通过 Intent 内的其他信息和已注册的 IntentFilter 的比较来选择合适的目标组件。组件名字通过 setComponent()、setClass()或 setClassName()设置，通过 getComponent()读取。

2．动作（Action）

Action 描述 Intent 所触发动作名字的字符串，对于 BroadcastIntent 来说，Action 指被广播出去的动作。理论上 Action 可以为任何字符串，而与 Android 系统应用有关的 Action 字符串以静态字符串常量的形式定义在了 Intent 类中。Android 系统支持用于 Activity 组件的常见 Action 字符串常量如表 2-2 所示。类似于一个方法名决定了参数和返回值，动作很大程度上决定了接下来 Intent 如何构建，特别是数据和附加字段。一个 Intent 对象的动作通过 setAction()方法设置，通过 getAction()方法读取。

表 2-2　Android 系统支持用于 Activity 组件的常见 Action 字符串常量

动　作	说　明
ACTION_ANSWER	打开接听电话的 Activity，默认为 Android 内置的拨号盘界面
ACTION_CALL	打开拨号盘界面并拨打电话，使用 Uri 中的数字部分作为电话号码
ACTION_DELETE	打开一个 Activity，对所提供的数据进行删除操作
ACTION_DIAL	打开内置拨号盘界面，显示 Uri 中提供的电话号码
ACTION_EDIT	打开一个 Activity，对所提供的数据进行编辑操作

（续）

动　作	说　明
ACTION_INSERT	打开一个 Activity，在提供数据的当前位置插入新项
ACTION_PICK	启动一个子 Activity，从提供的数据列表中选取一项
ACTION_SEARCH	启动一个 Activity，执行搜索动作
ACTION_SENDTO	启动一个 Activity，向数据提供的联系人发送信息
ACTION_SEND	启动一个可以发送数据的 Activity
ACTION_VIEW	最常用的动作，对以 Uri 方式传送的数据，根据 Uri 协议部分以最佳方式启动相应的 Activity 进行处理。对于 http:address 将打开浏览器查看；对于 tel:address 将打开拨号呼叫指定的电话号码
ACTION_WEB_SEARCH	打开一个 Activity，对提供的数据进行 Web 搜索

3．数据（Data）

数据是描述 Intent 要操作的数据 URI（Uniform Resource Indentifier，统一资源标识符）和数据 MIME 类型，不同的动作有不同的数据规格。例如，如果动作字段是 ACTION_EDIT，数据字段包含将显示用于编辑的文档 URI；如果动作是 ACTION_CALL，数据字段是一个 tel:URI 表示将拨打的号码；如果动作是 ACTION_VIEW，数据字段是一个 http:URI，接收 Activity 将被调用去下载和显示 URI 指向的数据。

匹配一个 Intent 到一个能够处理数据的组件，通常需要知道数据的类型（它的 MIME 类型）和它的 URI。例如，一个组件能够显示图像数据，不应该被调用去播放一个音频文件。在许多情况下，数据类型能够从 URI 中推测，特别是 content:URIs，它表示位于设备上的数据被内容提供者（Content Provider）控制。但是类型也能够显式地设置，通常使用 setData()方法指定数据的 URI，使用 setType()指定 MIME 类型，使用 setDataAndType()指定数据的 URI 和 MIME 类型，使用 getData()读取 URI，getType()读取类型。

4．类别（Category）

类别指定了将要执行 Action 的其他一些额外的信息，Android 系统支持常见的 Category 字符串常量如表 2-3 所示。通常使用 addCategory()方法添加一个种类到 Intent 对象中，使用 removeCategory()方法删除一个之前添加的种类，使用 getCategories()方法获取 Intent 对象中的所有种类。

表 2-3　Android 系统支持常见的 Category 字符串常量

值	说　明
ALTERNATIVE	Intent 数据默认动作的一个可替换的执行方法
SELECTED_ALTERNATIVE	和 ALTERNATIVE 类似，但替换的执行方法不是指定的，而是被解析出来的
BROWSABLE	声明 Activity 可以由浏览器启动
DEFAULT	为 Intent 过滤器中定义的数据提供默认动作
HOME	设备启动后显示的第一个 Activity
LAUNCHER	在应用程序启动时首先被显示

5．附加信息（Extra）

额外的附加信息，是其他所有附加信息的集合。使用 Extras 可以为组件提供扩展信息，当使用 Intent 连接不同的组件时，有时需要在 Intent 中附加额外的信息，以便将数据传递给目标 Activity。例如 ACTION_TIMEZONE_CHANGED 需要带有附加信息表示新的时区。

Extra 用键值对结构保存在 Intent 对象当中，Intent 对象通过调用方法 putExtras()和 getExtras()来存储和获取 Extra。Extra 是以 Bundle 对象的形式来保存的，Bundle 对象提供了一系列 put 和 get 方法来设置、提取相应键值信息。在 Intent 类中同样为 Android 系统应用的一些 Exrta 的键值定义了静态的字符串常量，如表 2-4 所示。

表 2-4　Android 系统支持常见的 Extra 字符串常量

值	说　明
EXTRA_BCC	装有邮件密送地址的字符串数组
EXTRA_CC	装有邮件抄送地址的字符串数组
EXTRA_EMAIL	装有邮件发送地址的字符串数组
EXTRA_INTENT	使用 ACTION_PICK_ACTIVITY 动作时装有 Intent 选项的键
EXTRA_KEY_EVENT	触发该 Intent 按键的 KeyEvent 对象
EXTRA_PHONE_NUMBER	使用拨打电话相关的 Action 时，电话号码字符串的键，类型为 String
EXTRA_SHORTCUT_ICON	使用 ACTION_CREATE_SHORTCUT 在 Activity 创建快捷方式时，对快捷方式的描述信息。ICON 和 ICON_RESOURCE 描述的是快捷方式的图标，类型分别为 Bitmap 和 ShortcutIconResource
EXTRA_SHORTCUT_ICON_RESOURCE	
EXTRA_SHORTCUT_INTENT	
EXTRA_SHORTCUT_NAME	INTENT 描述的是快捷方式相对应的 Intent 对象。NAME 描述的是快捷方式的名字
EXTRA_SUBJECT	描述信息主体的键
EXTRA_TEXT	使用 ACTION_SEND 动作时，用来描述要发送的文本信息，类型是 ChatSequence
EXTRA_TITLE	使用 ACTION_CHOOSER 动作时，描述对话框标题的键，类型是 ChatSequence
EXTRA_UID	使用 ACTION_UID_REMOVED 动作时，描述删除用户 Id 的键，类型为 Int

6．标记（Flag）

指示 Android 系统如何去启动一个 Activity 和启动之后的处理。例如，活动应该属于哪个任务，是否属于最近的活动列表。通常使用 setFlags()方法和 addFlags()方法设置和添加。

2.3.2　Intent 形式

Android 系统中，明确指出了目标组件名称的 Intent，称为显式 Intent（Explicit Intents），没有明确指出目标组件名称的 Intent，则称为隐式 Intent（Implicit Intents）。

显式 Intent 指定了目标组件，一般调用 setComponent()或者 setClass（Context, Class）设定 Intents 的 component 属性，指定具体的组件类。这些 Intent 一般不包括其他任何信息，通常用于应用程序内部消息，如一个 Activity 启动从属的服务或启动另一个 Activity。

隐式 Intent 没有明确指明目标组件，经常用于启动其他应用程序中的组件。

在应用程序中，一般存在多个 Activity，Intent 实现不同 Activity 的切换和数据传递，根据 Intent 形式的不同，Activity 的启动方式可以分为显式启动和隐式启动。显式启动必须在 Intent 中指明启动的 Activity 所在的包和类，隐式启动则由 Android 系统根据 Intent 的动作和数据来决定启动哪一个 Activity。也就是说在隐式启动时，Intent 中只包含需要执行的动作和所包含的数据，而无需指明具体启动哪一个 Activity，选择权由 Android 系统和最终用户来决定。在 Android 应用程序中，启动哪一个 Activity 并不需要在程序内部直接指明，很多时候也不能明确获知将要启动的 Activity，而需要由 Android 系统根据需要自行决定，这种情况时，就需要隐式启动 Activity。隐式启动 Activity 时，Android 系统在应用程序运行时对 Intent 进行解析，并根据一定的规则对 Intent 和 Activity 进行匹配，使 Intent 上的动作、数据与 Activity 完全吻合。匹配的 Activity 可以是应用程序本身的，也可以是 Android 系统内置的，还可以是第三方应用程序提供的。因此，这种方式更加强调了 Android 应用程序中组件的可复用性。

2.3.3 Intent Filter

Intent Filter，即 Intent 过滤器，是 Android 系统提供的一种机制，根据 Intent 中的动作（Action）、类别（Category）和数据（Data）等内容，对适合接收该 Intent 的组件进行匹配和筛选，用于隐式启动组件过程中。Intent 过滤器同样可以匹配数据类型、路径和协议，还包括可以用来确定多个匹配项顺序的优先级。Android 应用程序中 Activity 组件、Service 组件和 BroadcastReceiver 都可以注册 Intent 过滤器，可以注册一个也可以注册多个。组件如果没有注册任何 Intent 过滤器，则只能接受显式的 Intent，而注册了 Intent 过滤器的组件既可以显式使用 Intent 也可以隐式使用 Intent。只有当一个 Intent 对象的动作（Action）、数据（Data）和类别（Category）同时符合 Intent 过滤器时，才被考虑，附加信息（Extra）和标志（Flag）在此过程中不起作用。

组件注册 Intent 过滤器常见的方法是在 AndroidManifest.xml 文件中用节点<Intent-Filter>描述。当然也可以在代码中动态的为组件设置 Intent 过滤器。在节点<Intent-Filter>中声明<action>、<category>和<data>标签分别定义 Intent 过滤器的动作（Action）、类别（Category）和数据（Data），其支持的属性如表 2-5 所示。

表 2-5 <Intent-Filter>节点支持的属性

标　签	属　性	说　明
<action>	android:name	指定组件所能响应的动作，用字符串表示，通常使用 Java 类名和包的完全限定名构成
<category>	android:category	指定以何种方式去服务 Intent 请求的动作
<data>	android:host	指定一个有效的主机名
	android:mimetype	指定组件能处理的数据类型
	android:path	有效的 URI 路径名
	android:port	主机的有效端口号
	android:scheme	所需要的特定的协议

<category>标签用来指定 Intent 过滤器的服务类别，每个 Intent 过滤器可以定义多个<category>标签，程序开发者可以使用自定义的类别，或使用 Android 系统提供的类别。

Android 系统提供的类别可以参考表 2-6。

表 2-6　Android 系统提供的类别

值	说　明
ALTERNATIVE	Intent 数据默认动作的一个可替代的执行方法
SELECTED_ALTERNATIVE	和 ALTERNATIVE 类似，但替换的执行方法不是指定的，而是被解析出来的
BROWSABLE	声明 Activity 可以由浏览器启动
DEFAULT	为 Intent 过滤器中定义的数据提供默认动作
HOME	设备启动后显示的第一个 Activity
LAUNCHER	在应用程序启动时首先被显示

前面提到，一个 Intent 过滤器有对应于 Intent 对象的 Action、Data 和 Category 的字段。Intent 过滤器要检测隐式 Intent 的这三个字段，其中任何一个失败，Android 系统都不会传递 Intent 给组件。然而，因为一个组件可以有多个 Intent 过滤器，一个 Intent 通不过组件的过滤器检测，其他的过滤器可能通过检测。

在执行动作检测时，虽然一个 Intent 对象仅是单个动作，但是一个 Intent 过滤器可以列出不止一个<action>。另外<Intent-Filter>中<action>列表不能够为空，一个 Intent 过滤器必须至少包含一个<action>子元素，否则它将阻塞所有的 Intent。要通过动作检测，Intent 对象中指定的动作必须匹配过滤器的<action>列表中的一个。如果过滤器没有指定动作，那么没有一个 Intent 将与之匹配，所有的 Intent 将检测失败，即没有 Intent 能够通过过滤器，如果 Intent 对象没有指定动作，将自动通过检查。

在执行类别检测时，一个 Intent 要通过类别检测，Intent 对象中的每个类别必须匹配过滤器中的一个，即过滤器可以列出额外的类别，但是 Intent 对象中的类别都必须能够在过滤器中找到。<category>标签可以定义多个，可使用自定义的类别。原则上如果一个 Intent 对象中没有类别应该总是通过类别检测，而不管过滤器中有什么类别。但是有个例外，Android 对待所有传递给 startActivity()的隐式 Intent，它们至少包含 android.intent.category.DEFAULT（对应 CATEGORY_DEFAULT 常量）。因此，Activity 想要接收隐式 Intent 必须要在 Intent 过滤器中包含 android.intent.category.DEFAULT。

在执行数据检测时，每个<data>元素指定一个 URI 和数据类型（MIME 类型），它有四个属性 scheme、host、port 和 path 对应于 URI 的每个部分，格式如下：scheme://host:port/path。

例如，content://com.proj:80/folder/subfolder/etc

scheme 是 content，host 是/com.proj，port 是 80，path 是 folder/subfolder/etc。host 和 port 一起构成 URI 的凭据（Authority），如果 host 没有指定，port 也被忽略。这四个属性都是可选的，但它们之间并不都是完全独立的，要让凭据有意义，scheme 必须也要指定，要让 path 有意义，scheme 和 authority 也都必须要指定。当比较 Intent 对象和过滤器的 URI 时，仅仅比较过滤器中出现的 URI 属性。例如，如果一个过滤器仅指定了 scheme，所有拥有此 scheme 的 URI 都匹配过滤器；如果一个过滤器指定了 scheme 和 authority，但没有指定 path，所有匹配 scheme 和 authority 的 URI 都通过检测，而不管它们的 path；如果四个属性都指定了，要都匹配才能算是匹配。然而，过滤器中的 path 可以包含通配符来要求匹配 path 中的一部分。<data>元素的 type 属性指定数据的 MIME 类型，Intent 对象和过滤器都可以用“*”通配符匹配子类型字段，例如，“text/*”“audio/*”表示任何子类型。数据检测既要检测 URI，也要检测数据类型。规则如下：

如果一个 Intent 对象既不包含 URI，也不包含数据类型，仅当过滤器也不指定任何 URI 和数据类型时，才不能通过检测，否则都能通过。

如果一个 Intent 对象包含 URI，但不包含数据类型，仅当过滤器也不指定数据类型，同时它们的 URI 匹配，才能通过检测。

如果一个 Intent 对象包含数据类型，但不包含 URI，仅当过滤器也只包含数据类型且与 Intent 相同，才通过检测。

如果一个 Intent 对象既包含 URI，也包含数据类型（或数据类型能够从 URI 推断出），则数据类型部分，只有与过滤器中之一匹配才算通过；URI 部分，它的 URI 要出现在过滤器中，可能有 content:或 file:URI，也可能过滤器没有指定 URI。换句话说，如果它的过滤器仅列出了数据类型，组件假定支持 content:和 file:。

如果一个 Intent 能够通过不止一个 Activity 或服务的过滤器，用户可能会被问哪个组件被激活。如果没有找到目标，则会抛出一个异常。

结合动作检测、类别检测和数据检测，Android 系统中 Intent 过滤器的匹配规则可以概括成以下四点：

1）Android 系统把所有应用程序包中的 Intent 过滤器集合在一起，形成一个完整的 Intent 过滤器列表。

2）在 Intent 与 Intent 过滤器进行匹配时，Android 系统会将列表中所有 Intent 过滤器的动作和类别与 Intent 进行匹配，任何不匹配的 Intent 过滤器都将被过滤掉。没有指定动作的 Intent 过滤器可以匹配任何的 Intent，但是没有指定类别的 Intent 过滤器只能匹配没有类别的 Intent。

3）把 Intent 数据 URI 的每个子部与 Intent 过滤器的<data>标签中的属性进行匹配，如果<data>标签指定了协议、主机名、路径名或 MIME 类型，那么这些属性都要与 Intent 的 URI 数据部分进行匹配，任何不匹配的 Intent 过滤器均被过滤掉。

4）如果 Intent 过滤器的匹配结果多于一个，则可以根据在<intent-filter>标签中定义的优先级标签来对 Intent 过滤器进行排序，优先级最高的 Intent 过滤器将被选择。

接下来用完整的案例对以上内容进行演示。利用 Intent 进行活动的跳转观察显式启动与隐式启动的区别。

例 2-3 Intent 显、隐式活动跳转实例。

建立工程 jumpActivity，主活动名默认分别为 MainActivity。再新建一个活动命名为 Main2Activity。这里需要六个按键，分别是显式/隐式跳转到另一个活动、显式/隐式跳转至拨号和显式/隐式跳转至网页，activity_main.xml 布局文件具体代码如下：

```
<?xml version="1.0" encoding="utf-8"?>
<LinearLayout xmlns:android="http://schemas.android.com/apk/res/android"
        android:layout_width="match_parent"
        android:layout_height="match_parent"
        android:orientation="vertical">
```

```

<TextView
      android:layout_width="wrap_content"
      android:layout_height="wrap_content"
      android:text="主 Activity"
      android:textSize="28sp"/>

<Button
      android:layout_width="wrap_content"
      android:layout_height="wrap_content"
      android:onClick="click1"
      android:text="显示跳转至第二个 Activity" />

<Button
      android:layout_width="wrap_content"
      android:layout_height="wrap_content"
      android:onClick="click2"
      android:text="隐式跳转至第二个 Activity"  />

<Button
      android:layout_width="wrap_content"
      android:layout_height="wrap_content"
      android:onClick="click3"
      android:text="显式跳转至拨号器"/>

<Button
      android:layout_width="wrap_content"
      android:layout_height="wrap_content"
      android:onClick="click4"
      android:text="隐式跳转至拨号器"/>

<Button
      android:layout_width="wrap_content"
      android:layout_height="wrap_content"
      android:onClick="click5"
      android:text="显式跳转至百度"      />

<Button
      android:layout_width="wrap_content"
      android:layout_height="wrap_content"
      android:onClick="click6"
      android:text="隐式跳转至百度"/>

</LinearLayout>
```

此实例采用线性布局、按钮控件 Button 和文本空间 TextView，这些都是布局里经常使用的，详细内容下一章会讲解。布控了六个按键用来实现单击功能，用 TextView 输出文字。代码第 16 行 Activity 继承 View.OnClickListener，由 Activity 实现 OnClick（View view）方法，在 OnClick（View view）方法中也可以用 switch-case 对不同 id 代表的 button 进行相应的处理。生成界面效果如图 2-16 所示。文件 acivity_main2.xml 只需添加一个 TextView 代码如下：

```
<TextView
    android:layout_width="wrap_content"
    android:layout_height="wrap_content"
    android:text="第二个 Activity"/>
```

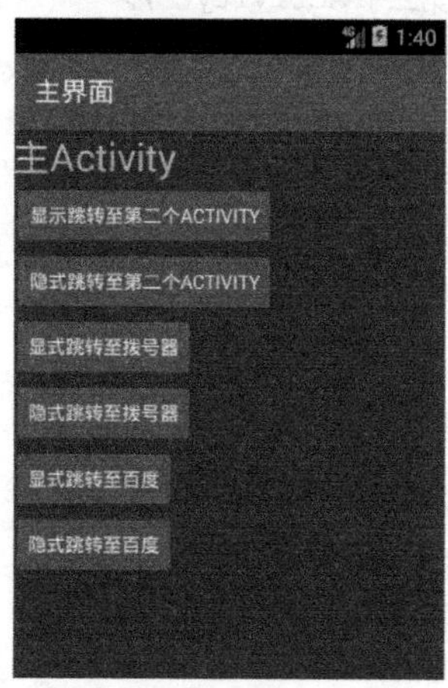

图 2-16　主界面

接下来，再来看看.java 代码是怎么与之映射的，代码如下：

```
1 public class MainActivity extends AppCompatActivity {
2   @Override
3 protected void onCreate(Bundle savedInstanceState) {
4      super.onCreate(savedInstanceState);
5      setContentView(R.layout.activity_main);
6   }
7
8  public void click1(View v){
9      Intent intent = new Intent();
10      intent.setClass(this,Main2Activity.class);
11      startActivity(intent);
12   }
13
14  public void click2(View v){
15      Intent intent = new Intent();
16      intent.setAction("androidlab.neu.edu.jumpactivity.ACTION_START ");
```

```
17      intent.addCategory(Intent.CATEGORY_DEFAULT);
18      startActivity(intent);
19   }
20   public void click3(View v){
21      Intent intent = new Intent();
22
23 intent.setClassName("com.android.dialer","com.android.dialer.DialtactsActivity");
24
25       startActivity(intent);
26    }
27
28    public void click4(View v){
29       Intent intent = new Intent();
30       intent.setAction(Intent.ACTION_DIAL);
31       startActivity(intent);
32   }
33
34    public void click5(View v){
35       Intent intent = new Intent();
36 intent.setClassName("com.android.browser","com.android.browser.BrowserActivity");
37  intent.setData(Uri.parse("http://www.baidu.com"));
38       startActivity(intent);
39    }
40
41 public void click6(View v){
42       Intent intent = new Intent();
43       intent.setAction(Intent.ACTION_VIEW);
44       intent.setData(Uri.parse("http://www.baidu.com"));
45       startActivity(intent);
46    }
47 }
```


第 9 行首先构建了一个新的 Intent，第 10 行直接指定目标 Activity 的类名，传入 MainActivity.this 作为上下文再传入 Main2Activity.class 作为目标活动，这样的意图就很明显了，第 11 行用 startActivity()方法来执行该 Intent。click1 是显式方式在本应用中跳转到 Main2Activity。click2 是隐式方式跳转，与显式不同的是它不用指定目标 Activity，而是设置一个 Action 和 Category，这里 Category 设置成默认 DEFAULT。所以来看一下清单文件。

前面提到，Android 应用程序中，用户使用的每个组件都必须在 AndroidManifest.xml 文件中的<application>节点内注册，下面代码中在 AndroidManifest.xml 文件中使用<activity>标签注册 MainActivity 和 Main2Activity，嵌套在<application>标签内部。第 11～15 行是 MainActivity 的 Intent 过滤器，动作是 android.intent.action.MAIN，类别是 android.intent.category.LAUNCHER。由 Intent 过滤器的动作和类别可知，MainActivity 是

应用程序启动后显示的默认用户界面。第 19～23 行是 Main2Activity 的 Intent 过滤器，类别是 android.intent.category.DEFAULT，表示数据的默认动作。Main2Activity 是通过<activity>标签下配置<intent-filter>的内容，可以指定当前活动的 action 和 category。在<action>标签中指明了当前活动可以响应 com.lyy.sa.ACTION_START 这个 action，而<catrgory>标签则包含了一些附加信息，更精确地指明了当前活动能够响应的 Intent 中还可能带有的 category。只有<action>和<category>中的内容同时能够匹配上 Intent 中指定的 action 和 category 时，这个活动才能响应该 Intent。演示结果如图 2-17 所示。AndroidManifest.xml 代码如下所示：

```
1 <application
2        android:allowBackup="true"
3        android:icon="@mipmap/ic_launcher"
4        android:label="@string/app_name"
5        android:roundIcon="@mipmap/ic_launcher_round"
6        android:supportsRtl="true"
7        android:theme="@style/AppTheme">
8          <activity
9                android:name=".MainActivity"
10               android:label="主界面">
11             <intent-filter>
12                  <action   android:name="android.intent.action.MAIN" />
13
14                  <category android:name="android.intent.category.LAUNCHER" />
15             </intent-filter>
16          </activity>
17          <activity android:name=".Main2Activity"
18               android:label="第二个界面">
19             <intent-filter>
20             <action android:name="androidlab.neu.edu.jumpactivity.ACTION_START" />
21
22                  <category android:name="android.intent.category.DEFAULT" />
23          </intent-filter>
24      </activity>
25   </application>
26
27 </manifest>
```


理解了上面的内容，利用 Intent 跳转至拨号和网址就相对容易许多。回过头看 MainActivity.java 文件的 click3 是显式方式跳转到拨号器，利用 intent.setClassName()指定目标的 Activity 的包名和类名，其中拨号器属性是 dialer，再利用 startActivity()方法启动该 Intent。显式方式跳转到拨号器结果如图 2-18 所示。click4 是隐式方式跳转到拨号器，没有参数传递只需设置拨号器的动作，通过 intent.setAction()方法，属性值为 ACTION_DIAL。隐式方式效果同图 2-18。同理也可以跳转至网页，click5 是显式方式跳转至浏览器，同样通过 intent.setClassName()属性值为 browser。click6 是隐式方式跳转至百度网页，通过 intent.setAction()方法，其中动作设置成 ACTION_VIEW，它是最常用的动作，以 URI 方式传递数据，根据 URI 的数据类型来匹配动作。数据部分的 URI 是 Web 地址，使用 Uri.parse（urlString）方法，可以简单地把一个字符串解释成 URI 对象。此代码的意义就是隐式调用系统内部的 Web 浏览器，打开网址 www.baidu.com。两种方式结果都如图 2-19 所示。

图 2-17　显式跳转和隐式跳转至第二个 Activity

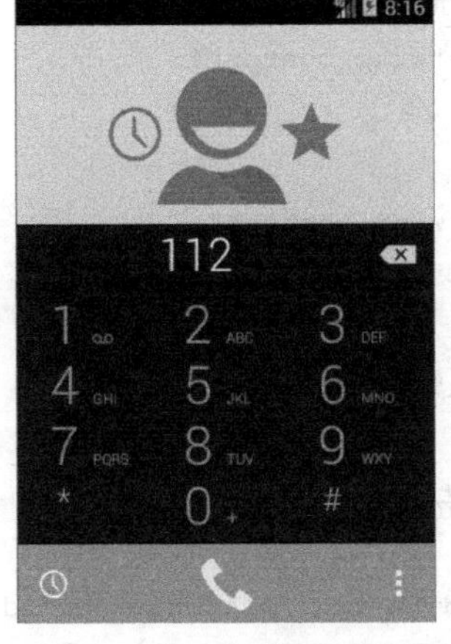

图 2-18　显式/隐式跳转至拨号器

图 2-19　隐式方式跳转至网页

2.3.4　Activity 信息传递

在开发 Android 应用程序过程中，Activity 之间进行信息传递不可避免。Activity 之间信息传递最常见的情形有两种，一种是获取子 Activity 返回值，另一种是传递消息给子 Activity。

下面利用 Intent 在启动活动时传递数据。思路很简单，Intent 中提供了一系列 putExtra()方法的重载可以把想要传递的数据封装到 Intent 中，启动另一个活动后，只需要把这些数据再从 Intent 中取出就可以了。也可以利用 Intent 和 Bundle 传递数据，两种方式的具体代码如下。

例 2-4　用 Intent 传递数据。

建立工程 SendData，实现两个 Activity，分别为 MainActivity、SecondActivity，其中 MainActivity 向 SecondActivity 传递数据。布局文件 MainActivity.xml 代码如下：

```
<LinearLayout
xmlns:android="http://schemas.android.com/apk/res/android "
xmlns:tools="http://schemas.android.com/tools"
      android:orientation="vertical"
      android:layout_width="match_parent"
      android:layout_height="match_parent"
      tools:context=".MainActivity">
```

```
<TextView
        android:layout_width="wrap_content"
    android:layout_height="wrap_content"
        android:text="中国大学排名查询" />
<EditText
        android:id="@+id/et_schoolname"
        android:layout_width="match_parent"
        android:layout_height="wrap_content"
        android:text="东北大学" />
<Button
        android:layout_width="wrap_content"
        android:layout_height="wrap_content"
        android:text="计算"
        android:onClick="click" />
</LinearLayout>
```

布局文件 SecondActivity.xml 代码如下所示：


```
<RelativeLayout xmlns:android="http://schemas.android.com/apk/res/android"
xmlns:tools="http://schemas.android.com/tools"
        android:layout_width="match_parent"
        android:layout_height="match_parent"
        tools:context=".MainActivity" >

<TextView
        android:id="@+id/tv"
        android:layout_width="wrap_content"
        android:layout_height="wrap_content" />

</RelativeLayout>
```

MainActivity.java 文件代码如下：

```
package exampled.com.senddata;

import android.support.v7.app.AppCompatActivity;
import android.os.Bundle;
import android.content.Intent;
import android.view.Menu;
import android.view.View;

public class MainActivity extends AppCompatActivity {

@Override
```

```
12 protected void onCreate(Bundle savedInstanceState) {
13 super.onCreate(savedInstanceState);
14       setContentView(R.layout.activity_main); }
15 public void click(View v){
16       Intent intent = new Intent(this, SecondActivity.class);
17 intent.putExtra("schoolname","东北大学");
18
19       //Bundle bundle = new Bundle();
20      //bundle.putString("schoolname","东北大学");
21       //intent.putExtras(bundle);
22 startActivity(intent);
23   }
24 }
```

MainActivity 中定义了一个 Button 控件，用于启动 SecondActivity，另外还定义了一个 EditText 控件用于显示 SecondActivity 传递的数据。第 16 行利用显式 Intent 方式跳转至 SecondActivity，在用 intent.putExtra()方法把数据封装至 intent 对象中传递给指定活动。还可以利用 Bundle 先将数据封装至 bundle 对象中，再把 bundle 封装在 intent 对象中，随后 intent.putExtras（bundle）传递数据给 SecondActivity。

接下来看一下 SecondActivity.java 文件代码，如下所示：


```
package exampled.com.senddata;

import java.util.Random;
import android.support.v7.app.AppCompatActivity;
import android.os.Bundle;
import android.content.Intent;
import android.widget.TextView;

public class SecondActivity extends AppCompatActivity {

@Override
protected void onCreate(Bundle savedInstanceState) {
super.onCreate(savedInstanceState);
      setContentView(R.layout.activity_second);
 Intent intent = getIntent();
String schoolName = intent.getStringExtra("schoolname");

//   Bundle bundle = intent.getExtras();
//  String schoolName = bundle.getString("schoolname");

Random rd = new Random();
int paiming = rd.nextInt(100);
```

```
23
24 TextView tv = (TextView) findViewById(R.id.tv);
25       tv.setText(schoolName  + "的全国排名为" + paiming);
26    }
27 }
```

SecondActivity 中定义了一个 TextView 控件，代码第 15 行从 intent 对象中把封装好的数据取出来，再利用 intent.getStringExtra()方法得到传入此活动字符串所携带的数据，随后定义一个随机整型数作为排名（排名均为随机数），利用 findViewById（R.id.资源 id）找到对应此资源 id 的内容并以文本形式输出，这里 TextView 的资源即为 SecondActivity.xml 中 TextView 的 android：id="@id/tv"。最终程序的演示效果如图 2-20、图 2-21 所示。与之前 bundle 方法相对应，先取出暂存的 bundleintent.getExtras();再得到数据 bundle.getString("schoolname")。

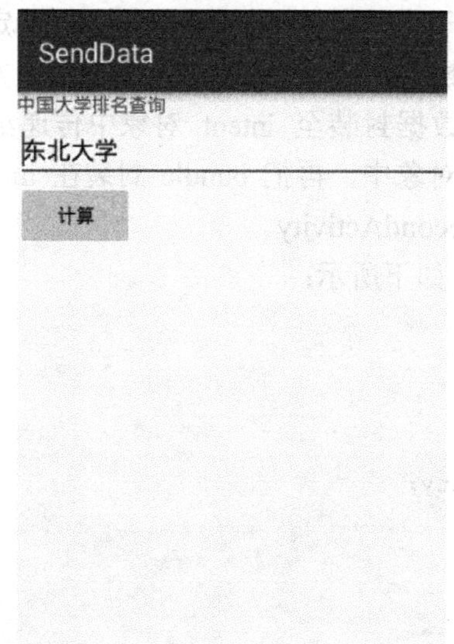

图 2-20　查询界面　　　　图 2-21　显示排名

2.3.5　获取 Activity 返回值

上节讲解了 Activity 数据的传递。那么数据能否返回给上一个活动呢？肯定是可以的，本节就来学习获取 Activity 返回值。主活动获取子活动的返回值一般分为三个步骤：

1）以 Sub-Activity 的方式启动子 Activity。

2）设置子 Activity 的返回值。

3）在主 Activity 中获取返回值。

下面详细介绍每个步骤的过程和代码实现。

1．以 Sub-Activity 的方式启动子 Activity

以 Sub-Activity 方式启动子 Activity，需要调用 startActivityForResult（Intent, requestCode）函数，参数 Intent 用于决定启动哪个 Activity，参数 requestCode 是请求码。因为所有子 Activity 返回时，主 Activity 都调用相同的处理函数，因此主 Activity 使用

requestCode 来确定数据是哪一个子 Activity 返回的。

显式启动子 Activity 的代码如下：

```
int SUBACTIVITY1=1;
Intent intent=newIntent(.this,SubActivity1.class);
startActivityForResult(intent,SUBACTIVITY1);
```

隐式启动子 Activity 的代码如下：

```
int SUBACTIVITY2=2;
Uri uri=Uri.parse("cntent://contacts/people");
Intent intent=new Intent (Intent.ACTION_PICK,uri);
startActivityForResult(intent,SUBACTIVITY2);
```

2．设置子 Activity 的返回值

在子 Activity 调用 finish()函数关闭前，调用 setResult()函数设定需要返回给主 Activity 的数据。setResult()函数有两个参数，一个是结果码，一个是返回值。结果码表明子 Activity 的返回状态，通常为 Activity.RESULT_OK（正常数据返回）或者 Activity.RESULT_CANNELED（取消返回数据），也可以是自定义的结果码，结果码均为整数类型。返回值封装在 Intent 中，也就是说子 Activity 通过 Intent 将需要返回的数据传递给主 Activity。数据主要以 URI 形式返回给主 Activity，此外还可以附加一些额外信息，这些额外信息用 Extra 的集合表示。

以下代码说明了如何在子 Activity 中设置返回值：

```
Uri data=Uri.parse("tel:"+tel_number);
Intentresult=new Intent(null,data);
result.putExtra("address","JD Street");
setResult(RESULT_OK,result);
finish();
```

3．在主 Activity 中获取返回值

当子 Activity 关闭后，主 Activity 会调用 onActivityResult()函数，用来获取子 Activity 返回值。如果需要在主 Activity 中处理子 Activity 返回值，则重载此函数即可。onActivityResult()函数的语法如下：

```
public void onActivityResult(int requestCode,int resultCode,Intent data)
```

其中第一个参数 requestCode 是请求码，用来判断第三个参数是哪一个子 Activity 的返回值；resultCode 用于表示子 Activity 的数据返回状态；data 是子 Activity 的返回数据，返回数据类型是 Intent。根据返回数据的用途不同，URI 数据的协议则不同，也可以使用 Extra 方法返回一些原始类型的数据。接下来用一个实例说明如何以 Sub-Activity 方式启动子 Activity，以及如何使用 Intent 进行组件间通信返回数据。

例 2-5　ActivityCommunication 示例

本例主界面如图 2-22 所示。当用户单击“启动 ACTIVITY1”和“启动 ACTIVITY2”按钮时，程序将分别启动子 SubActivity1 和 SubActivity2，如图 2-23、图 2-24 所示。

SubActivity1 提供了一个输入框，以及“接受”和“撤销”两个按钮。如果在输入框中输入信息后单击“接受”按钮，程序会把输入框中的信息传递给主 Activity，并在主 Activity 的界面文本框位置显示出来。而如果用户单击“撤销”按钮，则程序不会向主 Activity 传递任何信息。SubActivity2 主要是为了说明如何在主 Activity 中处理多个子 Activity，因此仅提供了用于关闭 SubActivity2 的“关闭”按钮。演示效果如图 2-25、图 2-26 所示。

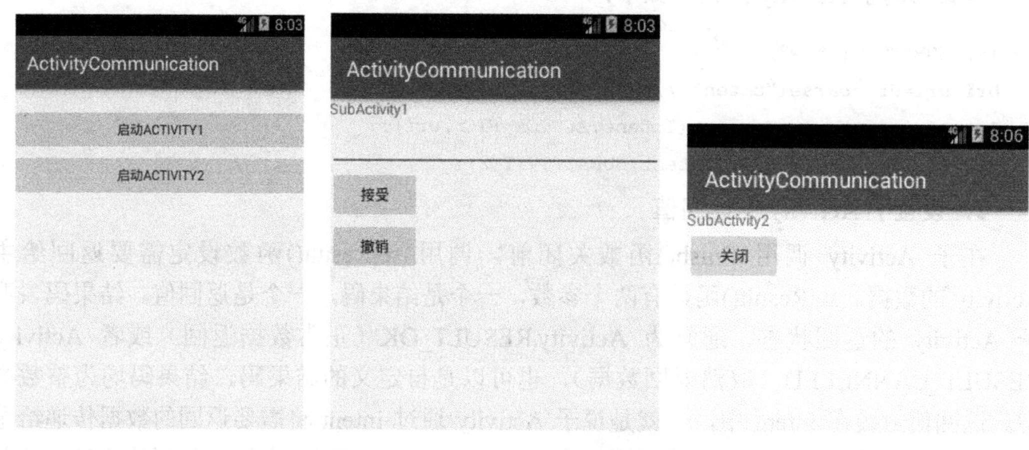

图 2-22　ActivityCommunication 用户界面　　图 2-23　SubActivity1 用户界面　　图 2-24　SubActivity2 用户界面

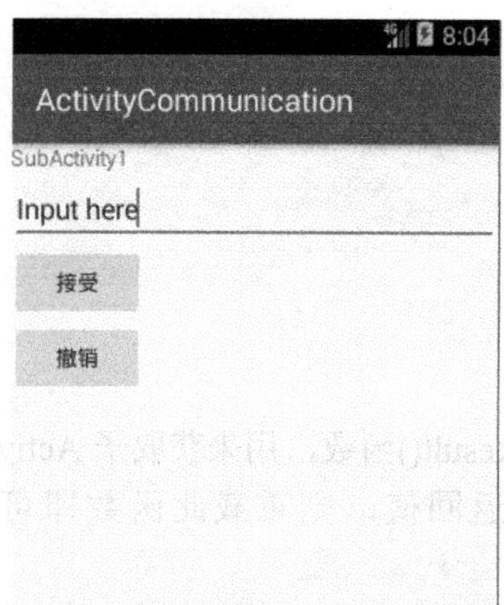

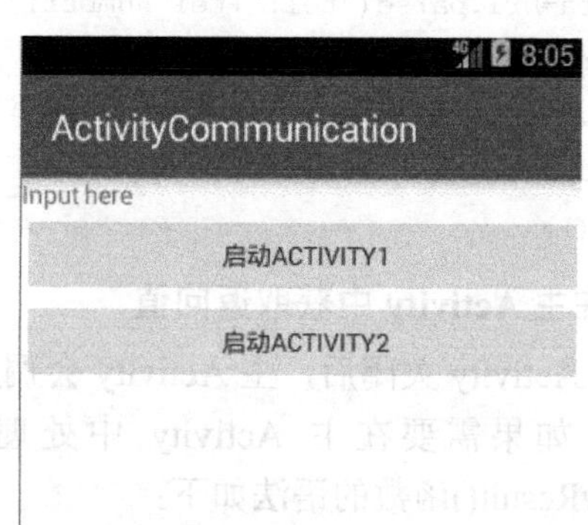

图 2-25　文本框输入 Input here，传入数据　　图 2-26　返回数据 Input here，并在主活动对应文本框位置显示

三个布局文件代码如下所示：

activity_main.xml 代码：

```
<LinearLayout xmlns:android="http://schemas.android.com/apk/res/android"
xmlns:tools="http://schemas.android.com/tools"
        android:orientation="vertical"
        android:layout_width="match_parent"
        android:layout_height="match_parent"
```

```
        tools:context="example.com.activitycommunication.MainActivity">

<TextView
        android:id="@+id/textshow"
        android:layout_width="wrap_content"
        android:layout_height="wrap_content" />
<Button
        android:id="@+id/subactivity1"
        android:layout_width="match_parent"
        android:layout_height="wrap_content"
        android:text="启动 ACTIVITY1"/>
<Button
        android:id="@+id/subactivity2"
        android:layout_width="match_parent"
        android:layout_height="wrap_content"
        android:text="启动 ACTIVITY2"/>

</LinearLayout>
```

activity_sub1.xml 代码：

```
<LinearLayout xmlns:android="http://schemas.android.com/apk/res/android"
xmlns:tools="http://schemas.android.com/tools"
            android:orientation="vertical"
            android:layout_width="match_parent"
            android:layout_height="match_parent"
            tools:context="example.com.activitycommunication.SubActivity1">
<TextView
        android:layout_width="wrap_content"
        android:layout_height="wrap_content"
        android:text="SubActivity1"/>
<EditText
        android:id="@+id/edit"
        android:layout_width="match_parent"
        android:layout_height="wrap_content" />
<Button
        android:id="@+id/accept"
        android:layout_width="wrap_content"
        android:layout_height="wrap_content"
        android:text="接受"/>
<Button
        android:id="@+id/withdraw"
        android:layout_width="wrap_content"
        android:layout_height="wrap_content"
```

```
        android:text="撤销"/>

</LinearLayout>
```

activity_sub2.xml 代码：

```
<LinearLayout xmlns:android="http://schemas.android.com/apk/res/android"
xmlns:tools="http://schemas.android.com/tools"
          android:orientation="vertical"
          android:layout_width="match_parent"
          android:layout_height="match_parent"
          tools:context="example.com.activitycommunication.SubActivity2">
<TextView
          android:layout_width="wrap_content"
          android:layout_height="wrap_content"
          android:text="SubActivity2"/>
<Button
          android:id="@+id/close"
          android:layout_width="wrap_content"
          android:layout_height="wrap_content"
          android:text="关闭"/>

</LinearLayout>
```


下面来分析一下.java 代码，工程的 MainActivity.java 核心代码如下所示：

```
public class MainActivity extends AppCompatActivity {
private static final int SUBACTIVITY1=1;
private static final int SUBACTIVITY2=2;
 TextView textView;
@Override
protected void onCreate(Bundle savedInstanceState) {
super.onCreate(savedInstanceState);
     setContentView(R.layout.activity_main);
textView=(TextView)findViewById(R.id.textshow);
      Button subactivity1=(Button)findViewById(R.id.subactivity1);
      Button subactivity2=(Button)findViewById(R.id.subactivity2);

      subactivity1.setOnClickListener(new View.OnClickListener() {
 @Override
 public void onClick(View view) {
             Intent intent=new Intent(MainActivity.this,SubActivity1.class);
             startActivityForResult(intent,SUBACTIVITY1);
          }
      });
```

```
20      subactivity2.setOnClickListener(new View.OnClickListener() {
21 @Override
22 public void onClick(View view) {
23             Intent intent=new Intent(MainActivity.this,SubActivity2.class);
24             startActivityForResult(intent,SUBACTIVITY2);
25         }
26     });
27   }
28 @Override
29 protected void onActivityResult(int requestCode,int resultCode,Intent data){
30 super.onActivityResult(requestCode,resultCode,data);
31       switch (requestCode){
32               case SUBACTIVITY1:
33               if (resultCode==RESULT_OK){
34                Uri uriData=data.getData();
35                 textView.setText(uriData.toString());
36             }
37             break;
38             case SUBACTIVITY2:
39             break;
40     }
41   }
42 }
```

在代码第 2 行和第 3 行分别定义了两个子 Activity 的请求码。在代码的第 17 行和第 24 行以 SubActivity 的方式分别启动了两个子 Activity。代码第 29 行是子 Activity 关闭后的返回值处理函数，其中 requestCode 是子 Activity 返回的请求码，与第 2 行和第 3 行定义两个请求码相匹配；resultCode 是结果码，在代码第 31 行对结果码进行判断，如果等于 RESULT_OK，在第 34 行代码获取子 Activity 返回值中的数据；data 是返回值，子 Activity 需要返回的数据就保存在 data 中。

SubActivity1.java 的核心代码如下：

```
public class SubActivity1 extends AppCompatActivity {
@Override
protected void onCreate(Bundle savedInstanceState) {
super.onCreate(savedInstanceState);
     setContentView(R.layout.activity_sub1);
final EditText editText=(EditText)findViewById(R.id.edit);
     Button accept=(Button)findViewById(R.id.accept);
     Button withdraw=(Button)findViewById(R.id.withdraw);

      accept.setOnClickListener(new View.OnClickListener() {
@Override
```

```
12 public void onClick(View view) {
13             String uriString=editText.getText().toString();
14              Uri data=Uri.parse(uriString);
15              Intent result=new Intent(null,data);
16              setResult(RESULT_OK,result);
17              finish();
18          }
19      });
20
21      withdraw.setOnClickListener(new View.OnClickListener() {
22 @Override
23 public void onClick(View view) {
24              setResult(RESULT_CANCELED,null);
25              finish();
26          }
27      });
28   }
29 }
```

代码第 14 行将 EditText 控件的内容作为数据保存在 URI 中，并在第 15 行代码中构造 Intent。在第 16 行代码中，RESULT_OK 作为结果码，通过调用 setResult()函数，将 result 设定为返回值。最后在代码第 17 行调用 finish()函数关闭当前子 Activity。

SubActivity2.java 的核心代码如下：

```
1 public class SubActivity2 extends AppCompatActivity {
2 @Override
3 protected void onCreate(Bundle savedInstanceState) {
4 super.onCreate(savedInstanceState);
5       setContentView(R.layout.activity_sub2);
6       Button close=(Button)findViewById(R.id.withdraw);
7       close.setOnClickListener(new View.OnClickListener() {
8 @Override
9 public void onClick(View view) {
10              setResult(RESULT_CANCELED,null);
11              finish();
12          }
13      });
14   }
15 }
```

在 SubActivity2 的代码中，第 10 行的 setResult()函数设置了结果码，第 2 个参数为 null，表示没有数据需要传递给主 Activity。

本 章 小 结

本章主要讲述了 Android 生命周期和组件之间的通信，生命周期主要讲述了 Android 四大组件之一的 Activity 生命周期，包括生命周期函数、栈结构和基本状态三方面。组件的通信靠 Intent 实现，Intent 由六个基本内容构成，分别为组件名称（Component Name）、动作（Action）、数据（Data）、类别（Category）、附加信息（Extra）和标志（Flag）。还介绍了 Activity 启动的显式和隐式两种形式中，如何设置 Intent 和 Intent Filter，以及 Activity 切换时数据传递返回功能的实现。

习　题

1. Android 应用程序中主要包括哪几种类型的组件？
2. 在 Android 的 Activity 组件中有几个生命周期，它们的回调函数分别是什么？
3. Intent 的作用是什么，它主要包括哪些内容？
4. Activity 之间信息传递最常见的情形有哪两种？试通过创建一个应用程序来实现其中一种方式，并在模拟器中显示该结果。

第 3 章　Android 用户界面

UI 是 User Interface（用户界面）的简称，UI 设计则是指对软件的人机交互、操作逻辑以及界面的整体设计。好的 UI 设计不仅让软件变得有个性、有品位，还会使软件的操作变得舒适、简单、自由，充分体现软件的定位和特点。Android 系统作为一个手机开发平台，为用户提供了丰富的可视化用户界面组件，包括开发过程中经常使用到的控件，如常用基础控件、对话框与消息框等。所以，用户可以直接用肉眼看到的屏幕内容便是 UI 中的内容。由此可见，UI 内容是一个 Android 应用程序的外表，决定了用户的第一印象。本节将带领读者一起学习 Android 开发中界面布局的基础知识。

3.1　界面布局

Android 系统中提供了布局管理器用来控制子控件在屏幕中的位置，布局管理器即界面布局（Layout），定义了界面包含的子控件、控件结构和控件间位置关系等信息。Android 系统中提供了六种窗体布局格式，分别为线性布局（Linear Layout）、相对布局（Relative Layout）、表格布局（Table Layout）、网格布局（Grid Layout）、绝对布局（Absolute Layout）和框架布局（Frame Layout）。声明应用程序界面布局的方法有两种，一种是使用 XML 布局文件定义界面布局，另一种是在程序中动态添加布局定义或者修改布局格式。各种布局是可以相互嵌套的，可以使用多个布局格式的组合设计适合需求的整体布局。

3.1.1　线性布局

线性布局（Linear Layout）是 Android 界面布局中最简单的布局，也是最常用和最实用的布局。线性布局最大的特点就是布局元素看上去像一条“线”，其形式有两种，一种是横向线性，一种是纵向线性。横向线性布局的每一列只有一个界面元素，由左到右依序排列；纵向线性布局的每一行只有一个界面元素，由上而下依序排列。线性布局效果如图 3-1 所示。

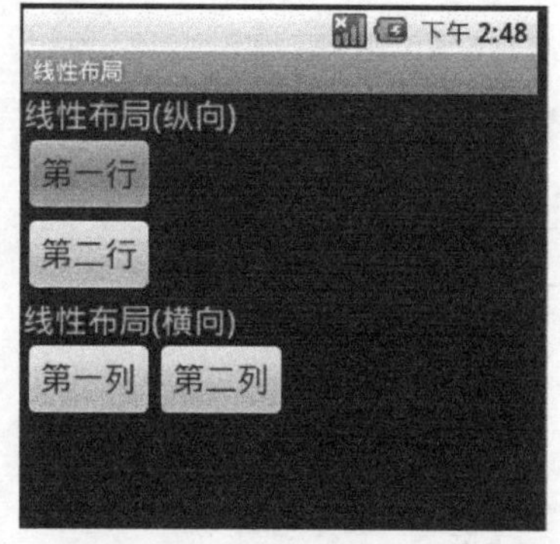

图 3-1　线性布局效果

XML 使用线性布局只需要添加<LinearLayout>标签即可完成，LinearLayout 类中常用 XML 属性和对应设置方法如表 3-1 所示。LinearLayout 子元素常用 XML 属性如表 3-2 所示。

表 3-1 LinearLayout 类中常用 XML 属性和对应设置方法

XML 属性	对 应 方 法	说 明
android:orientation （排列方式）	setOrientation(int)	设置是横向线性布局还是纵向线性布局，horizontal 设置横向线性布局，vertical 设置纵向线性布局，默认为垂直排列
android:gravity （对齐方式，控制内部子元素）	setGravity(int)	设置线性布局的内部元素的布局方式，可以使用“|”设置多个值。属性值常可以取以下值： top(0x30)：不改变大小，对齐容器顶部； bottom(0x50)：不改变大小，对齐容器底部； left(0x03)：不改变大小，对齐容器左部； right(0x50)：不改变大小，对齐容器右部； center_vertical(0x10)：不改变大小，对齐容器纵向中央线； fill_vertical(0x70)：仅纵向拉伸填满容器； center_horizontal(0x01)：不改变大小，对齐容器横向中央线； fill_horizontal(0x07)：仅横向拉伸填满容器； center(0x11)：不改变大小，对齐容器中央位置； fill(0x77)：纵向并横向拉伸填满容器
android:baselineAligned （基线对齐）	setBaselineAligned(Boolean b)	如果该属性为 false，就会阻止该布局管理器与其子元素的基线对齐
android:divider （设分隔条）	setDividerDrawable(Drawable)	设置垂直布局时两个按钮之间的分隔条
android:measureWithLargestChild （权重最小尺寸）	setMeasureWithLargestChildEnable (boolean b)	该属性为 true 时，所有带权重的子元素都会具有最大子元素的最小尺寸

表 3-2 LinearLayout 子元素常用 XML 属性

XML 属性	说 明
android:layout_gravity	指定该元素在 LinearLayout 的对齐方式，也就是该组件本身的对齐方式，注意要与 android:gravity 区分
android:layout_weight	指定该元素在 LinearLayout 剩余位置中所占权重，初始一般设为 0dp。例如都是 1 的情况，哪个方向（LinearLayout 的 orientation 方向）长度都是一样的。

例 3-1 线性布局 main.xml 文件代码如下所示：

```
<TextView
    android:layout_width="match_parent"
    android:layout_height="wrap_content"
    android:textSize="20dp"
    android:text="线性布局(纵向)"/>
<LinearLayout
    android:orientation="vertical"
    android:layout_width="match_parent"
```

```
    android:layout_height="wrap_content">
<Button
    android:layout_width="wrap_content"
    android:layout_height="wrap_content"
    android:textSize="20dp"
    android:text="第一行"/>
<Button
    android:layout_width="wrap_content"
    android:layout_height="wrap_content"
    android:textSize="20dp"
    android:text="第二行"/>
</LinearLayout>
<TextView
    android:layout_width="match_parent"
    android:layout_height="wrap_content"
    android:textSize="20dp"
    android:text="线性布局(横向)"/>
<LinearLayout
    android:orientation="horizontal"
    android:layout_width="match_parent"
    android:layout_height="wrap_content">
<Button
    android:layout_width="wrap_content"
    android:layout_height="wrap_content"
    android:textSize="20dp"
    android:text="第一列"/>
<Button
    android:layout_width="wrap_content"
    android:layout_height="wrap_content"
    android:textSize="20dp"
    android:text="第二列"/>
</LinearLayout>
```


在竖直线性布局中，组件可以左、右对齐，水平居中生效。在水平线性布局中，组件可以顶部、底部对齐，竖直局中生效。

3.1.2 相对布局

相对布局（Relative Layout）是一种利用界面元素之间相对关系而设置界面结构的布局定义方式。通常情况下，首先将其中一个界面元素作为参考元素，其他界面元素根据相对于参考元素的位置关系，例如上、下、左、右，设置对应的界面位置，所以相对布局是一种非常灵活的布局设置方式。RelativeLayout 类常用 XML 属性如表 3-3 所示。

表 3-3　RelativeLayout 类常用 XML 属性

属　　性	说　　明	值
android:layout_centerHorizontal	当前控件位于父控件的横向中间位置	true/false
android:layout_centerVertical	当前控件位于父控件的纵向中间位置	
android:layout_centerInParent	当前控件位于父控件的中央位置	
android:layout_alignParentBottom	当前控件底端与父控件底端对齐	
android:layout_alignParentLeft	当前控件左侧与父控件左侧对齐	
android:layout_alignParentRight	当前控件右侧与父控件右侧对齐	
android:layout_alignParentTop	当前控件顶端与父控件顶端对齐	
android:layout_alignWithParentIfMissing	参照控件不存在或不可见时参照父控件	
android:layout_toRightOf	使当前控件位于给出 id 控件的右侧	控件的 id
android:layout_toLeftOf	使当前控件位于给出 id 控件的左侧	
android:layout_above	使当前控件位于给出 id 控件的上方	
android:layout_below	使当前控件位于给出 id 控件的下方	
android:layout_alignTop	使当前控件的上边界与给出 id 控件的上边界对齐	
android:layout_alignBottom	使当前控件的下边界与给出 id 控件的下边界对齐	
android:layout_alignLeft	使当前控件的左边界与给出 id 控件的左边界对齐	
android:layout_alignRight	使当前控件的右边界与给出 id 控件的右边界对齐	
android:layout_marginLeft	当前控件左侧的空白	像素值
android:layout_marginRight	当前控件右侧的空白	
android:layout_marginTop	当前控件上方的空白	
android:layout_marginBottom	当前控件下方的空白	

图 3-2 所示为相对布局的一个效果，编辑框相对于“输入信息”文本框位于下面，确定键同样相对于编辑框位于下面，取消键相对于确定键位于左面并与之上边界对齐。

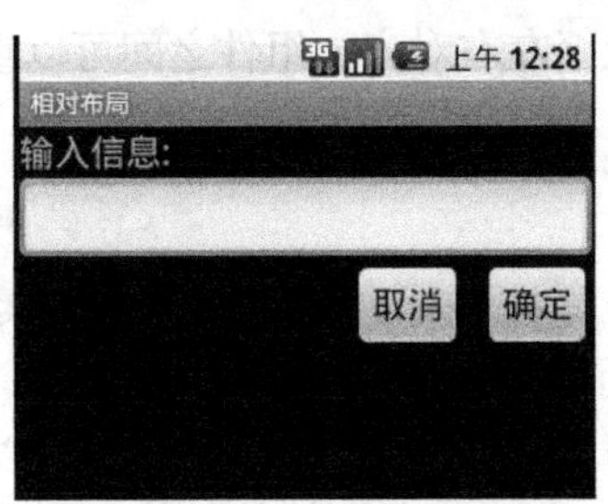

图 3-2　相对布局效果

例 3-2　相对布局 main.xml 文件代码如下所示：

```
<RelativeLayout xmlns:android="http://schemas.android.com/apk/res/android"
    android:layout_width="match_parent"
    android:layout_height="match_parent">
<TextView
        android:id="@+id/txtMsg"
        android:layout_width="match_parent"
```

```
        android:layout_height="wrap_content"
        android:textSize="20dp"
        android:text="输入信息:"/>
<EditText
         android:id="@+id/etxtMsg"
         android:layout_width="match_parent"
         android:layout_height="wrap_content"
         android:layout_below="@id/txtMsg"
         android:textSize="20dp"/>
<Button
         android:id="@+id/btnOk"
         android:layout_width="wrap_content"
         android:layout_height="wrap_content"
         android:layout_below="@id/etxtMsg"
         android:layout_alignParentRight="true"
         android:layout_marginLeft="10dip"
         android:textSize="20dp"
         android:text="确定" />
<Button
         android:id="@+id/btnCancel"
         android:layout_width="wrap_content"
         android:layout_height="wrap_content"
         android:layout_toLeftOf="@id/btnOk"
         android:layout_alignTop="@id/btnOk"
         android:textSize="20dp"
         android:text="取消" />
</RelativeLayout>
```


相对布局可以相对父元素上下左右对齐，组件之间可以重叠。组件默认位置是左上角。

3.1.3 表格布局

表格布局（Table Layout）是按照行列来组织界面元素的布局。表格布局包含一系列的 TableRow 对象，用于定义行。表格布局并不为它的行、列和单元格显示表格线，每个行可以包含零个以上（包括零）的单元格；每个单元格可以设置一个 View 对象。与行包含很多单元格一样，表格包含很多列，表格的单元格可以为空，单元格可以像 HTML 那样跨列。列的宽度由该列所有行中最宽的一个单元格决定，不过表格布局可以通过 setColumnShrinkable() 方法或者 setColumnStretchable() 方法来标记某些列，这些列可以收缩或可以拉伸。如果标记为可以收缩，列宽可以收缩以使表格适合容器的大小。如果标记为可以拉伸，列宽可以拉伸以占用多余的空间。表格的总宽度由其父容器决定。列可以同时具有可拉伸和可收缩标记，列可以调整其宽度以占用可用空间，但不能超过限度。另外，通过调用 setColumnCollapsed() 方法可以隐藏列。

表格布局的子元素不能指定 layout_width 属性，宽度只能是 MATCH_PARENT。不过子元素可以定义 layout_height 属性，其默认值是 WRAP_CONTENT。如果子元素是

TableRow，其高度永远是 WRAP_CONTENT。

无论是在代码还是在 XML 布局文件中，单元格必须按照索引顺序加入表格行，列号是从零开始的。如果不为子单元格指定列号，其将自动增值，使用下一个可用列号。如果跳过某个列号，则在表格行中作为空来对待。虽然表格布局典型的子对象是表格行，实际上可以使用任何视图类的子类，作为表格视图的直接子对象。表格布局 TableLayout 类的常用 XML 属性和设置方法总结如表 3-4 所示。

表 3-4　TableLayout 类的常用 XML 属性和设置方法

属　性	对 应 方 法	说　明
android:collapseColumns	setColumnCollapsed(int,boolean)	设置指定列号的列为 Collapsed，列号从 0 计算
android:shrinkColumns	setShrinkAllColumns(boolean)	设置指定列号的列为 Shrinkable，列号从 0 计算
android:stretchColumns	setStretchAllColumns(boolean)	设置指定列号的列为 Stretchable，列号从 0 计算

图 3-3 所示表格布局的一种常见效果，通过添加 TableRow 来生成各行，并为每种操作设置了快捷键，分别有打开（Ctrl-O）、保存（Ctrl-S）、另存为（Ctrl-Shift-S）、引入（Ctrl-I）、引出（Ctrl-E）和退出（Ctrl-Q）。

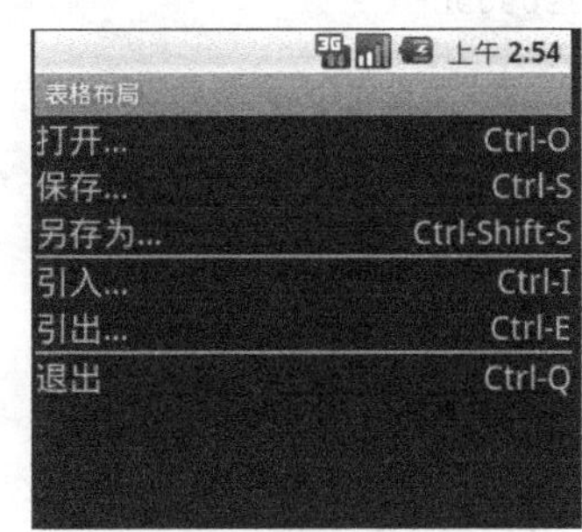

图 3-3　表格布局效果

例 3-3　表格布局 main.xml 文件代码如下所示：

```
<?xml version="1.0" encoding="utf-8"?>
<TableLayout xmlns:android="http://schemas.android.com/apk/res/android"
   android:layout_width="match_parent"
   android:layout_height="match_parent"
   android:stretchColumns="1">
<TableRow>
<TextView android:layout_column="1"
    android:text="打开..."
    android:textSize="20dp" />
<TextView android:text="Ctrl-O"
    android:gravity="right"
    android:textSize="20dp"/>
</TableRow>
<TableRow>
<TextView android:layout_column="1"
```

```
    android:textSize="20dp"
    android:text="保存..."/>
<TextView android:text="Ctrl-S"
    android:textSize="20dp"
    android:gravity="right" />
</TableRow>
<TableRow>
<TextView android:layout_column="1"
    android:text="另存为..."
    android:textSize="20dp"/>
<TextView android:text="Ctrl-Shift-S"
    android:gravity="right"
    android:textSize="20dp"/>
</TableRow>
<View
    android:layout_height="2dip"
    android:background="#FF909090"
    />
<TableRow>
<TextView android:layout_column="1"
    android:text="引入..."
    android:textSize="20dp"/>
<TextView android:text="Ctrl-I"
    android:gravity="right"
    android:textSize="20dp" />
</TableRow>
<TableRow>
<TextView android:layout_column="1"
    android:text="引出..."
    android:textSize="20dp"/>
<TextView android:text="Ctrl-E"
    android:gravity="right"
    android:textSize="20dp"/>
</TableRow>
<View
    android:layout_height="2dip"
    android:background="#FF909090" />
<TableRow>
<TextView android:layout_column="1"
    android:text="退出"
    android:textSize="20dp"/>
<TextView android:text="Ctrl-Q"
    android:gravity="right"
```

```
    android:textSize="20dp" />
</TableRow>
</TableLayout>
```

3.1.4　网格布局

网格布局（Grid Layout）是 Android SDK4.0（API Level 14）新支持的布局方式，将用户界面划分为网格，界面元素可随意摆放在这些网格中。网格布局比表格布局（Table Layout）在界面设计上更加灵活，在网格布局中界面元素可以占用多个网格的，而在表格布局中却无法实现，只能将界面元素指定在一个表格行（TableRow）中，不能跨越多个表格行。网格布局使用虚细线将布局划分为行、列和单元格，也支持一个控件在行、列上都有交错排。

首先它与线性布局一样，也分为水平和垂直两种方式，默认是水平布局，一个控件挨着一个控件从左到右依次排列，但是通过指定 android:columnCount 设置列数的属性后，控件会自动换行进行排列。另一方面，对于网格布局中的子控件，默认按照 wrap_content 的方式设置其显示，这需要在网格布局中显式声明即可。其次，若需要指定某控件显示在固定的行或列，只需设置该子控件的 android:layout_row 和 android:layout_column 属性即可，但是需要注意：android:layout_row=“0”表示从第一行开始，android:layout_column=“0”表示从第一列开始，这与编程语言中一维数组的赋值情况类似。最后，如果需要设置某控件跨越多行或多列，只需将该子控件的 android:layout_rowSpan 或者 android:layout_columnSpan 属性设置为数值，再设置其 layout_gravity 属性为 fill 即可，前一个设置表明该控件跨越的行数或列数，后一个设置表明该控件填满所跨越的整行或整列。在网格布局中没有定义的属性是具有默认值的，具体默认值可以参考表 3-5。

表 3-5　网格布局中属性的默认值

属　性	默 认 值	备　注
width	WRAP_CONTENT	
height	WRAP_CONTENT	
topMargin	0	当用户将 useDefaultMargins 设置为 false
leftMargin	0	当用户将 useDefaultMargins 设置为 false
bottomMargin	0	当用户将 useDefaultMargins 设置为 false
rightMargin	0	当用户将 useDefaultMargins 设置为 false
rowSpec.row	UNDEFINED	
rowSpec.rowSpan	1	
rowSpec.alignment	BASELINE	
columnSpec.column	UNDEFINED	
columnSpec.columnSpan	1	
columnSpec.alignment	LEFT	

下面用例 3-4 说明网格布局的使用方法。效果如图 3-4 所示。

图 3-4　网格布局效果

例 3-4　网格布局 main.xml 文件代码如下所示：

```
<GridLayout
  xmlns:android="http://schemas.android.com/apk/res/android"

  android:layout_width="match_parent"
  android:layout_height="match_parent"
  android:useDefaultMargins="true"
  android:columnCount="4">

<TextView
     android:layout_columnSpan="4"
       android:layout_gravity="center_horizontal"
       android:text="GridLayout 示例"
       android:textSize="20dip"/>
<TextView
       android:text="用户名"
       android:layout_gravity="right"/>
<EditText
       android:ems="8"
       android:layout_columnSpan="2"/>
<TextView
       android:text="密码"
       android:layout_column="0"
       android:layout_gravity="right"/>
<EditText
  android:ems="8"
  android:layout_columnSpan="2"/>
<Button
       android:text="清空输入"
       android:layout_column="1"
       android:layout_gravity="fill_horizontal"/>
```

```
30 <Button
31      android:text="下一步"
32      android:layout_column="2"
33      android:layout_gravity="fill_horizontal"/>
34
35 </GridLayout>
```

第 6 行的 useDefaultMargins 表示网格布局中的所有元素都遵循默认的边缘规则，就是说所有元素之间都会留有一定的边界空间。下一行表示纵向分为 4 列，从第 0~3 列，也可以在这里定义横向的行数，使用 rowCount 属性。第 21 行的属性表示当前元素列的起始位置。如果 layout_column 所指定的列位置在当前行已经被占用，则当前元素也会放置在下一行的这一列中。

3.1.5　绝对布局

绝对布局（Absolute Layout）将手机屏幕看作是一个二维有限界面，绝对布局的方式是设置所有的单元的 x/y 位置，采用绝对位置维护窗体上的单元位置会相当困难，因为没有单元彼此间的关联，绝对布局是一种不理想的布局方式，Android Studio 并不推荐。如图 3-5 所示，采用绝对布局格式生成了一个简易登录界面，界面中的所有控件均使用绝对位置（x，y）坐标生成。

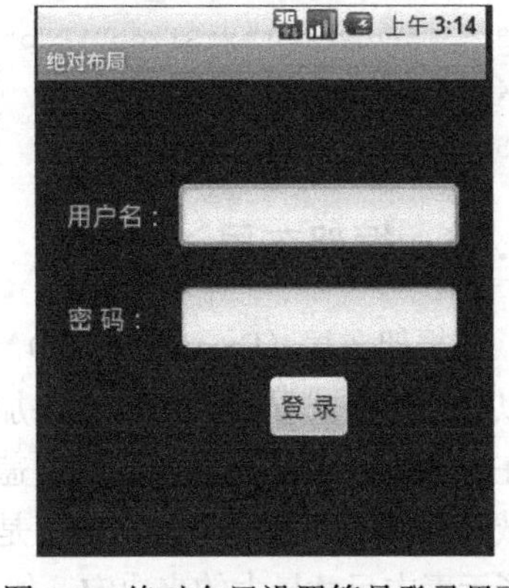

图 3-5　绝对布局设置简易登录界面

例 3-5　绝对布局 main.xml 文件代码如下所示：

```
<?xml version="1.0" encoding="utf-8"?>
<AbsoluteLayout xmlns:android="http://schemas.android.com/apk/res/android"
    android:orientation="vertical"
    android:layout_width="match_parent"
    android:layout_height="match_parent" >
<TextView  android:layout_x="20dip"
    android:layout_y="80dip"
    android:layout_width="wrap_content"
    android:layout_height="wrap_content"
    android:textSize="18dp"
    android:text="用户名：" />
<EditText android:layout_x="100dip"
    android:layout_y="70dip"
    android:layout_width="wrap_content"
    android:width="200px"
    android:layout_height="wrap_content" />
<TextView android:layout_x="20dip"
    android:layout_y="150dip"
    android:layout_width="wrap_content"
    android:layout_height="wrap_content"
```

```
    android:textSize="18dp"
    android:text="密码: " />
<EditText android:layout_x="100dip"
    android:layout_y="140dip"
    android:layout_width="wrap_content"
    android:width="200px"
    android:layout_height="wrap_content"
    android:password="true" />
<Button android:layout_x="160dip"
    android:layout_y="200dip"
    android:layout_width="wrap_content"
    android:layout_height="wrap_content"
    android:textSize="18dp"
    android:text="登录"/>
</AbsoluteLayout>
```

3.1.6 框架布局

框架布局（Frame Layout）是一种简单的布局方式，所有添加到这个布局中的界面元素都以层叠的方式显示。第一个添加的界面元素放到最底层，最后添加到框架中的界面元素显示在最上面，下层控件将会被覆盖。也就是，框架布局在屏幕上开辟出了一块区域，在这块区域中可以添加多个子元素，但是所有的子元素都被对齐到屏幕的左上角，框架布局的大小由子元素中尺寸最大的来决定，如果所有子元素一样大，同一时刻只能看到最上面的子元素。

在 Android 系统中，设计框架布局的目的是为了显示单一项 Widget。通常不建议使用框架布局显示多项内容，因为布局很难调节。如果不使用 layout_gravity 属性，那么多项内容会重叠。如果使用 layout_gravity，则可以设置不同的位置。layout_gravity 可以使用如表 3-6 显示的取值。

表 3-6 框架布局 layout_gravity 属性值

layout_gravity 取值	说　明
top	将对象放在其容器的顶部，不改变其大小
bottom	将对象放在其容器的底部，不改变其大小
left	将对象放在其容器的左侧，不改变其大小
right	将对象放在其容器的右侧，不改变其大小
center_vertical	将对象纵向居中，不改变其大小，垂直方向上居中对齐
fill_vertical	必要的时候增加对象的纵向大小，以完全充满其容器，垂直方向填充
center_horizontal	将对象横向居中，不改变其大小，水平方向上居中对齐
fill_horizontal	必要的时候增加对象的横向大小，以完全充满其容器，水平方向填充
center	将对象横纵居中，不改变其大小
fill	在必要的时候增加对象的横纵向大小，以完全充满其容器
clip_vertical	附加选项，用于按照容器的边来剪切对象的顶部或底部的内容
clip_horizontal	附加选项，用于按照容器的边来剪切对象的左侧或右侧的内容

FrameLayout 类中经常在 XML 中使用 android:foreground 属性设置绘制在所有子控件之上的内容，其对应的设置方法为 setForeground(Drawable)。另外，还会用到 XML 属性 android:foregroundGravity 设置绘制在所有子控件之上内容的 gravity 属性，其对应设置方法为 setForegroundGravity(int)。图 3-6 所示为框架布局效果。

图 3-6 框架布局效果

例 3-6 框架布局 main.xml 文件代码如下所示：

```
<?xml version="1.0" encoding="utf-8"?>
<FrameLayout xmlns:android="http://schemas.android.com/apk/res/android"
     android:layout_width="match_parent"
     android:layout_height="match_parent" >


  <TextView
     android:layout_width="240dp"
     android:layout_height="240dp"
     android:background="#FF0000"
     android:layout_gravity="center"
      />    //显示红色部分
   <TextView
     android:layout_width="200dp"
     android:layout_height="200dp"
     android:background="#00FF00"
     android:layout_gravity="center"
      />    //显示绿色部分
   <TextView
      android:layout_width="160dp"
      android:layout_height="160dp"
      android:background="#0000FF"
      android:layout_gravity="center"
```

```
        />    //显示蓝色部分
    <TextView
        android:layout_width="120dp"
        android:layout_height="120dp"
        android:background="#FFFF00"
        android:layout_gravity="center"
        />    //显示黄色部分
    <TextView
        android:layout_width="80dp"
        android:layout_height="80dp"
        android:background="#FF00FF"
        android:layout_gravity="center"
        />    //显示粉色部分
    <TextView
        android:layout_width="40dp"
        android:layout_height="40dp"
        android:background="#FFFFFF"
        android:layout_gravity="center"
        />    //显示白色部分
</FrameLayout>
```


3.2 常用基础控件

Android 系统非常重视应用程序中用户界面的友好性，在设计应用程序界面时系统提供了一整套比较完善的基础控件。控件是编程中的重要组成部分，一个项目通常由多个控件共同构成实现某项具体功能。这些控件使用起来非常方便，直接引入系统库中支持的控件类就得以完成创建，这让 Android 开发人员减轻了工作量，同样也有利于应用程序界面风格的一致。本节主要讲述 Android Studio 中常用的基础界面控件。

3.2.1 文本框类

提供文本信息显示或者编辑功能的控件总称为文本框，这是广义上的文本框，狭义的文本框控件指仅有文本显示功能的文本框，例如 Android 系统中 TextView 控件和.NET 中的 Lable 控件。在 Android 系统中，常用文本框类有四种：

1）文本框（TextView）。

2）编辑框（EditText）。

3）自动完成文本框（AutoCompleteTextView）。

4）多项自动完成文本框（MultiAutoCompleteTextView）。

四种文本框中，TextView 是基本的文本显示框，也是只读文本显示控件，其他三种文本框均可提供用户编辑功能。

1．文本框（TextView）

文本框（TextView）是最常用的显示字符串的控件，类似于很多其他语言平台中的

Lable 控件，只支持显示信息功能而不接受用户输入。TextView 类是文本编辑的基类，很多其他文本框都继承自该类，例如编辑框（EditText）。向界面中添加文本框非常简单，在布局文件中添加<TextView >标签即可，例如下面 XML 中添加文本框代码：

```
<TextView
    android:layout_width="fill_parent"
    android:layout_height="wrap_content"
    android:id="@+id/txtTextViewAct"
/>
```

文本框具有很多有用的属性，例如上面代码中的 android:layout_width、android:layout_height 和 android:id。属性的设置既可以在 XML 布局文件中设置，也可以调用相应的方法在 Java 代码中动态设置。例如，动态设置文本框背景颜色和显示文本，Java 代码为：

```
TextView txtTextViewAct=(TextView)findViewById(R.id.txtTextViewAct);
txtTextViewAct.setBackgroundColor(Color.WHITE);
txtTextViewAct.setText("这是文本框");
```

文本框常用属性和对应方法如表 3-7 所示。

表 3-7　文本框常用属性和对应方法

属　性	方　法	说　明
android:autoLink	setAutoLinkMask(int)	设置是否当文本为 URL 链接/email/电话号码/map 时，文本显示为可单击的链接，可选值 none/web/email/phone/map/all
android:ellipsize	setEllipsize(TextUtils.TruncateAt)	设置当文字过长时，该控件该如何显示。有如下值设置："start"——省略号显示在开头；"end"——省略号显示在结尾；"middle"——省略号显示在中间；"marquee"——以跑马灯的方式显示（动画横向移动）
android:gravity	setGravity(int)	设置文本位置，如设置成"center"，文本将居中显示
android:hint	setHint(int)	Text 为空时显示的文字提示信息
android:linksClickable	setLinksClickable(boolean)	设置链接是否自动连接，即使设置成 autoLink
android:marqueeRepeatLimit	setMarqueeRepeatLimit(int)	在 ellipsize 指定 marquee 的情况下，设置重复滚动的次数，当设置为 marquee_forever 时表示无限次
android:text	setText(CharSequence)	设置显示文本
android:textColor	setTextColor(ColorStateList)	设置文本颜色
android:textColorHighlight	setHighlightColor(int)	被选中文字的底色，默认为蓝色
android:textColorHint	setHintTextColor(int)	设置提示信息文字的颜色，默认为灰色
android:textColorLink	setLinkTextColor(int)	文字链接的颜色
android:textScaleX	setTextScaleX(float)	设置文字缩放，默认为 1.0f
android:textSize	setTextSize(float)	设置文字大小
android:textStyle	setTextStyle(TextStyle)	设置字形
android:typeface	setTypeface(Typeface)	设置文本字体
android:height	setHeight(int)	设置 TextView 的高度

（续）

属　性	方　法	说　明
android:maxHeight	setMaxHeight(int)	设置 TextView 的最大高度
android:minHeight	setMinHeight(int)	设置 TextView 的最小高度
android:width	setWidth(int)	设置 TextView 的宽度
android:maxWidth	setMaxWidth(int)	设置 TextView 的最大宽度
android:minWidth	setMinWidth(int)	设置 TextView 的最小宽度

2．编辑框（EditText）

编辑框（EditText）类继承自 TextView 类，但不同于文本框，编辑框支持用户输入和编辑。编辑框在界面设计中也是经常使用的文本控件之一，例如，应用程序中实现登录界面，需要用户输入用户名和密码等信息，用到的正是编辑框。开发应用程序时，在界面上添加编辑框，只要在界面布局文件添加编辑框<EditText >标签即可。

```
<EditText
    android:id="@+id/etxtEditTextAct"
    android:layout_width="wrap_content"
        android:layout_height="wrap_content"
/>
```

使用编辑框的属性和方法类似于文本框，由于继承自 TextView 类，EditText 的属性和方法大部分也来自 TextView 类，其中常用属性和对应方法可参考表 3-8。

表 3-8　编辑框常用属性和对应方法

属　性	方　法	说　明
android:cursorVisible	setCursorVisible(boolean)	设定光标为显示/隐藏，默认显示
android:lines	setLines(int)	设置文本的行数，例如，设置两行就显示两行，即使第二行没有数据
android:maxLines	setMaxLines(int)	设置文本的最大显示行数，与 width 或者 layout_width 结合使用，超出部分自动换行，超出行数将不显示
android:minLines	setMinLines(int)	设置文本的最小行数，与 lines 类似
android:password	setTransformationMethod(TransformationMethod)	设置文本框的内容是否显示为密码
android:phoneNumber	setKeyListener(KeyListener)	设置文本框的内容只能是电话号码
android:scrollHorizontally	setHorizontallyScrolling(boolean)	设置文本超出宽度的情况下，是否出现横拉条
android:selectAllOnFocus	setSelectAllOnFocus(boolean)	如果文本是可选择的，获取焦点时自动选中全部文本内容
android:shadowColor	setShadowLayer(float,float,float,int)	指定文本阴影的颜色，需要与 shadowRadius 一起使用
android:shadowDx	setShadowLayer(float,float,float,int)	设置阴影横向坐标开始位置
android:shadowDy	setShadowLayer(float,float,float,int)	设置阴影纵向坐标开始位置
android:shadowRadius	setShadowLayer(float,float,float,int)	设置阴影的半径
android:singleLine	setTransformationMethod(TransformationMethod)	设置单行显示。如果和 layout_width 一起使用，当文本不能全部显示时，后面用“…”来表示，如果不设置 singleLine 或者设置为 false，文本将自动换行
android:maxLength	setFilters(InputFilter)	设置显示文本长度，超出部分不显示

3．自动完成文本框（AutoCompleteTextView）

自动完成文本框（AutoCompleteTextView）类继承自 EditText 类，当用户输入文字信息时，会自动列出下拉列表提示与用户输入文字相关的信息条目。类似于在百度或者 Google 中搜索信息所用的输入框，可以在输入少量文字的时候列出下拉菜单显示相关的搜索关键字，可以选择想要搜索的关键字而快速获取需要的信息。

在应用程序开发时，通过在布局文件中添加<AutoCompleteTextView>标签在界面上生成自动完成文本框：

```
<AutoCompleteTextView
      android:id="@+id/atxtAutoCompleteText"
      android:layout_width="wrap_content"
      android:layout_height="wrap_content"
/>
```

使用自动完成文本框时常用属性和对应方法如表 3-9 所示。

表 3-9　自动完成文本框常用属性和对应方法

属　性	方　法	说　明
android:completionThreshold	setThreshold(int)	设置需要用户输入的字符数
android:dropDownHeight	setDropDownHeight(int)	设置下拉菜单高度
android:dropDownWidth	setDropDownWidth(int)	设置下拉菜单宽度
android:dropDownBackground	setDropDownBackgroundResource(int)	设置下拉菜单背景

Java 代码中使用 AutoCompleteTextView 的代码如下：

```
1  AutoCompleteTextViewatxtAutoCompleteText=
2      (AutoCompleteTextView)findViewById(R.id.atxtAutoCompleteText);
3  ArrayAdapter<CharSequence> arrAutoCompleteText =
4     ArrayAdapter.createFromResource(this, R.array.languages,
5     android.R.layout.simple_dropdown_item_1line);
6  atxtAutoCompleteText.setAdapter(arrAutoCompleteText);//设置适配器
```

代码第 3 行创建了一个适配器，ArrayAdapter.createFromResource()方法有三个参数，第一个参数是指上下文对象，第二个参数引用了在 string.xml 文件当中定义的 string 数组，第三个参数是用来指定 Spinner 的样式，是一个布局文件 ID，该布局文件由 Android 系统提供，也可替换为自己定义的布局文件。最后通过 setAdapter()方法为 AutoCompleteTextView 添加适配器，此外 AutoCompleteTextView 类常用的方法还有如下三个：

1）clearListSelection()清除选中的列表项。

2）ismissDropDown()关闭下拉菜单。

3）getAdapter()获取适配器。

4．多项自动完成文本框（MultiAutoCompleteTextView）

多项自动完成文本框（MultiAutoCompleteTextView）类继承自 AutoCompleteTextView

类，延长 AutoCompleteTextView 的长度，在多次输入的情况下可支持选择多个值，分别用分隔符分开，每个值在输入时会自动去匹配。

布局文件中添加<MultiAutoCompleteTextView>标签，自动向用户界面添加多项自动完成文本框。

```
<MultiAutoCompleteTextView
      android:id="@+id/matxtMultiAutoCompleteText"
      android:layout_width="wrap_content"
      android:layout_height="wrap_content"
 />
```

使用多项自动完成文本框必须提供一个 MultiAutoCompleteTextView.Tokenizer 以用来区分不同的子串，例如下面使用 MultiAutoCompleteTextView 的 Java 代码。

```
1 MultiAutoCompleteTextView matxtMultiAutoCompleteText =
2    (MultiAutoCompleteTextView)findViewById(R.id.matxtMultiAutoCompleteText);
3 matxtMultiAutoCompleteText.setAdapter(arrAutoCompleteText);
4 matxtMultiAutoCompleteText.setTokenizer(new
5           MultiAutoCompleteTextView.CommaTokenizer());
```

代码第 4 行使用 setTokenizer 方法设置 MultiAutoCompleteTextView.Tokenizer 用户正在输入时，tokenizer 设置用于确定文本相关范围。

MultiAutoCompleteTextView 常用的方法还有 enoughToFilter()和 performValidation()。enoughToFilter()方法的作用是当文本长度超过阈值时过滤，此方法并不是检验什么时候文本的总长度超过了预定的值，而是在仅当从函数 findTokenStart()到函数 getSelectionEnd()得到的文本长度为零或者超过了预定值的时候才起作用。performValidation()方法的意义是代替验证整个文本，并不是用来确定整个文本的有效性，而是用来确定文本中的单个符号的有效性，并且空标记将被移除。下面具体使用上述的四种文本框。

例 3-7 在布局文件中分别添加文本框、编辑框、自动完成文本框和多项自动完成文本框，布局文件代码如下：

```
<?xml version="1.0" encoding="utf-8"?>
<TableLayout
  xmlns:android="http://schemas.android.com/apk/res/android"
      android:layout_width="wrap_content"
      android:layout_height="wrap_content"
      android:layout_gravity="center">
<TextView
      android:layout_width="wrap_content"
      android:layout_height="wrap_content"
      android:text="普通文本控件："/>
<TextView
      android:id="@+id/txtTextViewAct"
      android:layout_width="wrap_content"
```

```
14      android:layout_height="wrap_content"
15  />
16 <TextView
17      android:layout_width="wrap_content"
18      android:layout_height="wrap_content"
19      android:text="可编辑文本控件："/>
20 <EditText
21      android:id="@+id/etxtEditTextAct"
22      android:layout_width="wrap_content"
23      android:layout_height="wrap_content"
24  />
25 <TextView
26      android:layout_width="wrap_content"
27      android:layout_height="wrap_content"
28      android:text="自动完成文本框(单项)："
29  />
30 <AutoCompleteTextView
31      android:id="@+id/atxtAutoCompleteText"
32      android:layout_width="wrap_content"
33      android:layout_height="wrap_content"
34  />
35 <TextView
36      android:layout_width="wrap_content"
37      android:layout_height="wrap_content"
38      android:text="自动完成文本框(多项)："
39  />
40 <MultiAutoCompleteTextView
41      android:id="@+id/matxtMultiAutoCompleteText"
42      android:layout_width="wrap_content"
43      android:layout_height="wrap_content"
44  />
45 </TableLayout>
```


代码 11～15 行使用<TextView>标签定义所要观察的文本框，另外还添加了四个文本框用于显示信息。代码 20～24 行使用<EditText>标签定义编辑框，30～34 行使用<AutoCompleteTextView>标签定义自动完成文本框，40～44 行使用<MultiAutoCompleteTextView >定义多项自动完成文本框。

包含处理四种文本框的 Activity 的 Java 代码如下：

```
@Override
protected void onCreate(Bundle savedInstanceState) {
      // TODO Auto-generated method stub
   super.onCreate(savedInstanceState);
   setContentView(R.layout.textviewact);
```

```
6   //1 普通文本框 TextView
7   TextView txtTextViewAct=(TextView)findViewById(R.id.txtTextViewAct);
8   txtTextViewAct.setBackgroundColor(Color.WHITE);
9       txtTextViewAct.setText("这是文本框");
10      //2 编辑框 EditText
11      EditText etxtEditTextAct=(EditText)findViewById(R.id.etxtEditTextAct);
12      etxtEditTextAct.setText("编辑框");
13      //3 自动完成文本框(单项)-AutoCompleteTextView
14      AutoCompleteTextView atxtAutoCompleteText =
15        (AutoCompleteTextView)findViewById(R.id.atxtAutoCompleteText);
16      ArrayAdapter<CharSequence> arrAutoCompleteText =
17      ArrayAdapter.createFromResource(this, R.array.languages,
18      android.R.layout.simple_dropdown_item_1line);
19      atxtAutoCompleteText.setAdapter(arrAutoCompleteText);//设置适配器
20      //4 自动完成文本框(多项)-MultiAutoCompleteTextView
21      MultiAutoCompleteTextView matxtMultiAutoCompleteText =
22      (MultiAutoCompleteTextView)findViewById(R.id.matxtMultiAutoCompleteText);
23      matxtMultiAutoCompleteText.setAdapter(arrAutoCompleteText);
24  matxtMultiAutoCompleteText.setTokenizer(new
25                  MultiAutoCompleteTextView.CommaTokenizer());
26  }
27 }
```


代码 6～9 行处理文本框，设置背景色为白色并设置了显示信息；代码 10～12 行处理编辑框，设置编辑框默认显示信息；代码 13～19 行处理自动完成文本框，创建适配器和绑定适配器，自动匹配的内容项列表数据为 Value 文件下的 array.xml 数据表，表中数据格式如以下代码所示：

```
<?xml version="1.0" encoding="utf-8"?>
<resources>
<string-array name="languages">
<item>Austria</item>
<item>Brazil</item>
<item>China</item>
<item>Colombia</item>
<item>Cuba</item>
<item>Denmark</item>
<item>Egypt</item>
<item>Estonia</item>
<item>Finland</item>
<item>France</item>
<item>Germany</item>
<item>Greece</item>
<item>Hong Kong</item>
```

```
17 <item>Ireland</item>
18 <item>Italy</item>
19 <item>Japan</item>
20 <item>Malaysia</item>
21 <item>Poland</item>
22 <item>Romania</item>
23 <item>Russia</item>
24 <item>Spain</item>
25 <item>Switzerland</item>
26 <item>Taiwan</item>
27 </string-array>
28 </resources>
```

代码 21～25 行处理多项自动完成文本框，绑定适配器并设置 Tokenizer。

运行上面代码，其结果如图 3-7 所示，可以在编辑框中输入文本，也可以在自动完成文本框中输入文本，在输入时会自动寻找近似匹配列表。在多项自动完成文本框中可自动匹配输入多项，每项之间自动添加逗号区分文本项，其效果如图 3-8 所示。

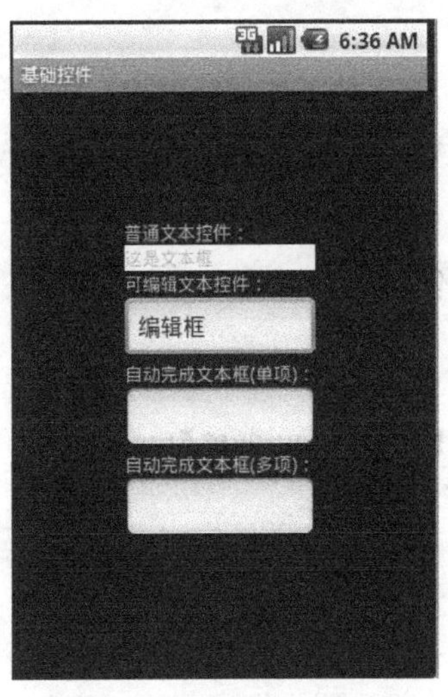

图 3-7　四种文本框图

图 3-8　多项自动完成文本框效果

3.2.2　按钮类

按钮是最常见的控件，几乎在所有成熟的应用程序中都含有按钮控件，应用程序中的单击动作一度也被用户认为是专属于按钮的操作。在 Android 系统中，常用的按钮控件有五种：

1）普通按钮（Button）。

2）开关按钮（ToggleButton）。

3）图片按钮（ImageButton）。

4）复选按钮（CheckBox）。

5）单选按钮（RadioButton）。

五种按钮的效果如图 3-9 所示。接下来介绍一下添加按钮单击事件的三种方法。

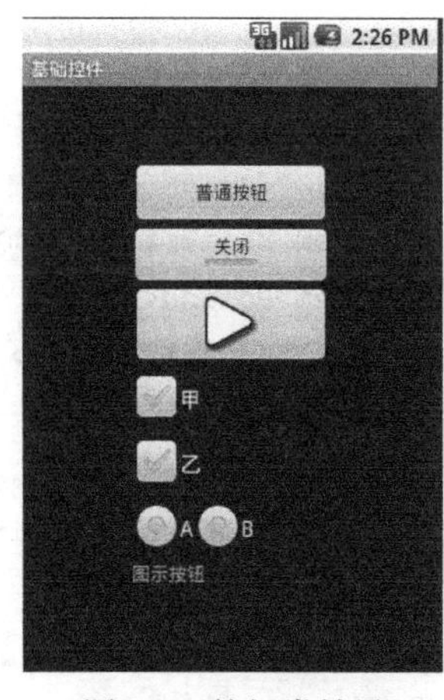

图 3-9 按钮类效果

方法一：

（1）在布局中添加一个按钮，ID 为 button

（2）在 MainActivity.java 中的头文件中添加 importandroid.widget.*;

（3）在主类中添加按钮和其他所需类

```
TextView textview;
Button button;
```

（4）在 onCreate()中添加按钮监听函数

```
button.setOnClickListener(newView.OnClickListener() {
    @Override
    public void onClick(View v) {
        String str="单击事件";
        textview.setText(str);
    }
 });
```


方法二：不同按钮对响应函数不相关时使用。

（1）在 content.xml 文件中添加一个按钮，在按钮属性中添加

```
android: onClick = "button_click"
```

（2）在 MainActivity.java 的头文件中添加 import android.widget.*;

（3）在主类中添加响应函数

```
public void button_click (View v){
        String str="1";
        textview.setText(str);
}
```

方法三：按钮较多的时候使用，且按钮与响应有关联。

（1）在 MainActivity.java 的头文件中添加 import android.widget.*;

（2）在主类中添加按钮和其他所需类

```
    TextView textview;
    private Button Button1;
    private Button Button2;
    private Button Button3;
    private Button Button4;
```

（3）在 onCreate()中给对象赋值

```
textview=(TextView)findViewById(R.id.textView);
Button1 = (Button) findViewById(R.id.button1);
Button2 = (Button) findViewById(R.id.button2);
Button3 = (Button) findViewById(R.id.button3);
Button4 = (Button) findViewById(R.id.button4);
```

（4）在 onCreate()中调用监听函数

```
Button1.setOnClickListener(this);
Button2.setOnClickListener(this);
Button3.setOnClickListener(this);
Button4.setOnClickListener(this);
```

此时 this 标红，四个按钮调用了一个监听函数，需要重写 onClick 函数，实现响应功能。

（5）在主类中实现 public void onClick(View v)函数，通过 View 对象区别哪个按钮进行了单击事件

（6）在 onClick 函数中添加执行代码

```
switch (v.getId()){
    case R.id.button1:
        str="1";
        textview.setText(str);
        break;
    case R.id.button2:
        str="2";
        textview.setText(str);
        break;
    case R.id.button3:
        str="3";
        textview.setText(str);
        break;
    case R.id.button4:
        str="4";
        textview.setText(str);
        break; }
```


1．普通按钮（Button）

普通按钮（Button）类即为 Button 类，其类继承结构如图 3-10 所示，可以看出 Button 类直接继承自 TextView 类，很多属性和方法亦来自 TextView。界面中添加 Button 控件只需要在布局文件中添加<Button>标签即可生成普通按钮控件。使用普通按钮的主要目的是为其设置单击事件后的处理，按钮单击后的响应主要通过设置 Button.OnClickListener 监听器实现，设置监听器后，还需重写其中的 onClick()方法，在此方法内即可根据需要处理单击，如下面代码所示：

```
final Button button = (Button) findViewById(R.id.button_id);
```

```
button.setOnClickListener(new View.OnClickListener() {
public void onClick(View v) {
// 处理单击
 }
});
```

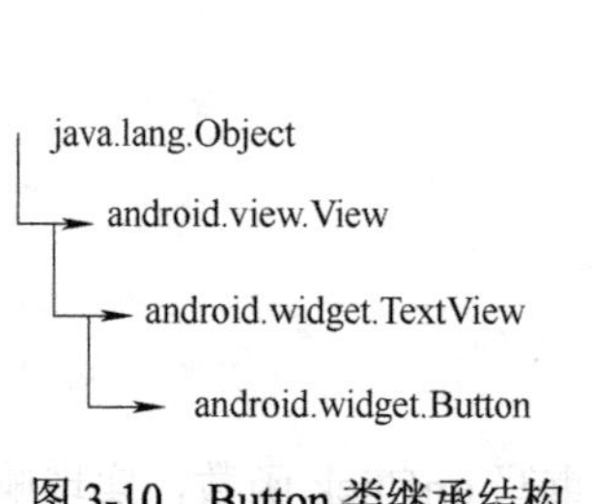

图 3-10　Button 类继承结构

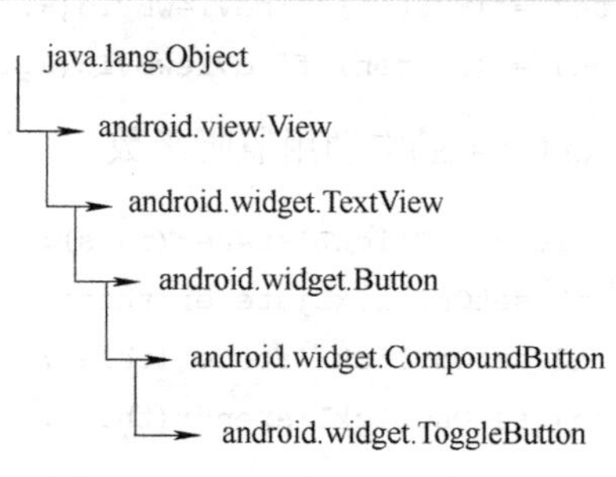

图 3-11　ToggleButton 类继承结构

2．开关按钮（ToggleButton）

开关按钮（ToggleButton）是一个具有选中和未选中双状态的按钮，通过一个带有亮度指示同时默认文本为“ON”或“OFF”的按钮显示选中/未选中状态，也可以为不同的状态设置不同的显示文本。ToggleButton 类的继承结构如图 3-11 所示，ToggleButton 直接继承自 CompoundButton 类，XML 属性除了继承而来还有 ToggleButton 自己定义的属性和方法，如表 3-10 所示。

表 3-10　ToggleButton 常用 XML 属性

属性/方法	说　明
android:disabledAlpha	设置按钮在禁用时透明度
android:textOff	设置未选中时按钮的文本
android:textOn	设置选中时按钮的文本
CharSequence getTextOff ()	返回按钮未选中时的文本
CharSequence getTextOn ()	返回按钮选中时的文本
void setBackgroundDrawable (Drawable d)	设置背景图片
void setChecked (boolean checked)	改变按钮的选中状态
void setTextOff (CharSequence textOff)	设置按钮未选中时显示的文本
void setTextOn (CharSequence textOn)	设置按钮选中时显示的文本

3．图片按钮（ImageButton）

图片按钮（ImageButton）的继承类结构如图 3-12 所示，ImageButton 类继承自 ImageView。默认情况下，图片按钮看起来像一个普通的按钮，但是图片按钮没有 text 属性，按钮中将显示图片来代替文本，可以定义自己的背景图片或设置背景为透明。按钮的图片可用通过 XML <ImageButton>元素的 android:src 属性或

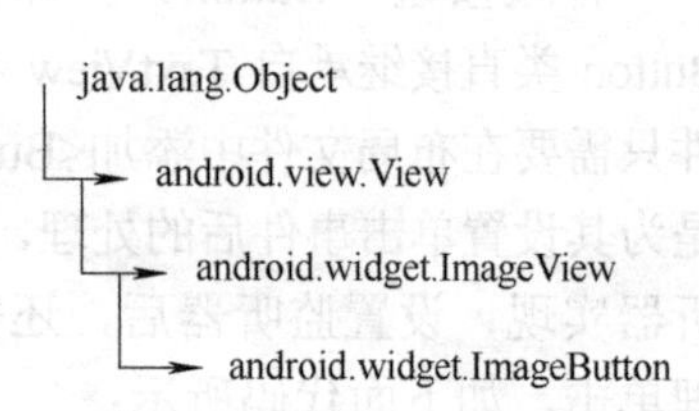

图 3-12　ImageButton 类继承结构图

setImageResource(int)方法指定。为了表示不同的按钮状态，可以为各种状态定义不同的图片，这种情况下可以通过编写 XML 文件来实现：

```
<?xml version="1.0" encoding="utf-8"?>
<selector xmlns:android="http://schemas.android.com/apk/res/android">
<item android:state_pressed="true"
      android:drawable="@drawable/button_pressed" />
<item android:state_focused="true"
      android:drawable="@drawable/button_focused" />
<item android:drawable="@drawable/button_normal" />
</selector>
```

将该文件名作为一个参数设置到 ImageButton 的 android:src 属性，例如将上面文件命名为 imagebuttonselector.xml 并保存在 layout 文件夹下，那么这里设置为“@layout/imagebuttonselector”，设置 android:background 也是可以的，但效果不太一样。Android 根据按钮的状态改变会自动地去 XML 中查找相应的图片以显示。<item>元素的顺序很重要，因为是根据这个顺序判断是否适用于当前按钮状态，这也是为什么正常（默认）状态指定的图片放在最后，是因为它只会在 pressed 和 focused 都判断失败之后才会被采用。另外，如果按钮被按下时是同时获得焦点的，但是获得焦点并不一定按了按钮，所以这里会按顺序查找，找到匹配的就不再继续往下查找。例如按钮被单击了，那么第一个将被选中，且不再在后面查找其他状态。图 3-13 所示为图片按钮的默认状态和单击状态的效果图。

4．复选按钮（CheckBox）

复选按钮（CheckBox）是一种支持多选的按钮控件，其类继承结构如图 3-14 所示。使用复选按钮经常需要根据其选择状态的变化而引发不同的处理，通过设置复选按钮状态变化监听器可以跟踪这种变化，并根据相应的变化而做出相应的操作处理。复选按钮设置状态变化监听器的方法如下面代码所示：

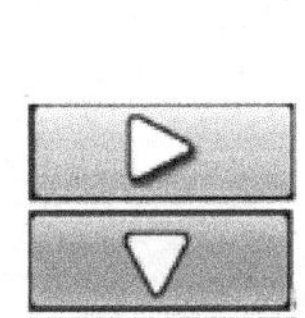

图 3-13 ImageButton 效果图

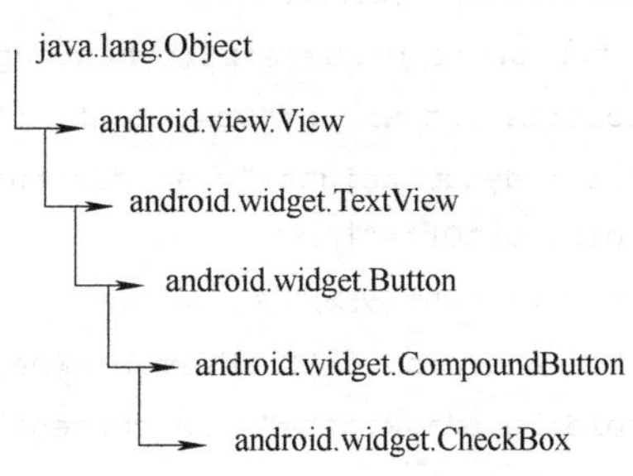

图 3-14 CheckBox 类继承结构

```
final CheckBox checkbox = (CheckBox)findViewById(R.id.CheckBox1);
checkbox.setOnCheckedChangeListener(new CheckBox.OnCheckedChangeListener(){
@Override
public void onCheckedChanged(CompoundButton buttonView,boolean isChecked) {
         // TODO Auto-generated method stub
```

```
}
});
```

5．单选按钮（RadioButton）

单选按钮（RadioButton）在同组内仅支持单选，其类继承结构如图 3-15 所示。单选按钮一般包含在 RadioGroup 中，RadioGroup 是 RadioButton 的承载体，程序运行时不可见，一个应用程序中可以包含一个或多个 RadioGroup。一个 RadioGroup 包含多个 RadioButton，在每个 RadioGroup 中，用户仅能够选择其中一个 RadioButton。类似于复选框，获取状态的改变并进行相应处理同样依靠设置状态变化监听器完成，其实现方法通过 setOnCheckedChangeListener()方法实现。RadioButton 类还有一些常用的其他方法，如表 3-11 所示。

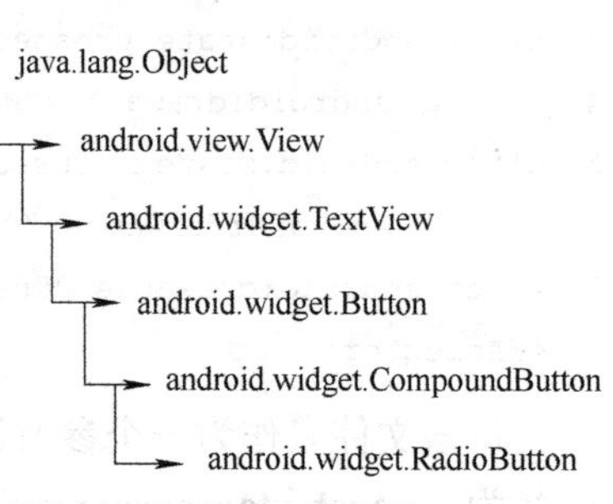

图 3-15　RadioButton 类继承结构

表 3-11　RadioButton 常用方法

方　法	说　明
isChecked()	判断是否被选中，如果选中返回 true，否则返回 false
performClick()	调用 onClickListener 监听器，模拟一次单击
setChecked(boolean checked)	设置控件状态（选中与否）
toggle()	置反控件当前选中状态

下面具体实现图 3-9 所示的界面效果，并实现必要的操作处理。

例 3-8　布局文件中添加五种按钮控件的代码如下：

```
<Button android:id="@+id/btnNormalButton"
      android:layout_width="wrap_content"
      android:layout_height="wrap_content"
      android:text="普通按钮"/>
 <ToggleButton android:id="@+id/tgbtnToggleButton"
      android:layout_width="wrap_content"
      android:layout_height="wrap_content"
      android:textOff="打开"
      android:textOn="关闭"/>
 <ImageButton android:id="@+id/imgbtnImageButton"
      android:layout_width="wrap_content"
      android:layout_height="wrap_content"
      android:src="@layout/imagebuttonselector"/>
 <CheckBox android:id="@+id/ckbCheckBox1"
      android:layout_width="wrap_content"
      android:layout_height="wrap_content"
      android:text="甲"/>
 <CheckBox android:id="@+id/ckbCheckBox2"
```

```
19        android:layout_width="wrap_content"
20        android:layout_height="wrap_content"
21        android:text="乙"/>
22  <RadioGroup android:id="@+id/radgActButton01"
23        android:layout_width="wrap_content"
24        android:layout_height="wrap_content"
25        android:orientation="horizontal">
26  <RadioButton android:id="@+id/radbtnRadioButton1"
27        android:layout_width="wrap_content"
28        android:layout_height="wrap_content"
29        android:text="A"/>
30  <RadioButton android:id="@+id/radbtnRadioButton2"
31        android:layout_width="wrap_content"
32        android:layout_height="wrap_content"
33        android:text="B"/>
34  </RadioGroup>
```

代码 1～4 行添加普通按钮，5～9 行添加开关按钮并设置状态显示文本为“打开”“关闭”。代码 10～14 行添加了一个图片按钮并设置 android:src 为 layout 下的 imagebuttonselector.xml 文件，其内容如下：

```
<?xml version="1.0" encoding="utf-8"?>
<selector xmlns:android="http://schemas.android.com/apk/res/android">
<item android:state_pressed="true"
       android:drawable="@drawable/pressed" />
<item android:state_focused="true"
       android:drawable="@drawable/focused" />
<item android:drawable="@drawable/normal" />
</selector>
```

代码 14～21 行添加了两个复选按钮，提供两个选项“甲”和“乙”，在代码 22～24 行定义了一个 RadioGroup，其中包含两个单选按钮，提供“A”和“B”选择项。

除了上面五种按钮，还添加了一个文本框用于显示被单击或选择的按钮的信息。

```
<TextView android:id="@+id/txtButtonAct"
        android:layout_width="wrap_content"
        android:layout_height="wrap_content"
        android:text="此处显示选中按钮的结果"
/>
```

接下来处理相应的按钮操作，普通按钮、开关按钮和图片按钮设置单击处理事件，在单击相应按钮时 TextView 控件显示所选择的是哪一个按钮，处理代码如下。

```
final Button btnNormalButton = (Button)findViewById(R.id.btnNormalButton);
btnNormalButton.setOnClickListener(new Button.OnClickListener() {
  public void onClick(View v) {
```

```
        m_txtButtonAct.setText("普通按钮单击");
    }
});
//开关按钮
final ToggleButton tgbtnToggleButton =
      (ToggleButton)findViewById(R.id.tgbtnToggleButton);
 tgbtnToggleButton.setOnClickListener(new Button.OnClickListener() {
 public void onClick(View v) {
          m_txtButtonAct.setText("开关按钮: " + tgbtnToggleButton.getText());
      }
 });
 //图示按钮
 final ImageButton imgbtnImageButton =
                   (ImageButton)findViewById(R.id.imgbtnImageButton);
 imgbtnImageButton.setOnClickListener(new Button.OnClickListener() {
      public void onClick(View v) {
          m_txtButtonAct.setText("图示按钮");
      }
 });
```

复选按钮实现选中状态发生改变引发的事件处理，其处理结果就是显示选中项，单选按钮状态改变事件处理机制和复选按钮相同，其中复选按钮相应的处理代码如下：


```
final CheckBox ckbCheckBox1 = (CheckBox)findViewById(R.id.ckbCheckBox1);
final CheckBox ckbCheckBox2 = (CheckBox)findViewById(R.id.ckbCheckBox2);
ckbCheckBox1.setOnCheckedChangeListener(new CheckBox.OnCheckedChangeListener(){
  @Override
     public void onCheckedChanged(CompoundButton buttonView,
          boolean isChecked) {
     // TODO Auto-generated method stub
     String strMsg = "复选项: ";
     if (ckbCheckBox1.isChecked()) {
          strMsg = strMsg + ckbCheckBox1.getText() +",";
     }
          if (ckbCheckBox2.isChecked()) {
              strMsg = strMsg + ckbCheckBox2.getText() +",";
          }
          m_txtButtonAct.setText(strMsg);
     }
 });
ckbCheckBox2.setOnCheckedChangeListener(new CheckBox.OnCheckedChangeListener(){
     @Override
     public void onCheckedChanged(CompoundButton buttonView,
              boolean isChecked) {
```

```
            // TODO Auto-generated method stub
            String strMsg = "复选项: ";
            if (ckbCheckBox1.isChecked()) {
                    strMsg = strMsg + ckbCheckBox1.getText() +",";
            }
            if (ckbCheckBox2.isChecked()) {
                    strMsg = strMsg + ckbCheckBox2.getText() +",";
            }
            m_txtButtonAct.setText(strMsg);
        }
    });
```

3.2.3　日期与时间类

日期控件类为 DatePicker，提供年月日的日期数据显示和其他操作。时间控件类为 TimePicker，用于选择一天中时间的视图，支持 24 小时及上午、下午模式。小时、分钟及上午、下午都可以滑动来控制，也可以用键盘输入来实现。DatePicker 类和 TimePicker 类的继承结构如图 3-16 所示。两种控件的显示效果如图 3-17、图 3-18 所示。

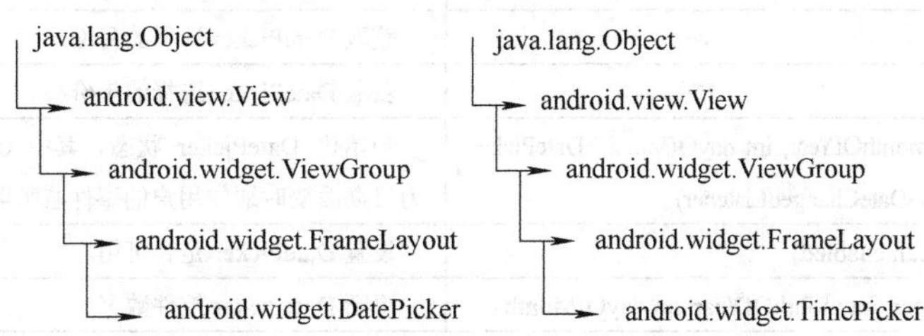

图 3-16　DatePicker 类和 TimePicker 类继承结构

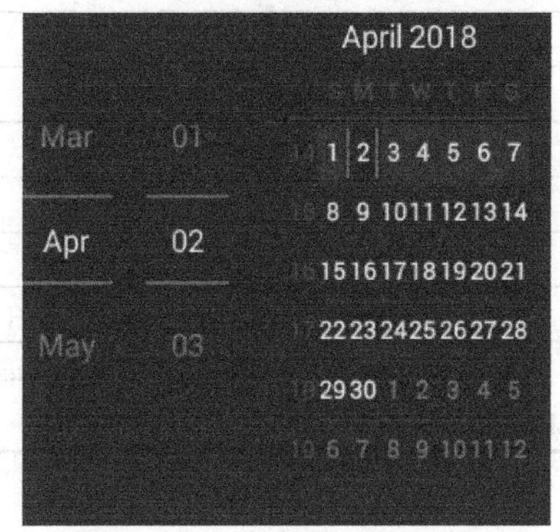

图 3-17　日期控件显示效果

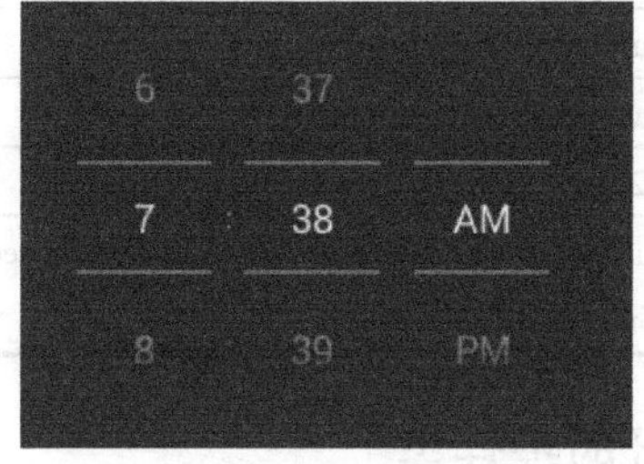

图 3-18　时间控件显示效果

使用布局文件在用户界面上添加日期和时钟控件，使用标签<DatePicker>和< TimePicker>，下面为添加两种时钟控件的 XML 代码：

```
<DatePicker
        android:id="@+id/dpDateTimeAct"
```

```
        android:layout_width="match_parent"
        android:layout_height="wrap_content"
        android:layout_gravity="center_horizontal"
/>
<TimePicker
        android:id="@+id/tpDateTimeAct"
        android:layout_width="match_parent"
        android:layout_height="wrap_content"
        android:layout_gravity="center_horizontal"
/>
```

在使用日期和时间控件时，通常情况下会需要捕捉用户修改日期和时间的事件，Android 系统提供的用于捕捉日期和时间控件修改数据的事件响应的监听器是 OnDateChangedListener()和 OnTimeChangedListener()。设置监听器的方法及 DatePicker 和 TimePicker 类提供的其他常用方法可参考表 3-12。

表 3-12　DatePicker 和 TimePicker 类常用方法

方　法	说　明
int getDayOfMonth ()	获取 DatePicker 选择的天数
int getMonth ()	获取 DatePicker 选择的月份
int getYear ()	获取 DatePicker 选择的年份
void init (int year, int monthOfYear, int dayOfMonth, DatePicker.OnDateChangedListener onDateChangedListener)	初始化 DatePicker 状态，其中 onDateChangedListener 为日期改变时通知用户的事件监听器
void setEnabled (boolean enabled)	设置 DatePicker 是否可用
void updateDate (int year, int monthOfYear, int dayOfMonth)	更新 DatePicker 控件数据
int getBaseline ()	返回 TimePicker 文本基准线到其顶边界的偏移量
Integer getCurrentHour ()	获取 TimePicker 小时部分
Integer getCurrentMinute ()	获取 TimePicker 分钟部分
boolean is24HourView ()	获取 TimePicker 是否是 24 小时制
void setCurrentHour (Integer currentHour)	设置 TimePicker 小时部分
void setCurrentMinute (Integer currentMinute)	设置 TimePicker 分钟部分
void setEnabled (boolean enabled)	设置 TimePicker 是否可用
void setIs24HourView (Boolean is24HourView)	设置 TimePicker 是 24 小时制还是上午、下午制
void setOnTimeChangedListener (TimePicker.OnTimeChangedListeneronTimeChangedListener)	设置 TimePicker 时间调整事件监听器 OnTimeChanged-Listener

3.2.4　计时控件类

计时控件类（Chronometer）实际上是个简单的定时器，默认情况下，定时器的值的显示形式为“分:秒”或“时:分:秒”，也可以使用 Set()方法设置相应的自定义格式。Chronometer 类继承结构如图 3-19 所示，从类继承结构上可以看出，Chronometer 类直接继承自 TextView 类，很多属性和方法也同样来自于 TextView 类，另外 Chronometer 还有自己定义的 XML 属性和方法，如表 3-13 所示。在使用计时控件时，只需要在布局文件中添加<Chronometer>标签即可向用户界面上添加一个计时控件类：

```
<Chronometer android:id="@+id/chroChronometerAct"
      android:layout_width="wrap_content"
      android:layout_height="wrap_content"
      android:layout_gravity="center"
      android:textSize="20dp"
 />
```

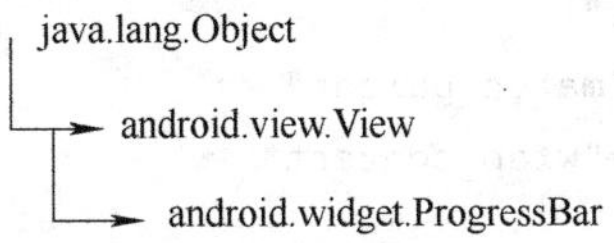

java.lang.Object
└→ android.view.View
  └→ android.widget.ProgressBar

图 3-19　Chronometer 类继承结构

表 3-13　Chronometer 类常用 XML 属性和方法

方　法	说　明
android:format	格式化字符串。计时器将根据这个字符串来显示，替换字符串中第一个"%s"为当前"MM:SS"或"H:MM:SS"格式的时间显示；如果不指定，计时器将简单地显示"MM:SS"或者"H:MM:SS"格式的时间
long getBase ()	获取由 setBase(long)设置的基准时间
String getFormat ()	获取由 setFormat(String)设置的格式化字符串
Chronometer.OnChronometerTickListener getOnChronometerTickListener ()	获取用于监听计时器变化的事件的监听器
void setBase (long base)	设置基准时间
void setFormat (String format)	设置用于显示的格式化字符串，如果指定了格式化字符串，计时器将根据这个字符串来显示，替换字符串中第一个"%s"为当前"MM:SS"或"H:MM:SS"格式的时间显示；如果这个格式化字符串为空，或者从未调用过 setFormat()方法，计时器将简单地显示"MM:SS"或者"H:MM:SS"格式的时间
void setOnChronometerTickListener (OnChronometerTickListener listener)	设置计时器变化时监听器
void start ()	开始计时
void stop ()	停止计时

下面具体实现计时器功能。

例 3-9　Timepiece 的 activity_main.xml 代码如下：

```
<?xml version="1.0" encoding="utf-8"?>
<LinearLayout xmlns:android="http://schemas.android.com/apk/res/android"
      android:orientation="vertical"
      android:layout_width="match_parent"
      android:layout_height="match_parent">

<Chronometer
```

```
        android:id="@+id/timer"
        android:layout_width="wrap_content"
        android:layout_height="wrap_content"
        android:textSize="20dp"
        android:gravity="center"
        android:format="00:00"/>

<Button
        android:id="@+id/start"
        android:layout_width="match_parent"
        android:layout_height="wrap_content"
        android:text="开始" />

 <Button
        android:id="@+id/stop"
        android:layout_width="match_parent"
        android:layout_height="wrap_content"
        android:text="结束"/>

</LinearLayout>
```


MainActivity.java 文件代码如下所示：

```
package example.com.timepiece;
import android.os.SystemClock;
import android.support.v7.app.AppCompatActivity;
import android.os.Bundle;
import android.view.View;
import android.widget.Button;
import android.widget.Chronometer;
import java.util.Timer;

public class MainActivity extends AppCompatActivity {
  private Chronometer timer;

  @Override
  protected void onCreate(Bundle savedInstanceState) {
      super.onCreate(savedInstanceState);
      setContentView(R.layout.activity_main);
      timer=(Chronometer)findViewById(R.id.timer);
      android.widget.Button start=(android.widget.Button)findViewById(R.id.start);
      Button stop=(Button)findViewById(R.id.stop);
      start.setOnClickListener(new View.OnClickListener(){
         @Override
         public void onClick(View v){
```

```
                timer.setBase(SystemClock.elapsedRealtime());  //计时器清零
                timer.setFormat("%s");
                timer.start();
            }
        });
        stop.setOnClickListener(new View.OnClickListener(){
            @Override
            public void onClick(View v){
                timer.stop();
            }
        });
    }
}
```

这里设计的是分秒计时器，当然读者也可以设计一个时分秒计时器。计时器初始界面运行效果如图 3-20 所示。单击“开始”按钮，计时器开始计时，如图 3-21 所示。当计时一段时间之后，单击“结束”按钮，计时器暂停，观察能否保存显示当前所用时间，结果是可以的。再次单击“开始”按钮，计时器会自动清零恢复初始状态，然后重新计时。就这样一个小的计时器就完成了。

图 3-20　计时器初始界面

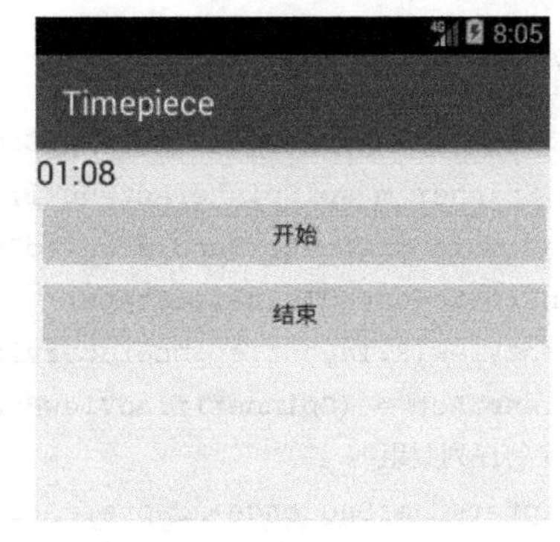

图 3-21　计时器开始计时

3.2.5　下拉表控件

下拉列表控件通过 Spinner 类实现，Spinner 类似于一组单选框，是一个每次只能选择所有项中一项的部件，选项来自于与之相关联的适配器中，采用浮动菜单呈现给用户，用户通过弹出的浮动选项界面选择相应的选项值。Spinner 类提供的常用 XML 属性和方法如表 3-14 所示。

表 3-14　Spinner 类提供的常用 XML 属性和方法

属性或方法	说　明
android:prompt	在下拉列表对话框显示时提示信息
int getBaseline()	返回控件文本基线的偏移量，如果这个控件不支持基线对齐，那么此方法返回−1

（续）

属性或方法	说　明
CharSequence getPrompt()	返回下拉列表对话框显示时提示信息
Boolean performClick()	模拟一次单击事件
void setOnItemClickListener(AdapterView.OnItem ClickListener l)	设置选项单击监听器

布局文件使用下拉表的<Spinner>标签，例如下面的 XML 代码，添加下拉表的同时还向界面添加了一个文本框。文本框用于提示下拉表的功能，下拉表的选项信息为“东”“南”“西”“北”“东南”“东北”“西南”“西北”等方向选项，提供方向信息的选择。

例 3-10　下拉表控件示例.xml 代码如下：

```
<TextView android:id="@+id/txtSpinnerAct"
      android:layout_height="wrap_content"
      android:layout_width="match_parent"
      android:textSize="30dp"
       android:text="请选择方向："/>
<Spinner android:id="@+id/spiSpinnerAct"
      android:layout_width="match_parent"
      android:layout_height="wrap_content"/>
```


MainActivity.java 代码如下：

```
public class SpinnerAct extends AppCompatActivity{
private Spinner m_spiSpinnerAct=null;
protected void onCreate(Bundle savedInstanceState) {
super.onCreate(savedInstanceState);
setContentView(R.layout.spinneractivity);
m_spiSpinnerAct = (Spinner)findViewById(R.id.spiSpinnerAct);
 //设定字符序列数组
ArrayAdapter<CharSequence>adapter=ArrayAdapter.createFromResource(this,
              R.array.orientation, android.R.layout.simple_spinner_item);
     //设置下拉菜单
adapter.setDropDownViewResource(android.R.layout.simple_spinner_dropdown_item);
     m_spiSpinnerAct.setAdapter(adapter);
     m_spiSpinnerAct.setOnItemSelectedListener(new MyOnItemSelectedListener());
     }
      //下拉菜单的选项处理
     public class MyOnItemSelectedListener implements OnItemSelectedListener {
     public void onItemSelected(AdapterView<?> parent, View view, int position, long id) {
              Toast.makeText(parent.getContext(),"所选的方向是-" +
     parent.getItemAtPosition(position).toString(), Toast.LENGTH_LONG).show();
         }
         public void onNothingSelected(AdapterView<?> parent) {}
     }
 }
```

代码第 8 行定义了下拉表的适配器，适配器中用于下拉表选项信息的数据定义在单独的 XML 文件中（values/arrays.xml），定义代码如下：

```
<string-array name="orientation">
<item>A-东</item>
<item>B-南</item>
<item>C-西</item>
<item>D-北</item>
<item>E-东南</item>
<item>F-东北</item>
<item>G-西南</item>
<item>H-西北</item>
</string-array>
```

MainActivity.java 代码 16～21 行处理下拉菜单单击事件响应，并采用信息提示框显示用户选择的方向信息，如图 3-22 和图 3-23 所示。

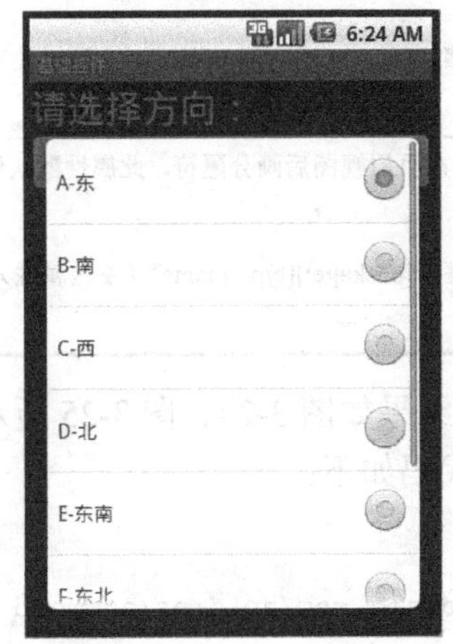

图 3-22　Spinner 菜单图

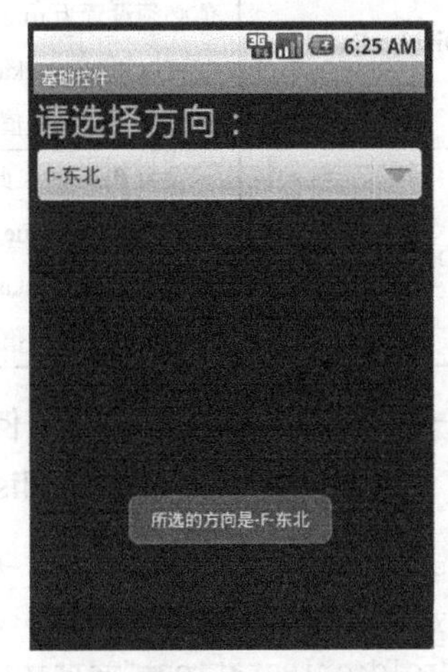

图 3-23　Spinner 菜单选择方向信息

3.2.6　列表控件

列表视图（ListView）是一种视图控件，采用垂直显示方式显示视图中包含的条目信息，条目多于屏幕最大显示数量时，会自动添加垂直滚动条。列表中的条目支持选中单击等事件响应，可以很方便地过渡到条目中所指示的内容上进行数据内容的显示和进一步处理。使用列表视图只需要向布局文件中添加<ListView>标签即可，其常用的 XML 属性如表 3-15 所示。

表 3-15　ListView 类提供的常用 XML 属性

属　性	说　明
android:choiceMode	规定此 ListView 所使用的选择模式；默认状态下，list 没有选择模式，属性值必须设置为下列常量之一：none，值为 0，表示无选择模式；singleChoice，值为 1，表示最多可以有一项被选中；multipleChoice，值为 2，表示可以多项被选中

（续）

属　　性	说　　明
android:divider	规定 List 项目之间用某个图形或颜色来分隔，可以用"@[+][package:]type:name"或者"?[package:][type:]name"（主题属性）的形式来指向某个已有资源；也可以用"#rgb"，"#argb"，"#rrggbb"或者"#aarrggbb"的格式来表示某个颜色
android:dividerHeight	分隔符的高度若没有指明，则用此分隔符固有的高度，必须为带单位的浮点数，如"14.5sp"。可用的单位如 px（pixel，像素），dp（density-independent pixels，与密集度无关的像素），sp（scaled pixels based on preferred font size，基于字体大小的固定比例的像素），in（inches，英寸），mm（millimeters，毫米）。 可以用"@[package:]type:name"或者"?[package:][type:]name"（主题属性）的格式来指向某个包含此类型值的资源
android:entries	引用一个将使用在此 ListView 里的数组。若数组是固定的，使用此属性将比在程序中写入更为简单。必须以"@[+][package:]type:name"或者 "?[package:][type:]name"的形式来指向某个资源
android:footerDividersEnabled	设为 flase 时，此 ListView 将不会在页脚视图前画分隔符，此属性默认值为 true。属性值必须设置为 true 或 false。 可以用"@[package:]type:name"或者"?[package:][type:]name"（主题属性）的格式来指向某个包含此类型值的资源
android:headerDividersEnabled	设为 flase 时，此 ListView 将不会在页眉视图后画分隔符。此属性默认值为 true。属性值必须设置为 true 或 false。 可以用"@[package:]type:name"或者"?[package:][type:]name"（主题属性）的格式来指向某个包含此类型值的资源

下面代码是一个使用列表视图的简单例子，其运行结果如图 3-24、图 3-25 所示。

例 3-11　列表控件示例 activity_list_view.xml 代码如下：

```
<?xml version="1.0" encoding="utf-8"?>
<LinearLayout xmlns:android="http://schemas.android.com/apk/res/android"
        android:orientation="vertical"
        android:layout_width="match_parent"
        android:layout_height="match_parent">

<TextView
        android:id="@+id/TextView01"
        android:layout_width="wrap_content"
        android:layout_height="wrap_content" />
<ListView
        android:id="@+id/ListView01"
        android:layout_width="wrap_content"
        android:layout_height="wrap_content">
</ListView>

</LinearLayout>
```

ListView.java 文件代码如下：

```
package example.com.listview;

import android.support.v7.app.AppCompatActivity;
import android.os.Bundle;
import android.view.View;
import android.widget.AdapterView;
import android.widget.ArrayAdapter;
import android.widget.TextView;

import java.util.ArrayList;
import java.util.List;

public class ListView extends AppCompatActivity {
  @Override
  protected void onCreate(Bundle savedInstanceState) {
     super.onCreate(savedInstanceState);
     setContentView(R.layout.activity_list_view);
     final TextView textView=(TextView)findViewById(R.id.TextView01);
     android.widget.ListView
listView=(android.widget.ListView)findViewById(R.id. ListView01);
     List<String> list=new ArrayList<String>();
     list.add("ListView 子项 1");
     list.add("ListView 子项 2");
     list.add("ListView 子项 3");
     list.add("ListView 子项 4");
     list.add("ListView 子项 5");
     list.add("ListView 子项 6");
     list.add("ListView 子项 7");
     list.add("ListView 子项 8");
     list.add("ListView 子项 9");
     list.add("ListView 子项 10");
     ArrayAdapter<String>adapter=new
ArrayAdapter<String >(this,android.R.layout. simple_list_item_1,list);
     listView.setAdapter(adapter);
     AdapterView.OnItemClickListener listViewListener=new
AdapterView.OnItemClick Listener() {
        @Override
   public void onItemClick(AdapterView<?> arg0, View arg1, int arg2, long
arg3) {
         String msg = "父 View: " + arg0.toString() + "\n" + "子 View: " +
arg1.toString() + "\n"
                  + "位置: " + String.valueOf(arg2) + ",ID: " +
String.valueOf(arg3);
         textView.setText(msg);

        }
     };
```

```
48        listView.setOnItemClickListener(listViewListener);
49    }
50 }
```

图 3-24　列表视图上方显示信息

图 3-25　列表视图剩余子项

代码 18～34 行是为 ListView 创建适配器，并添加 ListView 中所显示的内容。19 行通过 ID 引用了 XML 文件中声明的 ListView。21～31 行声明了数组列表。32 行声明了适配器 ArrayAdapter。33 行中第 3 个参数 list 说明适配器的数据源为数组列表。第 34 行将 ListView 和适配器绑定。35 行开始到最后的代码声明了 ListView 子项的单击事件监听器，用以判断用户在 ListView 中选择哪一个子项。35 行的 AdapterView.OnItemClickListener listViewListener 是 ListView 子项单击事件监听器，同样是一个接口，需要实现 OnItemClick()函数。在 ListView 子项被选择后，OnItemClick()函数将被调用。38 行的 OnItemClick()函数中一共有 4 个参数：参数 1 表示适配器控件，这里是 ListView；参数 2 表示适配器内部的控件，这里是 ListView 中的子项；参数 3 表示适配器内部控件，也就是子项的位置；参数 4 表示子项的行号。40～45 行用于显示信息，选择子项确定后，在 TextView 中显示子项父控件信息、子控件信息、位置信息和 ID 信息。48 行代码是 ListView 指定刚声明的监听器。

3.2.7　进度条控件

进度条（ProgressBar）控件用于显示相应应用的进度。例如，当一个应用在后台执行时，前台界面就不会有什么信息，这种情况下用户根本不知道应用程序是否在执行，也不知道执行进度如何和是否遇到异常错误而终止等。此时使用进度条控件来提示用户后台程序执行进度显得非常有必要，也对界面的友好性非常重要。Android 系统库中提供了两种进度条样式：长形进度条和圆形进度条。

进度条（ProgressBar）类直接继承自 View 类，其类继承结构如图 3-26 所示。ProgressBar 类常用的 XML 属性和

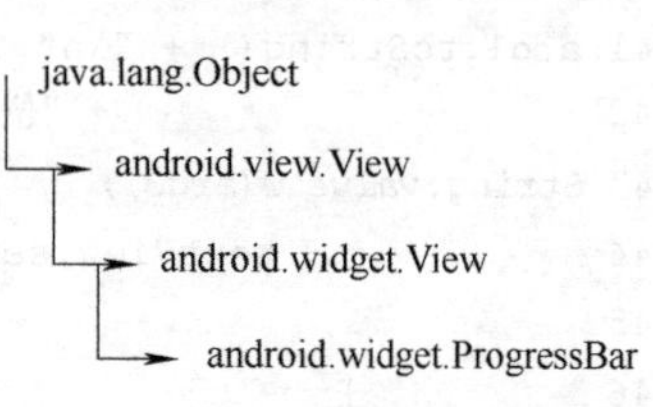

图 3-26　ProgressBar 类继承结构

方法如表 3-16 所示。

表 3-16　ProgressBar 类常用的 XML 属性和方法

方　法	说　明
android:progressBarStyle	默认进度条样式
android:progressBarStyleHorizontal	水平进度条样式
android:progressBarStyleLarge	圆形进度条样式，圆圈较大
android:progressBarStyleSmall	圆形进度条样式，圆圈较小
int getMax()	返回进度条的范围上限
int getProgress()	返回进度条的当前进度
int getSecondaryProgress()	返回次要进度条的当前进度
void incrementProgressBy(int diff)	增加进度条进度
boolean isIndeterminate()	指示进度条是否在不确定模式下
void setIndeterminate(boolean indeterminate)	设置不确定模式
void setVisibility(int v)	设置该进度条是否可视

在布局文件中添加进度条使用<ProgressBar>标签，在 XML 布局文件中另外添加了一个 TextView 控件，用于模拟下载进度条。

例 3-12　进度条控件示例.xml 代码如下：

```
<?xml version="1.0" encoding="utf-8"?>
<LinearLayout xmlns:android="http://schemas.android.com/apk/res/android"
  xmlns:tools="http://schemas.android.com/tools"
  android:id="@+id/activity_main"
  android:layout_width="match_parent"
  android:layout_height="match_parent"
  android:paddingBottom="@dimen/activity_vertical_margin"
  android:paddingLeft="@dimen/activity_horizontal_margin"
  android:paddingRight="@dimen/activity_horizontal_margin"
  android:paddingTop="@dimen/activity_vertical_margin"
  tools:context="edu.neu.dingshan.progressbar.MainActivity"
  android:orientation="vertical">

<LinearLayout
      android:layout_width="match_parent"
      android:layout_height="wrap_content"
      android:orientation="horizontal">

<Button
         android:layout_width="wrap_content"
         android:layout_height="wrap_content"
         android:text="进度+1"
         android:onClick="click1"
```

```
            android:layout_weight="1"
            />

<Button
            android:layout_width="wrap_content"
            android:layout_height="wrap_content"
            android:onClick="click2"
            android:text="进度-1"
            android:layout_weight="1"
            />

<Button
            android:layout_width="wrap_content"
            android:layout_height="wrap_content"
            android:onClick="click3"
            android:text="复位"
            android:layout_weight="1"
            />
</LinearLayout>

<ProgressBar
        android:id="@+id/prbar"
        android:layout_width="match_parent"
        android:layout_height="wrap_content"
        style="?android:attr/progressBarStyleHorizontal"
        android:max="100"/>

<TextView
       android:layout_width="match_parent"
       android:layout_height="wrap_content"
       android:id="@+id/tv"
       android:textSize="24sp"
       android:text="当前进度：0%"/>
</LinearLayout>
```


上面代码中，进度条使用水平进度条，使用进度条的 Activity 的 Java 代码如下，进度条示例效果图如图 3-27、图 3-28 所示：

```
public class MainActivity extends AppCompatActivity{
private ProgressBar mProgress;
private int mProgressStatus = 0;
private TextView tv_Progress;
 @Override
  protected void onCreate(Bundle savedInstanceState) {
```

```
        super.onCreate(savedInstanceState);
        setContentView(R.layout.activity_main);
        mProgress = (ProgressBar) findViewById(R.id.prbar);
         tv_Progress = (TextView)findViewById(R.id.tv);
    }
    public void click1(View v){
        mProgressStatus ++;
        if (mProgressStatus > 100)
            mProgressStatus = 100;
        tv_Progress.setText("当前进度：  " + mProgressStatus + "%");
        mProgress.setProgress(mProgressStatus);
    }
    public void click2(View v){
        mProgressStatus --;
        if (mProgressStatus < 0)
            mProgressStatus = 0;
        tv_Progress.setText("当前进度：  " + mProgressStatus +"%");
        mProgress.setProgress(mProgressStatus);
    }
    public void click3(View v){
        mProgressStatus = 0;
        mProgress.setProgress(0);
        tv_Progress.setText("当前进度：0%");
    }
}
```

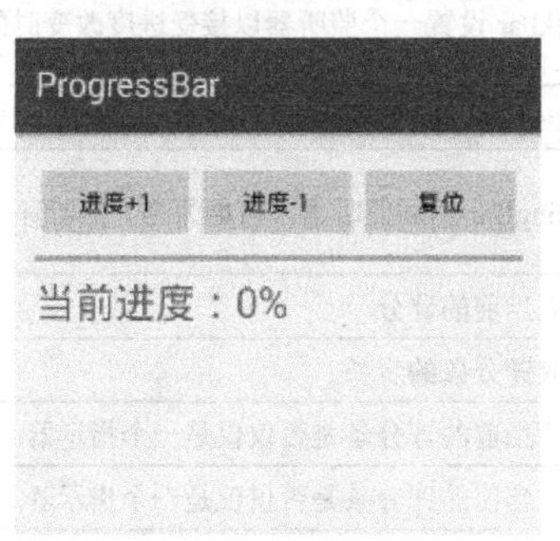

图 3-27　进度条初始界面

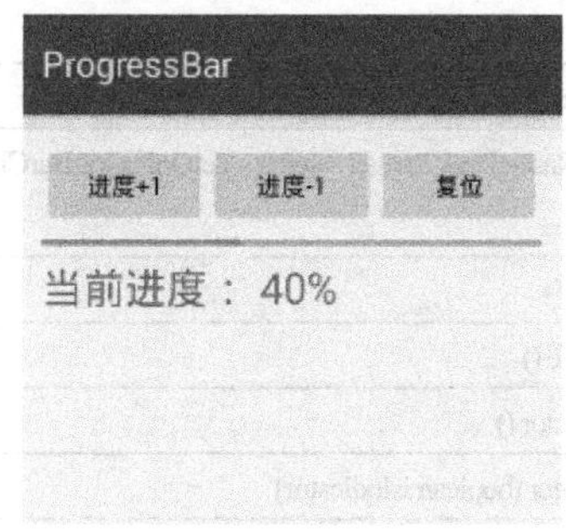

图 3-28　进度条运行效果

3.2.8　拖动条控件

Android 提供了两种常用的拖动条，一类是连续拖动条 SeekBar，另一类是星级评分条 RatingBar，其类继承结构如图 3-29 所示。

SeekBar 是 ProgressBar 的扩展，在其基础上增加了一个可滑动的滑片。用户可以触摸滑片并向左或向右拖动，还可以使用方向键设置当前的进度等级。当然，在使用过程中尽量不要把可以获取焦点的其他控件放在 SeekBar 的左边或右边。

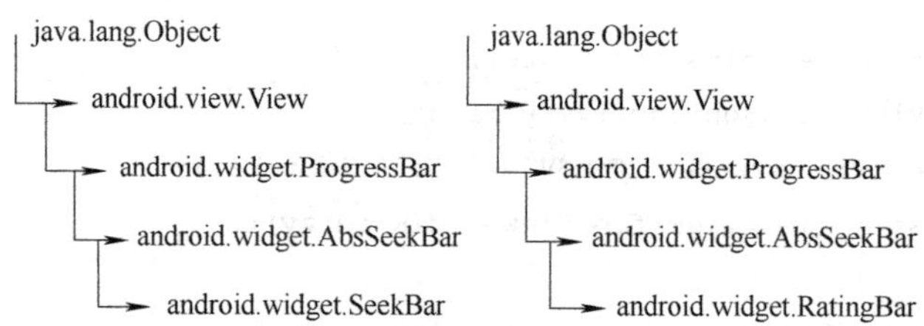

图 3-29　SeekBar 和 RatingBar 类继承结构

RatingBar 是基于 SeekBar 和 ProgressBar 的扩展，用星星来显示等级评定。使用 RatingBar 的默认大小时，用户可以触摸、拖动或使用按键来设置评分，它有两种样式，小风格用 ratingBarStyleSmall，大风格用 ratingBarStyleIndicator，一般情况下大风格适合指示，不适合于用户交互。当使用可以支持用户交互的 RatingBar 时，同样不适合将其他控件放在它的左边或者右边。在使用 RatingBar 过程中，只有当布局的宽被设置为"wrap_content"时，通过函数 setNumStars(int)或者在 XML 的布局文件中设置的星星数量才将完全显示出来，否则显示结果并不确定。SeekBar 和 RatingBar 常用的 XML 属性和方法如表 3-17 所示。

表 3-17　SeekBar 和 RatingBar 常用的 XML 属性和方法

属性或方法	说　明
android:thumb	Seekbar 上绘制的 thumb（可拖动的那个图标）
android:isIndicator	RatingBar 是否是一个指示器
android:numStars	RatingBar 显示的星星数量，必须是一个整形值
android:rating	RatingBar 默认的评分，必须是浮点类型
android:stepSize	RatingBar 评分的步长，必须是浮点类型
void setOnSeekBarChangeListener (SeekBar.OnSeekBarChange Listener l)	Seekbar 设置一个监听器以接受进度改变时的通知
int getNumStars ()	RatingBar 返回显示的星星数量
RatingBar.OnRatingBarChangeListener getOnRatingBarChange Listener ()	RatingBar 返回监听器（可能为空）监听评分改变事件
float getRating ()	获取当前的评分
float getStepSize ()	获取评分条的步长
boolean isIndicator ()	判断当前的评分条是否仅仅是一个指示器
void setIsIndicator (boolean isIndicator)	设置当前的评分条是否仅仅是一个指示器
synchronized void setMax (int max)	设置评分等级的范围，从 0 到 max
void setNumStars (int numStars)	设置显示的星星的数量
void setOnRatingBarChangeListener (RatingBar.OnRatingBar ChangeListener listener)	设置当评分等级发生改变时回调的监听器
void setRating (float rating)	设置星星的数量
void setStepSize (float stepSize)	设置当前评分条的步长

下面通过代码具体使用两种拖动条，在布局文件（seekbarandratingbaract.xml）中分别添加 RatingBar 控件和 SeekBar 控件，设置 RatingBar 共有星星为五个且单步前进半个

星级，设置 SeekBar 最大进度量为 100，默认显示进度 30。

例 3-13 拖动条控件示例.xml 代码如下：

```
<RatingBar
      android:id="@+id/rbarRatingBarAct"
      android:layout_width="wrap_content"
      android:layout_height="wrap_content"
      android:numStars="5"
      android:stepSize="0.5"/>
<SeekBar
      android:id="@+id/sbarSeekBar"
      android:layout_width="wrap_content"
      android:layout_height="wrap_content"
      android:max="100"
      android:progress="30"/>
```

MainActivity.java 处理代码如下：

```
public class SeekbarAndRatingbarAct extends AppCompatActivity{
@Override
protected void onCreate(Bundle savedInstanceState) {
  // TODO Auto-generated method stub
  super.onCreate(savedInstanceState);
  setContentView(R.layout.seekbarandratingbaract);
  final TextView txtRatingBar=(TextView)findViewById(R.id.txtRatingBar);
  final TextView txtSeekBar=(TextView)findViewById(R.id.txtSeekBar);
  RatingBar rbarRatingBarAct=(RatingBar)findViewById(R.id.rbarRatingBarAct);
      SeekBar sbarSeekBar=(SeekBar)findViewById(R.id.sbarSeekBar);

      txtRatingBar.setText("Rating Bar:=" + rbarRatingBarAct.getProgress());
      txtSeekBar.setText("Seek Bar:=" + sbarSeekBar.getProgress());
      //当 RatingBar 进度条的进度发生变化时调用该方法
      rbarRatingBarAct.setOnRatingBarChangeListener(new
                                OnRatingBarChangeListener(){
          @Override
          public void onRatingChanged(RatingBar ratingBar, float rating,
                  boolean fromUser) {
              txtRatingBar.setText("Rating Bar:=" + ratingBar.getProgress());
          }
      });
      //当 SeekBar 进度条的进度发生变化时调用该方法
  sbarSeekBar.setOnSeekBarChangeListener(new OnSeekBarChangeListener() {
  public void onProgressChanged(SeekBar sekbActMiscActivity01, int progress,
      booleanfromTouch) {
```

```
27              txtSeekBar.setText("Seek Bar:=" + sekbActMiscActivity01.getProgress());
28          }
29          public void onStartTrackingTouch(SeekBar arg0) {}
30          public void onStopTrackingTouch(SeekBar seekBar) {}
31      });
32  }
33 }
```

代码 15 行设置 RatingBar 进度条变化监听器，检测 RatingBar 进度条值的变化，监听器必须重写 onRatingChanged() 方法，监听器检测到改变后使用文本控件显示动态变化值。代码 24 行设置 SeekBar 进度条变化监听器，检测 SeekBar 进度条的变化，监听器必须同时重写 onProgressChanged()、onStart TrackingTouch()和 onStopTrackingTouch()方法，同样监听器检测到改变后使用文本控件显示动态变化值。运行结果如图 3-30 所示。

图 3-30　两种拖动条

3.3　对话框与消息框

对话框和消息框在应用程序中非常有用，经常用于程序中遇到异常信息或者其他需要通知用户知晓的事件信息等展现给用户。

3.3.1　对话框

对话框是程序运行中弹出的窗口，Android 系统中有四种默认的对话框，分别是警告对话框（AlertDialog）、进度对话框（ProgressDialog）、日期选择对话框（DatePicker-Dialog）和时间选择对话框（TimePickerDialog）。除了四种默认的对话框，通过继承对话框基类 Dialog 还可实现自定义的对话框。

Dialog 类是一切对话框的基类，Dialog 类虽然可以在界面上显示，但是并非继承自 View 类，而是直接从 java.lang.Object 开始构造出来的，类似于 Activity，Dialog 也是有生命周期的，它的生命周期由 Activity 来维护，在生命周期的每个阶段都有一些回调函数供系统调用。在 Activity 中用户常用的主动调用的函数有两个：showDialog(int id)和 dismissDialog(int id)。showDialog()负责显示指定 id 的 Dialog，这个函数如果调用后，系统将反向调用 Dialog 的回调函数 onCreateDialog(int id)。dismissDialog()使标识为 id 的 Dialog 在界面当中消失。

Dialog 有两个比较常见的回调函数：onCreateDialog(int id)和 onPrepareDialog(int id,Dialog dialog)。当在 Activity 中调用 onCreateDialog(int id)后，如果这个 Dialog 是第一次生成，系统将反向调用 Dialog 的回调函数 onCreateDialog(int id)，然后再调用 onPrepare Dialog(int id, Dialog dialog)。如果这个 Dialog 已经生成，只不过没有显示出，那么将不会回调 onCreateDialog(int id)，而是直接回调 onPrepareDialog(int id,Dialog dialog)方法。

onPrepareDialog(int id,Dialog dialog)方法提供了这样一套机制，即当 Dialog 生成但是没有显示出来的时候，使得有机会在显示前对 Dialog 做一些修改，例如修改 Dialog 标题等。

警告对话框 AlertDialog 是 Dialog 的一个直接子类，AlertDialog 也是 Android 系统当中最常用的对话框之一。一个 AlertDialog 可以有两个 Button 或三个 Button，可以对一个 AlertDialog 设置 title 和 message。不能直接通过 AlertDialog 的构造函数来生成一个 AlertDialog，一般生成 AlertDialog 都是通过它的一个内部静态类 AlertDialog.builder 来构造的，AlertDialog 可以不通过 onCreateDialog(int)，而直接调用 AlertDialog.builder 类的 show()显示，如图 3-31 所示。AlertDialog.builder 类提供的常用方法如表 3-18 所示。

图 3-31　警告对话框 AlertDialog

表 3-18　AlertDialog.builder 类提供的常用方法

方　法	说　明
setTitle()	设置 title
setIcon()	设置图标
setMessage():	设置对话框的提示信息
setItems()	设置对话框要显示的一个 list，一般用于要显示几个命令时
setSingleChoiceItems()	设置对话框显示一个单选的 List
setMultiChoiceItems()	设置对话框显示一系列的复选框
setPositiveButton()	给对话框添加“Yes”按钮
setNegativeButton()	给对话框添加“No”按钮

下面代码实现了图 3-31 所示的警告对话框，代码 8～9 行分别设置标题和设置显示信息，10～15 行为对话框添加“Yes”按钮并做相应单击处理，16～21 行为对话框添加“No”按钮并做相应单击处理。22 行直接使用 show()方法显示对话框。

例 3-14　警告对话框示例，核心代码如下：

```
1 Button btnAlertDialog=(Button)findViewById(R.id.btnAlertDialog);
2 final TextView txtMsg=(TextView)findViewById(R.id.txtMsg);
3 btnAlertDialog.setOnClickListener(new OnClickListener(){
4 @Override
5 public void onClick(View v) {
6 // TODO Auto-generated method stub
7   AlertDialog.Builder  bdAlertDialog=new Builder(MainAct.this);
8   bdAlertDialog.setTitle("我是 AlertDialog");
9   bdAlertDialog.setMessage("请选择接下来的操作！");
10  bdAlertDialog.setPositiveButton("Yes", new DialogInterface.OnClickListener(){
11      public void onClick(DialogInterface dialog, int which) {
12          // TODO Auto-generated method stub
13          txtMsg.setText("Yes");
14      }
```

```
});
bdAlertDialog.setNegativeButton("No", new DialogInterface.OnClickListener(){
    public void onClick(DialogInterface dialog, int which) {
        // TODO Auto-generated method stub
        txtMsg.setText("No");
    }
});
bdAlertDialog.show();
}
});
```

3.3.2 消息框

Android 系统消息提示主要通过两种方式，一种是 Toast，另一种是 Notification。

Toast 是 Android 中用来显示信息的一种机制，是 Android 系统提供的一种非常好的提醒方式。和 Dialog 不一样的是，Toast 没有焦点而且显示的时间有限，过一段时间就会自动消失。在程序中可以使用 Toast 将一些短小的信息通知给用户，这些信息会在一段时间内自动消失，并且不会占用任何屏幕空间。Toast 对象的创建很特殊，通过内部静态方法 makeText()实现，其语法格式为


```
public static Toast makeText (Context context, int resId, int duration);
public static Toast makeText (Context context, CharSequence text, int duration);
```

参数 context 为使用的上下文，通常是 Application 或 Activity 对象。参数 resId 或者 text 为要使用的字符串资源 ID，可以是已格式化文本。参数 duration 为该信息的存续期间，值为 LENGTH_SHORT 或 LENGTH_LONG。例如，首先需要定义一个弹出 Toast 的触发点，上文中定义了一个按钮 button_1，尝试单击这个按钮时弹出一个 Toast。它在 onCreate()方法中代码如例 3-15 所示。

例 3-15 提示消息框示例，核心代码如下：

```
public class MainActivity extends AppCompatActivity {

@Override
 protected void onCreate(Bundle savedInstanceState) {
   super.onCreate(savedInstanceState);
   setContentView(R.layout.activity_main);
     // insert begin
   Button button1=(Button)findViewById(R.id.button1);
   button1.setOnClickListener(new View.OnClickListener() {
       @Override
       public void onClick(View view) {
Toast.makeText(MainActivity.this,"You clicked Button1",Toast.LENGTH_SHORT).show();
       }
     });
```

```
        // insert end
    }
}
```

代码效果图如图 3-32、图 3-33 所示。当单击“Button1”的时候，在界面的底部会出现消息框提示刚才单击了 Button1，过一会消息框就会消失。

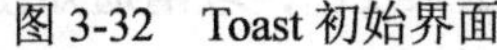

图 3-32　Toast 初始界面

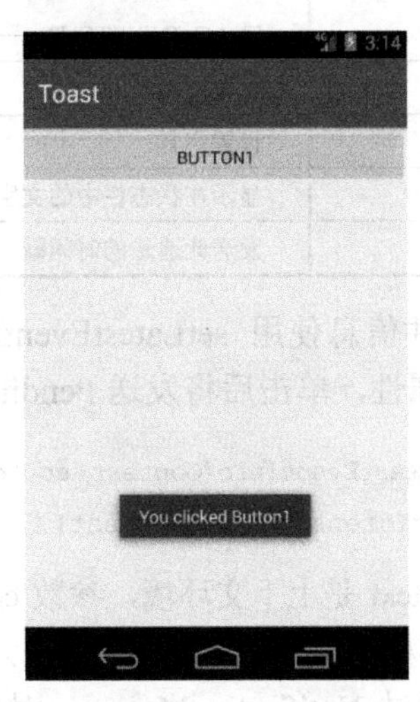

图 3-33　Toast 显示界面

Notification 是 Android 通知用户有新邮件、新短信息、未接来电等状态的一种机制，这些通知均在 Android 状态栏中显示。创建一个 Notification 通常可以分为以下四步：

首先，通过 getSystemService()方法得到 NotificationManager 对象；

```
NotificationManager notificationManager = (NotificationManager)
    this.getSystemService(android.content.Context.NOTIFICATION_SERVICE);
```

其次，实例化 Notification 对象；

```
Notification notification =new Notification();
```

再次，对 Notification 对象的一些属性进行设置，比如内容、图标、标题、相应 notification 的动作进行处理等。Notification 类中定义了很多常量和属性字段，常用的属性字段如表 3-19 所示。

表 3-19　Notification 常用的属性字段

字　段	说　明
contentIntent	设置 PendingIntent 对象，单击时发送该 Intent
defaults	添加默认效果； DEFAULT_ALL——使用所有默认值，比如声音，震动，闪屏等 DEFAULT_LIGHTS——使用默认闪光提示 DEFAULT_SOUNDS——使用默认提示声音 DEFAULT_VIBRATE——使用默认手机震动

（续）

字　段	说　明
flags	设置 flag 位； FLAG_AUTO_CANCEL——该通知能被状态栏的清除按钮给清除掉 FLAG_NO_CLEAR ——该通知能被状态栏的清除按钮给清除掉 FLAG_ONGOING_EVENT——通知放置正在运行 FLAG_INSISTENT——是否一直进行，比如音乐一直播放，直到用户响应
icon	设置图标
sound	设置声音
tickerText	显示在状态栏中的文字
when	发送此通知的时间戳

设置事件信息使用 setLatestEventInfo()方法，此方法功能是显示在拉伸状态栏中的 Notification 属性，单击后将发送 PendingIntent 对象，该方法语法格式为

```
void setLatestEventInfo(Context context , CharSequencecontentTitle,CharSequence content-
Text, PendingIntent contentIntent)
```

参数 context 是上下文环境，参数 contentTitle 为状态栏中的大标题，参数 contentText 为状态栏中的小标题，参数 contentIntent 为单击后将发送 PendingIntent 对象。

最后，通过 NotificationManager 对象的 notify()方法来发出；取消通知使用 Notification-Manager 对象的 cancel()方法。这两个方法的语法格式为

public void cancelAll()：移除所有通知（只是针对当前 Context 下的 Notification）。

public void cancel(int id)：移除标记为 id 的通知（只是针对当前 Context 下的所有 Notification）。

public void notify(String tag, int id, Notification notification)：将通知加入状态栏，标签为 tag，标记为 id。

public void notify(int id, Notification notification)：将通知加入状态栏，标记为 id。下面代码实现了一个简单的未接来电通知，其运行结果如图 3-34 所示。

图 3-34　未接来电通知

例 3-16　通知栏示例，核心代码如下：

```
public class MainAct extends AppCompatActivity {
    /** Called when the activity is first created. */
    @Override
    public void onCreate(Bundle savedInstanceState) {
        super.onCreate(savedInstanceState);
        setContentView(R.layout.main);
        clearNotification();
    }
    @Override
     protected void onStop() {
   showNotification();
```

```
super.onStop();
  }
  @Override
  protected void onStart() {
clearNotification();
super.onStart();
  }
  //在状态栏显示通知
  private void showNotification(){
//创建一个 NotificationManager 的引用
NotificationManager notificationManager = (NotificationManager)
    this.getSystemService(android.content.Context.NOTIFICATION_SERVICE);
//实例化 Notification 对象
Notification notification =new Notification();
//定义 Notification 的各种属性
notification.icon=R.drawable.icon;
notification.tickerText="未接来电";
notification.when=System.currentTimeMillis();
notification.flags |= Notification.FLAG_ONGOING_EVENT;
notification.flags |= Notification.FLAG_NO_CLEAR;
notification.flags |= Notification.FLAG_SHOW_LIGHTS;
notification.defaults = Notification.DEFAULT_LIGHTS;
notification.ledARGB = Color.BLUE;
notification.ledOnMS =5000;

// 设置通知的事件消息
CharSequence contentTitle ="您有未接来电";
CharSequence contentText ="未接电话是 02488888888";
Intent notificationIntent =new Intent(MainAct.this, MainAct.class);
PendingIntent contentItent = PendingIntent.getActivity(this, 0, notificationIntent, 0);
notification.setLatestEventInfo(this, contentTitle, contentText, contentItent);
// 把 Notification 传递给 NotificationManager
notificationManager.notify(0, notification);
  }
  //删除通知
  private void clearNotification(){
      NotificationManager notificationManager = (NotificationManager) this
              .getSystemService(NOTIFICATION_SERVICE);
      notificationManager.cancel(0);
  }
}
```

本 章 小 结

本章主要从 Android 用户界面的开发出发，讲述了开发过程中经常使用到的控件，包括常用基础控件、对话框与消息框。界面中控件的结构及位置等需要通过有效的界面布局控制，Android 中提供了几种界面布局格式，即线性布局、相对布局、表格布局、网格布局、绝对布局和框架布局。

习　题

1．Android 中常用的控件有哪些？

2．Android 中有几种布局方式？每一种方式中常用的 XML 属性及相应的设置方法是什么？

3．设计一个简易的乘法器，分别输入两个乘数，单击计算按钮得到计算结果。

第 4 章　Android 多线程

在程序开发的实践当中，为了让程序表现得更加流畅，肯定会需要使用到多线程来提升程序的并发执行性能。但是编写多线程并发的代码一直以来都是一个相对棘手的问题，所以想要获得更佳的程序性能，非常有必要掌握多线程并发编程的基础技能。众所周知，Android 程序的大多数代码操作都必须执行在主线程，例如系统事件（如设备屏幕发生旋转），输入事件（如用户单击滑动等），程序回调服务，UI 绘制以及闹钟事件等。因此，在上述事件或者方法中插入的代码也将在主线程执行。

4.1　多线程简介

4.1.1　线程与进程

说到多线程就不得不提起进程，一般可以在同一时间内执行多个程序的操作系统都有进程的概念。一个进程就是一个执行中的程序，而每一个进程都有自己独立的一块内存空间、一组系统资源，在进程的概念中，每一个进程的内部数据和状态都是完全独立的。

一个进程中可以包含若干个线程，当然一个进程中至少有一个线程。线程可以利用进程所拥有的资源，通常都是把进程作为分配资源的基本单位，而线程作为独立运行和独立调度的基本单位。由于线程比进程更小，基本上不拥有系统资源，故对它的调度所付出的开销就会小得多，能更高效地提高系统多个程序间并发执行的程度。

进程和线程的主要差别在于操作系统对其资源管理有不同的方式。进程有独立的地址空间，一个进程崩溃后，在保护模式下不会对其他进程产生影响，而线程只是一个进程中的不同执行路径。线程有自己的堆栈和局部变量，但线程之间没有单独的地址空间，一个线程死掉就等于整个进程死掉，所以多进程的程序要比多线程的程序健壮，但在进程切换时，耗费资源较大，效率要差一些。但对于同时进行并且又要共享某些变量的并发操作只能用线程，不能用进程。

4.1.2　多线程的实现

Android 多线程的实现方式和 Java 中一样，其中主要使用两种创建线程的方法，继承 Thread 类和实现 Runnable 接口创建线程。首先介绍继承 Thread 类方式，定义一个类继承 Thread 类，在继承类中覆盖 run()方法，在 run()方法中编写需要执行的逻辑操作。

例 4-1　多线程的实现。

```
class MyThread extends Thread
```

```
{
    private static int taskCount = 0;
    private final int id = taskCount++;
    public void run(){
        for(int i=0;i<10;i++){
            System.out.print("子线程"+"("+id+")"+ i+" ");
        }
    }
}
```

然后在测试类中开启这个线程，创建 Thread 的实例，使用 start()方法就可以开启线程了，由于 MyThread 类是继承于 Thread 类，所以只需要创建子类对象即可。需要注意的是不能调用 run()方法，虽然调用 run()方法程序也可运行，但这就只是普通的对象调用方法，而不是实现多线程。代码如下：

```
public class Test
{
    public static void main(String[] args)
    {
        for(int i=5;i>0;i--)
            new Thread(new MyThread()).start();
        for(int i = 0; i<10;i++){
            System.out.print("主线程"+i+" ");
        }
    }
}
```


此程序的输出为主线程和子线程交替执行 for 循环输出语句，当然 for 循环的执行速度非常快，可能看不出来交替执行，可以把循环次数加大以便看到效果。接下来介绍实现 Runnable 接口的方式创建线程，和上一种方法类似，只需要把子线程代码的 class MyThread extends Thread 改为 class MyThread implements Runnable，主线程代码如下：

```
public class Test
{
    public static void main(String[] args)
    {
        for(int i=5;i>0;i--)
            new Thread(new MyThread()).start();
        for(int i = 0; i<10;i++){
            System.out.print("主线程"+i+" ");
        }
    }
}
```

Thread 类中有一个专门的参数列表是用来接收 Runnable 接口的实现类的对象，此测试代码实现的是在 for 循环中开启多个线程。

4.2　Handler 异步消息处理机制

多线程中需要解决线程间通信问题，解决方法是利用消息进行线程间通信。消息交互方式分为同步消息处理和异步消息处理两种。同步交互是指发送一个请求，需要等待返回，然后才能够发送下一个请求，有个等待过程。异步交互是指发送一个请求，不需要等待返回，随时可以再发送下一个请求，即不需要等待。它们之间的区别是一个需要等待一个不需要等待，在大部分情况下，项目开发中都会优先选择不需要等待的异步交互方式。而比如银行的转账系统，对数据库的保存操作等，都会使用同步交互操作，其余情况都优先使用异步交互。

Handler 的异步消息处理机制是为了解决 Android 不能在主线程以外的线程进行 UI 更新。在进行 UI 更新之前需要考虑两个问题：主线程不能进行延时操作以及子线程不能进行 UI 更新。第一个问题很好理解，当主线程中进行一些耗时的操作，如访问网络时，需要等待访问网络完成后才能进行其他操作，在消息队列中的事件就来不及处理，这就是线程阻塞，造成的现象是屏幕被单击却没有反应，为了避免“用户单击按钮后没反应”这样糟糕的用户体验，就要确保主线程时刻保持着较高的响应性。为了做到这一点，这就需要把耗时的任务移出主线程，在子线程中完成。

接下来研究第二个问题，Android 的 UI 更新线程是不安全的，如果在子线程中尝试进行 UI 操作，程序就会崩溃，因为 Android 中 UI 线程操作并没有加锁，也就是说可能在非 UI 线程中刷新界面的时候，UI 线程（或者其他非 UI 线程）也在刷新界面.这样就导致多个界面刷新的操作不能同步，导致线程不安全。

为了解决上述问题，Android 提供了使用 Message、Handler、MessageQueue 和 Looper 的异步消息处理机制。异步消息处理流程图如图 4-1 所示。

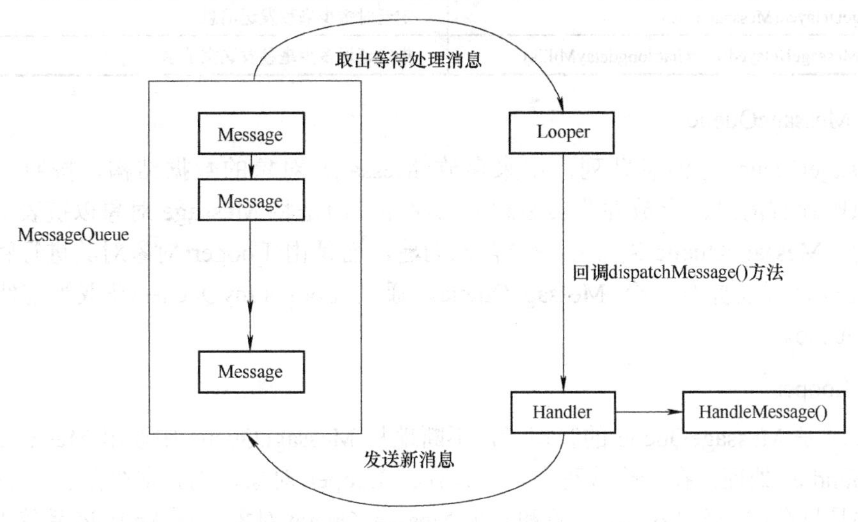

图 4-1　异步消息处理流程图

（1）Message

Message 是消息传递者，主要作用是在线程之间传递消息，充当媒介作用。它可以在其内部携带少量的信息，其中 Message 类中主要使用的携带消息的字段如表 4-1 所示。

表 4-1 Message 类的字段

字　段	说　明
what	自定义传递的消息，以便接收方能够识别
arg1	传递低成本的整形数据
arg2	传递低成本的整形数据
obj	存放 Object 对象

需要注意的是，当需要 Message 对象的时候，尽量使用 obtain()方法从消息池中返回一个 Message 实例，这样在很多情况下避免重新创建新对象而消耗资源，Android 系统默认情况下在消息池中实例化 10 个 Message 对象。

（2）Handler

Handler 是消息处理者。通过 Handler 对象可以封装 Message 对象，然后通过 sendMessage(msg)把 Message 对象添加到 MessageQueue 中；当 MessageQueue 循环到该 Message 时，就会调用该 Message 对象对应的 Handler 对象的 handleMessage()方法对其进行处理。由于是在 handleMessage()方法中处理消息，因此应该编写一个类继承自 Handler，然后在 handleMessage()处理相应的操作。Handler 类的主要方法如表 4-2 所示。

表 4-2 Handler 类的方法

方　法	说　明
handleMessage(Message msg)	用来处理消息，通常进行重写
sendMessage(Message msg)	立即发送消息
sendEmptyMessage(int what)	发送空消息
sendMessageDelayed(Message msg)	定延时多少毫秒发送消息
sendEmptyMessageDelayed(int what,longdelayMillis)	指定延迟多少毫秒发送空消息

（3）MessageQueue

MessageQueue 是消息队列，用来存放 Message 对象的数据结构，按照“先进先出”的原则存放消息。存放并非实际意义的保存，而是将 Message 对象以链表的方式串联起来的。MessageQueue 对象不需要自己创建，而是由 Looper 对象对其进行管理，一个线程最多只可以拥有一个 MessageQueue。通过 Looper.myQueue()获取当前线程中的 MessageQueue。

（4）Looper

Looper 是 MessageQueue 的管理者，不断地从 MessageQueue 中取出 Message 分发给对应的 Handler 处理，在一个线程中，如果存在 Looper 对象，则必定存在 MessageQueue 对象，并且只存在一个 Looper 对象和一个 MessageQueue 对象。在 Android 系统中，除了主线程有默认的 Looper 对象，其他线程默认是没有 Looper 对象。如果想让新创建的线程拥有 Looper 对象时，首先应调用 Looper.prepare()方法，然后再调用 Looper.loop()方法。

简单来说，当子线程想修改 Activity 中的 UI 组件时，可以新建一个 Handler 对象，通过这个对象向主线程发送信息；而发送的信息会先到主线程的 MessageQueue 进行等待，由 Looper 按先入先出顺序取出，再根据 Message 对象的 what 等字段分发给对应的 Handler 进行处理。

接下来使用异步消息处理机制进行 UI 更新，新建 ThreadMHMLTest 项目。

例 4-2　异步消息处理机制进行 UI 更新。

```
public class MainActivity extends AppCompatActivity {
    public static final int msgWhat = 1;
    private TextView text;
    private Handler handler = new Handler(){
        public void handleMessage(Message msg){
            //主线程中获取和处理 msg 信息
            if(msg.what == msgWhat) {
                text.setText("你好,世界!");
                Log.d("当前线程_2", Thread.currentThread().getName());
            }
        }
    };
  @Override
    protected void onCreate(Bundle savedInstanceState) {
        super.onCreate(savedInstanceState);
        setContentView(R.layout.activity_main);
        Log.d("当前线程_0: ",Thread.currentThread().getName());
        text = (TextView) findViewById(R.id.text);
    }
    public void onClick(View v) {
        new Thread(new Runnable(){
            @Override
            public void run() {
                //可以进行耗时操作
                try{
                    Thread.sleep(5000);
                }catch (Exception e){
                    e.printStackTrace();
                }
                Log.d("当前线程_1: ",Thread.currentThread().getName());
                Message msg = Message.obtain();//避免重复创建 msg，从 Message 池中获取，使用 obtain()
                msg.what = msgWhat;
                handler.sendMessage(msg);//在新线程中发送 msg 消息
            }
        }).start();
    }
}
```

图 4-2　使用 Handler 更新 UI

该代码实现通过 Handler 的方式进行 UI 更新，使用按钮对 TextView 进行更新，并且通过日志来查看各个代码块所处的线程。其代码的主要步骤是在 4～12 行的主线程放置一个待执行的代码块，14～36 行为开启子线程，这里使用 5 秒的睡眠模拟耗时操作，等任务处理完毕，利用 sendMessage()方法把 Message 信息发送给主线程，主线程中早已实例化了一个 Handler 对象并重写了 handlermessage()方法，通过接收到的 Message 信息从而触发 handlerMessage()方法，然后再执行这个代码块，这个代码块通常是 UI 操作。使用 Handler 更新 UI 的效果图如图 4-2 所示。

Log.e()的第二个参数 Thread.currentThread().getName()是获取当前代码块的线程名字（系统所分配的）。线程位置示意图如图 4-3 所示。

```
04-10 12:44:55.718 2660-2660/? D/当前线程_0: : main
04-10 12:45:36.328 2660-2780/? D/当前线程_1: : Thread-92
04-10 12:45:36.358 2660-2660/? D/当前线程_2: main
```


图 4-3　线程位置示意图

4.3　AsyncTask 异步任务

Handler 异步消息处理机制需要为每一个任务创建一个新的线程，任务完成后通过 Handler 实例向 UI 线程发送消息，完成 UI 的更新，这种方式对于整个过程的控制比较精细，但是也有一定的缺点，例如代码相对臃肿，在多个任务同时执行时不易对线程进行精确的控制。为了简化操作，Android 提供了一种轻量级工具类 AsyncTask，使创建异步任务变得更加简单，不再需要编写任务线程和 Handler 实例即可完成相同的任务。

AsyncTask 是对 Handler 与线程池的封装。使用它的方便之处在于能够更新用户界面，当然这里更新用户界面的操作还是在主线程中完成的，但是由于 AsyncTask 内部包含一个 Handler，所以可以发送消息给主线程让它更新 UI。另外，AsyncTask 内还包含了一个线程池。使用线程池的主要原因是避免不必要的创建及销毁线程的开销。通俗一点来说，AsyncTask 就相当于 Android 提供了一个多线程编程的框架，其介于 Thread 和 Handler 之间。使用该类可以实现异步操作，并提供接口反馈当前异步执行结果及进度。AsyncTask 允许在后台执行一个异步的任务，可以将耗时的操作放在异步任务当中来执行，并随时将任务执行的结果返回给 UI 线程来更新 UI 控件，通过 AsyncTask 可以轻松地解决多线程之间的通信问题。

例 4-3　多线程实现异步任务。

AsyncTask 类的声明如下：

```
public abstract class AsyncTask<Params, Progress, Result>
```

可以看到，AsyncTask 是一个泛型类，三个类型参数的含义如下：

Params：doInBackground 方法的参数类型；

Progress：AsyncTask 所执行的后台任务的进度类型；

Result：后台任务的返回结果类型。

当执行一个异步任务时，其需要按照下面的四个步骤分别执行：

onPreExecute()：这个方法是在执行异步任务之前执行，并且是在 UI Thread 当中执行的，通常在这个方法里做一些 UI 控件的初始化操作，例如初始化 ProgressDialog。

doInBackground(Params... params)：在 onPreExecute()方法执行完之后，会马上执行这个方法，这个方法就是来处理异步任务的方法，Android 操作系统会在后台的线程池当中开启一个 worker thread 来执行这个方法，所以这个方法是在 worker thread 当中执行的，这个方法执行完后就可以将执行结果发送给最后一个 onPostExecute()方法。如从网络中获取数据等一些耗时的操作，可以用这个方法执行。

onProgressUpdate(Progess... values)：这个方法也是在 UI Thread 当中执行的，在异步任务执行时，有时候需要将执行的进度返回给 UI 界面，例如下载一张网络图片，需要时刻显示其下载的进度，就可以使用这个方法来更新进度。这个方法在调用之前，需要在 doInBackground()方法中调用一个 publishProgress(Progress) 的方法来将进度时时刻刻传递给 onProgressUpdate()方法来更新。

onPostExecute(Result... result)： 当异步任务执行完之后，就会将结果返回给这个方法，这个方法也是在 UI Thread 当中调用的，可以将返回的结果显示在 UI 控件上。

如果要定义一个 AsyncTask，就需要定义一个类来继承 AsyncTask 这个抽象类，并至少实现其唯一的一个 doInBackgroud() 抽象方法。新建 AsyncTaskTest 工程，使用 AsyncTaskTest 进行图片下载。代码如下：

```
public class MainActivity extends AppCompatActivity {
   private ProgressBar progressBar;
   private ImageView imageView;
   private static final int FILE_SIZE = 0;
   private static final int DOWNLOAD_PROGRESS = 1;
   private static final int DOWNLOAD_SUCCESS = 2;
   @Override
   protected void onCreate(Bundle savedInstanceState) {
      super.onCreate(savedInstanceState);
       setContentView(R.layout.activity_main);
       progressBar = (ProgressBar) findViewById(R.id.progressBar);
       imageView = (ImageView) findViewById(R.id.imageView);
    }
    public void downloadClick(View view){
         new DownloadAsyncTask(this).execute("http://a.hiphotos.baidu.com/image/
   pic/item/902397dda144ad34e98003fedca20cf431ad8588.jpg");//通过图片的属性可以查
   看 URL 地址
```

```
            Log.e("图片","下载");
        }
        private static class DownloadAsyncTask extends AsyncTask<String, Integer, Integer>{
            private MainActivity activity;
            public DownloadAsyncTask(MainActivity activity) {
                this.activity = activity;
            }
            @Override
            protected void onPreExecute() {
                super.onPreExecute();
                //先将其进度设置为 0
                activity.progressBar.setProgress(0);
            }
            @Override
            protected Integer doInBackground(String... params) {
                //完成下载任务
                String s = params[0];//这是从 execute 方法中传过来的参数，即下载的地址
                try {
                    URL url = new URL(s);
                    HttpURLConnection conn = (HttpURLConnection) url.openConnection();
                    int size = conn.getContentLength();//获取到最大值之后设置到进度条的 MAX
                    publishProgress(FILE_SIZE, size);
                    //开始下载
                    byte[] bytes = new byte[50];//为方便观测将下载速度设置得较小
                    int len = -1;
                    InputStream in = conn.getInputStream();
                    FileOutputStream out = new FileOutputStream(
                            Environment.getExternalStoragePublicDirectory(Environment.DIRECTORY_DOWNLOADS).getPath() + "img.jpg");
                    while( (len = in.read(bytes)) != -1 ){
                        out.write(bytes, 0, len);
                        publishProgress(DOWNLOAD_PROGRESS, len);
                        out.flush();
                    }
                    out.close();
                    in.close();
                } catch (MalformedURLException e) {
                    e.printStackTrace();
                } catch (IOException e) {
                    e.printStackTrace();
                }
```

```
            return DOWNLOAD_SUCCESS;
        }
        @Override
        protected void onProgressUpdate(Integer... values) {
            super.onProgressUpdate(values);
            switch (values[0]){
                case FILE_SIZE:
                    activity.progressBar.setMax(values[1]);
                    break;
                case DOWNLOAD_PROGRESS:
                    activity.progressBar.incrementProgressBy(values[1]);
                    break;
            }
        }
        @Override
        protected void onPostExecute(Integer integer) {
            super.onPostExecute(integer);
            if(integer == DOWNLOAD_SUCCESS){
                activity.imageView.setImageURI(Uri.parse(Environment.getExternalStoragePublicDirectory(Environment.DIRECTORY_DOWNLOADS).getPath() + "img.jpg"));
            }
        }
    }
}
```

这里使用了网络下载功能，只需了解即可，后面会有章节详细讲解网络功能。

布局文件代码如下：

```
<RelativeLayout xmlns:android="http://schemas.android.com/apk/res/android"
    android:layout_width="match_parent"
    android:layout_height="match_parent"
    android:orientation="vertical">
    <Button
        android:layout_width="match_parent"
        android:layout_height="wrap_content"
        android:text="从网络上下载一张图片"
        android:onClick="downloadClick"/>
    <ProgressBar
        android:id="@+id/progressBar"
        android:layout_width="match_parent"
        android:layout_height="5dp"
        style="@android:style/Widget.ProgressBar.Horizontal"
```

```
        />
    <ImageView
        android:id="@+id/imageView"
        android:layout_width="wrap_content"
        android:layout_height="wrap_content" />
</RelativeLayout>
```

运行此程序，单击按钮，在联网的条件下就会下载一张图片到活动的 Image View 上。运行结果如图 4-4 所示。

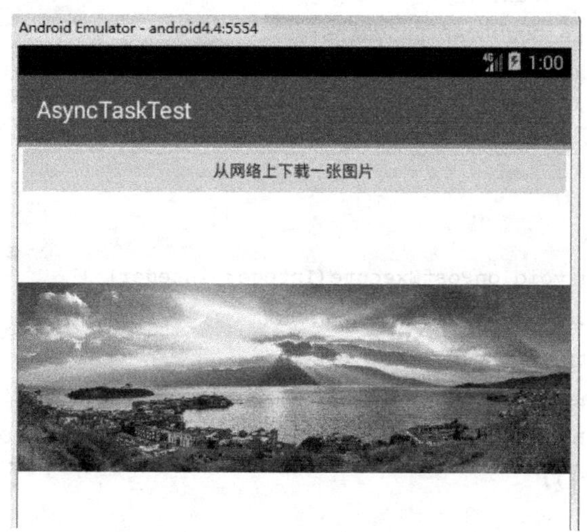

图 4-4　使用 AsyncTask 进行下载

AsyncTask 注意事项如下：

（1）AsyncTask 不适合特别耗时的任务

AsyncTask 异步任务适合执行几秒钟的短操作，如果需要线程长时间运行，官方建议使用 Executor、ThreadPoolExecutor 和 FutureTask 等 API。AsyncTask 的生命周期和 Activity 的生命周期是不同步的，Activity 销毁了但是 AsyncTask 中的任务会继续执行完毕，典型的例子就是横竖屏切换，AsyncTask 中引用的 Activity 不是当前的 Activity，onPostExecute()中执行的仍然是上一个 Activity。还有一个原因是，AsyncTask 在执行长时间的耗时任务时也会持有一个 Activity 对象，即使这个 Activity 已经不可见了，Android 也无法对这个 Activity 进行回收，有可能导致内存泄漏。

（2）AsyncTask 只能在主线程中创建以及使用

AsyncTask 被用于执行异步任务更新 UI，最后的 onPostExecute()方法执行在创建该 AsyncTask 对象的线程中，如果不在主线程中创建以及使用，就达不到更新 UI 的目的。

（3）一个 AsyncTask 对象只能执行一次

一个 AsyncTask 对象只能执行一次，即只能调用一次 execute 方法，否则会报运行时异常。

（4）AsyncTask 在不同的 Android 版本下的并行和串行问题

关于 AsyncTask 的并行和串行问题，在不同的 API 下是不同的。在 Android1.6 之前，AsyncTask 是串行执行任务的；到了 Android1.6 时，开始采用线程池来并行执行任务；在 Android3.0 之后的版本中，AsyncTask 又开始用一个线程串行执行任务。虽然 Android3.0 之后采用串行方式执行任务，但用户可以通过 AsyncTask 的 executeOnExecutor(exe，params)方法自定义一个线程池来并行执行任务。

本 章 小 结

本章主要讲述了 Android 多线程方面的内容，使用了异步消息处理机制 Message、Handler、MessageQueue 和 Looper 完成对 Android 多线程的操作。AsyncTask 本质上是一个静态的线程池，其派生出来的子类可以实现不同的异步任务，这些任务都会提交到线程池中去执行。

习　　题

1．创建多线程有哪些方式？
2．线程与进程有哪些区别？
3．使用异步详细处理机制模拟相册查看器，每隔两秒自动更换下一张照片。
4．AsyncTask 的优缺点有哪些?

第 5 章　Android 数据存储与交互

在开发应用程序时，数据交互是贯穿整个开发过程的主线，也是应用程序本身使用的主线，因此程序中数据交互问题是开发与设计人员面临的最基本问题。无论是底层驱动应用的开发还是桌面应用的开发，甚至大型商用软件开发与设计，均涉及数据交互问题。任何应用程序都必须解决这一问题，即数据必须以某种合理的方式保存，不能丢失并且能够有效简便地使用和进行更新处理。通常情况下，应用于桌面的操作系统一般会提供一种公共文件系统，系统中的应用程序可以使用这个文件系统来存储和读取文件，该文件也可以被其具有权限的应用程序读取。但是，不同于一般的桌面操作系统，Android 系统采用了一种不同的机制，所有的应用程序的数据和文件均为本应用程序所私有，但是同时也提供了一种以标准方式供应用程序将私有数据开放共享给其他应用程序的机制。

Android 系统提供的数据存储方式主要有四种：

1）文件存储（Files）。

2）共享优先数据存储（SharedPreference）。

3）数据库存储（SQLite Database）。

4）内容提供者（Content Providers）。

本章将详细讲述这四种数据存储方式，并通过实例进行实现。

5.1　文件存储

Android 文件系统是基于 Linux 的，其文件存储和访问有两种方式。首先，应用程序能够创建仅可用于自身访问的私有文件，这类文件存放在应用程序自己的目录内，即 /data/data/<package_name>/files，这类存储称为内部存储。其次，Android 系统提供了对 SD 卡等外部设备的访问方法，这类文件存储方式称为外部存储。

5.1.1　内部存储

Android 系统可以使用 Java 的输入输出功能实现文件的读取与写入操作。该功能来自 java.io 包中的 InputStream 类、OutputStream 类、Reader 类和 Write 类，以及它们的各种子类。Android 系统进行内部文件存储主要用到两个基本方法，openFileOutput()方法和 openFileInput()方法。openFileOutput()方法的主要功能是为写入数据做准备而打开应用程序的私有文件，若需要打开的文件不存在，则创建这个私有文件。openFileInput()方法的功能是为读取数据做准备而打开应用程序私有文件。openFileOutput()方法和 openFileInput()方法的语法格式为：

```
FileOutputStream out = openFileOutput(String name, int mode);
FileInputStream in = openFileInput(String name);
```

参数 name 是文件名，文件名中不能包含分隔符“/”，新建或者需要打开的文件存放在/data/data/<package_name>/files 目录。参数 mode 是文件操作模式，系统支持四种基本文件操作模式，分别为 MODE_PRIVATE、MODE_APPEND、MODE_WORLD_READABLE 和 MODE_WORLD_WRITEABLE，各个模式的意义如下：

1）MODE_PRIVATE：私有模式，文件仅能够被文件创建程序进行访问或者具有相同 UID 的程序进行访问，其他应用程序无权访问。另外，在该模式下，写入的内容会覆盖原文件的内容。

2）MODE_APPEND：追加模式，此模式下如果文件已经存在，则在文件的结尾处添加新数据，不会覆盖以前的数据。

3）MODE_WORLD_READABLE：全局读模式，允许任何程序读取私有文件。

4）MODE_WORLD_WRITEABLE：全局写模式，允许任何程序写入私有文件。

除了四种基本模式外，还可以通过模式相加的方法设置全局读写模式，即“读模式+写模式”：MODE_WORLD_READABLE+ MODE_WORLD_WRITEABLE。

新建 FileStoreTest 工程，使用 openFileOutput()方法和 openFileInput()方法进行文件的创建和读写，代码如下：

例 5-1 实现文件读写，进行内部存储。

```
 public class MainActivity extends AppCompatActivity implements View.OnClickListener{
    private EditText editText;
    @Override
    protected void onCreate(Bundle savedInstanceState) {
       super.onCreate(savedInstanceState);
       setContentView(R.layout.activity_main);
       editText = (EditText) findViewById(R.id.edit);
       Button button_save = (Button) findViewById(R.id.button_save);
       button_save.setOnClickListener(this);
       Button button_read = (Button) findViewById(R.id.button_read);
       button_read.setOnClickListener(this);
   }
   @Override
   public void onClick(View v){
      switch (v.getId()){
         case R.id.button_save:
            String inputText = editText.getText().toString();
            save(inputText);
            break;
         case R.id.button_read:
             Toast toast = Toast.makeText(MainActivity.this,read(),Toast.LENGTH_SHORT);
            toast.setGravity(Gravity.TOP,0,150);
```

```
23                  toast.show();
24                  break;
25          }
26      }
27      public void save(String inputText){
28          FileOutputStream out = null;
29          try{
30              out = openFileOutput("data.txt", Context.MODE_PRIVATE);
31              out.write(inputText.getBytes());
32              out.flush();
33              out.close();
34          }catch(Exception e){
35              e.printStackTrace();
36          }
37      }
38      public String read(){
39          FileInputStream in = null;
40          BufferedReader reader = null;
41          StringBuilder content = new StringBuilder();
42          try{
43              in = openFileInput("data.txt");
44              reader = new BufferedReader(new InputStreamReader(in));
45              content.append(reader.readLine());
46              reader.close();
47          }catch (IOException e){
48              e.printStackTrace();
49          }
50          return content.toString();
51      }
52  }
```

上面代码中使用 EditText 用于输入文件内容的保存，TextView 用于读取文件内容的显示，两个按钮分别用于文件写入和文件读出。代码 27～37 行使用 openFileOutput()方法进行文件的创建和写入操作，操作模式为 Context.MODE_PRIVATE 私有模式，调用 write()方法时将数据写入文件，使用此函数写入的数据首先要放入数据缓冲区中，缓冲区满后才主动写入到文件中，所以在调用 close()方法关闭 FileOutputStream 前一般需要使用 flush()函数将所有缓冲区中的数据写入到文件。使用 openFileOutput()方法时会报异常未处理错误，此方法一般需要捕获 FileNotFoundException 异常，使用 write()、flush()和 close()方法时同样会报异常未处理错误，使用时一般需要捕获 IOException 异常，所示代码中使用了 try-catch 用于捕获出现的异常。代码 38～51 行使用 openFileInput()方法进行文件读取操作，同样需要使用 try/catch 进行异常捕获。

在使用 openFileInput()方法进行文件读取操作时，使用 BufferedReader 读取文本数据，语法格式如下：

```
BufferedReader reader = new BufferedReader(new InputStreamReader(System.in));
```

当 BufferedReader 在读取文本文件时，会先从文件中读入字符数据并置入缓冲区，而之后若使用 read()方法会先从缓冲区中进行读取，如果缓冲区数据不足，才会再从文件中读取。如果没有缓冲，则每次调用 read()或 readLine()都会导致从文件中读取字节，并将其转换为字符后返回，这是极其低效的。

此工程布局文件省略。运行程序，在 EditTest 中输入文本，单击“保存”按钮，数据就保存在内部存储的 data.txt 文件中，单击“读取”按钮文件中的数据通过 Toast 显示出来，如图 5-1 所示。

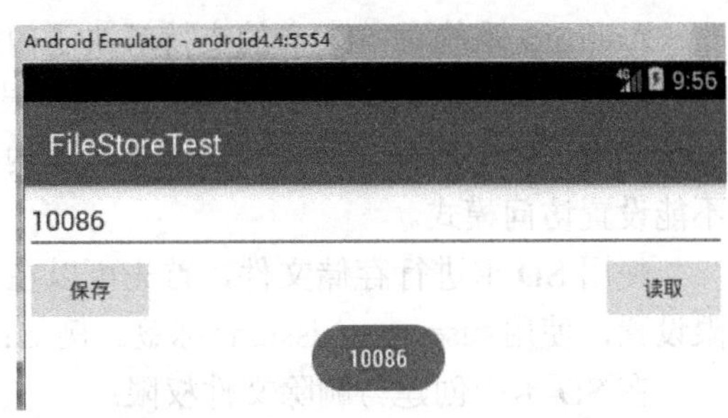

图 5-1　内部存储保存与读取数据

通过 Android Studio 自带的 DDMS 查看所保存的文件，进入方式为 Tools/Android/Android Device Monitor，在 File Explore 中可以查看模拟器的文件，内部存储的文件保存在/data/data/edu.neu.androidlab.filestoretest/files 目录下，文件名为 data.txt。其中 edu.neu.androidlab.filestoretest 为工程 SharedPreferencesTest 的包名称，如图 5-2 所示。通过 DDMS 右上方的左向箭头可导出文件到电脑上，记事本可打开此文件。

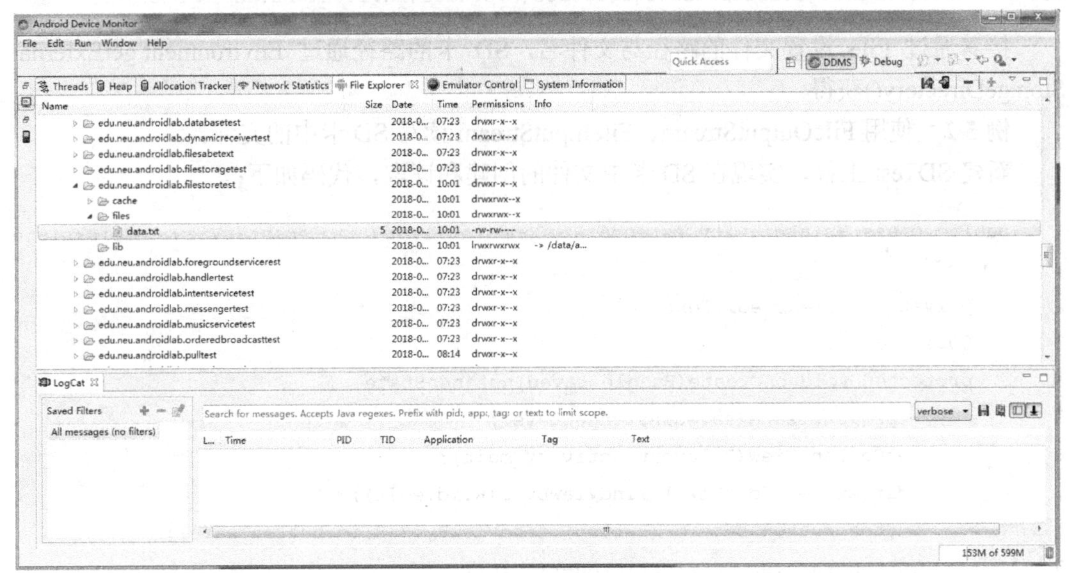

图 5-2　内部存储文件位置

5.1.2　外部存储

当使用 Context 的 openFileInput()或者 openFileOutput 打开文件流时，程序操作的都是 data/data/<包名>/files 目录下的文件，但是由于内部存储的空间限制，如果想要存储一些视频、音乐等比较大的文件，存储到手机内存中是不明智的，所以一般会把大文件数据存储到 SD 卡（Secure Digital Memory Card）中。

SD 卡亦称为安全数码卡，是一种基于半导体快闪记忆器的新一代记忆设备，被广泛地于便携式装置上使用。SD 卡由日本松下、东芝及美国 SanDisk 公司于 1999 年 8 月共同开发研制。大小犹如一张邮票的 SD 卡，重量只有 2 克，但却拥有高记忆容量、快速数据传输率、极大的移动灵活性以及很好的安全性。

Android 系统对 SD 卡的支持解决了内部存储空间小与存储文件大的矛盾，作为外部存储的主要设备，Android 系统中提供了很多方法用于支持 SD 卡的便捷访问。Android 系统使用 SD 卡进行文件外部存储不同于内部存储，使用 SD 卡不能设置文件访问权限，不能设置访问模式。

使用 SD 卡进行存储文件，首先可以在 AndroidManifest.xml 文件进行访问 SD 卡的权限设置，使用<uses-permission>标签。例如：

在 SD 卡中创建与删除文件权限：

```
<uses-permission Android:name="android.permission.MOUNT_UNMOUNT_FILESYSTEMS"/>
```

往 SD 卡写入数据权限：

```
<uses-permission Android:name="android.permission.WRITE_EXTERNAL_STORAGE"/>
```

然后在读写前判断 SD 卡是否插入与可读写并获取：

```
Boolean Environment.getExternalStorageState().equals(Environment.MEDIA_MOUNTED;
```

接着通过 File 设置文件的路径与文件名，SD 卡的路径通过 Environment.getExternalStorageDirectory()获得。

例 5-2 使用 FileOutputStream、FileInputStream 读写 SD 卡中的文件。

新建 SDTest 工程，实现在 SD 卡中文件的创建和读取，代码如下：

```
public class MainActivity extends AppCompatActivity implements View.OnClickListener{
    private EditText editText;
    @Override
    protected void onCreate(Bundle savedInstanceState) {
        super.onCreate(savedInstanceState);
        setContentView(R.layout.activity_main);
        editText = (EditText) findViewById(R.id.edit);
        Button button_save = (Button) findViewById(R.id.button_save);
        button_save.setOnClickListener(this);
        Button button_read = (Button) findViewById(R.id.button_read);
        button_read.setOnClickListener(this);
    }
    @Override
    public void onClick(View v){
        switch (v.getId()){
            case R.id.button_save:
                String inputText = editText.getText().toString();
                saveSD(inputText);
```

```
                break;
            case R.id.button_read:
                Toast toast = Toast.makeText(MainActivity.this,readSD(),Toast.LENGTH_SHORT);
                toast.setGravity(Gravity.TOP,0,150);
                toast.show();
                break;
        }
    }
    public void saveSD(String inputText){
        if(Environment.getExternalStorageState().equals(Environment.MEDIA_MOUNTED)){
            File file = new File(Environment.getExternalStorageDirectory(),"sd_data.txt");
            try{
                FileOutputStream out = new FileOutputStream(file);
                out.write(inputText.getBytes());
                out.close();
            }catch(Exception e){
                e.printStackTrace();
            }
        }else {
            Toast.makeText(this,"SD不可操作",Toast.LENGTH_SHORT).show();
        }
    }
    public String readSD(){
        BufferedReader reader = null;
        StringBuilder content = new StringBuilder();
        if(Environment.getExternalStorageState().equals(Environment.MEDIA_MOUNTED)){
            File file = new File(Environment.getExternalStorageDirectory(),"sd_data.txt");
            try{
                FileInputStream in = new FileInputStream(file);
                reader = new BufferedReader(new InputStreamReader(in));
                content.append(reader.readLine());
                reader.close();
            }catch (IOException e){
                e.printStackTrace();
            }
        }else {
            Toast.makeText(this,"SD不可操作",Toast.LENGTH_SHORT).show();
        }
```

```
            return content.toString();
        }
    }
```

代码中实现了 SD 卡内容的创建和写入操作，其中用到了 Environment 类获取一些环境配置等信息，常用的静态方法如表 5-1 所示。

表 5-1　Environment 类常用静态方法

静 态 方 法	说　明
getDataDirectory()	获取到 Android 中的 data 数据目录
getDownloadCacheDirectory()	获取到下载的缓存目录
getExternalStorageDirectory()	获取到外部存储的目录，一般指 SD 卡
getExternalStorageState()	获取外部设置的当前状态，一般指 SD 卡，Android 系统中对于外部设置的状态，比较常用的有 MEDIA_MOUNTED（SD 卡存在并且可以进行读写）、MEDIA_MOUNTED_READ_ONLY（SD 卡存在，只可以进行读操作）
getRootDirectory()	获取到 Android Root 路径
isExternalStorageEmulated()	返回 Boolean 值，判断外部设置是否有效
isExternalStorageRemovable()	返回 Boolean 值，判断外部设置是否可以移除

运行此程序，其功能和界面与 FileStoreTest 工程相同，只是文件存储位置不同，存储位置如图 5-3 所示。

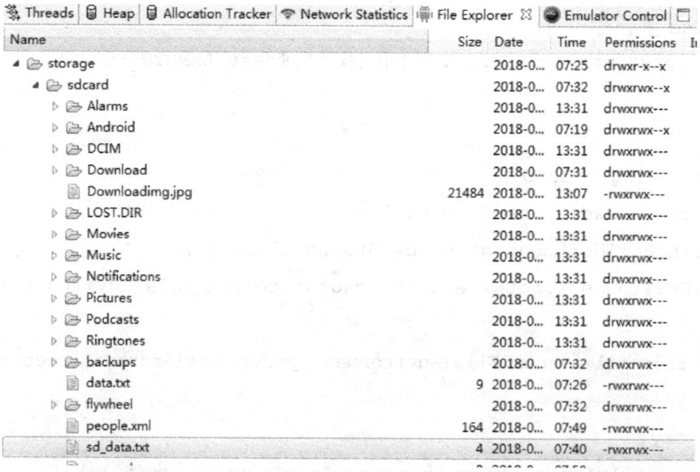

图 5-3　SD 卡创建文件位置

5.2　共享优先数据存储

当应用想要保存用户的一些偏好参数，比如是否自动登录，是否记住账号密码，是否在 Wifi 下才能联网等相关信息，上面这些配置信息称为用户的偏好设置，而这些配置信息通常保存在特定的文件中。在 Android 中通常使用存储类——SharedPreferences 来保存用户偏好的参数。

5.2.1　使用 SharedPreferences 对数据进行存储与读取

SharedPreferences 是一种简单的、轻量级的在应用程序内部进行基本数据共享的类，该类通过用键值对（Key-Value）的方式把基本数据类型（boolean、int、float、long 和 String）存储在应用程序的私有目录下（data/data/包名/shared_prefs/）自定义文件名的 XML 文件中，即数据存储为 XML 文件格式。使用 SharedPreferences 进行数据存储有一个很好的优点就是完全屏蔽对文件系统的操作过程。

以下是保存数据的四个步骤：

1）首先需要获取一个 SharedPreferences 对象，获取该对象使用 Context 类提供的公共 getSharedPreferences()方法。语法格式为：

```
SharedPreferences pref = getSharedPreferences(String name, int mode);
```

参数 name 定义 SharedPreferences 所操作文件的名称，即存储在 Android 文件系统的文件名，只要具有相同的 name 的键值对内容，都会保存在同一个文件中。参数 mode 定义访问模式，SharedPreferences 提供了支持的基本访问模式，目前仅支持 MODE_PRIVATE，值为（0x0000），称为私有模式，仅有创建程序才有权限对其进行读取或写入，对于指定文件名所写入的数据会覆盖之前的数据。

从 Android 4.2 开始，官方已经陆续废弃了 MODE_WORLD_READABLE、MODE_WORLD_WRITEABLE 两种模式，因为应用的数据暴露给其他应用是一件很危险的事情，不同应用 APP 之间进行数据交互需要使用后面所讲的 Android 四大组件的内容提供者（ContentProvider）。

2）使用 SharedPreferences 对象的 edit()方法获得 SharedPreferences.Editor 对象。语法格式为：

```
SharedPreferences.Editor editor = pref.edit();
```

3）把键值对数据通过 putType()方法来进行清除、删除和添加等。表 5-2 列出了 SharedPreferences.Editor 类常用的方法。语法格式为：

```
Editor.putType( "key", TypeData);
```

表 5-2　SharedPreferences.Editor 类常用的方法

方　法	说　明
clear()	清除 values 内的数据
apply()	保存（无返回值，不关心结果时建议使用此方法）
commit()	保存（返回 boolean 值，关心提交结果，有后续操作时使用）
putBoolean(String key, boolean value)	保存一个 boolean 值
putFloat(String key, float value)	保存一个 float 值
putInt(String key, int value)	保存一个 int 值
putLong(String key, long value)	保存一个 long 值
putString(String key, long value)	保存一个 String 值
remove(String key)	删除该键对应的值
getAll()	获取所有配置信息 Map

4）修改完成后需要调用 apply()或 commit()方法保存修改内容。语法格式为：

```
editor.apply();
```

使用 SharedPreferences 读取已经保存好的数据，在 getSharedPreferences()获取到 SharedPreferences 对象后，使用 SharedPreferences 类中定义的 getType()方法读取相应类型的键值对。SharedPreferences 类常用方法可参考表 5-3。

表 5-3　SharedPreferences 类常用的方法

方　　法	说　　明
contains(String key)	判断是否包含相应的键值
edit()	返回 SharedPreferences 的 Editor 接口
getAll()	返回所有配置信息 Map
getBoolean(String key, boolean defValue)	获取一个 boolean 键值
getFloat(String key, float defValue)	获取一个 float 键值
getInt(String key, int defValue)	获取一个 int 键值
getLong(String key, long defValue)	获取一个 long 键值
getString(String key, String defValue)	获取一个 String 键值
registerOnSharedPreferenceChangeListener(SharedPreferences.OnSharedPreferenceChangeListener listener)	注册键值改变监听器
unregisterOnSharedPreferenceChangeListener(SharedPreferences.OnSharedPreferenceChangeListener listener)	注销键值改变监听器

例 5-3　使用 SharedPreferences 实现登录界面的记住密码功能。

新建 RememberPassword- Test 工程，代码如下：

```
public class MainActivity extends AppCompatActivity {
    private EditText editAccount;
    private EditText editPassword;
    private CheckBox rememberPass;
    private SharedPreferences pref;
    private SharedPreferences.Editor editor;
    @Override
    protected void onCreate(Bundle savedInstanceState) {
        super.onCreate(savedInstanceState);
        setContentView(R.layout.activity_main);
        editAccount = (EditText) findViewById(R.id.edit_account);
        editPassword = (EditText) findViewById(R.id.edit_password);
        rememberPass = (CheckBox) findViewById(R.id.checkBox);
        pref = getSharedPreferences("data",MODE_PRIVATE);
        Boolean isRemember = pref.getBoolean("remember_password",false);
        String account = pref.getString("account","");
        String password = pref.getString("password","");
        editAccount.setText(account);
        if(isRemember){
```

```
                editPassword.setText(password);
                rememberPass.setChecked(true);
            }else{
                editPassword.setText(null);
            }
        }
        public void onClick(View v){
            String account = editAccount.getText().toString();
            String password = editPassword.getText().toString();
            editor = pref.edit();
            if(rememberPass.isChecked()){
                editor.putBoolean("remember_password",true);
                editor.putString("account",account);
                editor.putString("password",password);
                Toast toast = Toast.makeText(MainActivity.this,"登陆成功",Toast.LENGTH_SHORT);
                toast.setGravity(Gravity.TOP,0,300);
                toast.show();
            }else{
                editor.clear();
            }
            editor.apply();
        }
    }
```

首先，在 onCreate()方法中拿到 SharedPreferences 对象，这样就有了存储密码的文件，然后通过文件中的键“remember_password”的值判断是否提取密码到 EditText 上，键“remember_password”的值即为新控件 CheckBox 的 boolean 值。然后，在登录事件下通过 CheckBox 的 isChecked()方法判断是否选中，如果选中就使用 SharedPreferences.Editor 对象把文本框内的数据存储到文件中，不要忘记最后使用 editor.apply()进行提交。

由于记住密码功能是在单击按钮事件下执行的，所以取消记住密码也需要在单击按钮事件下执行，也就是取消记住密码需要单击登录按钮，显然这样是不可行的。可以在 onDestroy()方法中检测 CheckBox 是否被选中，如果没有选中则把存储账号密码的数据文件的“remember_password”键值置为 false。

```
@Override
public void onDestroy(){
    super.onDestroy();
    if(rememberPass.isChecked() != true) {
        editor.putBoolean("remember_password", false);
        editor.apply();
    }
}
```

布局文件如下：

```
<LinearLayout xmlns:android="http://schemas.android.com/apk/res/android"
    android:layout_width="match_parent"
    android:layout_height="match_parent"
    android:orientation="vertical">
        <EditText
            android:id="@+id/edit_account"
            android:layout_width="match_parent"
            android:layout_height="wrap_content"
            android:background="#ffffff"
             android:hint="请输入账号"
             android:maxLength="11"
             android:padding="10dp"
             android:textSize="20sp" />
         <ImageView
             android:layout_width="match_parent"
             android:layout_height="10dp"
             android:background="#EEEEEE" />
         <EditText
             android:id="@+id/edit_password"
             android:layout_width="match_parent"
             android:layout_height="wrap_content"
             android:background="#ffffff"
             android:hint="请输入密码"
             android:inputType="textPassword"
             android:padding="10dp"
             android:textSize="20sp" />
         <CheckBox
             android:id="@+id/checkBox"
             android:layout_width="wrap_content"
             android:layout_height="wrap_content"
             android:text="记住密码" />
         <Button
             android:id="@+id/button_login"
             android:layout_width="match_parent"
             android:layout_height="wrap_content"
             android:layout_marginBottom="10dp"
             android:layout_marginTop="5dp"
             android:background="#87ACE3"
             android:text="登录"
             android:textColor="#ffffff"
             android:textSize="20sp"
```

```
        android:onClick="onClick"/>
    </LinearLayout>
```

为了使登录界面更加友好，在这里设置了控件的颜色、高度参数，并且使用了 CheckBox 控件，通过单击判断是否记住密码。

运行程序后，开启应用首先会拿到键“remember_password”的值，true 则执行记住密码就把文件中已经存储的密码数据取出放到 EditText 中并把 CheckBox 置为选中状态，false 则不执行。输入账号密码后单击记住密码与登录，将信息保存到 SharedPreferences 文件中，然后重启 app，看到数据已经显示在 EditText 中了。

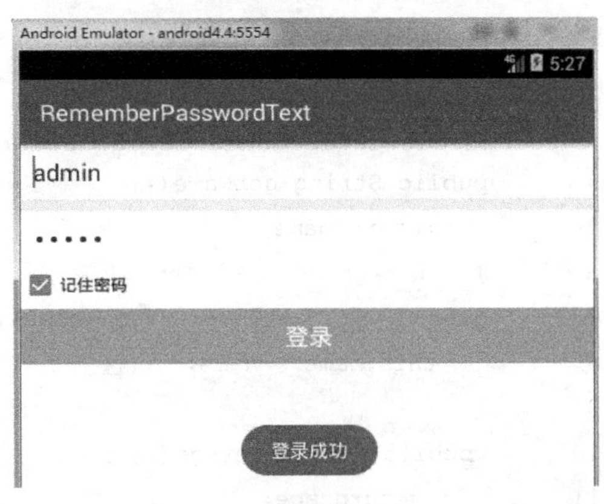

图 5-4　SharedPreferences 用户界面

5.2.2　XML 解析器

通过上面的学习已经知道 SharedPreferences 是通过 XML 格式进行数据存储的，接下来学习 Android 如何对 XML 进行解析。

XML 是可扩展标记语言，是一种简单的数据存储语言，使用一系列简单的标记描述数据，而这些标记可以用方便的方式建立，虽然可扩展标记语言占用的空间比二进制数据要占用更多的空间，但可扩展标记语言极其简单，易于掌握和使用。XML 的简单使其易于在任何应用程序中读写数据，这使 XML 很快成为数据交换的唯一公共语言，虽然不同的应用软件也支持其他的数据交换格式，但不久之后他们都将支持 XML，那就意味着程序可以更容易的与 Windows、Mac OS、Linux 以及其他平台下产生的信息结合，然后可以很容易加载 XML 数据到程序中并分析它，并以 XML 格式输出结果。

例 5-4　用 XmlSerializer 实现 XML 文件解析。

一个 XML 文件实例的代码如下：

```
1   <?xml version="1.0" encoding="UTF-8" standalone="true"?>
2   <map>-
3       <people>
4           <name>小明</name>
5           <age>15</age>
6       </people>
7   </map>
```

代码第 1 行是 XML 声明。定义 XML 的版本（1.0）和所使用的编码（UTF-8：万国码，可显示各种语言）；代码第 2 行描述文件的根元素（map）；代码第 3 行是根元素的子元素；代码第 4、5 行为<people>元素的两个子元素。XML 文件必须包含根元素，该元素是所有其他元素的父元素。XML 文件中的元素形成了一棵文档树，这棵树从根部开始，并扩展到树的最底端。所有的元素都可以有子元素。

使用 XmlSerializer 序列化器生成这样一个 XML 文件，新建 XmlSerializerTest 工程，首先使用 JavaBean 设计模式定义一个 PeopleTest 类使其包含 name 和 age 属性，代码如下：

```
public class PeopleTest {
    private String name;
    private String age;
    public String getName(){
        return name;
    }
    public void setName(String name){
        this.name = name;
    }
     public String getAge(){
         return age;
     }
     public void setAge(String age){
         this.age = age;
     }
     public PeopleTest(String name, String age){
         super();
         this.name = name;
         this.age = age;
     }
}
```

建立 PeopleTest 对象，如果想生成多个对象则需把对象放到 List 集合中。然后用 Xml.newSerializer()实例化一个 XmlSerializer 对象，用 setOutput()方法设置文件路径与 UTF-8 编码，用 startDocument()方法设置声明的编码与文件是否独立，用 startTag()与 endTag()方法设置节点，在节点中可以加入节点，也可以使用 text()方法加入文本值，最后调用 endDocument()方法结束 XML 文件并关闭文件流。代码如下：

```
public class MainActivity extends AppCompatActivity {
    List<PeopleTest> pList;

    @Override
    protected void onCreate(Bundle savedInstanceState) {
        super.onCreate(savedInstanceState);
        setContentView(R.layout.activity_main);
        pList = new ArrayList<PeopleTest>();
        PeopleTest people= new PeopleTest("Ross","18");
         PeopleTest people= new PeopleTest("Rachel","16");
        pList.add(people);
      }

```

```
    public void onClick(View v){
        XmlSerializer xmlSerializer = Xml.newSerializer();
        File file = new File("sdcard/people.xml");
        try{
            FileOutputStream fos = new FileOutputStream(file);
            xmlSerializer.setOutput(fos,"utf-8");
            xmlSerializer.startDocument("utf-8",true);
            xmlSerializer.startTag(null,"map");//开始根节点
                for(PeopleTest p:pList){
                    xmlSerializer.startTag(null,"people");
                    xmlSerializer.startTag(null,"name");
                    xmlSerializer.text(p.getName());
                    xmlSerializer.endTag(null,"name");
                    xmlSerializer.startTag(null,"age");
                    xmlSerializer.text(p.getAge());
                    xmlSerializer.endTag(null,"age");
                    xmlSerializer.endTag(null,"people");
            }
            xmlSerializer.endTag(null,"map");//结束根节点
            xmlSerializer.endDocument();
            fos.close();
        }catch (Exception e){
            e.printStackTrace();
        }
    }
}
```


此程序建立 XML 文件是通过按钮执行的，省略布局文件，运行程序并单击按钮，把生成的文件输出到电脑上，浏览器解析 XML 文件如图 5-5 所示，浏览器显示出 XML 文件说明格式正确，否则会报错。

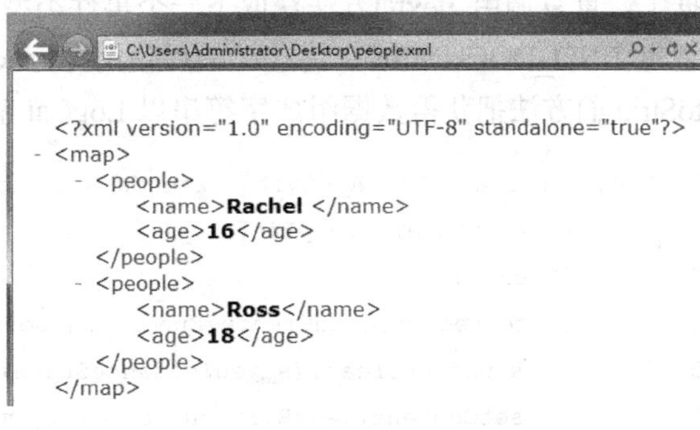

图 5-5　浏览器解析 XML 文件

解析 XML 数据主要有三种方法：SAX、DOM 和 PULL。PULL 解析器是 Android 内置的，比如之前学习的 SharedPreference 就是用 PULL 解析的，下面主要介绍 PULL 解析器。

PULL 解析器包含了两个接口、一个类、一个异常，实际在使用过程中用得最多的是 XmlPullParser 接口中的主要方法，见表 5-4。PULL 提供了开始节点和结束节点，根据不同节点返回不同的事件类型（数字）并匹配不同的处理方式，其中有五种事件类型。

1）START_DOCUMENT：文档开始，解析器还未读取到任何输入的时候。

2）START_TAG：解析到开始标签。

3）TEXT：解析到文本节点。

4）END_TAG：解析到结束标签。

5）END_DOCUMENT：文档结束。

表 5-4　XmlPullParser 接口中的主要方法

方　法	说　明
String getAttributeValue(int index)	获取指定索引属性的属性值，索引从 0 开始
String getText()	返回当前事件类型的内容字符串形式
int getEventType()	返回当前事件类型
void setInput (InputStream inputStream, String encoding)	设置即将被解析的输入流
String getName()	返回当前节点的名字
String nextText()	当前是开始标签，如果下一个元素为文本则返回该文本字符串；如果下一个元素是结束标签则返回空字符串；其他情况将抛出异常
int next()	获取下一个解析事件类型

新建 PullTest 工程，对 XmlSerializerTest 工程生成的 XML 文件进行解析。首先同样需要建立 JavaBean 的 PeopleTest 类，这里需要一个 toString()方法把解析后的数据以字符串的方式显示出来。


```
public String toString(){
    return name+" "+age;
}
```

然后创建一个解析器对象，解析器的对象是通过 Xml.newPullParser()获取的，使用 setInput()方法设置输入流与编码，这里使用的是 UTF-8 编码，接下来就可以解析 XML 数据了。重复调用 next()方法获取下一个事件类型，然后处理对应的事件类型，直到事件类型为 END_DOCUMENT 为止。最后使用 foreach 遍历 List 中的 PeopleTest 对象并通过 toString()方法把获得数据组成字符串以 LogCat 输出。代码如下：

```
public class MainActivity extends AppCompatActivity {
    List<PeopleTest> pList;
    @Override
    protected void onCreate(Bundle savedInstanceState) {
        super.onCreate(savedInstanceState);
        setContentView(R.layout.activity_main);
    }
    public void onClick(View v){
        File file = new File("sdcard/people.xml");//XmlSerializerTest 工程存储 XML
    文件的位置
        XmlPullParser xp = Xml.newPullParser();
        try {
            InputStream is = new FileInputStream(file);
```

```
            xp.setInput(is, "utf-8"); //获取当前节点的事件类型，通过事件类型的
        判断，可以知道当前节点是什么节点，从而确定应该做什么操作
            int type = xp.getEventType();
            PeopleTest people = null;
            while(type != XmlPullParser.END_DOCUMENT){
                //根据节点的类型，做不同的操作
                switch (type) {
                    case XmlPullParser.START_TAG:
                        //获取当前节点的名字
                        if("map".equals(xp.getName())){
                            //创建 PeopleTest 集合对象，用于存放对象的 JavaBean
                            pList = new ArrayList<PeopleTest>();
                        }
                        else if("people".equals(xp.getName())){
                            //创建 city 的 JavaBean 对象
                            people = new PeopleTest();
                        }
                        else if("name".equals(xp.getName())){
                            //获取当前节点的下一个节点的文本
                            String name = xp.nextText();
                            people.setName(name);
                        }
                        else if("age".equals(xp.getName())){
                            //获取当前节点的下一个节点的文本
                            String age = xp.nextText();
                            people.setAge(age);
                        }
                        break;
                    case XmlPullParser.END_TAG:
                        if("people".equals(xp.getName())){
                            //把 people 的 JavaBean 放入集合中
                            pList.add(peolpe);
                        }
                        break;
                }
                //把指针移动到下一个节点，并返回该节点的事件类型
                type = xp.next();
            }
            for (PeopleTest p : pList) {
                Log.e("people",p.toString());
            }
        } catch (Exception e) {
            e.printStackTrace();
```

```
            }
        }
    }
```

运行此程序，单击按钮，Log 打印出的两条日志正是 XML 数据信息，如图 5-6 所示。

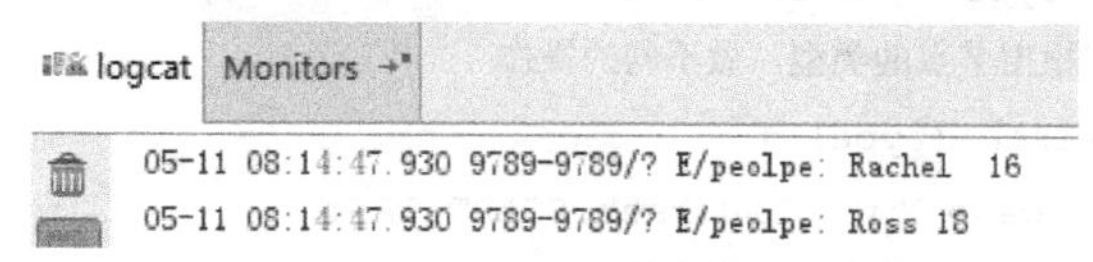

图 5-6 Log 打印解析的 XML 数据

5.3 数据库存储

5.3.1 嵌入式数据库

随着数据存储的快速发展，数据库应用的范围更加深入和具体，那些仅适用于 PC、体积庞大、延时较长的数据库技术已不能满足针对性较强的嵌入式系统开发的需求。而且随着嵌入式系统的内存和各种永久存储介质容量的不断增加，嵌入式系统内数据处理量也会不断增加。同时，也对数据库的发展提出了更高的要求。嵌入式数据库系统应运而生。

嵌入式数据库系统是指应用于嵌入式系统的数据库系统，亦称为嵌入式实时数据库系统。该数据库系统以目前成熟的数据库技术为基础，针对嵌入式设备的具体特点，实现对移动设备和嵌入式设备上的数据存储、组织和管理。嵌入式数据库的名称来自其独特的运行模式，这种数据库嵌入到了应用程序进程中，消除了与客户机服务器配置相关的开销。嵌入式数据库实际上是轻量级的，在运行时只需要较少的内存。使用精简代码编写，对于嵌入式设备，其速度更快，效果更理想。嵌入式的运行模式允许嵌入式数据库通过 SQL 来轻松管理应用程序数据，而不依靠原始的文本文件，另外，嵌入式数据库还提供零配置运行模式。

嵌入式数据库系统具有以下特征：

1）体积小。

2）具有可靠性。

3）具有可定制性。

4）支持 SQL 查询语言。

5）提供接口函数。

6）具有实时性。

7）有一定的底层控制能力。

8）标准化发展。

嵌入式数据库系统在智能家电、无线通信、金融领域和导航定位系统领域有着广泛的应用。目前技术比较成熟的嵌入式数据库系统产品有很多，例如 Berkeley DB、Empress、eXtremeDB、mSQL、Firebird 和 SQLite 等。

Berkeley DB 是一个开放源代码的内嵌式数据库管理系统，能够为应用程序提供高性能的数据管理服务。使用时只需要调用一些简单的 API 就可以完成对数据的访问和管理，不使用 SQL 语言。Berkeley DB 为许多编程语言提供了实用的 API 接口，包括 C、C++、Java、Perl、Tcl、Python 和 PHP 等，所有同数据库相关的操作都由 Berkeley DB 函数库统一负责完成。Berkeley DB 具有很好的兼容性，可以运行于几乎所有的 UNIX 和 Linux 系统及其变种系统、Windows 操作系统以及多种嵌入式实时操作系统中。Berkeley DB 可扩展性同样很强，Database library 本身是很精简的，少于 300KB 的文本空间，但它能够管理规模高达 256TB 的数据库。Berkeley DB 还支持高并发度，即成千上万个用户可同时操纵同一个数据库，其能以足够小的空间占用量运行于有严格约束的嵌入式系统。Berkeley DB 在嵌入式应用中比关系数据库和面向对象数据库要好，有以下两点原因：

1）数据库、程序库和应用程序在相同的地址空间中运行，所以数据库操作不需要进程间的通信。在一台机器的不同进程间或在网络中不同机器间进行进程通信所花费的开销，要远远大于函数调用的开销。

2）Berkeley DB 对所有操作都使用一组 API 接口，因此不需要对某种查询语言进行解析，也不用生成执行计划，大大提高了运行效率。

Empress（商业数据库）具有微型内核结构。Empress 高度单元化，可根据需要选择单元，从而缩小产品中 Empress 数据库所占用的资源，特别适合紧凑性高的设计。Empress 提供了内核级的 CAPI，称为 MR，可使运行速度最大化。用 MR 编写的应用程序在执行时不需要解析，在 MR 中还包括优秀的加锁控制、内存管理和基于记录数量的选择功能。Empress 可嵌入程序，该特性使应用程序和数据库工作于统一地址空间，增强了系统的稳定性，提高了系统的效率。另外，Empress 具有确定的响应时间，可以使数据的响应时间相对一致，使用者可以设定一个超时限制，如果在规定时间内没有完成插入、修改等操作，系统会报错。Empress 支持多种硬件平台和软件平台，支持 SCSI、RAID、IDE、RAM、CD-RW、DVD-ROM 和 CF 等存储介质。Empress 拥有高度灵活的 SQL 接口，还支持 Unicode 码。

eXtremeDB 内存嵌入式实时数据库以其高性能、低开销、稳定可靠的极速实时数据管理能力，在嵌入式数据管理领域及服务器实时数据管理领域占据一席之地。首先，eXtremeDB 是一种内存数据库，它将数据以程序直接使用的格式保存在主内存之中，不仅剔除了文件 I/O 的开销，也剔除了文件系统数据库所需的缓冲和 Cache 机制。其结果是每个交易只需一微秒甚至更少的极限速度，相比于类磁盘数据库而言，速度成百上千倍地提高。作为内存数据库，eXtremeDB 不仅性能高，而且数据存储的效率也非常高。为了提高性能并方便程序使用，数据在 eXtremeDB 中不做任何压缩，100M 的空间可以保存高达 70M 以上的有效数据，这是其他数据库所不可想象的。其次，它是一种混合数据库，eXtremeDB 不仅可以建立完全运行在主内存中的内存数据库，更可以建立磁盘/内存混合介质的数据库。在 eXtremeDB 中，把这种建立在磁盘、内存或磁盘+内存的运行模式称为 eXtremeDB Fusion 融合数据库。eXtremeDB Fusion 兼顾数据管理的实时性与安全性要求，是实时数据管理的阶段性进步。第三，eXtremeDB 是嵌入式数据库，其内核以链接库的形式包含在应用程序之中，其开销只有 50～130KB。无论在嵌入式系统还是在实时系统之中，eXtremeDB 都天然地嵌入在应用程序之中，这种天然嵌入性对实时数据管理至关重要——各个进程都直接访问 eXtremeDB 数据库，避免了进程间通信，从而剔除了其开销和不确定性。同时，eXtremeDB 独特的数据格式方便程序直接使用，剔除了数据复制及数据翻译的开销，缩短了应用程序的代码执行路径。第四，eXtremeDB 具有应用定制的 API。应用程序对 eXtremeDB 数据库的操作接口是根据应用数据库设计而自动产生，不仅提升了性能，也剔除了通用接口所必不可少的动态内存分配，从而提高了应用系统的可靠性。定制过程简单方便，由高级语言定制 eXtremeDB 数据库中的表格、字段、数据类型、事件触发、访问方法等应用特征，通过 eXtremeDB 预编译器自动产生访问该数据库的 C/C++ API 接口。第五，它具有可预测的数据管理，eXtremeDB 独特的体系结构，保证了数据管理的可预测性。eXtremeDB 不仅更快、更小，而且更确定。在 80 系列双核 CPU 的服务器上，eXtremeDB 在 1TB 内存里保存 15B 条记录；无论记录数多少，eXtremeDB 可以在 1/80μs 的时间内提取一条记录。

mSQL（mini SQL）是一个单用户数据库管理系统，由于它的“短小精悍”，使其开发的应用系统特别受到互联网用户青睐。mSQL 是一种小型的关系数据库，性能不是太好，对 SQL 语言的支持也不够完全，但在一些网络数据库应用中是足够了。由于 mSQL 较简单，在运行简单的 SQL 语句时速度比 MySQL 略快，而 MySQL 在线程和索引上下了功夫，运行复杂的 SQL 语句时比 mSQL、PostgreSQL 等都要快一些。mSQL 的技术特点主要体现在安全性方面，它通过 ACL 文件设定各主机上各用户的访问权限，默认全部可读/写。mSQL 缺乏 ANSI-SQL 的大多数特征，它仅仅实现了一个最少的 API，没有事务和参考完整性。mSQL 与 Lite（一种类似 C 的脚本语言）紧密结合，可以得到一个称为 W3-mSQL 的一个网站集成包，它是 JDBC、ODBC、Perl 和 PHP 的 API。

Firebird 嵌入服务器版本衍生自 Interbase，虽然它的体积比 Interbase 缩小了几十倍，但功能并无阉割。为了体现 Firebird 的特色，在增加了超级服务器版本之后，又增加了嵌入版本。Firebird 嵌入服务器版本数据库文件与 Firebird 网络版本完全兼容，差别仅在于连接方式不同，可以实现零成本迁移。数据库文件仅受操作系统的限制，且支持将一个数据库分割成不同文件，突破了操作系统最大文件的限制，提高了 IO 吞吐量。它完全支持 SQL92 标准，支持大部分 SQL-99 标准功能并且具有丰富的开发工具支持，绝大部分基于 Interbase 的组件，可以直接使用于 Firebird。Firebird 嵌入服务器版本支持事务、存储过程、触发器等关系数据库的所有特性并且可以自己编写扩展函数（UDF）。

SQLite 是一款轻型的数据库，是遵守 ACID 的关联式数据库管理系统，它的设计目标是嵌入式的，而且目前已经在很多嵌入式产品中使用了它。SQLite 占用资源非常小，在嵌入式设备中，可能只需要几百 KB 的内存就够了。它能够支持 Windows/Linux/Unix 等主流的操作系统，同时能够跟很多程序语言相结合，比如 Tcl、C#、PHP、Java 等，还有 ODBC 接口，同样比起 MySQL、PostgreSQL 这两款世界著名的开源数据库管理系统，它的处理速度比他们都快。SQLite 第一个 Alpha 版本诞生于 2000 年 5 月，目前，其已经发布了一个较新的版本 SQLite 3。

SQLite 具有三级模式的结构体系，即用户模式、逻辑模式和存储模式。相对于传统数据库，SQLite 具有更好的实时性、系统开销小、底层控制能力强，能够高效利用嵌入式系统的有限资源，提高数据存储速度，增强系统的安全性。另外，SQLite 还具有如下特点：

（1）无需配置，无服务器，简单访问

使用 SQLite 前无需安装设置，无需管理员去管理，系统崩溃后可自动恢复。访问数据库的程序直接从磁盘上的数据库文件读写，没有中间的服务器进程。一个 SQLite 数据库是一个单独的普通磁盘文件，能够被定位在路径层次的任何地方。如果 SQLite 能读写磁盘文件，则也能访问数据库。大多数 SQL 数据库引擎趋向于把数据存储为一个大的文件集合，通常这些文件在一个标准的定位中，只有数据库引擎本身能访问它。

（2）支持标准 SQL

SQLite 内嵌的 SQL 查询支持大部分 SQL92 标准，支持视图、触发器和嵌套 SQL，还具有事务处理功能，具有自动维护事务完整性和原子性等特性，支持实体完整性和参照完整性，充分满足嵌入式应用开发的需求。

（3）具有精简性，支持可变长度的记录

SQLite 非常小，整个 SQLite 库小于 225KB，甚至可以压缩到 170KB。一般的 SQL 数据库引擎在表中为每一个记录分配一个固定的磁盘空间数，SQLite 只使用一个记录中实际存储信息的磁盘空间数，这会使数据库非常小，同时由于在磁盘上移动的信息很少，也使数据库运行速度很快。

（4）源代码开放，可靠性较好

SQLite 的源代码是用 C 语言编写的，95%有较好的注释，API 简单易用，并且有着 98%以上的测试覆盖率。同时，官方还带有 Tcl 的编译版本。

SQLite 数据库系统体系结构由四部分组成，即内核（Core）、SQL 编译器（SQL-Complier）、后端（Backend）和附件（Accessories），如图 5-7 所示。

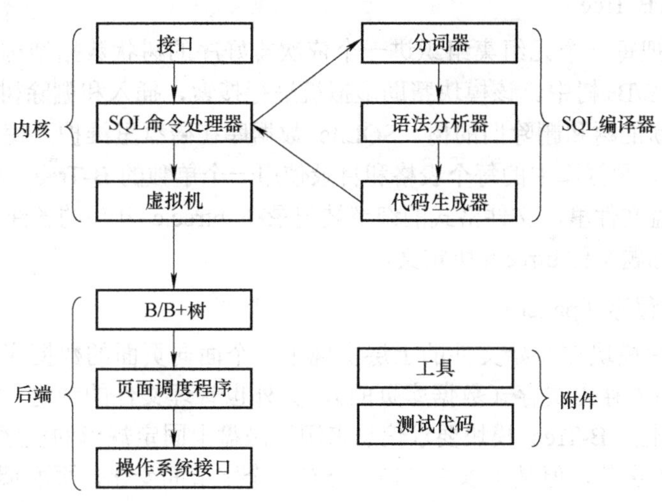

图 5-7 SQLite 数据库系统体系结构

1．接口（Interface）

接口由 SQLite C-API 组成，不管是程序、脚本语言还是库文件，最终都是通过接口程序与 SQLite 交互的。SQLite 类库大部分的公共接口程序是由 main.c、legacy.c 和

vdbeapi.c 源文件中的功能执行的。但有些程序是分散在其他文件夹的，因为在其他文件夹里它们可以访问有文件作用域的数据结构。为了避免和其他软件在名字上有冲突，SQLite 类库中所有的外部符号都是以 SQLite3 为前缀来命名的，这些符号用来形成 SQLite 的 API。

2．分词器（Tokenizer）

当执行一个包含 SQL 语句的字符串时，接口程序要把这个字符串传递给 Tokenizer。Tokenizer 的任务是把原有字符串分成一个个标识符，并把这些标识符传递给语法分析器。Tokenizer 是在 C 文件夹 tokenize.c 中自动编译的。

3．语法分析器（Parser）

语法分析器分析通过分词器产生的标识符语法的结构，并且得到一棵语法树。语法分析器同时也包含了重构语法树的优化器，因此能够得到一棵产生一个高效的字节编码程序的语法树。

4．代码生成器（Code Generator）

代码生成器遍历语法树，并且生成一个等价的字节编码程序代码发生器。在语法分析器收集完符号并转换成完全的 SQL 语句时，它调用代码产生器来产生虚拟的机器代码，这些机器代码将按照 SQL 语句的要求来工作。

5．虚拟机（Virtual Machine）

虚拟机模块是一个内部字节编码语言的解释器，它通过执行字节编码语句来实现 SQL 语句的工作，它是数据库中数据的最终操作者，它把数据库看成表和索引的集合，而表和索引则是一系列的元组或者记录。

6．B/B+树（B-Tree）

B/B+树模块把每一个元组集组织进一个依次排好序的树状数据结构中，表和索引被分别置于单独的 B/B+树中。该模块帮助虚拟机进行搜索，插入和删除树中的元组。它也帮助虚拟机创建新的树和删除旧的树。SQLite 数据库在磁盘里维护，使用源文件 btree.c 中的 B-Tree 执行。数据库中的每个表格和目录使用一个单独的 B-Tree。所有的 B-Tree 被存储在同样的磁盘文件里，文件格式的细节被记录在 btree.c 开头的备注里，B-Tree 子系统的接口程序被标题文件 btree.h 所定义。

7．页面调度程序（pager）

页面调度程序模块在原始文件的上层实现了一个面向页面的数据库抽象文件，它管理 B/B+树使用的内存内缓存（数据库页的），另外也管理文件的锁定，并用日志来实现事务的 ACID 属性。B-Tree 模块要求信息来源于磁盘上固定规模的程序块，默认程序块的大小是 1024 个字节，但是可以在 512～65536 个字节间变化，页面调度程序负责读、写和高速缓存这些程序块。页面调度程序还提供重新运算和提交抽象命令，它还管理关闭数据库文件夹。B-Tree 驱动器要求页面高速缓存器中的特别的页，当它想修改页或重新运行改变的时候，它会通报页面调度程序。为了保证所有的需求被快速、安全和有效地处理，页面调度程序处理所有微小的细节。运行页面高速缓存的代码在专门的 C 源文件 pager.c 中。页面高速缓存的子系统的接口程序被目标文件 pager.h 所定义。

8．操作系统接口（OS Interface）

操作系统交接口模块提供了对应于不同本地操作系统的统一的交界面，为了在 POSIX 和 Win32 之间提供一些可移植性，SQLite 操作系统的接口程序使用一个提取层。OS 提取层的接口程序被定义在 os.h 中，每个支持的操作系统都有它自己的执行文件：Unix 使用 os_unix.c，Windows 使用 os_win.c。每个具体的操作器都具有它自己的标题文件，如 os_unix.h，os_win.h 等。

9．工具（Utilities）

工具模块中包含各种各样的实用功能，还有一些如内存分配、字符串比较、Unicode 转换之类的公共服务也在工具模块中。这个模块就是一个包罗万象的工具箱，很多其他模块都需要调用和共享它。

10．测试代码（Test Code）

测试代码模块中包含了无数的回归测试语句，用来检查数据库代码的每个细微角落。拥有这个模块是 SQLite 性能如此可靠的原因之一。

5.3.2 SQLite 数据库

Android 作为目前主流的移动操作系统，完全符合 SQLite 占用资源少的优势，在 Android 平台上，集成了嵌入式关系型数据库 SQLite。Android 开发中使用 SQLite 数据库系统进行数据交互时，SQLite 数据库的建立和基本操作通过两种方式实现，一种是使用 SQLite 命令，一种是使用库类，下面分别就两种方法进行阐述。

sqlite3 是 SQLite 数据库自带的一个基于命令行的 SQL 命令执行工具，并可以显示命令执行结果，sqlite3 工具被集成在 SDK 的调试工具中。首先把 SDK 的 platform-tools 目录配置到环境变量，在 cmd 中使用命令进入 Linux 命令行界面，其命令为：

```
adb shell
```

执行完命令后，若当前模拟器为启动状态且新的一行出现一个“#”，说明启动成功，如图 5-8 所示。此时就可以启动 sqlite3 工具，命令为：

```
sqlite3
```

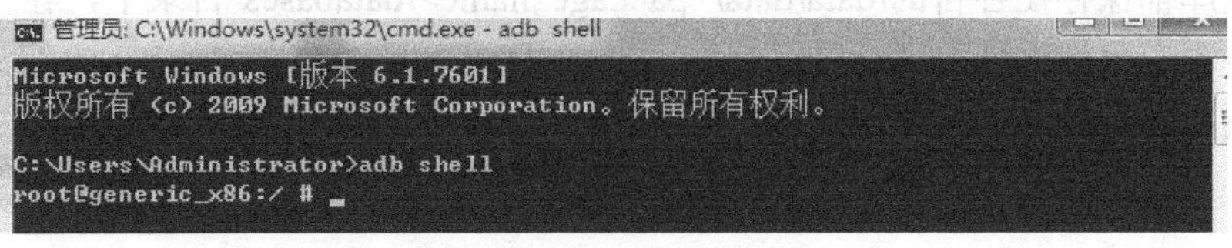

图 5-8 进入模拟器控制台

执行后显示版本等信息，提示符也变为“sqlite>”，这时就可以进行数据库的建立及其他操作。在进行数据库建立及其他数据库基本操作之前，先来介绍 sqlite3 提供的特殊命令，见表 5-5。这些特殊命令均带有点前缀，可以通过使用“.help”命令查看，结果如图 5-9 所示。

表 5-5　sqlite3 提供的特殊命令

命　令	功　能
.bail ON|OFF	遇到错误时停止，默认为 OFF
.databases	显示数据库名称和文件位置
.dump ?TABLE? ...	将数据库以 SQL 文本形式导出
.echo ON|OFF	开启和关闭回显
.exit	退出
.explain ON|OFF	开启或关闭适当输出模式，如果开启模式将更改为 column，并自动设置宽度
.header(s) ON|OFF	开启或关闭标题显示
.help	显示帮助信息
.import FILE TABLE	将数据从文件导入表中
.indices TABLE	显示表中所的列名
.load FILE ?ENTRY?	导入扩展库
.mode MODE ?TABLE?	设置输入格式
.nullvalue STRING	打印时使用 STRING 代替 NULL
.output FILENAME	将输入保存到文件
.output stdout	将输入显示在屏幕上
.prompt MAIN CONTINUE	替换标准提示符
.quit	退出
.read FILENAME	在文件中执行 SQL 语句
.schema ?TABLE?	显示表的创建语句
.separator STRING	更改输入和导入的分隔符
.show	显示当前设置变量值
.tables ?PATTERN?	显示符合匹配模式的表名
.timeout MS	在毫秒时间内尝试打开被锁定的表
.timer ON|OFF	开启或关闭 CPU 计时器
.width NUM NUM ...	设置 column 模式的宽度

下面开始使用 sqlite3 命令行工具，实现数据库的创建、查询、插入、修改和删除等基本操作。为了叙述方便，在这里首先建立工程 SQLite3Test。Android 系统中，每个应用程序的数据库都保存在各自的/data/data/<package name>/databases 目录下，在 Linux 控制台中可以查看应用程序/data/data/<package name>目录下是否存在 databases 目录，进入目录/data/data/<package name>使用命令：

```
# cd /data/data/<package_name>
```

例如，cd /data/data/edu.neu.androidlab.sqlite3test 查看该目录下的所有文件，使用 ls 命令：

```
# ls
```

若文件列表中没有 databases 文件夹，则需要新创建该文件夹，使用命令：

```
# mkdir databases
```

```
sqlite> .help
.backup ?DB? FILE      Backup DB (default "main") to FILE
.bail ON|OFF           Stop after hitting an error.  Default OFF
.databases             List names and files of attached databases
.dump ?TABLE? ...      Dump the database in an SQL text format
                         If TABLE specified, only dump tables matching
                         LIKE pattern TABLE.
.echo ON|OFF           Turn command echo on or off
.exit                  Exit this program
.explain ?ON|OFF?      Turn output mode suitable for EXPLAIN on or off.
                         With no args, it turns EXPLAIN on.
.header(s) ON|OFF      Turn display of headers on or off
.help                  Show this message
.import FILE TABLE     Import data from FILE into TABLE
.indices ?TABLE?       Show names of all indices
                         If TABLE specified, only show indices for tables
                         matching LIKE pattern TABLE.
.log FILE|off          Turn logging on or off.  FILE can be stderr/stdout
.mode MODE ?TABLE?     Set output mode where MODE is one of:
                         csv      Comma-separated values
                         column   Left-aligned columns.  (See .width)
                         html     HTML <table> code
                         insert   SQL insert statements for TABLE
                         line     One value per line
                         list     Values delimited by .separator string
                         tabs     Tab-separated values
                         tcl      TCL list elements
.nullvalue STRING      Print STRING in place of NULL values
.output FILENAME       Send output to FILENAME
.output stdout         Send output to the screen
.prompt MAIN CONTINUE  Replace the standard prompts
.quit                  Exit this program
.read FILENAME         Execute SQL in FILENAME
.restore ?DB? FILE     Restore content of DB (default "main") from FILE
.schema ?TABLE?        Show the CREATE statements
                         If TABLE specified, only show tables matching
                         LIKE pattern TABLE.
.separator STRING      Change separator used by output mode and .import
.show                  Show the current values for various settings
.stats ON|OFF          Turn stats on or off
.tables ?TABLE?        List names of tables
                         If TABLE specified, only list tables matching
                         LIKE pattern TABLE.
.timeout MS            Try opening locked tables for MS milliseconds
.vfsname ?AUX?         Print the name of the VFS stack
.width NUM1 NUM2 ...   Set column widths for "column" mode
.timer ON|OFF          Turn the CPU timer measurement on or off
sqlite>
```

图 5-9　sqlite3 提供的特殊命令

文件夹中如有多余的文件，可根据需要删除，删除文件的命令：

```
# rm <file_name>
```

命令执行成功后，再次使用 ls 命令可以看到文件列表中已经包含 databases 文件夹。使用 cd 命令进入 databases 文件夹，即可以在文件中创建需要的数据库文件。在 SQLite 数据库中，每个数据库保存在一个独立的文件中，使用 sqlite3 工具后加数据库文件名的方式打开数据库文件，如果数据库文件不存在，sqlite3 工具则自动创建该数据库，因此创建和打开数据库均可以使用命令：

```
# sqlite3 <database_name.db>
```

尽管提供了数据库名，如 sqlite3 mySQLite1.db，但如果这个数据库并不存在，SQLite 并不会真正地创建它。SQLite 会等到真正地向其中增加了数据库对象之后才创建它，比如在其中创建了表或视图。SQLite 采用这种策略的原因是考虑到用户在将数据库写到外部文件之前可能对数据库做一些永久性的设置，如页的大小等。有些设置，如页大小、字符集（UTF-8 或 UTF-16）等，一旦数据库创建之后就不能再修改了。这个中间期是能够修改这些设置的唯一机会。因此，采用默认设置，要将数据库写到磁盘，仅需要在其中创建一个表代码如下：

```
create table UserInfo (User_No integer primary key autoincrement, User_Name text not null,Sex text);
```

UserInfo 是表名，User_No 和 User_Name 是字段，亦称为列名，primary key 设置此字段为主键，autoincrement 设置字段值自动增长+1，not null 指定字段不可为空，integer、text 是 SQLite 支持的数据类型，SQLite 支持的基本数据类型有以下几类：

```
VARCHAR/NVARCHAR(15)/TEXT/INTEGER/FLOAT/BOOLEAN/CLOB/BLOB/TIMESTAMP/NUMERIC(10,5)/VARYING CHARACTER(24)/NATIONAL VARYING CHARACTER(16)
```

查看表是否创建成功可以使用“.tables”特殊命令，如需查看其他信息可以使用表 5-5 中的其他特殊命令。至此，数据库 mySQLite1.db 创建成功，可以定位到应用程序/data/data/<package name>/databases 目录，mySQLite1.db 文件已经包含在其中了。

数据库创建完成后，数据库的其他基本操作，例如向表中插入数据、删除数据、修改数据，添加新表、新列等操作均是通过 SQLite 支持的 SQL 语句完成的。SQLite 虽然很精简小巧，但是支持的 SQL 语句不逊色于其他开源数据库，见表 5-6。

表 5-6 SQLite 支持的 SQL 语句

SQLite-SQL	说　明
ATTACH DATABASE	将一个已经存在的数据库添加到当前数据库连接
BEGIN TRANSACTION	开启事务
COMMENT	注释不是 SQL 命令，但会出现在 SQL 查询中
COMMIT TRANSACTION	提交事务
COPY	复制（SQLite3 已经删除该命令）
CREATE INDEX	创建索引
CREATE TABLE	创建表
CREATE TRIGGER	创建触发器
CREATE VIEW	创建视图
DELETE	删除
DETACH DATABASE	拆分已经存在的数据库
DROP INDEX	删除索引
DROP TABLE	删除表
DROP TRIGGER	删除触发器
DROP VIEW	删除视图
END TRANSACTION	结束事务
UPDATE	更新
SELECT	查询
INSERT	插入
ON CONFLICT CLAUSE	句定义了解决约束冲突的算法（非独立命令）
PRAGMA	用于修改 SQLite 库或者查新 SQLite 库内部数据的特殊命令
REPLACE	重命名
ROLLBACK TRANSACTION	事务回滚

例如，向表 UserInfo 中插入两条数据后查询表中数据，代码如下：

```
sqlite> insert into UserInfo values (null,'张三', '男');
sqlite> insert into UserInfo values(null, '李四', '女');
sqlite> select * from UserInfo;
```

在 Android 应用程序开发过程中，使用 SQLite 命令行操作数据库一般用于调试和测试，在实际开发中并非常用，最常用的操作 SQLite 数据库的方法是使用库类 API。下面介绍 Android 系统中创建和操作 SQLite 数据库的另外一种方式——使用库类 API。

SQLiteDatabase 类是 Android 系统提供的用于管理和操作 SQLite 数据库的 API，一个 SQLiteDatabase 对象实例相当于一个 SQLite 数据库，并提供了创建、删除、执行 SQL 语句和其他常用数据库操作的方法。

1．创建或开启数据库

使用 getWritableDatabase()和 getReadableDatabase()方法获取一个用于操作数据库的 SQLiteDatabase 实例。这两个方法属于 SQLiteOpenHelper 类，这是一个 SQLiteDatabase 的辅助类，它可以简化打开数据库链接的过程，增加可维护性。其中 getWritableDatabase()方法以读写方式打开数据库，一旦数据库的磁盘空间满了，数据库就只能读而不能写，倘若使用的是 getWritableDatabase()方法就会出错。getReadableDatabase()方法则是先以读写方式打开数据库（getReadableDatabase()方法中会调用 getWritableDatabase()方法），如果数据库的磁盘空间满了就会打开失败，当打开失败后会继续尝试以只读方式打开数据库。代码如下：

```
MyDatabaseHelper dbHelper = new MyDatabaseHelper(Context context, String name, SQLite
Database.CursorFactory factory, int version)
SQLiteDatabase db = null;
db = dbHelper.getWritableDatabase();
```

2．创建表

一个数据库中可以包含多个表，每一条数据都保存在一个指定的表中，要创建表可以通过 SQLiteDatabase 类的 execSQL(String sql)方法来执行一条 SQL 语句。execSQL()方法能够执行大部分的 SQL 语句。例如创建表 UserInfo，并添加字段 User_Id、User_Name、User_Sex。代码如下：

```
String sqlCreateTable ="CREATE TABLE UserInfo " + "(User_Id INTEGER PRIMARY
KEY,User_Name TEXT NOT NULL,User_Sex TEXT)";
db.execSQL(sqlCreateTable);//执行 SQL 语句
```

3．插入数据

向表中插入数据存在两种方法，一种可以调用 SQLiteDatabase 的 insert()方法来添加数据，insert()方法的语法格式为：

```
long insert(String table, String nullColumnHack, ContentValues values)
```

其中，参数 table 是表名称；参数 nullColumnHack 空列的默认值；参数 values 的类型是 ContentValues 类型，ContentValues 其实就是一个封装了列名称和列值的 Map，通过

ContentValues 的 put()方法就可以把数据放到 ContentValues 中，然后插入到表中去，put()方法的语法格式为：

```
put(String key, Type value)
```

其中，参数 key 是字段名称；参数 value 是字段的值。

插入数据的另一种方法是使用 SQL 语句，使用 SQLiteDatabase 类的 execSQL()方法实现，类似于创建新表。例如，向表 UserInfo 添加两行记录，代码如下：

```
//使用 insert()方法
ContentValues  cvContentValues=new ContentValues();
cvContentValues.put("User_Id", 1);
cvContentValues.put("User_Name", "张三");
cvContentValues.put("User_Sex", "男");
dbe.insert("UserInfo", null, cvContentValues);
//使用 SQL 语句
String  sqlInsertData = "INSERT INTO UserInfo " +"(User_Id, User_Name, User_Sex) values
(2, '李四', '女')" ;
db.execSQL(sqlInsertData);
```

4. 删除数据

删除数据也有两种方法，一种是调用 SQLiteDatabase 类的 delete()方法，另一种是使用 execSQL()执行 SQL 语句完成。delete()方法的语法格式为：


```
int delete(String table, String whereClause, String[] whereArgs);
```

其中，参数 table 是表名；参数 whereClause 是删除条件；参数 whereArgs 是删除条件值数组。

```
//使用 delete()方法
String strWhereClause="User_Id=?";//删除条件
String[] strArrayWhereArg={String.valueOf(1)};//删除条件参数
db.delete("UserInfo", strWhereClause, strArrayWhereArg);
//SQL 语句
String sqlDeleteData = "DELETE FROM UserInfo WHERE User_Id=2 ";
db.execSQL(sqlDeleteData);
```

5. 查询数据

在 Android 中查询数据是通过 Cursor 类来实现的，使用 SQLiteDatabase.query()方法时，会得到一个 Cursor 对象，Cursor 指向的就是每一条数据。它提供了很多有关查询的方法，见表 5-7。

表 5-7　Cursor 类提供的常用方法

方　法	说　明
move()	以当前的位置为参考，将 Cursor 移动到指定的位置，成功返回 true，失败返回 false
moveToPosition()	将 Cursor 移动到指定的位置，成功返回 true，失败返回 false

（续）

方　法	说　明
moveToNext()	将 Cursor 向前移动一个位置，成功返回 true，失败返回 false
moveToLast()	将 Cursor 向后移动一个位置，成功返回 true，失败返回 false
movetoFirst()	将 Cursor 移动到第一行，成功返回 true，失败返回 false
isBeforeFirst()	返回 Cursor 是否指向第一项数据之前
isAfterLast()	返回 Cursor 是否指向最后一项数据之后
isClosed()	返回 Cursor 是否关闭
isFirst()	返回 Cursor 是否指向第一项数据
isLast()	返回 Cursor 是否指向最后一项数据
getCount()	返回总的数据项数

SQLiteDatabase.query()方法有多种重载方法，其中常用的重载方法语法格式为：

```
Cursor android.database.sqlite.SQLiteDatabase.query(String table, String[] columns, String selection, String[] selectionArgs, String groupBy, String having, String orderBy)
```

方法中各参数的意义见表 5-8。

表 5-8　SQLiteDatabase.query()方法各参数的意义

参　数	意　义
String table	表名称
String[] columns	返回的属性列名称
String selection	查询条件
String[] selectionArgs	如果在查询条件中使用的问号，则需要定义替换符的具体内容
String groupBy	分组方式
String having	定义组的过滤器
String orderBy	排序方式

例如，查询表 UserInfo 中所有记录，并将名字和性别提取出来用于显示代码如下：

```
String strMsg="查到的数据：";
Cursor resultCursor = db.query("UserInfo",new String[] {"User_Id", "User_Name", "User_Sex"}, null, null, null, null, null);
if(resultCursor.moveToFirst()){
    for(int i=0;i<resultCursor.getCount();i++){
        strMsg+=resultCursor.getString(1)+resultCursor.getString(2);//获取名字+性别
    }
}
```

6. 修改数据

如果添加了数据后发现数据有误，这时需要修改这个数据，可以使用 SQLiteDatabase 类的 update()方法来更新一条数据。update()方法的语法格式为：

```
int update(String table, ContentValues values, String whereClause, String[] whereArgs)
```

例如，将表 User_Name 中 User_Id 字段值为 1 的记录的 User_Name 字段修改为

“WangWu”，代码如下：

```
ContentValues updateValues = new ContentValues();
updateValues.put("User_Name", "WangWu");
String strWhereClause="User_Id=?";
String[] strArrayWhereArg={String.valueOf(1)};
db.update("UserInfo", updateValues, strWhereClause, strArrayWhereArg);
```

数据库的基本操作除了数据库创建与打开，表的新建、插入、删除、查询和修改数据外，基本的数据库操作还包括表的删除、数据库的关闭和数据库的删除。表的删除通过调用 SQLiteDatabase 类中 execSQL()方法执行，数据库的关闭通过调用 SQLiteDatabase 类的 close()方法，数据库的删除直接使用 Activity 的 deleteDatabase（string dbName)即可。

例 5-5 创建一个数据库，实现数据库的基本操作。

新建 DataBaseTest 工程，实现对 SQLite 数据库的基本操作，首先创建继承于 SQLiteOpenHelper 的类，并重写 onCreate()和 onUpgrade()方法：

```
public class MyDatabaseHelper extends SQLiteOpenHelper {
    private Context mContext;
    public MyDatabaseHelper(Context context, String name, SQLiteDatabase.CursorFactory factory, int version){
        super(context,name,factory,version);
        mContext = context;
    }
    @Override
    public void onCreate(SQLiteDatabase db){
        db.execSQL("create table People(_id integer primary key autoincrement,name String(20),age String(20))");
         Log.e("创建表","成功");
         Toast.makeText(mContext,"Create succeeded",Toast.LENGTH_SHORT).show();
    }
     @Override
     public void onUpgrade(SQLiteDatabase db,int oldVersion,int newVersion){
        onCreate(db);
    }
}
```

方法解析：

onCreate(database)：首次使用软件时生成数据库表。

onUpgrade(database,oldVersion,newVersion)：在数据库的版本发生变化时会被调用，一般在软件升级时才需改变版本号，而数据库的版本是由程序员控制的，假设数据库现在的版本是 1，由于业务的变更需要修改数据库，这时候就需要升级软件，为了实现这一目的，可以把原来的数据库版本设置为 2 或者大于旧版本号的数字即可。

主活动代码如下：

```
public class MainActivity extends AppCompatActivity implements View.OnClickListener{
```

```
    private MyDatabaseHelper dbHelper;
    @Override
    protected void onCreate(Bundle savedInstanceState) {
        super.onCreate(savedInstanceState);
        setContentView(R.layout.activity_main);
        Button createDatabase = (Button) findViewById(R.id.create_database);
        createDatabase.setOnClickListener(this);
        Button insertData = (Button) findViewById(R.id.insert_database);
         insertData.setOnClickListener(this);
         Button deleteData = (Button) findViewById(R.id.delete_database);
         deleteData.setOnClickListener(this);
         Button updataData = (Button) findViewById(R.id.updata_database);
         updataData.setOnClickListener(this);
         Button retrieveData = (Button) findViewById(R.id.retrieve_database);
         retrieveData.setOnClickListener(this);
         Button closeDatabase = (Button) findViewById(R.id.close_database);
         closeDatabase.setOnClickListener(this);
    }
    @Override
    public void onClick(View v){
         dbHelper = new MyDatabaseHelper(this,"BookStore.db",null,2);
         SQLiteDatabase db = dbHelper.getWritableDatabase();
         ContentValues values = new ContentValues();
         switch(v.getId()){
             case R.id.create_database:
                 dbHelper.getWritableDatabase();
                 break;
             case R.id.insert_database:
                 values.put("name","小李");
                 values.put("age","12");
                 db.insert("People",null,values);
                 values.clear();
                 values.put("name","小明");
                 values.put("age","13");
                 db.insert("People",null,values);
                 db.close();
                 break;
             case R.id.delete_database:
                 db.delete("People","name = ?",new String[]{"小明"});
                 db.close();
                 break;
             case R.id.updata_database:
                 ContentValues values1 = new ContentValues();
```

```
                values1.put("name","小强");
                db.update("People",values1,"name = ?",new String[]{"小李"});
                break;
            case R.id.retrieve_database:
                Cursor cursor = db.query("People",null,null,null,null,null,null);
                if(cursor.moveToFirst()){
                    do {
                        String name = cursor.getString(cursor.getColumnIndex("name"));
                        String age = cursor.getString(cursor.getColumnIndex("age"));
                        Log.e("输出", name + "的年龄是" + age);
                    }while (cursor.moveToNext());
                }
                cursor.close();
                break;
            case R.id.close_database:
                dbHelper.close();
                break;
            default:
                break;
        }
    }
}
```


上述代码实现了数据库的建立与打开、插入数据、删除数据、查询数据、修改数据和关闭数据库，其运行后的效果如图 5-10 所示。

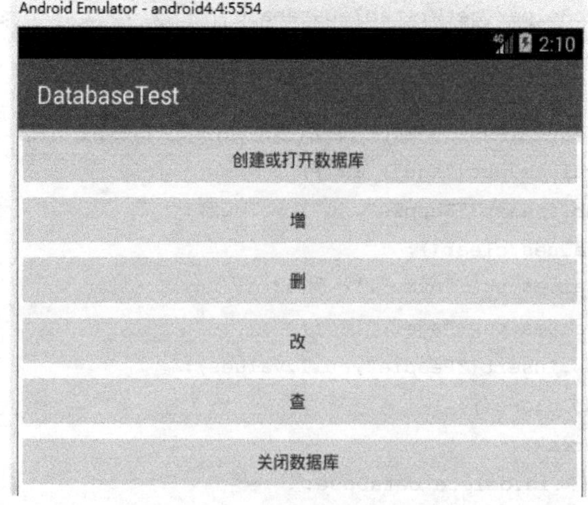

图 5-10　SQLite 数据库基本操作

当然在操作数据库的时候需要查看数据库内的数据是否操作成功，导出数据库文件，这里使用 SQLite Expert Professional 软件来查看，也可以使用 adb shell 命令行查看。

5.3.3　单元测试

单元测试是针对程序的最小单元来进行正确性检验的测试工作。一个可单元测试的工程，会把业务、功能分割成规模更小、有独立的单元，一个单元可能是单个程序、类、对象、方法等。单元测试的目标就是减少 Bug、快速定位 Bug、提高代码质量、减少调试时间等。

例 5-6　实现加法单元测试

新建 UtilTest 工程，创建 Utils 类，用来存放需要被测试的方法，这里的 add()方法是一个简单的加法。代码如下：

```
public class Utils {
    public static int add(int a,int b){
        return a+b;
    }
}
```

接下来创建测试单元，一般测试单元存放在 test 目录下，如图 5-11 所示。代码如下：

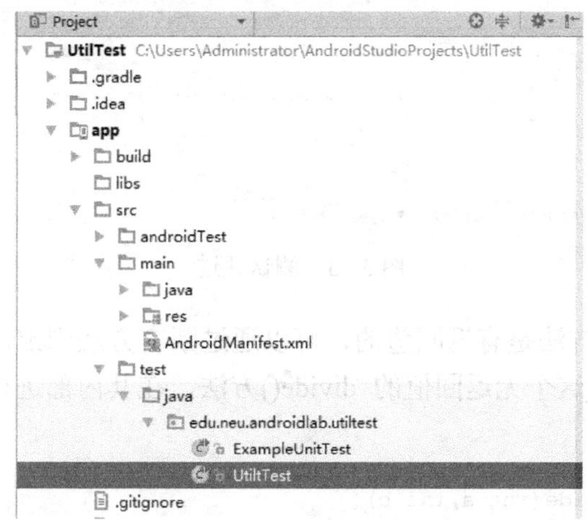

图 5-11　测试单元位置

```
public class UtilTest {
    @Test
    public void test(){
        int result = Utils.add(1,2);
        assertEquals(3,result);
    }
}
```

以上是一个要被测试的类 Utils 和测试类 UtilTest，在测试类 UtilTest 中被@Test 注解的方法会被测试执行，assertEquals(expected,actual)是断言方法，第一参数是期待值，第二个参数是实际值，这里为 add()方法传入的两个参数相加等于期待值则测试可通过。在 Android Studio 内对类 UtilTest 的 test()方法，单击右键，选择 Run'test()'，如图 5-12 所示，则 test()就会被执行。执行后如果出现绿条则表示通过，如图 5-13 所示；如果是红条则表示 test()方法内的方法有异常。

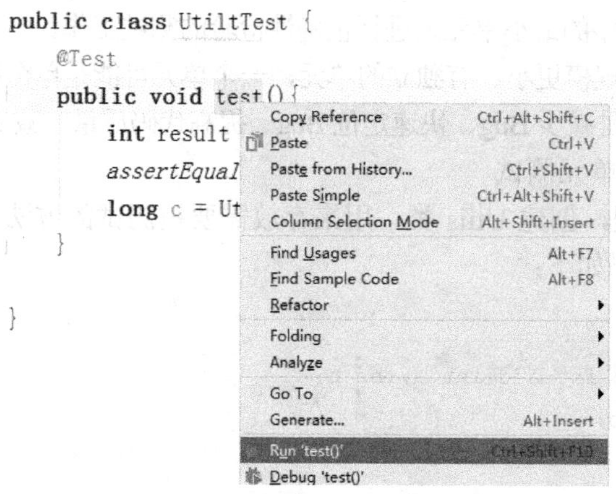

图 5-12　运行 test()方法

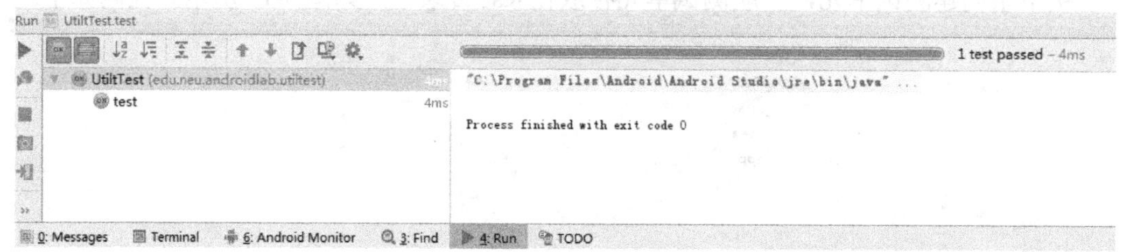

图 5-13　测试通过

上文测试的 add()方法是有返回值的，可以通过断言方法判定，但是有的方法是没有返回值的，比如下面的这个无返回值的 divide()方法，在其内部进行参数的除法运算。代码如下：

```
public static void divide(int a,int b){
   long result = a/b;
}
```

在测试单元中执行这个方法并传入参数（1，0），代码如下：

```
Utils.divide(1,0);
```

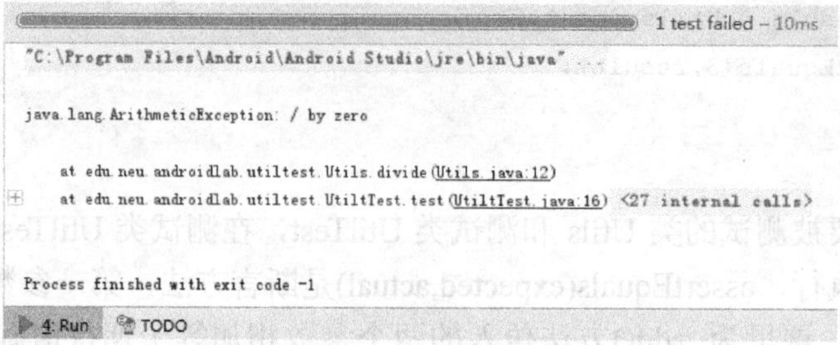

1 test failed – 10ms

"C:\Program Files\Android\Android Studio\jre\bin\java" ...

java.lang.ArithmeticException: / by zero

at edu.neu.androidlab.utiltest.Utils.divide(Utils.java:12)

at edu.neu.androidlab.utiltest.UtiltTest.test(UtiltTest.java:16) <27 internal calls>

Process finished with exit code -1

4: Run　TODO

图 5-14　测试单元抛出异常

在除法中分母不可为 0，所以测试单元直接抛出异常，如图 5-14 所示。用测试框架测试方法运行是否有异常，而不需要启动整个应用。如果有异常，测试框架会直接把异常抛出来，这样测试就方便很多。

5.4　内容提供者

内容提供者（ContentProvider）是 Android 系统中基本组件之一，用来存储和获取数据并使这些数据可以被所有的应用程序访问，它为存储和读取数据提供了一种通用的接口机制，由于在 Android 系统中没有一个公共的内存区域供多个应用共享存储数据，所以它是应用程序之间共享数据的唯一方法。

5.4.1　内容解析器

内容解析器（ContentResolver）用来处理对内容提供者的访问，用户不能直接调用 ContentProvider 的接口函数，而是通过 ContentResolver 来完成。ContentResolver 调用 ContentProvider 是通过 URI 确定需要访问的数据集。URI 是通用资源标志符（Uniform Resource Identifier），用来定位任何远程或本地的可用资源，ContentProvider 使用的 URI 语法格式为：

```
content://<authority>/<data_path>/<id>
```


content://是通用前缀，表示该 URI 用于 ContentProvider 定位资源，已经由 Android 所规定无需修改。

<authority>是授权者名称，用来确定具体由哪一个 ContentProvider 提供资源，一般<authority>都由类的小写全称组成，以保证唯一性。

<data_path>是数据路径，用来确定请求的是哪个数据集，如果 ContentProvider 仅提供一个数据集，数据路径则是可以省略的；如果 ContentProvider 仅提供多个数据集，数据路径则必须指明具体是哪一个数据集，数据集的数据路径可以写成多段格式。

<id>是数据编号，用来唯一确定数据集中的一条记录，ContentProvider 将其存储的数据以数据表的形式提供给访问者，在数据表中每一行为一条记录，每一列为具有特定类型和意义的数据。每一条数据记录都包括一个 "_ID" 数值字段，该字段唯一标识一条数据。如果请求的数据并不只限于一条数据，则<id>可以省略。

当外部应用需要对 ContentProvider 中的数据进行添加、删除、修改和查询操作时，可以使用 ContentResolver 类来完成，要获取 ContentResolver 对象，可以使用 Activity 提供的 getContentResolver()方法。ContentResolver 类提供了与 ContentProvider 类相同签名的四个方法：

```
Uri insert(Uri uri, ContentValues values) ;
int delete(Uri uri, String selection, String[] selectionArgs) ;
int update(Uri uri, ContentValues values, String selection, String[] selectionArgs);
Cursor query(Uri uri, String[] projection, String selection, String[] selectionArgs,
String sortOrder);
```

5.4.2 内容提供者

Android 系统为一些常见的数据类型，诸如音乐、视频、图像、手机通讯录联系人信息等，内置了一系列的 ContentProvider，这些都位于 android.provider 包下，持有特定的权限，可以在应用程序中访问这些 ContentProvider。所以，如果需要公开共享应用程序的数据，可有两种实现方式，一种是创建自定义的 ContentProvider，这时需要继承 ContentProvider 类；另一种将数据写到已存在的 ContentProvider 中，这种情况需要公开的数据和已存在的 ContentProvider 数据结构一致，当然前提是获取写该 ContentProvider 的权限。

创建 ContentProvider，首先需要继承 ContentProvider 类，并重载类的六个方法，六个方法分别为：

```
int delete(Uri uri, String selection, String[] selectionArgs)
Uri insert(Uri uri, ContentValues values)
Cursor query(Uri uri, String[] projection, String selection,String[] selectionArgs,
String sortOrder)
int update(Uri uri, ContentValues values, String selection,String[] selectionArgs)
boolean onCreate()
String getType(Uri uri)
```


各方法的功能如表 5-9 所示。

表 5-9 ContentProvider 重载方法

方　法	功　能
delete()	删除数据集
insert()	添加数据集
qurey()	查询数据集
update()	更新数据集
onCreate()	初始化底层数据集和建立数据链接等工作
getType()	返回指定 URI 的 MIME 数据类型，如果 URI 是单条数据，则返回的 MIME 数据类型应以 vnd.android.cursor.item 开头；如果 URI 是多条数据，则返回的 MIME 数据类型应以 vnd.android.cursor.dir 开头

其次，因为 URI 代表了要操作的数据，所以需要解析 URI，并从 URI 中获取数据。Android 系统提供了两个用于操作 URI 的工具类，分别为 UriMatcher 和 ContentUris。

UriMatcher 类用于匹配 URI，使用时首先需要注册 URI 路径，注册方法如下：

```
uriMatcher = new UriMatcher(UriMatcher.NO_MATCH);
//如果匹配 content:// com.mycontentprovider / mydb 路径，返回匹配码为 1
uriMatcher.addURI("edu.neu.androidlab.contentprovider", "mydb", 1);
uriMatcher.addURI("edu.neu.androidlab.contentprovider", "mydb/#", 2);
```

其中，常量 UriMatcher.NO_MATCH 表示不匹配任何路径的返回码，UriMatcher.NO_MATCH

的值为-1。addURI()函数用来添加新的匹配项，如果匹配，则返回匹配码，其语法格式为：

```
public void addURI (String authority, String path, int code)
```

其中，参数 authority 表示匹配的授权者名称，参数 path 表示数据路径，#代表任何数字，参数 code 表示返回代码。

ContentUris 类用于获取 URI 路径后面的 ID 部分，它有两个比较实用的方法，即 withAppendedId(uri, id)和 parseId(uri)。方法 withAppendedId(uri, id)用于为路径加上 ID 部分，例如：

```
Uri uri = Uri.parse("content://edu.neu.androidlab.contentprovider/mydb");
Uri resultUri = ContentUris.withAppendedId(uri, 10);
```

则生成后的 URI 为：content://edu.neu.androidlab.contentprovider/mydb/10

parseId(uri)方法用于从路径中获取 ID 部分，例如：

```
Uri uri = Uri.parse("content://edu.neu.androidlab.contentprovider/mydb/10");
long personid = ContentUris.parseId(uri);
```

则上面代码获取的结果为 10。

最后，在完成 ContentProvider 类的代码实现后，需要在 AndroidManifest.xml 文件中进行注册，注册 ContentProvider 使用<provider>标签，例如：


```
<application android:icon="@drawable/icon" android:label="@string/app_name">
  <provider android:name = ".MyContentProvider"
        android:authorities = "edu.neu.androidlab.contentprovider"/>
 </application>
```

ContentProvider 创建完成后，使用 ContentProvider 需要通过前面提到的内容解析器，每个 Android 组件都具有一个 ContentResolver 对象，获取 ContentResolver 对象的方法是调用 getContentResolver()函数，获取到 ContentResolver 对象之后就可以使用其提供的查询、添加、删除和更新方法操作数据了。下面通过编写代码具体实现 ContentProvider 的创建和在其他应用程序中具体使用创建的 ContentProvider。

例 5-7 为 DatabaseTest 工程创建一个 ContentProvider 组件，供其他应用程序进行数据交换。其代码如下：

```
public class MyContentProvider extends ContentProvider {
    private static  final String AUTHORITY = "edu.neu.android";
    private  static final int MATCH_ALL_CODE = 100;
    private  static final int MATCH_ONE_ODE = 101;
    private static UriMatcher uriMatcher;
    private SQLiteDatabase db;
    private  Cursor cursor = null;
    private MyDatabaseHelper dbHelper;
    private static final Uri NOTIFY_URI = Uri.parse("content://"+AUTHORITY+"/P
```

```
eople");
    static {
        uriMatcher = new UriMatcher(UriMatcher.NO_MATCH);
        uriMatcher.addURI(AUTHORITY, "People", 1);
        uriMatcher.addURI(AUTHORITY, "Category", 2);
    }
    @Override
    public boolean onCreate(){
        dbHelper = new MyDatabaseHelper(getContext(),"BookStore.db",null,2);
        return true;
    }
    @Override
    public Cursor query(Uri uri, String[] projection, String selection, String[] selectionArgs, String sortOrder){
        SQLiteDatabase db = dbHelper.getWritableDatabase();
        Cursor cursor = null;
        switch (uriMatcher.match(uri)){
            case 1:
                cursor = db.query("People",projection,selection,selectionArgs,null,null,sortOrder);
                break;
        }
        return cursor;
    }
    @Override
    public Uri insert(Uri uri, ContentValues values) {
        SQLiteDatabase db = dbHelper.getWritableDatabase();
        Uri uriReturn = null;
        switch(uriMatcher.match(uri)){
            case 1:
                long id = db.insert("People",null,values);
                uriReturn = uri.parse("content://"+AUTHORITY+"/People/"+id);
                break;
        }
        return uriReturn;
    }
    @Override
    public int update(Uri uri, ContentValues values, String selection,String[] selectionArgs){
        SQLiteDatabase db = dbHelper.getWritableDatabase();
        int updateRows = 0;
        switch (uriMatcher.match(uri)){
            case 1:
                updateRows = db.update("People",values,selection,selectionArgs);
```

```
                break;
        }
        return updateRows;
    }
    @Override
    public int delete(Uri uri, String selection,String[] selectionArgs) {
      SQLiteDatabase db = dbHelper.getWritableDatabase();
        int deleteRows = 0;
        switch (uriMatcher.match(uri)) {
            case 1:
                deleteRows = db.delete("People", selection, selectionArgs);
            break;
            case 2:
                deleteRows = db.delete("Category", selection, selectionArgs);
            break;
            default:
            break;
         }
        return deleteRows;
    }
    @Override
    public String getType(Uri uri) {
        return null;
    }
}
```


新建 ContentProviderTest 工程，访问 DatabaseTest 工程的数据库，代码如下：

```
public class MainActivity extends AppCompatActivity {
    private ContentResolver resolver;
    private EditText name;
    private EditText age;
    @Override
    protected void onCreate(Bundle savedInstanceState) {
        super.onCreate(savedInstanceState);
        setContentView(R.layout.activity_main);
        resolver = getContentResolver();
         name = (EditText) findViewById(R.id.name);
         age = (EditText) findViewById(R.id.age);
    }
     public void onClick(View v){
         String get_name = name.getText().toString();
         String get_age = age.getText().toString();
         ContentValues values = new ContentValues();
```

```
            values.put("name",get_name);
            values.put("age",get_age);
            Uri uri = Uri.parse("content://edu.neu.android/People");
            resolver.insert(uri, values);
            Toast.makeText(getApplicationContext(), "数据添加成功", Toast.LENGTH_SHORT).show();
        }
    }
```

上述代码通过 EditText 中的数据为 DatabaseTest 工程中的 People 表添加数据，用户界面如图 5-15 所示，表的内容如图 5-16 所示，对数据库的其他操作请读者自行完成。

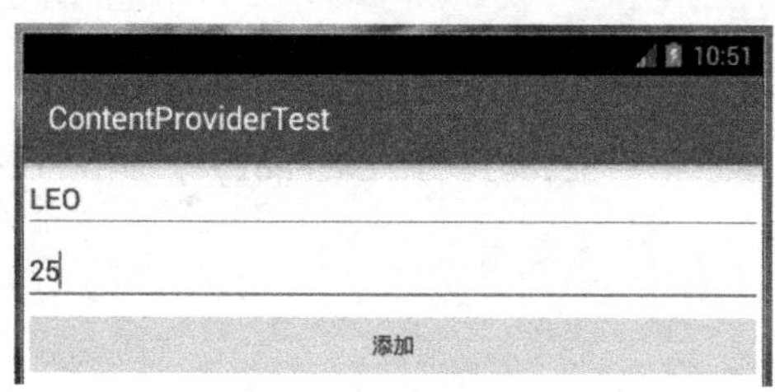

图 5-15　用户界面

▼TABLES	rowid	_id	name	age
People	1	1	LEO	25
android_metadata	2	2	LEO	25

图 5-16　表的内容

在实际工程中很少会自己来定义 ContentProvider，因为很多时候都不希望自己应用的数据暴露给其他应用，而通过 ContentResolver 来读取其他应用的信息，最常用的莫过于读取系统 APP、信息、联系人、多媒体信息等。

例 5-8　实现一个短信备份程序。

下面应用以上所学的知识，通过短信内容提供者把短信封装到自己定义的 XML 文件中，实现短信备份。读取短信首先需要确保短信内容提供者内有短信，使用模拟器控制台给模拟器发送短信并回短信，这里号码设置为"10086"，这样短信内容提供者内就包含了两条短信，如图 5-17 所示。

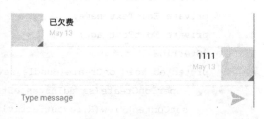

图 5-17　短信内容

短信所存放的路径为 data/data/com.android.provider.telephony/databases/mmsms.db，sms 表存放了需要的主要信息，如图 5-18 所示，只需要关注其中的四个字段即可：

address：对方号码；

body：短信内容；

date：短信发送时间；

type：短信类型：发送或接收（1：接收，2：发送）。

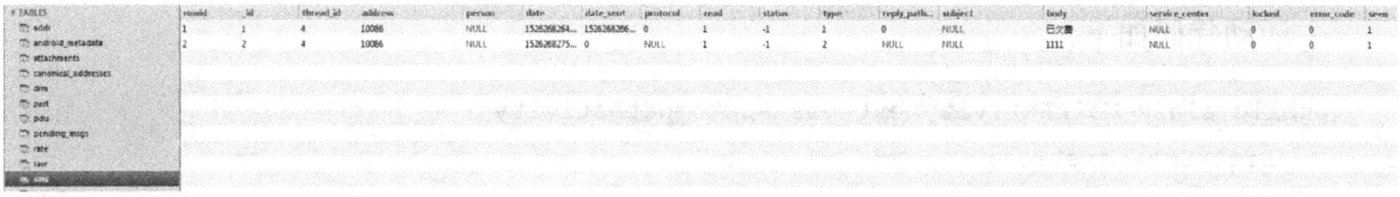

rowid	_id	thread_id	address	person	date	date_sent	protocol	read	status	type	reply_path...	subject	body	service_center	locked	error_code	seen
1	1	4	10086	NULL	1526268264...	1526268266...	0	1	-1	1	0	NULL	已欠费	NULL	0	0	1
2	2	4	10086	NULL	1526268275...	0	NULL	1	-1	2	NULL	NULL	1111	NULL	0	0	1

图 5-18　sms 表

新建 SmsProvider 工程，先创建包含所需要的四个字段信息的 Sms 类的 JavaBean，代码如下：

```
public class Sms {
    private String address;
    private long date;
    private String body;
    private String type;
    public String getAddress(){
       return this.address;
    }
    public void setAddress(String address){
        this.address = address;
     }
     public long getDate(){
        return this.date;
     }
     public void setDate(long date){
        this.date = date;
     }public String getBody(){
        return this.body;
     }
     public void setBody(String body){
        this.body = body;
     }public String getType(){
        return this.type;
     }
     public void setType(String type){
        this.type = type;
     }
     Sms(String address,long date,String body,String type){
        super();
        this.address = address;
        this.date = date;
        this.body = body;
        this.type = type;
     }
 }
```

主活动代码如下：

```
public class MainActivity extends AppCompatActivity {
    List<Sms> smsList;
    @Override
    protected void onCreate(Bundle savedInstanceState) {
        super.onCreate(savedInstanceState);
        setContentView(R.layout.activity_main);
        smsList = new ArrayList<Sms>();
    }
    public void onClick1(View v){
         ContentResolver cr = getContentResolver();
         Cursor cursor = cr.query(Uri.parse("content://sms"), new String[]{"address", "date",  "body", "type"}, null, null, null);
         while(cursor.moveToNext()){
             String address = cursor.getString(0);
             long date = cursor.getLong(1);
             String body = cursor.getString(2);
             String type = cursor.getString(3);
             Log.e("短信",address+" "+body+" "+type+" "+date);
             Sms sms = new Sms(body, date, address,type);
             smsList.add(sms);
         }
     }
     public void onClick2(View v){
         XmlSerializer xs = Xml.newSerializer();
         File file = new File("sdcard/sms.xml");
         FileOutputStream fos;
         try {
             fos = new FileOutputStream(file);
             xs.setOutput(fos, "utf-8");
             xs.startDocument("utf-8", true);
             xs.startTag(null, "message");
             for (Sms sms : smsList) {
                 xs.startTag(null, "sms");
                 Log.e("00","00");
                 xs.startTag(null, "body");
                 xs.text(sms.getBody());
                 xs.endTag(null, "body");

                 xs.startTag(null, "date");
                 xs.text(sms.getDate() + "");
                 xs.endTag(null, "date");

                 xs.startTag(null, "type");
```

```
                xs.text(sms.getType());
                xs.endTag(null, "type");

                xs.startTag(null, "address");
                xs.text(sms.getAddress());
                xs.endTag(null, "address");

                xs.endTag(null, "sms");
            }
            xs.endTag(null, "message");
            xs.endDocument();
        } catch (Exception e) {
            e.printStackTrace();
        }
    }
}
```

这里首先在按钮 1 的 onClick1()方法内创建内容解析者，通过 query()方法查询短信内容提供者的四个字段的数据，短信内容提供者的 URI 通过源码可得为"content://sms"，在经过 Cursor 遍历短信数据获得 Log 信息和 Sms 对象。

然后在按钮 2 的 onClick2()方法中通过序列化器把每个 Sms 对象中的信息取出来封装为 XML 数据。

最后不要忘记在配置文件中加入获取短信权限<uses-permission android:name="android.permission.READ_SMS"/>，和 SD 卡文件存储权限<uses-permission android:name="android.permission.WRITE_EXTERNAL_STORAGE"/>。

运行此程序，依次单击按钮 1 与按钮 2，把生成的 sdcard/sms.xml 文件导出并查看，如图 5-19 所示，代表短信备份成功。

```
<?xml version="1.0" encoding="UTF-8" standalone="true"?>
- <message>
  - <sms>
        <body>10086</body>
        <date>1526268275247</date>
        <type>2</type>
        <address>1111</address>
    </sms>
  - <sms>
        <body>10086</body>
        <date>1526268264835</date>
        <type>1</type>
        <address>已欠费</address>
    </sms>
</message>
```

图 5-19 短信数据保存为 XML 数据

5.4.3 内容观察者

上述短信备份历程是通过按钮执行的，可是正常情况下当接收到新短信时需要自动更新备份，也会想到用线程或者广播监听短信数据库是否发生变化，这样会导致开销很大，为了实现这一功能，Android 提供了内容观察者 ContentObserver。

内容观察者的目的是观察（捕捉）特定 URI 引起的数据库的变化，继而做一些相应的处理，类似于数据库技术中的触发器（Trigger），当 ContentObserver 所观察的 URI 发生变化时，便会触发它。

注册或取消注册 ContentObserver 是使用抽象类 ContentResolver 类中的方法。

registerContentObserver(Uri uri, boolean notifyForDescendents, ContentObserver observer)：为指定的 URI 注册一个 ContentObserver 派生类实例，当给定的 URI 发生改变时，回调该实例对象去处理。当 notifyForDescendents 为 false，那么该 ContentObserver 会监听不到，但是当 notifyForDescendents 为 ture，能捕捉该 URI 的数据库变化。

unregisterContentObserver(ContentObserver observer)：取消对给定 URI 的观察，同样 observer 为 ContentObserver 的派生类实例。

ContentObserver 类介绍见表 5-10。

表 5-10　ContentObserver 类介绍

方　法	说　明
ContentObserver(Handler handler)	此方法为构造方法，所有 ContentObserver 的派生类都需要调用该构造方法 参数：handler 为 Handler 对象，可以是主线程 Handler（这时候可以更新 UI 了），也可以是任何 Handler 对象
onChange(boolean selfChange)	当观察到的 URI 发生变化时，回调该方法处理，所有 ContentObserver 的派生类都需要重载该方法去处理逻辑

例 5-9　实现内容观察者，进行备份短信的自动更新。

修改 SmsProvider 工程，代码如下：

```
public class MainActivity extends AppCompatActivity {
    List<Sms> smsList;
    @Override
    protected void onCreate(Bundle savedInstanceState) {
        super.onCreate(savedInstanceState);
        setContentView(R.layout.activity_main);
        cr.registerContentObserver(Uri.parse("content://sms"),true,new MyObserver(new
     Handler()));
        ...... //此处为 SmsProvider 工程 onClick1()与 onClick2()方法内的代码
    }
     class MyObserver extends ContentObserver{
         public MyObserver(Handler handler){
             super(handler);
         }
         public void onChange(Boolean selfChange){
             super.onChange(selfChange);
         }
     }
 }
```

运行此程序，当接收或发送短信导致短信 URI 变化，备份短信就会自动更新。

本章小结

本章主要讲述了 Android 数据交互方面的内容。系统中数据交互主要通过四种方式实现：共享优先数据机制、SQLite 数据库、File 文件机制和内容提供者控件。其中在应用程序中最常用也是最有效的数据交互方式是使用 SQLite 数据库。

习　题

1．Android 平台采用的是哪种类型的数据库？

2．Android 提供了哪些类来操作数据库？可以对数据库进行哪些操作？这些操作又是如何实现的？

3．什么是内容提供者（ContentProvider）？ContentProvider 使用的 URI 语法格式及每一部分的含义是什么？

4．编写一个短信发送器，可以读取到存储的联系人。

第 6 章　Android 服务与广播机制

Android 系统通过提供的 Service 组件实现不直接与用户进行交互的后台服务，适合于进程内服务及跨进程服务。Service 是一种可以长时间在后台执行而没有用户界面的基本应用组件。服务可由其他应用组件启动（如 Activity），服务一旦被启动将在后台一直运行，即使启动服务的组件（Activity）已销毁也不受影响。此外，组件可以绑定到服务，以与之进行交互，甚至是进行进程间通信。例如，服务可以处理网络事务、播放音乐、执行文件 I/O 或与内容提供程序交互，而这所有一切均可在后台进行。Android 系统的事件广播消息的内容包括应用程序的数据信息或者是系统信息，例如电池电量变化、网络连接变化、接收到的短信及系统设置提示信息。事件广播机制依靠 BroadCastReciver 组件实现，就可以接收到指定的广播消息。

6.1　Service 进程服务

Service 组件是 Android 系统中提供的四大组件之一，同样也是 Android 系统提供的后台运行服务。Service 组件与 Activity 组件不同，它并不能同用户直接交互，是一种无界面的后台应用。如果用户希望业务出现在后台，而非主界面上，那么 Activity 肯定没办法满足需求，于是诞生了 Service。Service 解决了用户可以不在 UI 界面进行业务操作的问题，如当听音乐时，没有必要一直让界面停留在播放界面。

6.1.1　Service 组件生命周期

相比 Activity 组件生命周期，Service 组件的生命周期要简单很多，在其整个生命周期中只继承了 onCreate()、onStartCommand()、onDestroy()三个事件回调方法，分别用于创建、启动和销毁 Service。当第一次启动 Service 时，先后调用了 onCreate()、onStartCommand()两个方法，当停止 Service 时，则执行 onDestroy()方法。如果 Service 已经启动了，当再次启动 Service 时，不会在执行 onCreate()方法，而是直接执行 onStartCommand()方法。另外，在启动 Service 时，根据 onStartCommand()的返回值不同，有两个附加的模式，一种模式为 START_STICKY，用于显式启动和停止 Service；另一种为 START_NOT_STICKY 或 START_REDELIVER_INTENT，是当有命令需要处理时才运行的模式。

Service 的运行方式有两种，一种通过调用 startService()方法启动；另一种是通过调用 bindService()方法启动。调用 startService()方法启动，调用者与服务之间没有关联，即使调用者退出了，服务仍然运行。这种方式在服务未被创建时，系统会先调用服务的 onCreate()方法，接着调用 onStart()方法。如果调用 startService()方法前服务已经被创建，多次调用 startService()方法并不会导致多次创建服务，但会导致多次调用 onStart()方法。采用 startService()方法启动的服务，只能调用 stopService()方法结束服务，服务结束时会调用 onDestroy()方法。使用 bindService()方法启用服务，调用者与服务绑定在了一起，调用者一旦退出，服务也就终止。这种方式启动服务时会回调 onBind()方法，该方法在调用者与服务绑定时被调用，当调用者与服务已经绑定，多次调用 bindService()方法并不会导致该方法被多次调用。采用 bindService()方法启动服务时只能调用 onUnbind()方法解除调用者与服务之间的绑定，服务结束时会调用 onDestroy()方法。在选择 Service 运行方式时，同一个 Service 可以同时混合使用。Service 两种启动方式的生命周期如图 6-1 所示。

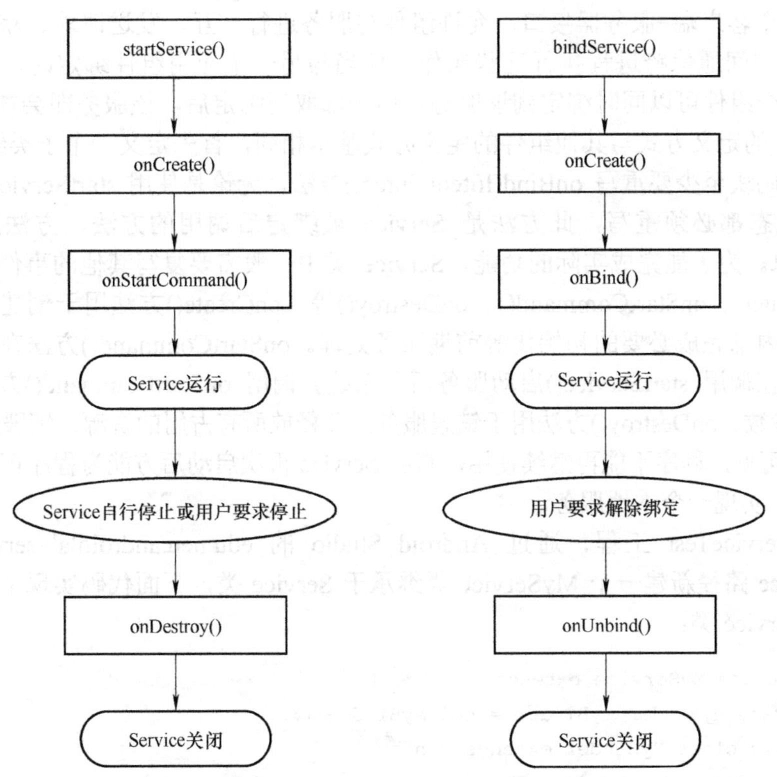

图 6-1　Service 两种启动方式的生命周期

Android 系统在处理拥有 Service 的进程优先级时，选择了较高优先级处理。一般情况下，Service 优先级要比 Activity 优先级要高，所以在系统资源紧张时，Service 也不轻易被系统终止回收，Android 系统会尽量保持拥有 Service 的进程运行。由于 Service 运行于后台，没有与用户可交互的界面接口，一般可以认为 Service 是永久运行于系统后台的组件进程。当 Service 正在调用 onCreate()、onStartCommand()或者 onDestory()方法时，用于当前 Service 的进程则变为前台进程以避免被系统终止；当 Service 已经被启动时，拥有它的进程比用户可见的进程优先级低一些，但比不可见的进程要高，这就意味着 Service 同样不会被系统终止；如果 Service 已经被绑定，那么拥有 Service 的进程则拥有最高的优先级，可以认为 Service 是可见的；如果 Service 可以使用 startForeground(int, Notification)方法来将其设置为前台进程，那么系统就认为是对用户可见的，并不会在内存不足时终止此进程。

6.1.2 Service 的基本实现

当使用 startService()方法启动服务，一旦启动，服务即脱离组件并在后台无限期运行，即使启动服务的组件已被销毁服务也并不受影响，除非手动停止服务，已启动的服务通常是执行单一操作，而且不会将结果返回给调用方。

当应用组件通过调用 bindService()绑定到服务时，服务即处于“绑定”状态。绑定服务提供了一个客户端-服务器接口，允许组件与服务进行交互、发送请求、获取结果，甚至是利用进程间通信跨进程执行这些操作。仅当与另一个应用组件绑定时，绑定服务才会运行。多个组件可以同时绑定到该服务，但全部取消绑定后，该服务即会被销毁。

Service 的定义方式与其他组件的定义方式基本相同，首先定义一个子类继承 Service 类，在其代码块至少要重写 onBind(Intent intent)方法，无论是使用 startService()方法启动还是绑定状态都必须重写，此方法是 Service 被绑定后调用的方法，方法返回相应的 Service 对象。为了能完成实际的功能，Service 类中一般需要复写其他的事件回调方法，例如 onCreate()、onStartCommand()、onDestroy()等。onCreate()方法用于创建服务，在使用时可以在内部完成必要的初始化等前期服务处理。onStartCommand()方法在服务启动时调用，例如在调用 startService()启动服务后，系统会调用 onStartCommand()方法，并通过 Intent 传递参数。onDestroy()方法用于销毁服务，并释放所有占用的资源，销毁后的 Service 不能被程序可见，程序不能再继续使用，直到 Service 再次启动后方能为程序可见。

例 6-1 实现一个本地服务。

新建 ServiceTest 工程，通过 Android Studio 的 edu.neu.androidlab.servicetest/new/service/service 路径新建一个 MyService 类继承于 Service 类，下面代码实现了一个简单的本地服务 Service 类：

```
public class MyService extends Service {
    private MyBinder myBinder = new MyBinder();
    public class MyBinder extends Binder {
        public void out(){
            Log.e("服务","绑定");
        }
    }
    //绑定服务时调用
    @Override
     public IBinder onBind(Intent intent){
        return myBinder;
     }
     public MyService() {
     }
     //创建服务时调用
     @Override
     public void onCreate(){
        super.onCreate();
        Log.e("服务","创建");
     }
```

```
    //开启服务时调用
    @Override
    public int onStartCommand(Intent intent,int flags,int startId){
        Log.e("服务","开启");
        return super.onStartCommand(intent,flags,startId);
    }
    //停止服务时调用
    @Override
    public void onDestroy(){
        super.onDestroy();
        Log.e("服务","停止");
    }
}
```

类似于 Activity 的使用方法，在完成 Service 类后并在程序使用 Service 前需要注册 Service，注册的位置在 AndroidManifest.xml 文件中。没有注册的 Service 不能被系统所见，系统无法使用非注册的 Service。注册时，使用<service>标签，其中的 android:name 为 Service 类的定义名称，需要同定义的 Service 类名称保持一致。Service 的启动方式也和 Activity 类似，有显式启动和隐式启动两种方式，显式启动直接传递给 Intent 相应的 Service 类，而隐式启动需要在注册 Service 时，提供 Intent-filter 的 action 属性，启动机制完全类似于 Activity 的启动机制。使用 Android Studio 建立的服务可以自动地在清单文件里进行注册。

注册完成后，就可以正常使用定义的 Service 服务，通过 Activity 测试上面定义的本地服务的启动、停止、绑定和解绑操作。代码如下：

```
public class MainActivity extends AppCompatActivity implements View.OnClickListener {
    private MyService.MyBinder myBinder;
    private ServiceConnection connection = new ServiceConnection() {
        @Override
        public void onServiceConnected(ComponentName name, IBinder service) {
            myBinder = (MyService.MyBinder) service;
            myBinder.out();
        }
        @Override
         public void onServiceDisconnected(ComponentName name) {
         }
    };
    @Override
    protected void onCreate(Bundle savedInstanceState) {
        super.onCreate(savedInstanceState);
        setContentView(R.layout.activity_main);
        Button startService = (Button) findViewById(R.id.start_service);
        Button stopService = (Button) findViewById(R.id.stop_service);
        startService.setOnClickListener(this);
        stopService.setOnClickListener(this);
```

```java
            Button bindService = (Button) findViewById(R.id.bind_service);
            Button unbindService = (Button) findViewById(R.id.unbind_service);
            bindService.setOnClickListener(this);
            unbindService.setOnClickListener(this);
        }
        @Override
        public void onClick(View v){
            switch(v.getId()){
                case R.id.start_service:
                    Intent startIntent = new Intent(this,MyService.class);
                    startService(startIntent);
                    break;
                case R.id.stop_service:
                    Intent stopIntent = new Intent(this,MyService.class);
                    stopService(stopIntent);
                    break;
                case R.id.bind_service:
                    Intent bindIntent = new Intent(this,MyService.class);
                    bindService(bindIntent,connection,BIND_AUTO_CREATE);
                    break;
                case R.id.unbind_service:
                    unbindService(connection);
                    break;
                default:
                    break;
            }
        }
    }
```


上面代码中主要运用了四个常用的操作 Service 的方法，其功能说明见表 6-1。

表 6-1　常用操作 Service 的方法

方　法	功 能 说 明
startService(Intent)	启动 Service
stopService(Intent)	停止 Service
bindSerivce(Intent service,ServiceConnection conn,int flags)	绑定 Service 参数说明： service：通过该参数也就是 Intent 可以启动指定的 Service conn：该参数是一个 ServiceConnection 对象，这个对象用于监听访问者与 Service 之间的连接情况，当访问者与 Service 连接成功时将回调 ServiceConnection 对象的 onServiceConnected(ComponentName name,Ibinder service)方法；如果断开将回调 onServiceDisConnected(CompontName name)方法 flags：指定绑定时是否自动创建 Service，参数可以是 0（不自动创建），BIND_AUTO_CREATE（自动创建）
unbindService(conn)	解除绑定

IBinder 是 Android 提供的一个进程间通信的接口，一般情况下是不直接实现这个接口的，而是通过继承 Binder 类来实现进程间通信。onServiceConnected()方法中有一个 IBinder 对象，该对象可实现与被绑定 Service 之间的通信，在绑定 Service 时，默认需要实现 IBinder 类型的 onBind()方法，该方法返回的 IBinder 对象会作为 onServiceConnected()方法的参数传到 ServiceConnection 对象中，即可通过 IBinder 与 Service 通信。当第一次使用 bindService 绑定一个 Service 时，系统会实例化一个 Service 实例，并且调用 onCreate()和 onBind()方法，然后调用者就可以通过 IBinder 和 Service 进行交互了。此后如果再次使用 bindService 绑定 Service，系统不会创建新的 Service 实例，也不会再调用 onBind()方法，只会直接把 IBinder 对象传递给其他后增的客户端。如果想解除与服务的绑定，只需调用 unbindService()，此时 onUnbind()和 onDestory()方法将会被调用。

布局文件代码如下：

```
<LinearLayout xmlns:android="http://schemas.android.com/apk/res/android"
    android:orientation="vertical"
    android:layout_width="match_parent"
    android:layout_height="match_parent">
    <Button
        android:id="@+id/start_service"
        android:layout_width="match_parent"
        android:layout_height="wrap_content"
        android:text="开启"/>
     <Button
         android:id="@+id/stop_service"
         android:layout_width="match_parent"
         android:layout_height="wrap_content"
         android:text="停止" />
     <Button
         android:id="@+id/bind_service"
         android:layout_width="match_parent"
         android:layout_height="wrap_content"
         android:text="绑定"/>
     <Button
         android:id="@+id/unbind_service"
         android:layout_width="match_parent"
         android:layout_height="wrap_content"
         android:text="解绑" />
 </LinearLayout>
```

运行上面的程序，其主界面如图 6-2 所示，单击相应的按钮可实现相应的调用方法。

首次创建服务时，系统将调用 onCread()方法来执行初始化设置程序（在调用 onStartCommand()或 onBind()之前）。如果服务已在运行，则不会调用此方法，该方法只调用一次。当另一个组件（如 Activity）通过调用 startService()请求启动服务时，系统将调用 onStartCommand()方法，一旦执行此方法，服务即会启动并可在后台无限期运行。

如果自己实现此方法，则需要在服务工作完成后，通过调用 stopSelf() 或 stopService() 来停止服务。但是在绑定状态下，无需实现此方法。当服务不再使用且将被销毁时，系统将调用 onDestroy()方法，服务应该实现此方法来清理所有资源，如线程、注册的侦听器、接收器等，这是服务接收的最后一个调用。

当单击“开启”按键，观察 LogCat 发现打印出两条日志（也可以通过模拟器设置里的“应用—正在运行”查看服务是否开启），“服务：创建”与“服务：开启”，即调用了 onCread()与 onStartCommand()方法，再次单击“开启”按键，只打印出“服务：开启”日志，这说明只有第一次创建服务时才会调用 onCread()方法，服务创建成功后就不会调用此方法。服务的生命周期验证如图 6-3 所示。

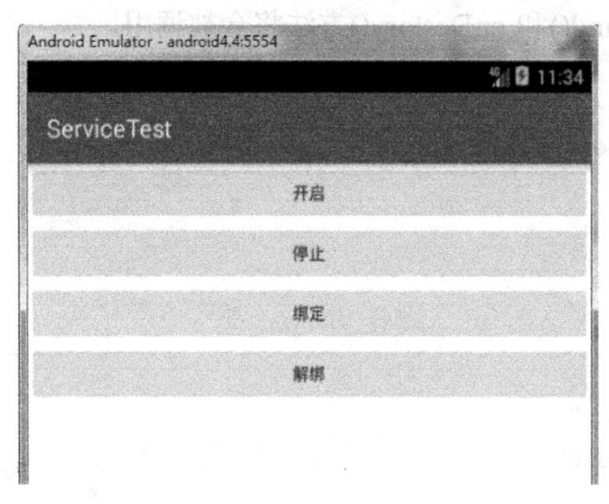

图 6-2　本地服务主要操作

图 6-3　服务的生命周期验证

有些时候需要同时使用以上两种方式启动服务，比如当运行音乐播放器的时候，音乐是运行在服务里的，需要使用绑定的方式进行，但是当绑定服务的活动停止时，服务也随之停止，这样音乐也就停止了，而通常需要音乐一直在后台运行，显然这种工作方式是行不通的，所以就需要以先启动后绑定的混合方式来运行服务。

例 6-2　利用服务功能实现音乐播放器。

新建 MusicService 工程，接下来通过一个模拟的音乐播放器历程来展示这种混合方式，音乐播放器里最基本的功能是播放和停止功能。先定义一个包含播放和停止的方法的 MusicInterface 接口，接口代码如下：

```
package edu.neu.androidlab.musicservicetest;
public interface MusicInterface {
    void play();//播放音乐
    void pause();//停止播放
}
```

建立服务类，使内部类 Mybinder 实现上面所定义的 MusicInterface 接口，大多数情况下不希望内部类被外部调用，所以将内部类设置为私有的，但是又希望把内部类中的方法暴露出去，这时就需要使用接口使外界可以调用，这就需要把服务中的方法抽象成接口。服务的部分代码如下：

```
private class MyBinder extends Binder implements MusicInterface{
```

```
    public void play(){
       Log.e("音乐","正在播放");
    }
    public void pause(){
       Log.e("音乐","已停止");
    }
}
```

这里通过打印 Log 日志模拟音乐播放功能，具体的音乐播放功能会在后续章节中讲到，到时只需添加相关代码即可。

主活动代码如下：

```
public class MainActivity extends AppCompatActivity implements View.OnClickListener{

    MusicInterface a;
    private ServiceConnection connection = new ServiceConnection() {
    @Override
     public void onServiceConnected(ComponentName name, IBinder service) {
         a = (MusicInterface) service;
      }
      @Override
       public void onServiceDisconnected(ComponentName name) {
       }
    };
    @Override
    protected void onCreate(Bundle savedInstanceState) {
       super.onCreate(savedInstanceState);
       setContentView(R.layout.activity_main);
       Button play = (Button) findViewById(R.id.play);
       Button pause = (Button) findViewById(R.id.pause);
       play.setOnClickListener(this);
       pause.setOnClickListener(this);
       Intent startIntent = new Intent(this,MyService.class);
       startService(startIntent);
       Intent bindIntent = new Intent(this,MyService.class);
       bindService(bindIntent,connection,BIND_AUTO_CREATE);
    }
    @Override
    public void onClick(View v){
       switch(v.getId()){
          case R.id.play:
             a.play();
             break;
          case R.id.pause:
             a.pause();
             break;
          default:
```

```
                break;
            }
        }
    }
```

需要注意的是实例 a 是实现接口 MusicInterface 类型，所以在 onServiceConnected()方法中传入的 service 参数必须强制转换为 MusicInterface 类型。

6.1.3 使用 IntentService

在创建 MyService 服务时，Android studio 还提供了另一个创建服务的方式，即通过 edu.neu.androidlab.servicetest/new/service/service(IntetentService)创建 MyIntentService 服务继承于 IntentService 类。下面对 Android 官方提供的 IntentService 类进行讨论。

Service 是依附于主线程的，不会专门启动一条单独的进程，Service 与它所在应用位于同一个进程中；Service 也不是专门一条新线程，因此不应该在 Service 中直接处理耗时的任务。为了解决这两个问题就不得不使用多线程技术，Android 为了简化开发带有工作线程的服务额外开发了一个类 IntentService。

例 6-3 实现一个 IntentService 服务。

新建 IntentServiceTest 工程，通过 edu.neu.androidlab.servicetest/new/service/service (IntentService)新建一个 MyIntentService 类继承于 IntentService 类，下面代码实现了一个简单的 IntentService 服务：


```
public class MyIntentService extends IntentService {
    public MyIntentService() {
        super("MyIntentService");
    }
    @Override
    protected void onHandleIntent(Intent intent) {
        Log.e("服务", " 开启");
        try{
            Thread.sleep(10000);
             Log.e("线程睡眠","结束----------");
        }catch (InterruptedException e){
             e.printStackTrace();
        }
    }
    @Override
    public void onDestroy() {
        Log.e("服务", " 停止");
        super.onDestroy();
    }
}
```

使用 IntentService 服务需要提供一个子类的构造器，里面的字符串为线程的名称，必须重写 onHandleIntent()方法，这个方法封装了服务所执行的线程的逻辑内容，内部使用的是 Handle 异步处理机制，这里添加了一个 10 秒的睡眠线程，这是为了观测后台服务的存在，因为 IntentService 的另一个功能就是自动调用 onDestroy()方法关闭服务，如果不加睡眠线程，就观察不到服务的存在。代码如下：

```
public class MainActivity extends AppCompatActivity {
    private boolean serviceRunning = false;

    @Override
    protected void onCreate(Bundle savedInstanceState) {
        super.onCreate(savedInstanceState);
        setContentView(R.layout.activity_main);
        final TextView serviceStates = (TextView) findViewById(R.id.test);
        final Button button = (Button) findViewById(R.id.button);
         button.setOnClickListener(new View.OnClickListener() {
            @Override
            public void onClick(View view) {
                Intent intent = new Intent(MainActivity.this, MyIntentService.class);
                if (!serviceRunning) {
                    startService(intent);
                    serviceStates.setText("Service is running...");
                    button.setText("关闭服务");
                } else {
                    stopService(intent);
                    serviceStates.setText("Service is stop...");
                    button.setText("开启服务");
                }
                serviceRunning = !serviceRunning;
            }
        });
    }
}
```

IntentService 服务与 Service 服务基本一样，都是通过 Intent 传递信息，并且使用 startService()开启服务，stopService()停止服务，这个程序的功能是通过按键控制服务的开启与停止，这样方便观察服务的生命周期。

布局文件代码如下：

```
<LinearLayout xmlns:android="http://schemas.android.com/apk/res/android"
    android:layout_width="match_parent"
    android:layout_height="match_parent"
    android:orientation="vertical">
    <Button
        android:id="@+id/button"
        android:layout_width="match_parent"
        android:layout_height="wrap_content"
        android:text="开启 Intent 服务"
```

```
        android:textAllCaps="false"/>
    <TextView
        android:id="@+id/test"
        android:layout_width="wrap_content"
        android:layout_height="wrap_content"
        android:text="等待服务开启" />
</LinearLayout>
```

IntentService 是继承于 Service 并处理异步请求的一个类，在 IntentService 内有一个工作线程来处理耗时操作，启动 IntentService 的方式和启动传统 Service 一样，同时，当任务执行完后，IntentService 会自动停止，而不需要手动控制。另外，可以启动 IntentService 多次，而每一个耗时操作会以工作队列的方式在 IntentService 的 onHandleIntent 回调方法中执行，并且每次只会执行一个工作线程，执行完第一个再执行第二个，以此类推。而且，所有请求都在一个单线程中，不会阻塞应用程序的主线程（UI Thread），同一时间只处理一个请求。这样省去了在 Service 中手动开线程的麻烦，并且当操作完成时，不用手动停止 Service。

运行此程序，当单击按钮后，服务开启并执行 10 秒睡眠线程，此时查看模拟器后台进程，会发现 IntentServiceTest 的服务已经开启（如果来不及查看可以把线程睡眠时间加长），如图 6-4 所示。

此时如果再次单击按钮，就可以停止这个服务，如果不通过手动停止服务，只要 onHandleIntent()方法内的逻辑执行完毕就会自动调用 onDestroy()方法停止这个服务，查看 LogCat 可以发现服务是自动停止的，如图 6-5 所示。

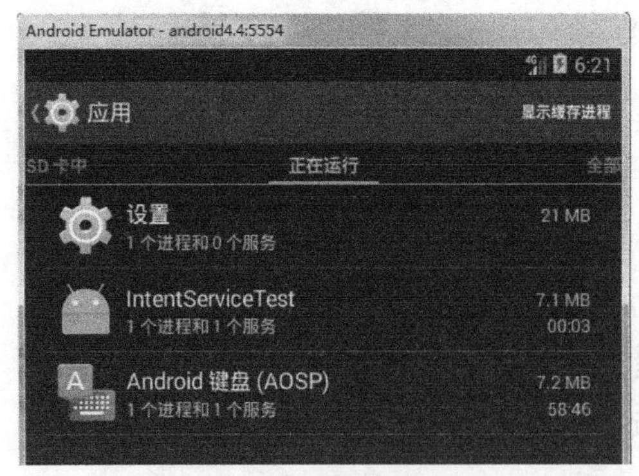

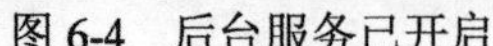
图 6-4 后台服务已开启

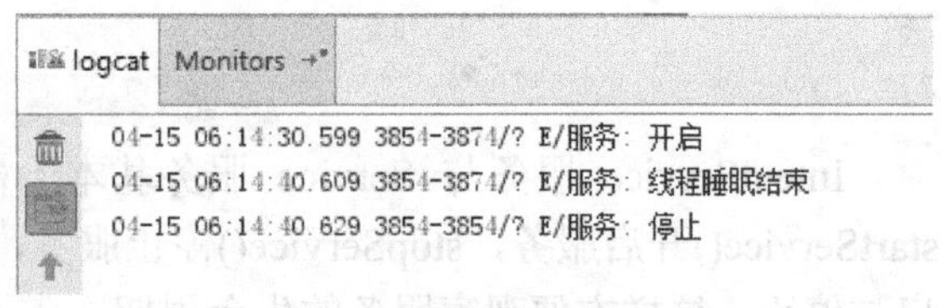

图 6-5 服务自动停止

当一个后台的任务需要分成几个子任务（简单说就是异步操作）按先后顺序执行，此时如果还是定义一个普通 Service，然后在 onStart()方法中开辟线程，还要去控制线程，就会非常烦琐，此时应该自定义一个 IntentService，然后在 onHandleIntent()方法中完成子任务。

6.1.4 跨进程服务

Service 可分为两种类型，一种为本地服务（Local Service），另一种为远程服务

（Remote Service）。本地服务用于程序内部，通常为了实现应用程序自身中一些耗时的任务处理，比如查询升级信息。远程服务主要用于系统内部的应用程序之间，可被其他应用程序复用，比如天气预报服务。

远程服务亦称为跨进程服务，服务和使用服务不在同一个进程中。使用远程服务不同于使用本地服务，一般有两种方式，一种是使用 AIDL（Android Interface Definition Language）定义服务接口，另一种是使用 Messenger 类为服务提供接口。下面首先介绍 AIDL。

AIDL 为 Android 接口描述语言，由于 Android 系统中的进程之间不能共享内存，因此需要提供一些机制在不同进程之间进行数据通信。

为了使其他的应用程序也可以访问特定应用程序提供的服务，Android 系统采用了远程过程调用（Remote Procedure Call，RPC）方式来实现。与很多其他的基于 RPC 的解决方案一样，Android 使用一种接口定义语言（Interface Definition Language，IDL）来公开服务的接口。Android 应用程序组件中的 Activity、Broadcast 和 Content Provider 都可以进行跨进程访问，Android 应用程序组件 Service 同样实现了跨进程访问。因此，将这种可以跨进程访问的服务称为 AIDL 服务。

例 6-4　实现一个 AIDL 服务。

建立 AIDL 服务要比建立本地服务复杂一些，一般通过五个具体步骤实现：

1）新建 AIDLTest 工程，在 Java 包目录中建立一个扩展名为 aidl 的文件，该文件的语法类似于 Java 代码，在此接口中仅定义一个获取字符串的方法，代码如下：

```
package edu.neu.androidlab.aidltest;
interface IMyAidlInterface {
   String getName();
}
```


2）如果 aidl 文件的内容是正确的，进行 snyn Project（在 Android Studio 的 Tools 中可找到）会自动生成一个 Java 接口文件，后缀名为“.java”，了解此文件名称与作用即可，无需仔细阅读与理解代码，位置如图 6-6 所示。

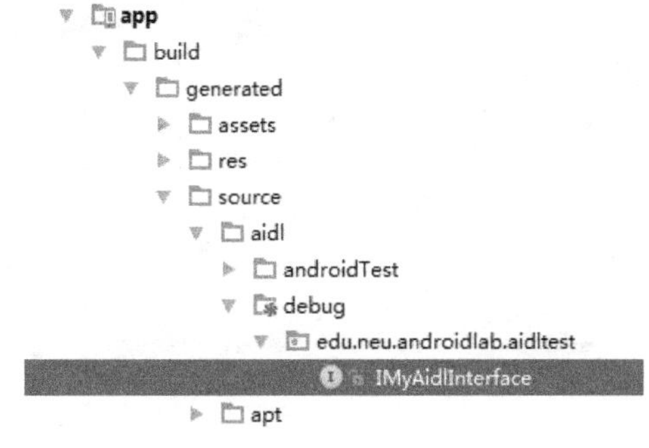

图 6-6　Java 接口文件位置

3）建立服务类，与本地服务类的建立相同，实现由 aidl 文件生成的 Java 接口，代码如下：

```
public class MyService extends Service {
   public MyService() {
```

```
    }

    @Override
    public IBinder onBind(Intent intent) {
        return  new MyBinder();
    }
    class MyBinder extends IMyAidlInterface.Stub {
        @Override
        public String getName() throws RemoteException {
            return "接收到服务端消息";
        }
    }
}
```

Stub 是 IMyInterface 中的一个静态抽象类，继承了 Binder，并且实现了 IMyInterface 接口。需要实现 IMyInterface 中的方法，并且把 IMyInterface.Stub 向上转型成 IBinder。

在 AndroidManifest.xml 文件中为服务添加 action，代码如下：

```
<service android:name=".MyService">
    <intent-filter>
        <action android:name="edu.neu.androidlab.aidlaction"/>
    </intent-filter>
</service>
```

4）远程服务建立完成后，可以通过客户端的 Activity 测试此服务，新建 AIDLClient-Test 工程，下面代码实现了上述远程服务的连接测试，其运行效果如图 6-7 所示。

图 6-7　AIDL 远程服务测试效果

```
public class MainActivity extends AppCompatActivity {
    private IMyAidlInterface iMyAidlInterface;
    @Override
    protected void onCreate(Bundle savedInstanceState) {
        super.onCreate(savedInstanceState);
        setContentView(R.layout.activity_main);
        bindService(new Intent("edu.neu.androidlab.aidlaction"), new ServiceConnection(){
            @Override
            public void onServiceConnected(ComponentName name, IBinder service) {
                iMyAidlInterface = IMyAidlInterface.Stub.asInterface(service);
            }
            @Override
            public void onServiceDisconnected(ComponentName name) {
            }
        },BIND_AUTO_CREATE);
    }
    public void onClick(View v){
        try {
            String a = iMyAidlInterface.getName();
            Toast.makeText(MainActivity.this,a,Toast.LENGTH_SHORT).show();
        }catch (RemoteException e){
            e.printStackTrace();
        }
    }
}
```

5）传回来的 IBinder 就是在 Service 的 onBind( )方法中返回的 IBinder，然后调用 Stub 中的静态方法 asInterface 并把返回来的 IBinder 当参数传入。在 asInterface 方法中，首先判断传进来的 IBinder 是不是 null，如果为 null 就返回一个 null；接着就判断传进来的 IBinder 是不是就在当前进程里面，如果是的话就直接本地调用 IMyInterface 的接口方法 getString()，否则就调用 IMyInterface.Stub 中实现的接口方法 getString()。

接下来介绍 Messenger，通过它可以在不同的进程中传递 Message 对象。在 Message 中可以存放需要传递的数据，如果需要让接口跨不同的进程工作，则可使用 Messenger 为服务创建接口，客户端就可利用 Message 对象向服务发送命令。同时客户端也可定义自有 Messenger，以便服务回传消息。这是执行进程间通信（IPC）比较简单的方法，因为 Messenger 会在单一线程中创建包含所有请求的队列，即 Messenger 是以串行的方式处理客户端发来的消息，这样就不需要对服务进行线程安全设计。

服务端代码如下：

```
public class MyService extends Service {
    static final int SAY_HELLO = 1;
    class IncomingHandler extends Handler {
        @Override
```

```
        public void handleMessage(Message msg) {
            switch (msg.what) {
                case SAY_HELLO:
                    Log.e("服务端","收到客户端信息");
                    break;
                default:
                    super.handleMessage(msg);
                    break;
            }
        }
    }
    final Messenger messenger = new Messenger(new IncomingHandler());
    @Override
    public IBinder onBind(Intent intent) {
        Log.e("服务端", "已绑定");
        return messenger.getBinder();
    }
}
```

在配置文件里加入服务 Action 的名字以便客户端可以找到，代码如下：

```
<service
    android:name=".MyService"
    android:enabled="true"
    android:exported="true">
    <intent-filter>
        <action android:name="edu.neu.androidlab.messengeraction"/>
    </intent-filter>
</service>
```

这只是个简单的服务，通过 Handler 的 handleMessage()方法进行接收并处理从客户端传递过来的消息，创建 Messenger 对象并传入 Handler 实例对象，在 onBind()里返回 Messenger 对象的 Binder，这样就完成了服务端的创建。

客户端代码如下：

```
public class MainActivity extends AppCompatActivity implements View.OnClickListener {
    Messenger messenger = null;//与服务端交互的Messenger
    boolean mBound;//判定是否绑定了服务
    private ServiceConnection mConnection = new ServiceConnection() {
        public void onServiceConnected(ComponentName className, IBinder service) {
            messenger = new Messenger(service);
            mBound = true;
        }
        public void onServiceDisconnected(ComponentName className) {
            messenger = null;
```

```
            mBound = false;
        }
    };
    public void sayHello() {
        if (!mBound) return;
        Message msg = Message.obtain(null,1);
        try {
            messenger.send(msg);
        } catch (RemoteException e) {
            e.printStackTrace();
        }
    }
    @Override
    protected void onCreate(Bundle savedInstanceState) {
        super.onCreate(savedInstanceState);
        setContentView(R.layout.activity_main);
        Button bindService= (Button) findViewById(R.id.bindService);
        Button unbindService= (Button) findViewById(R.id.unbindService);
        Button sendMsg= (Button) findViewById(R.id.sendMsgToService);
        bindService.setOnClickListener(this);
        unbindService.setOnClickListener(this);
        sendMsg.setOnClickListener(this);
    }
    @Override
    public void onClick(View v){
        Intent intent = new Intent("edu.neu.androidlab.messengeraction");
        switch (v.getId()){
            case R.id.bindService:
                startService(intent);
                bindService(intent,mConnection,Context.BIND_AUTO_CREATE);
                break;
            case R.id.unbindService:
                if (mBound) {
                    mBound = false;
                    stopService(intent);
                    unbindService(mConnection);
                    Log.e("服务端","已解绑");
                }
                break;
            case  R.id.sendMsgToService:
                sayHello();
                break;
            default:
```

```
                    break;
                }
            }
        }
```

通过服务端传递的 IBinder 对象创建相应的 Messenger，再通过该 Messenger 对象与服务端进行交互。此程序主界面为三个 Button，布局文件省略。运行程序，单击“绑定”按键，logcat 打印出“服务端：已绑定”的日志，此时客户端打开服务端的服务并且绑定成功可以进行通信；单击“发送消息！”按键，日志为“服务端：已收到客户端消息”，此时证明通信成功；再单击“解绑”按键，就可以断开服务端与客户端的连接。绑定服务的生命周期如图 6-8 所示。

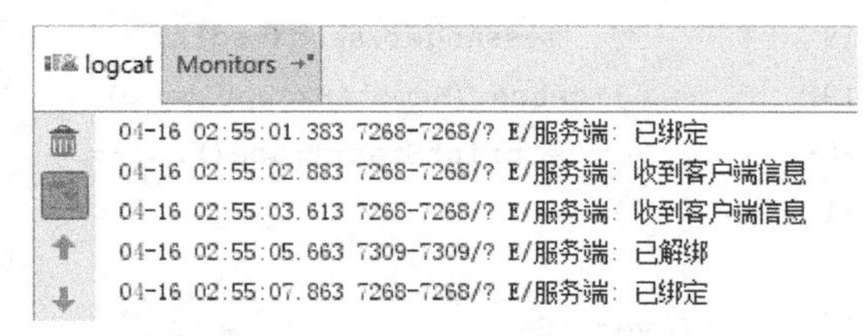

图 6-8　绑定服务的生命周期

学完了 Messenger 来梳理下整个流程，首先 Messenger 为服务端与客户端的通信的主要桥梁并通过 Binder 进行绑定，然后这座桥梁上信息的携带者为 Message，最后在终端由 Handle 进行信息的接收与处理。Messenger 通信流程图如图 6-9 所示。

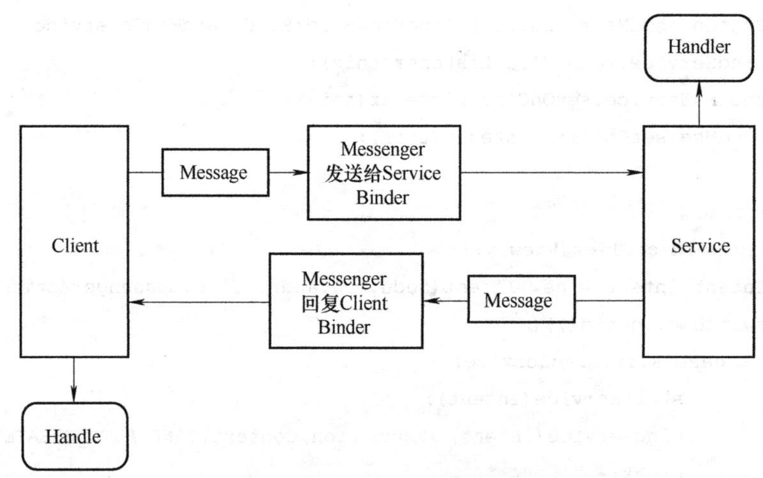

图 6-9　Messenger 通信流程图

实际上 Messenger 底层也是使用 AIDL 的方式来实现的，只不过其使用 Handler 来处理消息，因为 Handler 是线程安全的，所以 Messenger 也是线程安全的，也因此 Messenger 只能处理单线程的问题。如果要处理多线程就应使用 AIDL 的方式实现。

6.1.5　前台服务

前几节所学习的服务都是运行在后台，不能直观地看到服务的情况。有时服务的内容需要显示出来被用户所交互，而且后台运行的 Service 系统优先级比较低，当系统内存不足时，在后台运行的 Service 就有可能被回收，基于这些就需要使用前台服务。前台服务被认为是用户主动意识到的一种服务，当在内存不足时系统也不会考虑将其终止，前台服务必须为状态栏提供通知，这意味着除非服务停止或从前台删除，否则不能清除通知。

例 6-5　实现一个前台服务。

新建 ForegroundServiceTest 工程，下面代码实现了一个简单的前台服务：

```
public class MyService extends Service {
    public MyService() {
    }
    @Override
    public IBinder onBind(Intent intent) {
        return null;
    }
    private boolean isRemove=false;//是否需要移除
    public void createNotification(){
        NotificationCompat.Builder builder = new NotificationCompat.Builder(this);
        builder.setContentTitle("Notification");//设置标题文字
        builder.setContentText("正在运行");//设置内容文字
        builder.setWhen(System.currentTimeMillis());//通知的时间
        builder.setSmallIcon(R.mipmap.ic_launcher);//设置小图标
        builder.setLargeIcon(BitmapFactory.decodeResource(getResources(),R.mipmap.ic_launcher));//设置大图标
        startForeground(1,builder.build());//创建并显示通知
    }
    @Override
    public void onCreate(){
        super.onCreate();
    }
    @Override
    public int onStartCommand(Intent intent,int flags,int startId){

        int i=intent.getExtras().getInt("id");
        if(i==0){
            if(!isRemove) {
                createNotification();
            }
            isRemove=true;
        }else {
            //移除前台服务
            if (isRemove) {
                stopForeground(true);
                stopService(intent);
            Log.e("通知","移除");
            }
            isRemove=false;
        }
        return super.onStartCommand(intent, flags, startId);
```

```
    }
    @Override
    public void onDestroy(){
        if (isRemove) {
            stopForeground(true);
        }
        isRemove=false;
        super.onDestroy();
    }
}
```

想让服务运行与前台需要调用 startForeground(int id,Notification notification)，id 为通知的标识不得为 0，notification 为设置的状态栏。stopForeground(Boolean removeNotification) 方法是用来从前台删除服务，此方法传入一个布尔值，指示是否也删除状态栏通知，true 为删除。注意该方法并不会停止服务，如果去掉 stopService(intent);这行代码服务会到后台继续执行。但是，如果在服务正在前台运行时将其停止，则通知也会被删除。主活动代码如下：


```
public class MainActivity extends AppCompatActivity implements View.OnClickListener{
    @Override
    protected void onCreate(Bundle savedInstanceState) {
        super.onCreate(savedInstanceState);
        setContentView(R.layout.activity_main);
        Button create =  (Button) findViewById(R.id.creat);
        Button destroy =  (Button) findViewById(R.id.destroy);
        create.setOnClickListener(this);
        destroy.setOnClickListener(this);
    }
    @Override
    public void onClick(View v){
        final Intent intent = new Intent(this,MyService.class);
        switch (v.getId()){
            case R.id.creat:
                intent.putExtra("id",0);
                startService(intent);
                break;
            case R.id.destroy:
                intent.putExtra("id",1);
                startService(intent);
                break;
            default:
                break;
        }
    }
}
```

上述主活动代码与本章第一个创建服务的代码基本一样，只是使用了 putExtra()方法传进参数判断启动前台服务还是关闭前台服务，这里使用了 id 为“create”和“destroy”的两个按键，布局文件省略。运行程序，如图 6-10 所示。

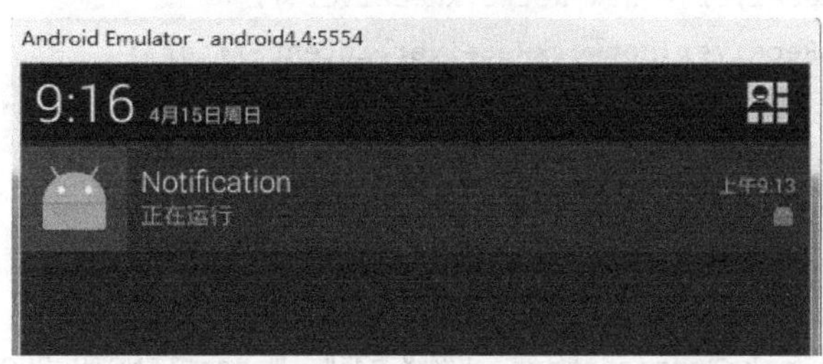

图 6-10　前台服务

6.2　BroadcastReceiver

广播（Broadcast）是 Android 系统中广泛使用的在应用程序间传递信息的一种机制。例如，当开机完成后系统会发送一条广播，接收到这条广播的应用就能实现开机启动服务；当网络状态改变时系统会发送一条广播，接收到这条广播就能及时地做出提示和保存数据等操作；当电池电量改变时系统会发送一条广播，接收到这条广播就能在电量低时告知用户及时保存进度等。广播接收器（BroadcastReceiver）则是用于接收并处理这些广播通知的组件，是 Android 基本组件之一。它和事件处理机制类似，只不过事件的处理机制是程序组件级别的，而广播处理机制是系统级别的。

6.2.1　接收广播

使用广播接收器接收广播通知，需要首先定义一个广播接收器，定义广播接收器类需要通过继承 BroadcastReceiver 基类来实现，并且必须重写其中的 onReceive()方法，此方法用于响应相应的广播事件处理。定义完广播接收者还需要在 App 中注册，注册的方法分为以下两种：动态与静态。

动态注册就是在活动代码中指定 IntentFilter，然后添加不同的 Action（不同的广播 Action 不同），另外动态注册的广播一定要用 unregisterReceiver()方法让广播取消注册。

静态注册是在 AndroidManifest.xml 中注册，由于动态注册需程序启动后才能接收广播，静态注册就弥补了这个短板。

例 6-6　用动态注册实现一个简单的接收系统网络改变情况的广播。

新建 BroadReceiverTest 项目，代码如下：

```
public class MainActivity extends AppCompatActivity {
   private IntentFilter intentFilter;
   private NetworkReceiver networkReceiver;
   @Override
   protected void onCreate(Bundle savedInstanceState) {
      super.onCreate(savedInstanceState);
```

```
        setContentView(R.layout.activity_main);
        intentFilter = new IntentFilter();
        intentFilter.addAction("android.net.conn.CONNECTIVITY_CHANGE");
         networkReceiver = new NetworkReceiver();
         registerReceiver(networkReceiver,intentFilter);
      }
      class NetworkReceiver extends BroadcastReceiver {
         @Override
         public void onReceive(Context context, Intent intent) {
            Log.e("广播","已接收");
            Toast.makeText(context, "网络改变", Toast.LENGTH_SHORT).show();
         }
      }
      @Override
      public void onDestroy(){
         super.onDestroy();
         unregisterReceiver(networkReceiver);
      }
  }
```


registerReceiver()方法进行注册广播是在 Activity 中，使用此方法是一定要用 unregisterReceiver()方法进行取消，这两个方法是成对出现的，这种注册广播的方式称为动态注册。运行此程序，改变网络连接情况就会出现 Toast 显示，如图 6-11 所示。

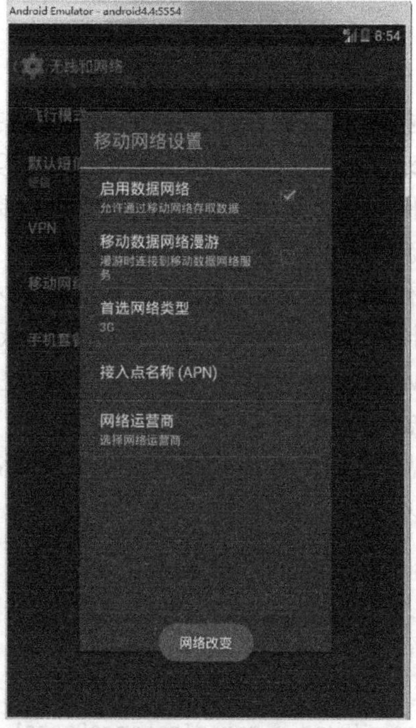

图 6-11　动态注册广播

由于注册是在 Activity 中进行的，所以当注册广播的 Activity 销毁后就不能接收到广播了。但是有时候需要应用在没有开启的情况下对自己感兴趣的广播做出反应，这时就要使用到静态注册广播。

修改 BroadReceiverTest 项目，进行静态注册广播，在主活动所在的包里新建 StaticReceiver 类继承于 BroadcastReceiver 类，代码如下：

```
public class StaticReceiver extends BroadcastReceiver {
    @Override
    public void onReceive(Context context, Intent intent) {
        Log.e("静态广播","已接收");
        Toast.makeText(context, "静态注册广播", Toast.LENGTH_SHORT).show();
    }
}
```

在配置文件里进行静态注册，注意 receiver 标签与 activity 标签是同一级别，并添加网络改变的 Action。配置文件代码如下：

```
<receiver android:name=".StaticReceiver">
    <intent-filter>
        <action android:name="android.net.conn.CONNECTIVITY_CHANGE"/>
    </intent-filter>
</receiver>
```


动态注册广播不是常驻型广播，注册代码是写在 Activity 里的，也就是说广播跟随 Activity 的生命周期，注意在 Activity 结束前，移除广播接收器。静态注册是常驻型，也就是说当应用程序关闭后，如果有信息广播来，程序也会被系统调用自动运行。

6.2.2 自定义广播

有时候应用也需要发送自己的广播用于通信，接下来学习如何发送广播。Android 系统中可以接受的广播有两种，一种是普通广播（Normal broadcasts），另一种是有序广播（Ordered broadcasts）。普通广播一般通过 Context.sendBroadcast()发送，它是完全异步的，广播接受者的运行也是没有顺序的，几乎同时运行。

Activity 的通信和服务的通信都是使用 Intent 作为信使，广播也是同样如此。Intent 发送广播消息非常简单，只需创建一个 Intent 实例，并调用 sendBroadcast()函数就可把 Intent 携带的信息广播出去。但需要注意的是，在构造 Intent 时必须定义一个全局唯一的字符串，用来标识其要执行的动作，通常使用应用程序包的名称。如果要在 Intent 传递额外数据，可以用 Intent 的 putExtra()方法。下面的代码构造了用于广播消息的 Intent，并添加了额外的数据，然后调用 sendBroadcast()发送广播消息。

例 6-7　实现一个自定义普通广播。

新建 NormalBroadcastTest 项目，代码如下：

```
public class MainActivity extends AppCompatActivity {
    private CommonReceiver commonReceiver;
    @Override
    protected void onCreate(Bundle savedInstanceState) {
```

```
        super.onCreate(savedInstanceState);
        setContentView(R.layout.activity_main);
        IntentFilter filter = new IntentFilter();
        filter.addAction("commonReceiver");
        commonReceiver = new CommonReceiver();
         registerReceiver(commonReceiver,filter);
    }

    public void send(View v){
        Intent intent = new Intent();
        intent.setAction("commonReceiver");
        intent.putExtra("i","普通广播");
        sendBroadcast(intent);
    }

     class CommonReceiver extends BroadcastReceiver {
        @Override
        public void onReceive(Context context, Intent intent) {
            Toast.makeText(context,"收到"+intent.getStringExtra("i"), Toast.LENGTH_SHORT).show();
        }
    }
}
```


此程序使用动态方式注册广播，运行程序，单击按键，发送普通广播如图 6-12 所示。

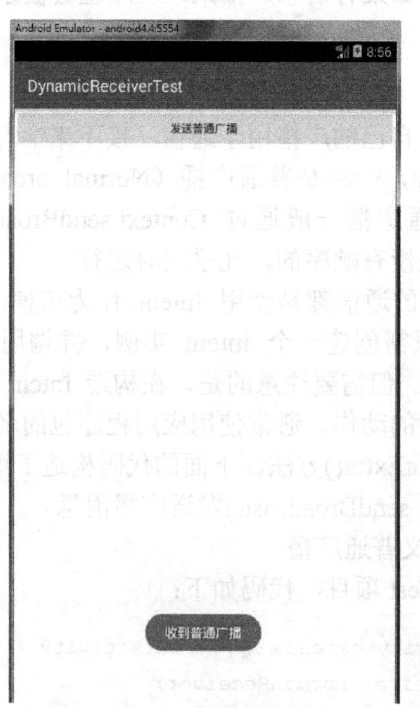

图 6-12　发送普通广播

有序广播通过 Context.sendOrderedBroadcast()方法发送，按照接收者的优先级顺序接收广播，优先级在清单文件中的 intent-filter 通过 android：priority="100"设置，数字的范围在-1000～1000，数字越大代表优先级越高，就越先接收。

例 6-8 创建广播接收者，实现有序广播。

新建 OrderedBroadcastTest 项目，创建三个广播接收者，代码如下：

```
广播接收者 1：
public class Broadcastone extends BroadcastReceiver {
   @Override
   public void onReceive(Context context, Intent intent) {
      Log.e("广播接收者 1","已接收");
   }
}
广播接收者 2：
public class Broadcasttwo extends BroadcastReceiver {
    @Override
    public void onReceive(Context context, Intent intent) {
       Log.e("广播接收者 2","已接收");
    }
 }
 广播接收者 3
 public class Broadcastthree extends BroadcastReceiver {
    @Override
    public void onReceive(Context context, Intent intent) {
       Log.e("广播接收者 3","已接收");
    }
 }
```

完成广播接收器的定义后，使用静态注册，在配置文件中为三个广播接收者加入相同的 action 以及设置不同的优先级。

```
<receiver android:name=".Broadcastone">
   <intent-filter android:priority="100">
      <action android:name="orderedBroadCast"></action>
   </intent-filter>
</receiver>
<receiver android:name=".Broadcasttwo">
   <intent-filter android:priority="500">
      <action android:name="orderedBroadCast"></action>
   </intent-filter>
 </receiver>
 <receiver android:name=".Broadcastthree">
    <intent-filter android:priority="1000">
       <action android:name="orderedBroadCast"></action>
    </intent-filter>
 </receiver>
```

在活动中使用 sendOrderedBroadcast(Intent,String)发送有序广播，第二个参数是一个权限参数，如果为 null 则表示不要求 BroadcastReceiver 声明指定的权限，如果不为 null，则表示接收者若想要接收此广播，需要声明指定的权限（为了安全）。

```
public class MainActivity extends AppCompatActivity {
    @Override
    protected void onCreate(Bundle savedInstanceState) {
        super.onCreate(savedInstanceState);
        setContentView(R.layout.activity_main);
    }
    public void onClick(View v){
        Intent intent = new Intent("orderedBroadCast");
        sendOrderedBroadcast(intent,null);
    }
}
```

终止广播的方式是在优先级高的广播接收者的 onReceiver()方法中加入代码：

```
abortBroadcast();
```

设置广播接收者 1 的 priority 为 100，广播接收者 2 的 priority 为 500，广播接收者 3 的 priority 为 1000，运行此程序，logcat 如图 6-13 所示，会发现 priority 设置越大越先执行。

对于广播优先级总结如下：当广播为有序广播时优先级高的先接收（不分静态和动态）。同优先级的广播接收器，动态优先于静态。同优先级的同类广播接收器，静态：先扫描的优先于后扫描的；动态：先注册的优先于后注册的。当广播为默认广播时无视优先级，动态广播接收器优先于静态广播接收器。

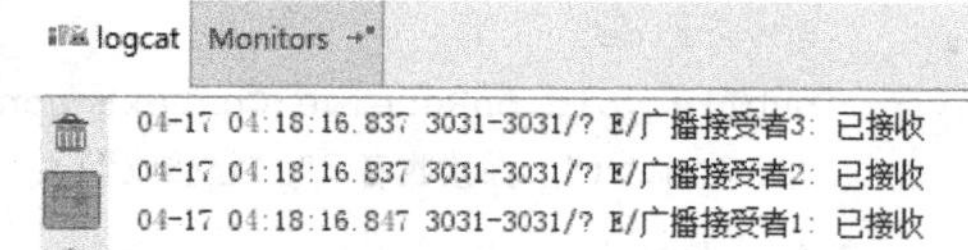

图 6-13　有序广播优先级

使用系统标准广播是指使用 Android 系统中定义的标准广播 Action，这种方式不需要使用 sendBroadcast()方法进行广播发送，而是直接使用已经完成注册的广播接收器进行接收。常用的标准广播 Action 如表 6-2 所示。

表 6-2　常用的标准广播 Action

标准广播 Action	说　明
ACTION_TIME_TICK	时间改变，每分钟发送一次广播
ACTION_TIME_CHANGED	时间重新设置
ACTION_TIMEZONE_CHANGED	时区改变
ACTION_BOOT_COMPLETED	系统启动完成
ACTION_PACKAGE_DATA_CLEARED	清理包中数据
ACTION_UID_REMOVED	用户 ID 被删除
ACTION_BATTERY_CHANGED	电量改变
ACTION_POWER_CONNECTED	电源连接
ACTION_POWER_DISCONNECTED	电源断开
ACTION_SHUTDOWN	系统关闭

下面应用之前所学的知识做一个短信防火墙，它的功能主要是根据短信号码进行短信屏蔽（不接收）。

新建 SMSFirewallTest 工程，并创建短信广播接收者，代码如下：

```
public class SmsBroadcastReceiver extends BroadcastReceiver {
    @Override
    public void onReceive(Context context, Intent intent){
        Log.e("短信","收到");
        Bundle bundle = intent.getExtras();
        Object[] pdus = (Object[]) bundle.get("pdus");
        String format = intent.getStringExtra("format");
        SmsMessage[] smsMessages = new SmsMessage[pdus.length];
        for (int i = 0; i <smsMessages.length; i++) {
            byte[] sms = (byte[]) pdus[i];
            smsMessages[i] = SmsMessage.createFromPdu(sms, format);
            String a = smsMessages[i].getOriginatingAddress();
            if (a.equals("15812345678")) {
                abortBroadcast();
            }
        }
    }
}
```

短信封装到 intent 中，使用 Bundle 对象拿到短信，pdus 是协议数据单元，Android 中把每一条短信定义为一个协议数据单元，使用 SmsMessages 的 createFrompdu()方法把拿到的短信进行还原，这里需要注意使用的是 createFrompdu(byte[] pdu,String format)的方法，而 createFromPdu(byte[] pdu)已经被官方取消了。

在配置文件中进行配置，首先需要加入接收短信的权限，然后加入短信的 Action 并把接收短信的优先级设置为最高，这样做是为了防止系统应用先接收到短信。

短信权限代码如下：

```
<uses-permission android:name="android.permission.RECEIVE_SMS"/>
```

设置优先级代码如下：

```
<receiver android:name=".SmsBroadcastReceiver">
<intent-filter android:priority="1000">
    <action android:name="android.provider.Telephony.SMS_RECEIVED"></action>
</intent-filter>
</receiver>
```

运行程序，用模拟器控制台发送短信，在模拟器的右下角有“Extended controls”按键，找到“Phone”，在这里可以进行模拟发短信，会发现号码设置为“15812345678”的短信接收不到了。本例是在代码内设置屏蔽的号码，正常的项目是需要建立数据库来存放所要屏蔽的号码，为了方便此处省略。

6.3 AlarmManager 实现定时任务

在设计应用程序时常常需要使用到定时任务，Android 提供了 AlarmManager 类来实现手机休眠状态下唤醒应用的功能。

AlarmManager 类提供了对系统警报服务的访问，警报允许在将来的某个时间安排应用程序运行。警报开启时，系统注册了的链接被广播，如果是睡眠状态下（Android 手机具有休眠策略，当手机长时间不使用的情况下，手机会进入到休眠状态），则唤醒目标应用程序；如果目标应用程序尚未运行，则自动启动目标应用程序。

使用 AlarmManager 主要有以下几个步骤：

1）创建服务。

2）在服务中创建 AlarmManager 实例。

3）设置唤醒的时间。

4）使用 PendingIntent 设置唤醒后的连接意图。

5）创建链接意图（一般是广播接收者）。

6）调用 AlarmManager 类的 set()方法并传入参数。

7）在活动中开启服务。

例 6-9 使用 AlarmManager 实现唤醒一个应用程序。

新建 AlarmManagerTest 工程，并创建服务，代码如下：

```
public class MyService extends Service {
    public MyService() {
    }
    @Override
    public IBinder onBind(Intent intent) {
        return null;
    }

    @Override
     public int onStartCommand(Intent intent, int flags, int startId) {
         AlarmManager manager = (AlarmManager) getSystemService(ALARM_SERVICE);
         int time = 5000;
         long triggerAtMillis = SystemClock.elapsedRealtime() + time;
         Intent intent1 = new Intent(this,AlarmReceiver.class);
         PendingIntent pendingIntent = PendingIntent.getBroadcast(this,0,intent1,0);
         manager.set(AlarmManager.ELAPSED_REALTIME_WAKEUP,triggerAtMillis,
pendingIntent);
         return super.onStartCommand(intent, flags, startId);
     }
```

```
}
//创建广播:
public class AlarmReceiver extends BroadcastReceiver {
    @Override
    public void onReceive(Context context, Intent intent) {
        {
            Log.e("定时器", new Date().toString());
            Intent intent1 = new Intent(context, SecondActivity.class);
            intent1.setFlags(Intent.FLAG_ACTIVITY_NEW_TASK | Intent.FLAG_ACTIVITY_EXCLUDE_FROM_RECENTS);
            context.startActivity(intent1);
        }
    }
}
```

在活动中开启服务，代码如下：

```
public class MainActivity extends AppCompatActivity {

    @Override
    protected void onCreate(Bundle savedInstanceState) {
        super.onCreate(savedInstanceState);
        setContentView(R.layout.activity_main);
        Intent intent = new Intent(this,MyService.class);
        startService(intent);
    }
}
```


通过上述代码，在广播接收者中就可以执行用户需要的定时后的逻辑，由于时间原因这里只把警报时间设置为 5 秒，如果感兴趣可以设置为数小时后再观察。此外，还需要建立不同于主活动的第二个活动，因为在广播接收者里的逻辑是跳转到第二个活动，代码省略（只需更改 TextView）。运行程序，效果为应用运行后的 5 秒自动跳转到第二个活动，即使应用被杀掉。

本 章 小 结

本章主要讲述了 Android 服务与事件广播。服务由系统提供的 Service 或者 IntentService 实现，启动服务有两种方式，一种是通过 onStartCommand()方法，此方式启动的服务与组件无联系；另一种是绑定服务方式，此方式形成了客户端-服务器模式，当服务进行多线程操作时使用 Android 提供的 IntentService 类。服务可分为本地服务和远程服务，绑定服务有三种方式，其中继承 Bundle 实现本地服务，远程服务使用 Messenger 和 AIDL，并讲述了前台服务的基本使用方法。还介绍了依靠 BroadcastReceiver 组件实现广播接收者，其中有两种注册广播的方式，静态注册与动态注册。发送广播也有两种方式，发送普通广播与发送有序广播。至此，Android 的四大组件全部介绍完毕。

习　　题

1．试阐述 Service 两种启动方式的生命周期。

2．Service 分为哪两种类型？常用的操作 Service 的方法有哪些？

3．完成使用数据库存储屏蔽的号码的短信防火墙应用。

4．创建一个基于 BroadcastReceiver 的应用，实现在模拟器的“设置/日期和时间”中调整系统时间时，自动启动该应用程序发出提示信息。

第 7 章　图形与多媒体处理

随着移动设备硬件性能的提高和外部存储设备容量的增加，需要开发功能完善、高质量的多媒体处理软件。Android 平台为多种常见的媒体类型提供了内建的编码/解码支持，因而可以通过程序实现音频、视频播放等操作。Android 中提供了相应类来获取图像文件信息，进行图像的平移、旋转及缩放等操作，保存指定格式图像文件。本章介绍如何在 Android 中用程序实现图形的绘制、音视频的播放以及录音与拍照功能。

7.1　图形绘制与特效

7.1.1　几何图形绘制类

在 Android 中涉及的几何图形绘制工具类都很形象。在绘制图形时，首先需要一张画布，对应的就是 Android 中的 Canvas；其次还需要画笔，对应的就是 Android 中的 Paint；再次需要不同的颜色，对应的就是 Android 中的 Color。如果要画线还需要连接路径，对应的就是 Android 中的 Path。还可以借助工具直接画出各种图形如圆、椭圆、矩形等，对应的就是 Android 中的 ShapeDrawable 类，当然它还有很多子类，例如，OvalShape（椭圆）、RectShape（矩形）等。

1．画布（Canvas）

Canvas 就是画图所用到的画布，位于 android.graphics 包中，提供了一些绘制各种图形的方法，例如，矩形、圆、椭圆等。Canvas 类的常用方法见表 7-1。

表 7-1　Canvas 类的常用方法

方 法 名 称	方 法 描 述
void Canvas()	创建一个空的画布，可以使用 setBitmap()方法来设置绘制具体的画布
void Canvas(Bitmap bitmap)	以 bitmap 对象创建一个画布，将内容都绘制在 bitmap 上，bitmap 不得为 null
void drawColor(int color)	设置 Canvas 的背景颜色
void setBitmap(Bitmap bitmap)	设置具体画布
boolean clipRect(RectF rect)	设置显示区域，即设置裁剪区
void rotate(float degrees)	旋转画布
void skew(float sx, float sy)	设置偏移量
void drawText(String text,float x, float y,Paint paint)	以(x,y)为起始坐标，使用 paint 绘制文本
void drawPoint(float x,float y,Paint paint)	在坐标(x,y)上使用 paint 画点
void drawLine(float startX,float startY,float stopX,float stopY, Paint paint)	以(startX, startY)为起始坐标点，(stopX, stopY)为终止坐标点，使用 paint 画线

（续）

方法名称	方法描述
void drawCircle(float cx,float cy,float radius,Paint paint)	以(cx, cy)为原点，radius 为半径，使用 paint 画圆
void drawOval(RectF oval,Paint paint)	使用 paint 画矩形 oval 的内切椭圆
void DrawRect(RectF rect,Paint paint)	使用 paint 画矩形 rect
void drawRoundRect(RectF rect ,float rx,float ry,Paint paint)	画圆角矩形
boolean clipRect(float left,float top, float right,float botton)	剪辑矩形
boolean clipRegion(Region region)	剪辑区域

2．画笔（Paint）

Paint 用来描述图形的颜色和风格，如线宽、颜色、字体等信息。Paint 位于 android.graphics 包中 Paint 类的常用方法见表 7-2。

表 7-2　Paint 类的常用方法

方法名称	方法描述
Paint()	构造方法，使用默认设置
void setColor(int color)	设置颜色
void setStrokeWidth(float width)	设置线宽
void setTextAlign(Paint.Align align)	设置文字对齐
void setTextSize(float textSize)	设置文字尺寸
void setShader(Shader shader)	设置渐变
void setAlpha(int a)	设置 Alpha 值
setAntiAlias(Boolean b)	除去边缘锯齿，取 true 值
void reset()	复位 Paint 默认设置

3．颜色（Color）

Color 类定义了一些颜色变量和一些创建颜色的方法。颜色的定义一般使用 RGB 三原色定义。Color 位于 android.graphics 包中，其常用属性和方法见表 7-3。

表 7-3　Color 的常用属性和方法

属性名称	方法描述	属性名称	方法描述
BLACK	黑色	LTGRAY	浅灰色
BLUE	蓝色	MAGENTA	紫色
CYAN	青色	RED	红色
DKGRAY	深灰色	TRANSPARENT	透明
GRAY	灰色	WHITE	白色
GREEN	绿色	YELLOW	黄色

4．点到点的连接路径（Path）

当要画一个圆的时候，只需要确定圆心（点）和半径就可以了。那么，如果要画一个梯形呢？就需要有点和连线。Path 一般用来从一点移动到另一个点连线。Path 位于 android.graphics 包中，其常用方法见表 7-4。

表 7-4　Path 的常用方法

方 法 名 称	方 法 描 述
void lineTo(float x,float y)	从最后点到指定点画线
void moveTo(float x,float y)	移动到指定点
void reset()	复位

7.1.2　图形绘制过程

Android 框架 API 提供了一组二维描画 API，使用这些 API 能够在一个画布（Canvas）上渲染自己的定制图形，也能够修改那些既存的 View 对象，来定制它们的外观和视觉效果。android.graphics.drawable 包中能够找到用于绘制二维图形的共同的类。在绘制二维图形时，通常要使用以下两种方法中的一种：

1）把图形或动画绘制到布局中的一个 View 对象中。该方法图形的绘制是由系统通常的绘制 View 层次数据的过程来处理的，只需简单的定义要绘制到 View 对象内的图形即可。

2）把图形直接绘制在一个画布对象上（Canvas 对象）。该方法要亲自调用相应类的 onDraw()方法（把图形传递给 Canvas 对象），或者调用 Canvas 对象的一个方法（如 drawPicture()）。在这个过程中，还可以控制任何动画。

当想要把不需要动态变化和没有游戏性能要求的一个简单的图形绘制到 View 对象时，方法 1）是最好的选择。当应用程序需要经常重新绘制自己的时候，则最好使用方法 2）把图形绘制到 Canvas 中。

1．用 Canvas 对象来绘制图形

当要编写专业的绘图或控制图形动画的应用程序时，应该使用 Canvas 对象。Canvas 用一个虚拟的平面来工作，以便把图形绘制在实际的表面上，它持有所有的用 draw 开头的方法调用。通过 Canvas 对象，实际上是执行一个底层的位图绘制处理，这个位图被放置到窗口中。

在 onDraw()回调方法的绘制事件中，会提供一个 Canvas 对象，并且只需要把要绘制的内容交给 Canvas 对象就可以了。在处理 SurfaceView 对象时，还可以从 SurfaceHolder.lock Canvas()方法来获取一个 Canvas 对象。但是，如果需要创建一个新的 Canvas 对象，那么就必须在实际执行绘制处理的 Canvas 对象上定义 Bitmap 对象。对于 Canvas 对象来说，这个 Bitmap 对象是始终必须的，应该建立一个新的 Canvas 对象，代码如下：

```
Bitmap b = Bitmap.createBitmap(100, 100, Bitmap.Config.ARGB_8888);
Canvas c = new Canvas(b);
```

现在就可以在被定义的 Bitmap 对象上绘图了。在 Canvas 对象上绘制图形之后，能够用 Canvas.drawBitmap(Bitmap, …)的方法，把该 Bitmap 对象绘制到另一个 Canvas 对象中。推荐使用通过 View.onDraw()方法或 SufaceHolder.lockCanvas()方法提供的 Canvas 对象来完成最终的图形绘制过程。

Canvas 类有自己的一组绘图方法，如 drawBitmap( )、drawRect( )、drawText( )等。还可以使用其他的有 draw()方法的类。例如，可能想要把某些 Drawable 对象放到 Canvas 对象上。Drawable 类就有带有 Canvas 对象作为参数的 draw()方法。

2．在 View 对象上绘图

如果应用程序不需要大量的图形处理或很高的帧速率（如棋类游戏或慢动画类应用程序），那么就应该考虑自定义一个 View 组件，并且用该组件的 View.onDraw()方法的 Canvas 参数来进行图形绘制。这么做最大的方便是，Android 框架会提供一个预定义的 Canvas 对象，该对象用来放置绘制图形的调用。

从继承 View 类（或其子类）开始，并重写 onDraw()回调方法。系统会调用该方法来完成 View 对象自己的绘制请求。这也是通过 Canvas 对象来执行所有的图形绘制调用的地方，这个 Canvas 对象是由 onDraw()回调方法传入的。

Android 框架只在必要的时候才会调用 onDraw()方法，每次请求应用程序准备完成图形绘制任务时，必须通过调用 invalidate()方法让该 View 对象失效。这表明可以在该 View 对象上进行图形绘制处理了，然后 Android 系统会调用该 View 对象的 onDraw()方法（尽管不保证该回调方法会立即被调用）。

在自定义的 View 组件的 onDraw()方法内部，使用给定的 Canvas 对象来完成所有的图形绘制处理（如 Canvas.draw()方法或把该 Canvas 对象作为参数传递给其他类的 draw()方法）。一旦 onDraw()方法被执行完成，Android 框架就会使用这个 Canvas 对象来绘制一个有系统处理的 Bitmap 对象。

例 7-1 在 View 对象上绘制小球。

1）新建工程 drawBall，新建 BallView.java，代码如下：

```
public class BallView extends View {
    private int x,y;
    public BallView(Context context, AttributeSet attrs){
        super(context,attrs);
    }
    //设置小球的球心坐标
    public void setPosition(int x,int y){
        this.x = x;
        this.y = y;
    }
    protected void onDraw(Canvas canvas){
        super.onDraw(canvas);
        canvas.drawColor(Color.CYAN);//设置画布颜色
        Paint paint = new Paint();//创建画笔对象
        paint.setAntiAlias(true);//除去边缘锯齿
        paint.setColor(Color.BLACK);//设置小球的颜色
        canvas.drawCircle(x,y,20,paint);//设置小球的半径
        paint.setColor(Color.WHITE);//用白色小圆点来模拟球心
        canvas.drawCircle(x-6,y-6,3,paint);//设置小球的球心
    }
}
```

此处自定义 View 组件 BallView 用于绘制小球，根据设置的坐标，在指定位置绘制出小球。

2）在布局文件 activity_main.xml 中加载自定义组件，添加如下代码：

```
<LinearLayout xmlns:android="http://schemas.android.com/apk/res/android"
    xmlns:tools="http://schemas.android.com/tools"
    android:layout_width="match_parent"
    android:layout_height="match_parent"
    android:orientation="vertical"
    tools:context="edu.neu.androidlab.drawball.MainActivity">
    <LinearLayout
        android:layout_width="match_parent"
        android:layout_height="wrap_content"
        android:orientation="horizontal">
        <TextView
            android:layout_width="wrap_content"
            android:layout_height="wrap_content"
            android:text="请输入小球坐标："
            android:id="@+id/tv"
            />
        <EditText
            android:layout_width="120dp"
            android:layout_height="wrap_content"
            android:id="@+id/et"
            />
        <Button
            android:layout_width="wrap_content"
            android:layout_height="wrap_content"
            android:onClick="setPosition"
            android:text="设置坐标"
            />
    </LinearLayout>
    <edu.neu.androidlab.drawball.BallView
        android:id="@+id/ball"
        android:layout_width="match_parent"
        android:layout_height="match_parent" />
</LinearLayout>
```

采用线性布局，定义了输入框、按键，用于输入坐标，确定小球的位置。

3）Mainactivity.java 代码如下：

```
public class MainActivity extends AppCompatActivity {

    private EditText et;
    private BallView ball;
    @Override
```

```
    protected void onCreate(Bundle savedInstanceState) {
        super.onCreate(savedInstanceState);
        setContentView(R.layout.activity_main);

        et = (EditText) findViewById(R.id.et);
        ball = (BallView) findViewById(R.id.ball);
        ball.setPosition(0, 0);//程序启动时，让小球处于原点(0,0)处
    }

    public void setPosition(View v){
        //获取输入的坐标 (x,y)
        String position = et.getText().toString();
        String[] positions = position.split(",");

        //将 x,y 坐标分别转化为整数
        int x = Integer.parseInt(positions[0]);
        int y = Integer.parseInt(positions[1]);

        //设置坐标
        ball.setPosition(x, y);
        //设置坐标完毕，刷新视图
        ball.invalidate();
    }
}
```


Mainactivity 用于获取输入的坐标，设置小球的坐标，刷新 View 对象。程序运行结果如图 7-1 所示。

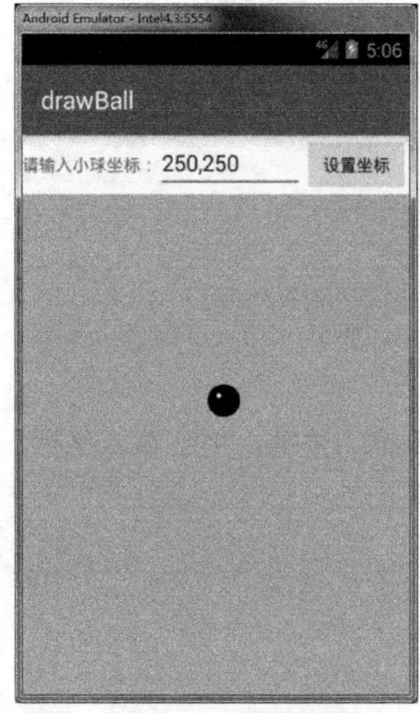

图 7-1　绘制小球示例

7.1.3 图像特效处理

Android 提供了 Bitmap 类来获取图像文件信息，进行图像的平移、旋转及缩放等操作，还能进行图像的保存。

1. 图像的加载

在绘制图像之前，需要获取所需的图片资源，可以通过以下两种方式获取所需的图片资源。

一种方法是通过资源索引来获得该图像对象 Bitmap。具体方法是，在项目目录下的 res\drawable 中放置一张名为 android.jpg 的图片，运行以下代码获得 Bitmap 对象：

```
Bitmap bm = ((BitmapDrawable)getResources().getDrawable(R.drawable.android)).getBitmap();
```

其中，getResources()方法的作用是取得资源对象；getDrawable()方法的作用是取得资源中的 Drawable 对象，参数为资源索引 id；getBitmap()方法的作用是得到 Bitmap 对象。

另一种方法是通过 BitmapFactory 从各种源创建 Bitmap 对象，包括文件、流和字节数组。具体方法是：在 SD 卡根目录下放置一张名为 android.jpg 的图片，运行以下代码获得 Bitmap 对象：

```
Bitmap bm = BitmapFactory.decodeFile("sdcard/android.jpg");
```


获得图像资源后，需要将图像显示到屏幕上，首先需要在布局文件里加载一个 ImageView 并设置其 id 为 iv，再利用 ImageView 类的 setImageBitmap()方法将图片显示到屏幕上，具体代码如下：

```
ImageView iv = (ImageView) findViewById(R.id.iv);
iv.setImageBitmap(bm);
```

此外，若想获得图像的尺寸信息，可以通过 bm.getHight()方法获得该图像的高度，通过 bm.getWidth()方法获得该图像的宽度。

2. 图像的复制

在对图像进行特效处理之前，必须先创建一个图像副本，因为直接加载的 bitmap 对象是只读的，无法修改的，不能对其进行操作处理。在 Android 中，图像的复制本质就是 Bitmap 对象的复制，因此完成了 Bitmap 的复制也就是创建了图片的副本，对此副本进行操作，就可以实现各种特效。图像复制代码如下：

```
Bitmap bmSrc = BitmapFactory.decodeFile("sdcard/android.png");
Bitmap bmCopy = Bitmap.createBitmap(bmSrc.getWidth(),bmSrc.getHeight(),bmSrc.getConfig());
Paint paint = new Paint();
Canvas canvas = new Canvas(bmCopy);
Matrix mt = new Matrix();
canvas.drawBitmap(bmSrc, mt, paint);
```

首先利用 BitmapFactory 得到源 Bitmap 对象 bmSrc，再利用 Bitmap 类的 createBitmap()

方法得到一个跟源图宽度和高度相同的可变位图，再利用 Canvas 类的 drawBitmap()方法绘制出副本 bmCopy。

3. 图像的特效

由图像的复制，已经知道使用 Canvas.drawBitmap(bmSrc, mt, paint)方法可以将图像副本绘制到屏幕上，对此副本进行操作即可完成图像的特效处理。在 Android 中，可以使用 Matrix 对象来完成图像的平移、旋转、缩放等操作。Matrix 对象是一个 3×3 的矩阵，专门用于图像变换匹配。Matrix 没有结构体，必须被初始化，可以通过 reset()或 set()方法来实现，代码如下：

```
Matrix mt = new Matrix();
mt.reset();
```

初始化之后就可以通过设置 Matrix 对象属性实现想要的特效了。

1）平移特效：

```
mt.setTranslate(10, 20); //x 轴坐标+10, y 轴坐标+20
```

2）缩放特效：

```
mt.setScale(1, 0.5f);  //x 轴缩放 1 倍, y 轴缩放 0.5 倍
```

3）旋转特效：

```
mt.setRotate(30, bmCopy.getWidth() / 2, bmCopy.getHeight() / 2); //以 (bmCopy.getWidth() / 2, bmCopy.getHeight() / 2) 点为中心, 顺时旋转 30°
```

4）镜面特效：

```
mt.setScale(-1, 1); //把 x 轴坐标都变成负数
mt.postTranslate(bmCopy.getWidth(), 0); //图片整体向右移
```

5）倒影特效：

```
mt.setScale(1, -1); //把 y 轴坐标都变成负数
mt.postTranslate(0, bmCopy.getHeight());//图片整体向下移
```

4. 图像的保存

在进行了图像的特效处理之后，想要保存此图像特效，可以将此图像保存到 SD 卡，代码如下：

```
FileOutputStream fos = null;
try {
    fos = new FileOutputStream(new File("sdcard/androidCopy.png"));
} catch (FileNotFoundException e) {
    // TODO Auto-generated catch block
    e.printStackTrace();
}
//保存图片, 保存成质量为 100 的 png 格式的图片
bmCopy.compress(CompressFormat.PNG, 100, fos);
```

例 7-2 图像特效例程。

新建工程 imageProcess，其中 Mainactivity.java 文件代码如下：

```
public class MainActivity extends AppCompatActivity  {

    @Override
    protected void onCreate(Bundle savedInstanceState) {
        super.onCreate(savedInstanceState);
        setContentView(R.layout.activity_main);
    }

    public void imageProcess(View v) {
        //从通过资源索引获取源 Bitmap 对象
        Bitmap bmSrc = ((BitmapDrawable)getResources().getDrawable(R.drawable.android)).getBitmap();
        //创建一个跟原图宽度和高度一致的可变 Bitmap 对象
        Bitmap bmCopy = Bitmap.createBitmap(bmSrc.getWidth(),bmSrc.getHeight(),bmSrc.getConfig());
        Paint paint = new Paint();//创建画笔
        Canvas canvas = new Canvas(bmCopy);//创建画布
        Matrix mt = new Matrix();//定义矩阵来实现图像特效

        switch (v.getId()){//进行不同的特效处理
            case R.id.load://加载原图
                ImageView iv_show = (ImageView) findViewById(R.id.iv_src);
                iv_show.setImageBitmap(bmSrc);//加载原图
                imageSave(bmSrc, "原图");
                break;
            case R.id.translate://平移特效
                iv_show = (ImageView) findViewById(R.id.iv_translate);
                mt.setTranslate(30,50);//x 轴坐标+30, y 轴坐标+50
                canvas.drawBitmap(bmSrc, mt, paint);
                iv_show.setImageBitmap(bmCopy);
                imageSave(bmCopy, "平移特效");
                break;
            case R.id.scale://缩放特效
                iv_show = (ImageView) findViewById(R.id.iv_scale);
                mt.setScale(0.5f, 0.5f);//x 轴和 y 轴均缩放 0.5 倍
                canvas.drawBitmap(bmSrc, mt, paint);
                iv_show.setImageBitmap(bmCopy);
                imageSave(bmCopy, "缩放特效");
                break;
            case R.id.rotate://旋转特效
```

```
                iv_show = (ImageView) findViewById(R.id.iv_rotate);
                //以 (bmCopy.getWidth() / 2, bmCopy.getHeight() / 2) 点为中心，顺时旋转 90°
                mt.setRotate(90, bmCopy.getWidth() / 2, bmCopy.getHeight() / 2);
                canvas.drawBitmap(bmSrc, mt, paint);
                iv_show.setImageBitmap(bmCopy);
                imageSave(bmCopy, "旋转特效");
                break;
            case R.id.mirror://镜像特效
                iv_show = (ImageView) findViewById(R.id.iv_mirror);
                mt.setScale(-1, 1); //把 x 轴坐标都变成负数
                mt.postTranslate(bmCopy.getWidth(), 0); //图片整体向右移
                canvas.drawBitmap(bmSrc, mt, paint);
                iv_show.setImageBitmap(bmCopy);
                imageSave(bmCopy, "镜像特效");
                break;
            case R.id.reflection://倒影特效
                iv_show = (ImageView) findViewById(R.id.iv_reflection);
                mt.setScale(1, -1); //把 y 轴坐标都变成负数
                mt.postTranslate(0, bmCopy.getHeight());//图片整体向下移
                canvas.drawBitmap(bmSrc, mt, paint);
                iv_show.setImageBitmap(bmCopy);
                imageSave(bmCopy, "倒影特效");
                break;
            default:
                break;
        }
    }

    //图像的保存函数，用于保存各种图像特效
    public void imageSave(Bitmap bm, String imageName){
        File processedImage = new File("sdcard/processedImage");//在 SD 卡目录下创建文件 processedImage
        if (!processedImage.exists()){//若不存在 processedImage 文件，则创建此文件夹
            processedImage.mkdirs();
        }
        FileOutputStream fos = null;
        try {
            fos = new FileOutputStream(processedImage + "/" + imageName +".png"); //给图片命名
        } catch (FileNotFoundException e) {
            // TODO Auto-generated catch block
            e.printStackTrace();
        }
```

```
        bm.compress(Bitmap.CompressFormat.PNG, 100, fos);//保存图片
    }
}
```

此例集合了平移、旋转、缩放等特效，主要原理还是利用 bmSrc 创建出可变 Bitmap 对象 bmCopy 副本，对此 bmCopy 进行操作，完成了图像的特效处理，并且将处理后的特效都保存在 SD 卡目录下的 processedImage 文件夹中，最终图像特效结果以及保存结果分别如图 7-2、图 7-3 所示。

图 7-2　图像的特效结果

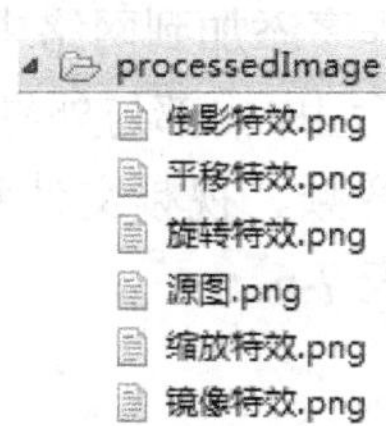

图 7-3　图像的保存结果

7.2　Android 的音视频播放

音频和视频的播放要调用底层硬件，实现播放、暂停、停止和快进、快退等操作，在硬件层基础上是框架层，框架层音频和视频播放采用 C 和 C++，比较复杂。本章主要介绍如何应用 API 开发音频和视频播放应用程序。

7.2.1　多媒体处理包

Android 系统提供了针对常见多媒体格式的 API，可以非常方便地操作图片、音频、视频等多媒体文件，也可以操纵 Android 终端的录音、摄像设备。这些多媒体处理 API 均位于 android.media 包中。android.media 包中的主要类如表 7-5 所示。

表 7-5 android.media 包中的主要类

类名或接口名	说　明
MediaPlayer	支持流媒体，用于播放音频和视频
MediaRecorder	用于录制音频和视频
Ringtone	用于播放可用作铃声和提示音的短声音片段
AudioManager	负责控制音量
AudioRecord	用于记录从音频输入设备产生的数据
JetPlayer	用于存储 JET 内容的回放和控制
RingtoneManager	用于访问响铃、通知和其他类型的声音
Ringtone	快速播放响铃、通知或其他相同类型的声音
SoundPool	用于管理和播放应用程序的音频资源

7.2.2 音频和视频播放状态

音频及视频的播放会用到 MediaPlayer 类，该类提供了播放、暂停、重复、停止等方法，是播放媒体文件最为广泛使用的类。该类位于 android.media 包中，除了基本操作之外，还可以提供用于铃声管理、脸部识别以及音频路由控制的各种类。MediaPlayer 已设计用来播放大容量的音频文件以及同样可支持播放操作（停止、开始、暂停等）和查找操作的流媒体，还可支持与媒体操作相关的监听器。Socket 通信是在双方建立起连接后就可以直接进行数据的传输，在连接时可实现信息的主动推送，而不需要每次由客户端向服务器发送请求。Socket 是一种抽象层，应用程序通过它来发送和接收数据，使用 Socket 可以将应用程序添加到网络中，与处于同一网络中的其他应用程序进行通信。简单来说，Socket 提供了程序内部与外界通信的端口并为通信的双方提供了数据传输通道。

对播放音频、视频文件和流的控制是通过一个状态机来管理的。使状态发生转移有关的方法见表 7-6。

表 7-6 MediaPlayer 类中常用方法

方　法	说　明
static MediaPlayer create(Context context, Uri uri)	通过 URI 创建一个多媒体播放器
int getCurrentPosition()	得到当前播放位置
int getDuration()	得到文件的时间
int getVideoHeight()	得到视频的高度
int getVideoWidth()	得到视频的宽度
boolean isLooping()	是否循环播放
boolean isPlaying()	是否正在播放
void pause()	暂停
void prepare()	准备播放文件，进行同步处理
void prepareAsync()	准备播放文件，进行异步处理
void release()	释放 MediaPlayer 对象
void reset()	重置 MediaPlayer 对象
void start()	开始播放

（续）

方　法	说　明
void stop()	停止播放
void seekTo(int msec)	指定播放的位置
void setAudioStreamType(int streamtype)	指定流媒体的类型
void setDataSource(String path)	设置多媒体数据来源
void setLooping(boolean looping)	设置是否循环播放
void setOnCompletionListener(MediaPlayer.OnCompletionListener listener)	监听媒体播放结束
void setVolume(float leftVolume, float rightVolume)	设置音量

图 7-4 显示了一个 MediaPlayer 对象被支持的播放控制操作驱动的生命周期和状态。椭圆代表 MediaPlayer 对象可能驻留的状态，其之间带有箭头的线表示驱动 MediaPlayer 在各个状态之间迁移的播放控制操作。

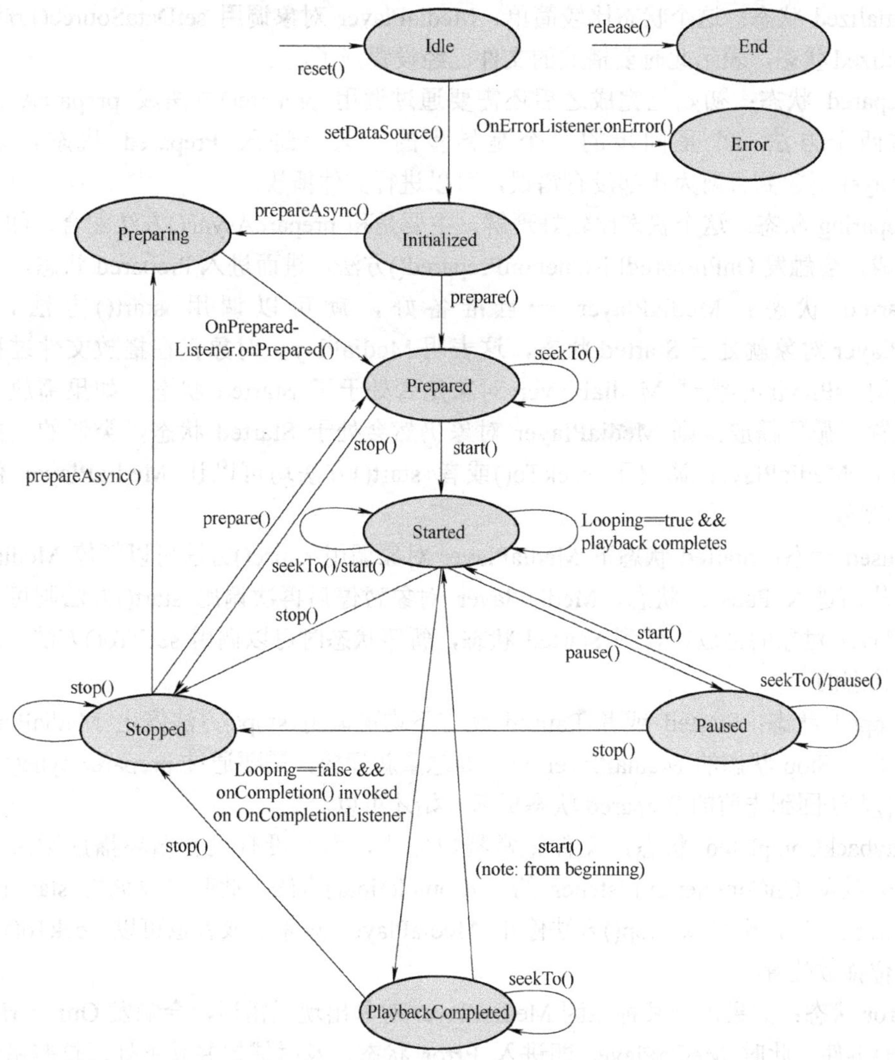

图 7-4　MediaPlayer 对象被支持的播放控制操作驱动的生命周期和状态

图 7-4 清晰地描述了 MediaPlayer 对象的各个状态，也列举了主要方法的调用时序，每种方法只能在一些特定的状态下使用，如果使用时 MediaPlayer 对象的状态不正确，则会引发 IllegalStateException 异常。Android 音频/视频有如下 10 个状态。

Idle 状态：当使用 new()方法创建一个 MediaPlayer 对象或者调用了其 reset()方法时，该 MediaPlayer 对象处于 idle 状态。这两种方法的一个重要差别就是：如果在这个状态下调用了 getDuration()等方法（相当于调用时机不正确），通过 reset()方法进入 idle 状态会触发 OnErrorListener.onError()方法，并且 MediaPlayer 对象会进入 Error 状态；如果是新创建的 MediaPlayer 对象，则并不会触发 onError()对象，也不会进入 Error 状态。

End 状态：通过 release()方法可以进入 End 状态，只要 MediaPlayer 对象不再被使用，就应当尽快将其通过 release()方法释放掉，以释放相关的软硬件组件资源，这其中有些资源是只有一份的（相当于临界资源）。如果 MediaPlayer 对象进入了 End 状态，则不会再进入任何其他状态了。

Initialized 状态：这个状态比较简单，MediaPlayer 对象调用 setDataSource()方法就进入 Initialized 状态，表示此时要播放的文件已经设置好了。

Prepared 状态：初始化完成之后还需要通过调用 prepare()方法或 prepareAsync()方法，这两个方法一个是同步的一个是异步的，只有进入 Prepared 状态，才表明 MediaPlayer 对象到目前为止都没有错误，可以进行文件播放。

Preparing 状态：这个状态比较好理解，主要是和 prepareAsync()方法配合，如果异步准备完成，会触发 OnPreparedListener.onPrepared()方法，进而进入 Prepared 状态。

Started 状态：MediaPlayer 一旦准备好，就可以调用 start()方法，这样 MediaPlayer 对象就处于 Started 状态，这表明 MediaPlayer 对象正在播放文件过程中。可以使用 isPlaying()测试 MediaPlayer 对象是否处于了 Started 状态。如果播放完毕，而又设置了循环播放，则 MediaPlayer 对象仍然会处于 Started 状态，类似的，如果在该状态下 MediaPlayer 调用了 seekTo()或者 start()方法均可以让 MediaPlayer 停留在 Started 状态。

Paused 状态：Started 状态下 MediaPlayer 对象调用 pause()方法可以暂停 MediaPlayer 对象，从而进入 Paused 状态，MediaPlayer 对象暂停后再次调用 start()方法则可以继续 MediaPlayer 对象的播放，转到 Started 状态，暂停状态时可以调用 seekTo()方法，这是不会改变状态的。

Stopped 状态：Started 或者 Paused 状态下均可调用 stop()方法停止 MediaPlayer 对象，而处于 Stop 状态的 MediaPlayer 对象要想重新播放，需要通过 prepareAsync()方法和 prepare()方法回到先前的 Prepared 状态重新开始才可以。

PlaybackCompleted 状态：文件正常播放完毕，而又没有设置循环播放则进入该状态，并会触发 OnCompletionListener 的 onCompletion()方法。此时可以调用 start()方法重新从头播放文件，也可以 stop()方法停止 MediaPlayer 对象，或者也可以 seekTo()方法来重新定位播放位置。

Error 状态：如果由于某种原因 MediaPlayer 对象出现了错误，会触发 OnErrorListener.onError()事件，此时 MediaPlayer 即进入 Error 状态，及时捕捉并妥善处理这些错误是很重要的，它可以及时释放相关的软硬件资源，改善用户体验。通过 setOnErrorListener (android.media.MediaPlayer.OnErrorListener)可以设置该监听器。如果 MediaPlayer 进入了 Error 状态，可以通过调用 reset()来恢复，使得 MediaPlayer 对象重新返回到 Idle 状态。

7.2.3　音频播放

前一节已经介绍了音频/视频播放状态和方法，下面介绍在 Android 中如何通过代码播放音频文件。Android 播放音频通过以下三种方式。

1）从源文件播放：指资源文件放在"/res/raw"目录下，然后发布时被打成 APK 包一起安装在手机上。

2）从文件系统播放：指在 Android 系统的外部存储设备（如：SD 卡）和内部设备上的文件播放。

3）从流媒体播放：指放在网络上的文件，也是流媒体等网络资源播放。

下面按上述三种情况来说明应用 MediaPlayer 对象播放音频文件的步骤。

1．创建 MediaPlayer 对象

（1）使用 new 方式创建 MediaPlayer 对象

播放 SD 卡或者网络上的音乐文件需要使用 new 方式创建 MediaPlayer 对象，代码如下：

```
MediaPlayer mplayer=new MediaPlayer();
```

（2）使用 create 方法创建 MediaPlayer 对象

播放资源中的音乐需要使用 create()方法创建 MediaPlayer 对象，代码如下：

```
MediaPlayer player=MediaPlayer.create(this,R.raw.music);
```

其中 R.raw.music 为资源中的音频数据源，music 为音乐文件名称，注意不要带扩展名。由于 create()方法中已经封装了初始化及同步的方法，故使用 create()方法创建的 MediaPlayer 对象不需要再进行初始化及同步操作。

2．设置播放文件

MediaPlayer 要播放的文件主要有三个来源。

（1）存储在 SD 卡中或其他文件路径下的媒体文件

对于存储在 SD 卡中或其他文件路径下的媒体文件，需要调用 setDataSourse()方法，代码如下：

```
player.setDataSource("/sdcard/music.mp3");
```

（2）在编写应用程序时事先存放在 res 资源中的音乐文件

播放事先存放在资源目标 res\raw 中的音乐文件需要在使用 create()方法创建 MediaPLayer 对象时就指定资源路径和文件名称。由于 create()方法的源代码中已经封装了调用 setDataSource()方法，因此不必重复使用 setDataSource()方法。

（3）网络上的媒体文件

播放网络上的音乐文件需要调用 setDataSource()方法，代码如下：

```
player.setDataSource("http://172.28.16.168:8080/music.mp3");
```

3．对播放器进行同步控制

如果播放 res 资源中的音频文件，此时 MediaPlayer 对象是由 create()方法创建的，由于 create()方法的源代码中已经封装了调用 prepare()方法，因此可省略此步骤。

如果播放 SD 卡中的音频文件，使用 prepare()方法设置对播放器的同步控制，代码如下：

```
player.prepare();
```

如果播放网络上的音频文件，由于从网络下载播放音频资源需要较长的时间，在准备音频资源的时候，需要使用 prepareAsync()方法，这个方法是异步执行的，不会阻塞程序的主进程。MediaPlayer 通过 MediaPlayer.OnPreparedListener 通知 MediaPlayer 的准备状态，代码如下：

```
player.setOnPreparedListener(new MediaPlayer.OnPreparedListener() {
    public void onPrepared(MediaPlayer mp) {
        player.start();    //播放
    }
});
player.prepareAsync(); //准备
```


4．播放音频文件

start()是真正启动音频文件播放的方法，代码如下：

```
player.start();
```

如果暂停播放或停止播放，则调用 pause()方法和 stop()方法。

5．释放占用资源

在音频文件播放结束时，应该调用 release()方法释放播放器占用的系统资源。如果要播放音频文件，则需要调用 reset()方法返回到空闲状态，再从第 2 步开始重复其他各步骤。

例 7-3 设计一个音乐播放器，使用 MediaPlayer 类从 SD 卡中播放音乐。

1）新建工程 musicPlayer，由于音乐播放器要求能后台运行，所以先新建一个服务组件 MusicService.java，并在清单文件中申明，代码如下：

```
<service android:name=".MusicService"></service>
```

2）布局文件 activity_mian.java 代码如下：

```
<LinearLayout xmlns:android="http://schemas.android.com/apk/res/android"
    xmlns:tools="http://schemas.android.com/tools"
    android:layout_width="match_parent"
    android:layout_height="match_parent"
    android:orientation="vertical"
    tools:context="edu.neu.androidlab.musicplayer.MainActivity">
```

```
    <LinearLayout
        android:layout_width="match_parent"
        android:layout_height="wrap_content">
        <Button
            android:layout_width="wrap_content"
            android:layout_height="wrap_content"
            android:layout_weight="1"
            android:onClick="play"
            android:text="开始"/>
        <Button
            android:layout_width="wrap_content"
            android:layout_height="wrap_content"
            android:layout_weight="1"
            android:onClick="pause"
            android:text="暂停"
            />
        <Button
            android:layout_width="wrap_content"
            android:layout_height="wrap_content"
            android:layout_weight="1"
            android:onClick="continuePlay"
            android:text="继续"
            />
        <Button
            android:layout_width="wrap_content"
            android:layout_height="wrap_content"
            android:layout_weight="1"
            android:onClick="exit"
            android:text="退出"
            />

    </LinearLayout>

    <SeekBar
        android:id="@+id/sb"
        android:layout_width="match_parent"
        android:layout_height="wrap_content" />

</LinearLayout>
```

上述代码添加了四个按钮和一个进度条控件。

3）MusicService.java 添加如下代码，完成音乐播放器的控制：

```
public class MusicService extends Service {
```

```
    private MediaPlayer player;
    private Timer timer;

    @Nullable
    @Override
    public IBinder onBind(Intent intent) {
        //绑定服务之后返回中间人对象 MusicController
        return new MusicController();
    }
    //创建中间人对象 MusicController，用于调用 MusicService 中的方法
    class MusicController extends Binder{
        //以下四个方法完成对音乐的控制
        public void play(){
            MusicService.this.play();
        }
        public void pause(){
            MusicService.this.pause();
        }
        public void continuePlay(){
            MusicService.this.continuePlay();
        }
        public void seekTo(int progress){
            MusicService.this.seekTo(progress);
        }
    }
    @Override
    public void onCreate() {
        super.onCreate();
        player = new MediaPlayer();//获取 MediaPlayer 实例
    }

    @Override
    public void onDestroy() {
        super.onDestroy();
        player.stop();
        player.release();
        player = null;
        if (timer != null){
            timer.cancel();//音乐播放器退出之前，要取消定时任务
            timer = null;
        }
    }
```

```
    //开始播放
    public void play(){
        player.reset();
        try{
            player.setDataSource("sdcard/music.mp3");//设置播放路径
            player.prepare();    //准备播放
            player.start();      //开始播放
            addTimer();          //开始计时任务
        }catch (Exception e){
            e.printStackTrace();
        }
    }
    //暂停播放
    public void pause(){
        player.pause();
    }
    //继续播放
    public void continuePlay(){
        player.start();
    }
    //改变播放进度
    public void seekTo(int progress){
        player.seekTo(progress);
    }
    //添加定时任务，刷新进度条
    public void addTimer() {
        if (timer == null) {
            timer = new Timer();
            timer.schedule(new TimerTask() {
                //用 Timer 开启子线程来获取歌曲总时长和当前播放进度
                @Override
                public void run() {
                    //获取歌曲总时长
                    int duration = player.getDuration();
                    //获取歌曲当前播放进度
                    int currentPosition = player.getCurrentPosition();

                    Message msg = MainActivity.handler.obtainMessage();
                    //把进度封装到消息对象 msg 中
                    Bundle bundle = new Bundle();
                    bundle.putInt("duration", duration);
                    bundle.putInt("currentPosition", currentPosition);
```

```
                    msg.setData(bundle);
                    MainActivity.handler.sendMessage(msg);
                }
                //开始计时任务后的5ms，第一次执行 run()方法，以后每500ms 执行一次
            }, 5, 500);
        }
    }
}
```

4）主控程序 Mainactivity.java 添加如下代码：

```
public class MainActivity extends AppCompatActivity {

    private MusicService.MusicController musicController;
    private Intent intent;
    private MusicServiceConn conn;
    private static SeekBar sb;

    static Handler handler = new Handler(){
        @Override
        public void handleMessage(Message msg) {
            //从消息对象 msg 中获取数据
            Bundle bundle = msg.getData();
            int duration = bundle.getInt("duration");
            int currentPosition  = bundle.getInt("currentPosition");
            //刷新进度条进度
            sb.setMax(duration);
            sb.setProgress(currentPosition);
        }
    };

    @Override
    protected void onCreate(Bundle savedInstanceState) {
        super.onCreate(savedInstanceState);
        setContentView(R.layout.activity_main);

        sb = (SeekBar) findViewById(R.id.sb);
        sb.setOnSeekBarChangeListener(new SeekBar.OnSeekBarChangeListener() {
            @Override
            public void onProgressChanged(SeekBar seekBar, int progress, boolean fromUser) {
            }

            @Override
```

```
            public void onStartTrackingTouch(SeekBar seekBar) {
            }

            @Override
            public void onStopTrackingTouch(SeekBar seekBar) {
                //根据拖动的进度改变音乐播放进度
                int progress = seekBar.getProgress();
                //改变播放进度
                musicController.seekTo(progress);
            }
        });

        intent = new Intent(this, MusicService.class);
        startService(intent);
        conn = new MusicServiceConn();
        bindService(intent, conn, BIND_AUTO_CREATE);
    }

    public void play(View v){
        musicController.play();
    }

    public void pause(View v){
        musicController.pause();
    }

    public void continuePlay(View v){
        musicController.continuePlay();
    }

    public void exit(View v){
        unbindService(conn);
        stopService(intent);
        finish();
    }

    class MusicServiceConn implements ServiceConnection{

        @Override
        public void onServiceConnected(ComponentName name, IBinder service) {
            musicController = (MusicService.MusicController)service;
        }
```

```
62          @Override
63          public void onServiceDisconnected(ComponentName name) {
64          }
65      }
66  }
```

此次设计的音乐播放器实现的功能有：播放 SD 卡里的音频文件、暂停和续播、一键退出、进度条显示当前播放进度、支持拖动进度条至任意位置播放。设计的步骤总结如下：

（1）定义服务 MusicService 类

新建 MusicService 类，因为继承 Service 类，所以必须实现三个生命周期方法：onBind()、onCreate()、onDestroy()。启动 MusicService 的时候，就要获取一个 MediaPlayer 对象，见 MusicService.java 的第 29 行；停止 MusicService 的时候，就要利用 MediaPlayer 对象的 stop()方法和 release()方法，并且还需要将 MediaPlayer 对象清空，见 MusicService.java 的 34～36 行代码。

启动 MusicService 的时候已经获取到了 MediaPlayer 对象，调用此 MediaPlayer 类的方法即可完成音乐播放器的功能，于是定义了 play()、pause()、continuePlay()分别完成播放、暂停、续播功能，见 MusicService.java 的第 43～61 行。

（2）创建中间人对象 MusicController 类

由于 MusicService 服务里的方法，Mainactivity 是无法直接调用的，因此需要创建一个中间人对象，使得 Mainactivity 通过调用中间人对象里的方法调用 MusicService 里的方法。于是定义了 MusicController 类，这个中间人对象在服务绑定时就要返回给系统的，见 MusicService.java 的第 8 行，由于 onBind()方法返回 IBinder 接口，所以 MusicController 必须实现 IBinder，又根据继承关系可知 Binder 是 IBinder 的实现类，因此只需要让 MusicController 继承 Binder 类即可实现 IBinder 类，进而可以创建出中间人对象。

有了中间人对象之后，还需要定义中间人对象里的方法，用于调用 MusicService 的方法，对应 MusicService 的方法定义了 play()，pause()、continuePlay()三个方法，见 MusicService.java 的 13～21 行。

（3）在 Mainactivity 里调用 MusicController 类的方法

在 Mainactivity.java 里定义了四个主要方法：paly()、pause()、continuePlay()、exit()，见 Mainactivity.java 的 43～56 行，其中前三个方法对应着 MusicController 类的 paly()、pause()、continuePlay()方法，exit()方法用于解绑、停止服务，并且销毁当前的活动，达到推出音乐播放器的目的。

（4）添加进度条

进度条显示进度的原理是当前播放的音乐时长占整个音乐时长的比例，因此需要用到 MediaPlayer 类的两个方法：getDuration()和 getCurrentPosition()。随着音乐的播放，进度条不断推进，因此需要用子线程获取当前播放进度和音乐总时长，再利用 Handler 消息处理机制将获取到的当前播放进度和音乐总时长发送给主线程更新 UI。为此定义了一个定时器任务向主线程不断地发送消息对象 msg，主线程接收到 msg 后取出当前播放进度和音乐总时长，再调用 SeekBar 对象的 sb.setMax()和 sb.setProgress()方法即可在进度条显示当前播放进度。

（5）拖动进度条至任意位置播放

完成此功能需要给进度条设置监听，见 Mainactivity.java 的 23～37 行，在进度条监听事件的 onStopTrackingTouch()方法中获取停止拖动时进度条的位置，再通过 MusicController 调用 MediaPlayer 类的 seekTo()方法即可从任意位置开始播放音乐了。为此在 MusicController 类中需要添加一个 seekTo()方法，见 MusicService.java 的 22～24 行。

至此，完成了音乐播放器的设计，最后程序运行结果如图 7-5 所示。

图 7-5　音乐播放器

7.2.4　视频播放

视频播放同样用到 MediaPlayer 类，包括状态和状态管理都是一样的。由于采用 MedicalPlayer 类开发的用于视频播放的播放承载体必须是实现了表面视图处理接口的（SurfaceHolder）视图组件，即需要使用 SurfaceView 组件来显示播放的视频图像。因此，在 Android 系统中设计播放视频的应用程序有两种方式，一种是应用视频视图组件 VideoView 播放视频，另一种方式是应用媒体播放器组件 MediaPlayer 播放视频。下面分别介绍这两种设计方式。

1．应用视频视图播放视频

在 Android 系统中，经常使用 android.widget 包中的视频视图类 VideoView 播放视频文件。VideoView 类可以从不同的来源读取图像，计算和维护视频的画面尺寸，以使其适应于任何布局管理器，并提供一些诸如缩放、着色之类的显示选项。VideoView 中常用方法见表 7-7。

表 7-7　VideoView 中常用方法

方　法	说　明
VideoView(Context context)	创建一个默认属性的 VideoView 实例
boolean canPause()	返回 boolean，判断是否能够暂停播放视频
int getBufferPercentage()	返回 int，获得缓冲区的百分比
int getCurrentPosition()	返回 int，获得当前的位置
int getDuration()	返回 int，得到播放视频的总时间
boolean isPlaying()	返回 boolean，判断是否正在播放视频
boolean onTouchEvent(MotionEvent ev)	返回 boolean，应用该方法来处理触屏事件
void seekTo(int msec)	无返回值，设置播放位置
void setMediaController(MediaController Controler)	无返回值，设置媒体控制器
void setOnCompletionListener(MediaPlayer.OnCompletionListener 1)	无返回值，注册在媒体文件播放完毕时调用的回调函数
void setOnPreparedListener(MediaPlayer.OnPreparedListener 1)	无返回值，注册在媒体文件加载完毕时调用的回调函数
void setVideoPath(String path)	无返回值，设置视频文件的路径
void setVideoURI(Uri uri)	无返回值，设置视频文件的统一资源标识符
void start()	无返回值，开始播放视频文件
void stopPlayback()	无返回值，回放视频文件

例 7-4　应用 VideoView 组件设计一个视频播放器。

1）新建工程 videoPlayer，在 SD 卡目录下放入 video.3gp 视频文件。

2）在布局文件添加一个 VideoView 组件和一个文本框显示框，代码如下：

```
<?xml version="1.0" encoding="utf-8"?>
<LinearLayout xmlns:android="http://schemas.android.com/apk/res/android"
   xmlns:tools="http://schemas.android.com/tools"
   android:layout_width="match_parent"
   android:layout_height="match_parent"
   android:orientation="vertical"
   tools:context="edu.neu.androidlab.videoplayer.MainActivity">
   <TextView
      android:layout_width="wrap_content"
      android:layout_height="wrap_content"
      android:layout_gravity="center_horizontal"
      android:text="利用 VideoView 播放视频"
      android:textSize="24sp"/>
   <VideoView
      android:id="@+id/vv"
      android:layout_gravity="center_horizontal"
      android:layout_height="wrap_content"
      android:layout_width="wrap_content"/>
</LinearLayout>
```

3）Mainactivity.java 添加如下代码：

```
public class MainActivity extends AppCompatActivity {

    @Override
    protected void onCreate(Bundle savedInstanceState) {
        super.onCreate(savedInstanceState);
        setContentView(R.layout.activity_main);

        MediaController mediaController = new MediaController(this);
        VideoView vv = (VideoView) findViewById(R.id.vv);
        vv.setVideoPath("sdcard/video.3gp"); //设置播放路径
        vv.setMediaController(mediaController);//设置媒体控制器
        vv.start();//开始播放
    }
}
```

最后，视频播放程序的运行结果如图 7-6 所示。

图 7-6　利用 VideoView 组件的视频播放器

2．应用媒体播放器播放视频

使用媒体播放器组件 MediaPlayer 不仅可以播放音频文件，而且可以播放格式为.3gp 的视频文件。与播放音频的不同之处为用于视频播放的播放载体必须是实现了表面视图处理接口（surfaceHolder）的视图组件，即需要使用 SurfaceView 组件来显示播放的视频图像。

例 7-5 应用媒体播放器 MediaPlayer 设计一个视频播放器。

1）新建工程 videoPlayer2，布局文件代码如下：

```
<?xml version="1.0" encoding="utf-8"?>
<LinearLayout xmlns:android="http://schemas.android.com/apk/res/android"
    xmlns:tools="http://schemas.android.com/tools"
    android:layout_width="match_parent"
    android:layout_height="match_parent"
    android:orientation="vertical"
    tools:context="edu.neu.androidlab.videoplayer2.MainActivity">
    <TextView
        android:layout_width="wrap_content"
        android:layout_height="wrap_content"
        android:layout_gravity="center_horizontal"
        android:text="利用 MediaPlayer 播放视频"
        android:textSize="24sp"/>
    <SurfaceView
        android:id="@+id/sv"
        android:layout_gravity="center_horizontal"
        android:layout_width="360dp"
        android:layout_height="270dp" />
    <SeekBar
        android:id="@+id/sb"
        android:layout_width="match_parent"
        android:layout_height="wrap_content" />
</LinearLayout>
```

2）Mainactivity.java 添加如下代码：

```
public class MainActivity extends AppCompatActivity {

    private MediaPlayer player;
    int currentPosition, duration;
    private SeekBar sb;
    private Timer timer;

    Handler handler = new Handler(){
        @Override
        public void handleMessage(Message msg) {
            //从消息中获取当前播放进度与总时长
            Bundle bundle = msg.getData();
            duration = bundle.getInt("duration");
```

```
            currentPosition = bundle.getInt("currentPosition");
            //设置进度条显示进度
            sb.setMax(duration);
            sb.setProgress(currentPosition);
        }
    };

    @Override
    protected void onCreate(Bundle savedInstanceState) {
        super.onCreate(savedInstanceState);
        setContentView(R.layout.activity_main);

        SurfaceView sv = (SurfaceView) findViewById(R.id.sv);
        final SurfaceHolder sh = sv.getHolder();//获取 SurfaceView 控制器

        sb = (SeekBar) findViewById(R.id.sb);
        //给 SeekBar 设置监听
        sb.setOnSeekBarChangeListener(new SeekBar.OnSeekBarChangeListener() {
            @Override
            public void onProgressChanged(SeekBar seekBar, int progress, boolean fromUser) {
            }

            @Override
            public void onStartTrackingTouch(SeekBar seekBar) {
            }
            //停止拖动时调用
            @Override
            public void onStopTrackingTouch(SeekBar seekBar) {
                //根据拖动的进度改变视频播放进度
                int progress = seekBar.getProgress();
                //改变播放进度
                player.seekTo(progress);
            }
        });

        //给 SurfaceView 控制器添加回调
        sh.addCallback(new SurfaceHolder.Callback() {
            //SurfaceView 创建时调用
            //创建 SurfaceHolder 的时候，如果存在上次播放的位置，则按照上次播放位置进行播放
            @Override
            public void surfaceCreated(SurfaceHolder holder) {
                if (player == null) {
                    player = new MediaPlayer();
                    player.reset();
```

```
                try{
                    player.setDataSource("sdcard/video.3gp");
                    player.setDisplay(sh);//在 SurfaceView 上播放视频
                    player.prepare();//MediaPlayer 对象同步
                    player.start();//开始播放
                    player.seekTo(currentPosition);//接着上次播放位置进行播放
                    addTimer();//添加定时任务，用于不断获取播放进度
                }catch (Exception e){
                    e.printStackTrace();
                }
            }
        }
        //SurfaceView 结构改变时调用
        @Override
        public void surfaceChanged(SurfaceHolder holder, int format, int width, int height) {

        }
        //SurfaceView 销毁时调用
        @Override
        public void surfaceDestroyed(SurfaceHolder holder) {
            if (player != null && timer != null){
                //销毁 SurfaceHolder 的时候记录当前的播放位置并停止播放
                currentPosition  = player.getCurrentPosition();
                player.stop();//停止播放
                player.release();//释放资源
                player = null;//MediaPlayer 清空
                //音乐播放器退出之前，要取消定时任务并将定时器清零
                timer.cancel();
                timer = null;
            }
        }
    });
}
//定时任务用来不断获取播放进度与总时长
public void addTimer() {
    if (timer == null) {
        timer = new Timer();
        timer.schedule(new TimerTask() {
            //用 Timer 开启子线程来获取视频总时长和当前播放进度
            @Override
            public void run() {

                duration = player.getDuration();
                currentPosition = player.getCurrentPosition();
```

```
                Message msg = handler.obtainMessage();
                //把进度封装到消息对象 msg 中
                Bundle bundle = new Bundle();
                bundle.putInt("duration", duration);
                bundle.putInt("currentPosition", currentPosition);

                msg.setData(bundle);
                handler.sendMessage(msg);//发送消息
            }
            //开始计时任务后的 5ms，第一次执行 run()方法，以后每 500ms 执行一次
        }, 5, 500);
    }
  }
}
```

在布局文件中定义了 SurfaceView 组件和进度图，达到播放视频并显示进度的效果。通过给组件添加回调实现监听的功能。当 SurfaceView 创建时，开始接着上次的进度播放视频；当 SurfaceView 销毁时，需要将 MediaPlayer 对象停止、释放并清空，还需要将定时任务取消。参照上一节添加进度条的方法，本次的视频播放器也加上了进度条，支持拖动控制播放进度，最后程序运行结果如图 7-7 所示。

图 7-7　应用 MediaPlayer 设计的视频播放器

7.3 Android 录音与拍照

7.3.1 录音示例

在 Android 中，应用 android.media 包中的 MediaRecorder 类可以录制音频和视频。下面详细介绍 MediaRecorder 类的使用方法。

1．MediaRecorder 类的常用方法

MediaRecorder 类的常用方法如表 7-8 所示。

表 7-8 MediaRecorder 类的常用方法

方　法	说　明
MediaRecorder()	创建录制媒体对象
void setAudioSource(int audio_source)	设置音频源
void setAudioEncoder(int addio_encoder)	设置音频编码格式
void setVideoSource(int video_source)	设置视频源
void setVideoEncoder(int video_encoder)	设置视频编码格式
void setVideoFrameRate(int rate)	设置视频帧速率
void setVideoSize(int width,int height)	设置视频录制画面大小
void setOutputFormat(int output_format)	设置输出格式
setOutputFile(path)	设置输出文件路径
void prepare()	录制准备
void start()	开始录音
void stop()	停止录音
void reset()	重置
void release()	释放播放器有关资源

2．MediaRecorder 对象支持的数据输入源

在使用音频输入设备进行录音时录音接口支持的音频源类型如下：

DEFAULT：系统音频源。

MIC：麦克风。

在使用摄像设备进行视频录制时摄像机接口所支持的视频源类型如下：

CAMERA：摄像机视频输入。

DEFAULT：平台默认。

3．MediaRecorder 对象支持的编码方式

录音机接口支持的音频编码方式如下：

AMR_NB：AMR 窄带。

DEFAULT：默认编码。

录像机接口支持的编码方式如下：

H263：H.263 编码。

H264：H.264 编码。

MPEG_4_SP：MPEG4 编码。

4．MediaRecorder 对象的输出格式

MPEG-4：MPEG4 格式。

RAW_AMR：原始 AMR 格式文件。

THREE_GPP：3GP 格式。

5．录音示例

应用 MediaRecorder 进行音频录制，其主要代码如下：

```
MediaRecorder recorder = new MediaRecorder();//创建录音对象

//设置录音对象
recorder.setAudioSource(MediaRecorder.AudioSource.MIC); //设置音频源
recorder.setOutputFormat(MediaRecorder.OutputFormat.THREE_GPP); //设置输出格式
recorder.setAudioEncoder(MediaRecorder.AudioEncoder.AMR_NB); // 设置编码格式
recorder.setOutputFile(path); //设置输出文件路径

recorder.prepare(); //准备录制
recorder.start(); //开始录制
recorder.stop(); //停止录制
recorder.reset(); //重置 MediaRecorder 对象
recorder.release(); //释放录音占用的有关资源
```

例 7-6　应用 MediaRecorder 设计一个录音机。

1）新建工程 Recorder，布局文件代码如下：

```
<?xml version="1.0" encoding="utf-8"?>
<LinearLayout xmlns:android="http://schemas.android.com/apk/res/android"
   xmlns:tools="http://schemas.android.com/tools"
   android:layout_width="match_parent"
   android:layout_height="match_parent"
   android:orientation="vertical"
   tools:context="edu.neu.androidlab.recorder.MainActivity">
   <LinearLayout
      android:layout_width="wrap_content"
      android:layout_height="wrap_content">
      <Button
         android:layout_width="wrap_content"
         android:layout_height="wrap_content"
         android:onClick="startRecord"
         android:text="开始录音" />
      <Button
         android:onClick="stopRecord"
```

```
        android:layout_width="wrap_content"
        android:layout_height="wrap_content"
        android:text="停止录音" />
    </LinearLayout>
    <TextView
      android:id="@+id/tv"
      android:layout_width="wrap_content"
      android:layout_height="wrap_content"
      android:text="准备录音！"
      android:textSize="24sp"/>
</LinearLayout>
```

2）Mainactivity 添加如下代码：

```
public class MainActivity extends AppCompatActivity {

    Handler handler = new Handler(){
        @Override
        public void handleMessage(Message msg) {
            //从消息的 what 字段取出录音时长
            int seconds = msg.what;
            //将录音时长转换为时分秒的形式
            String time = Seconds2Time(seconds);
            //显示录音时长
            tv.setText("已录音时长: " + time);
        }
    };

    private MediaRecorder recorder ;
    private TextView tv;
    private Timer timer;
    private int count = 0;
    private static StringBuilder mFormatBuilder;
    private static Formatter mFormatter;

    @Override
    protected void onCreate(Bundle savedInstanceState) {
        super.onCreate(savedInstanceState);
        setContentView(R.layout.activity_main);

        tv = (TextView) findViewById(R.id.tv);
        mFormatBuilder = new StringBuilder();
        mFormatter = new Formatter(mFormatBuilder, Locale.getDefault());
    }
```

```
    public void startRecord(View v){
        recorder = new MediaRecorder();//获取 MediaRecorder 对象
        recorder.setAudioSource(MediaRecorder.AudioSource.MIC);//设置音频源
        recorder.setOutputFormat(MediaRecorder.OutputFormat.THREE_GPP);//设置输出格式
        recorder.setAudioEncoder(MediaRecorder.AudioEncoder.AMR_NB);//设置编码格式
        recorder.setOutputFile("sdcard/record.amr");//设置输出文件路径
        try {
            recorder.prepare();//准备录音
        }catch (Exception e){
            e.printStackTrace();
        }
        recorder.start();//开始录音
        Toast.makeText(this, "录音开始", Toast.LENGTH_SHORT).show();
        count();//打开计时
    }

    public void stopRecord(View v){
        recorder.stop();//停止录音
        recorder.reset();//重置
        recorder.release();//释放资源
        timer.cancel();//取消计时任务
        timer = null;//计时器清零
        count = 0;//录音时长清零
        Toast.makeText(this, "录音结束", Toast.LENGTH_SHORT).show();
    }
    //给录音计时
    public void count() {
        if (timer == null) {
            timer = new Timer();
            timer.schedule(new TimerTask() {
                //开启子线程用来向主线程发送录音时长
                @Override
                public void run() {
                    //将记录的时长封装到消息的 what 字段
                    Message msg = new Message();
                    msg.what = count;
                    handler.sendMessage(msg);
                    count++;//这个就是记录的时长，以秒为单位
                }
            //子线程计时，每次加 1 秒
            }, 0, 1000);
        }
    }
    //将记录的秒数转换为时分秒的形式
```

```
    public static String Seconds2Time(int counts){
        int seconds = counts % 60;
        int minutes = (counts/60)%60;
        int hours = counts/3600;
        mFormatBuilder.setLength(0);
        if(hours>0){
            //HH：MM:SS 的形式显示时间
            return mFormatter.format("%d:%02d:%02d",hours,minutes,seconds).toString();
        } else {
            //MM:SS 的形式显示时间
            return mFormatter.format("%02d:%02d",minutes,seconds).toString();
        }
    }
}
```

3）清单文件需要添加如下两个权限：

```
<!--SD 卡写权限-->
<uses-permission android:name="android.permission.WRITE_EXTERNAL_STORAGE"/>
<!--音频捕获权限-->
<uses-permission android:name="android.permission.RECORD_AUDIO"/>
```


程序运行结果如图 7-8 所示。

图 7-8　应用 MediaRecorder 设计的录音机

7.3.2　拍照示例

使用 android.hardware 包中的 Camera 类可以获取当前设备中的照相机服务接口，从而实现照相机的拍照功能。

1．Camera 类的常用方法

Camera 类的常用方法如表 7-9 所示。

表 7-9　Camera 类的常用方法

方　法	说　明
static Camera open()	创建一个照相机对象
Camera.Parameters getParameters()	创建设置照相机参数的 Camera.Parameters 对象
void setParameters(Camera.Parameters para)	设置照相机参数
void setPreviewDisplay(SurfaceHolder holder)	设置取景预览
void startPreview()	开启照片取景预览
void stopPreview()	停止照片取景预览
void release()	断开与照相机设备的连接，并释放资源
final void takePicture(Camera.ShutterCallback shutter, Camera.Picture Callback raw, Camera.PictureCallback jpeg)	进行拍照

其中，拍照调用的是 takePicture()方法，该方法有三个参数，第一个参数 shutter 是关闭快门事件的回调接口，第二个参数 raw 是获取照片事件的回调接口，第三个参数 jpeg 也是获取照片事件的回调接口。

takePicture()方法采用异步图像捕获的方式。随着图像捕获的进行，照相机服务将启动对应用程序的一系列回调。捕获图像后发生快门回调，这可以用于触发声音以让用户知道已捕获图像。当原始图像数据可用时发生原始回调，当压缩图像可用时，将发生 jpeg 回调。如果应用程序不需要特定的回调，则可以传递 null 而不是回调方法。因此第二个参数和第三个参数的区别在于回调函数中传回的数据内容。第二个参数指定回调函数中传回的数据内容是照片的原数据，而第三个参数指定的回调函数中传回的数据内容是已经按照 jpeg 格式进行编码的数据。

2．实现拍照的主要步骤

在 Android 中实现拍照的主要步骤如下：

（1）获取照相机对象

```
Camera camera = Camera.open(); //通过 Camera 类的 open()方法创建一个照相机对象
```

（2）设置照相机参数

```
Camera.Parameters para = camera.getParameters();//获取设置照相机参数的 Parameters 对象，并设置相关参数
```

（3）预览照片

```
camera.startPreview();//开启照片预览
camera.stopPreview();//停止照片预览
```

（4）拍照

使用照相机对象的 takePicture()方法可以进行异步拍照。通过照片事件的回调接口

PictureCallback 可以获取照相机所得到的图片数据，从而进行下一步的行动，例如保存到本地存储、进行数据压缩、通过可视组件显示。

（5）停止拍照

```
camera.release();//断开与照相机设备的连接，并释放资源
camera = null;
```

3. 拍照示例

例 7-7 应用 Camera 类和 SurfaceView 组件设计一个照相机。

为了实现照相机的取景功能，需要使用 SurfaceView 组件来显示镜头所能拍照的景物，该组件可以高效率地绘制二维图或者显示图像。一般是通过继承的方法来实现自定义 SwfaceView，可以使用回调接口 SurfaceHolder.Callback 监控取景视图，在 7.2.4 节已经讲到 Callback 接口有三个方法需要实现：

1）public void surfaceCreated(SurfaceHolder holder)方法：当 SurfaceView 创建时调用此方法。

2）public void surfaceChanged(SurfaceHolder holder, int format, int width, int height)方法：当 SurfaceView 结构改变时调用此方法。

3）public void surfaceDestroyed(SurfaceHolder holder)：当 SurfaceView 销毁时调用此方法。

此外还要实现拍照完成显示照片预览的功能，因此需要定义两个 Activity，一个用于拍照的 Mainactivity，另一个用于显示照片预览 PreviewActivity，对应着也需要两个布局文件。

1）拍照界面设计，activity_mian.xml 代码如下：

```
<?xml version="1.0" encoding="utf-8"?>
<LinearLayout xmlns:android="http://schemas.android.com/apk/res/android"
    xmlns:tools="http://schemas.android.com/tools"
    android:layout_width="match_parent"
    android:layout_height="match_parent"
    android:orientation="vertical"
    tools:context="edu.neu.androidlab.camera.MainActivity">
    <SurfaceView
        android:id="@+id/sv"
        android:layout_width="match_parent"
        android:layout_height="270dp"
        android:layout_gravity="center_horizontal"/>
    <LinearLayout
        android:layout_width="match_parent"
        android:layout_height="match_parent"
        android:orientation="vertical">
        <EditText
            android:id="@+id/et"
```

```
            android:layout_width="match_parent"
            android:layout_height="wrap_content"
            android:hint="请输入保存文件名,无需文件后缀" />
        <Button
            android:onClick="takePicture"
            android:layout_width="wrap_content"
            android:layout_height="wrap_content"
            android:layout_gravity="center_horizontal"
            android:text="拍照" />
        <Button
            android:onClick="exit"
            android:layout_width="wrap_content"
            android:layout_height="wrap_content"
            android:layout_gravity="center_horizontal"
            android:text="退出"
            />
    </LinearLayout>
</LinearLayout>
```

采用线性布局，定义了一个 SurfaceView、一个 EditText、两个按钮，SurfaceView 用于取景，EditText 用于输入文件名，按钮用于拍照和退出照相机。

2）预览界面设计，activity_preview.xml 代码如下：

```
<?xml version="1.0" encoding="utf-8"?>
<LinearLayout xmlns:android="http://schemas.android.com/apk/res/android"
    xmlns:tools="http://schemas.android.com/tools"
    android:layout_width="match_parent"
    android:layout_height="match_parent"
    android:orientation="vertical"
    tools:context="edu.neu.androidlab.camera.PreviewActivity">
    <ImageView
        android:id="@+id/iv"
        android:layout_width="match_parent"
        android:layout_height="270dp"
        android:layout_gravity="center_horizontal" />
    <LinearLayout
        android:layout_width="match_parent"
        android:layout_height="wrap_content"
        android:orientation="horizontal">
        <Button
            android:layout_width="wrap_content"
            android:layout_height="wrap_content"
            android:layout_weight="1"
            android:text="删除照片"
```

```
            android:onClick="deletePreview"/>
        <Button
            android:layout_width="wrap_content"
            android:layout_height="wrap_content"
            android:layout_weight="1"
            android:text="继续拍照"
            android:onClick="takePhoto"/>
        <Button
            android:layout_width="wrap_content"
            android:layout_height="wrap_content"
            android:layout_weight="1"
            android:text="退出程序"
            android:onClick="exit"/>
    </LinearLayout>
</LinearLayout>
```

预览界面定义了一个 ImageView、三个按钮，ImageView 用于显示拍摄的照片，三个按钮分别用于删除照片、继续拍照和退出照相机。

3）拍照程序设计，在 Mainactivity.java 添加如下代码：


```
public class MainActivity extends AppCompatActivity {

    private SurfaceView sv;
    private EditText et;
    private String imageName = null;
    public Camera camera;

    @Override
    protected void onCreate(Bundle savedInstanceState) {
        super.onCreate(savedInstanceState);
        setContentView(R.layout.activity_main);

        et = (EditText) findViewById(R.id.et);
        sv = (SurfaceView) findViewById(R.id.sv);

        final SurfaceHolder sh = sv.getHolder();//获取 SurfaceView 控制器

        //给 SurfaceHolder 对象添加回调，实现取景的功能
        sh.addCallback(new SurfaceHolder.Callback() {

            //当 SurfaceView 创建时触发此方法
            @Override
            public void surfaceCreated(SurfaceHolder holder) {
                //打开设备的相机
```

```
                camera = Camera.open();
                try {
                    camera.setPreviewDisplay(holder);//设置预览
                }catch (IOException e){
                    System.out.println("预览出错");
                }
            }

            //当 SurfaceView 结构改变时，也就是景物发生变化时触发此方法
            @Override
            public void surfaceChanged(SurfaceHolder holder, int format, int width, int height) {
                Camera.Parameters parameters = camera.getParameters();//获取 Camera.Parameters 对象
                parameters.setPictureFormat(PixelFormat.JPEG);//设置照片保存格式为 jpg
                parameters.setPreviewSize(360, 270);//设置屏幕预览尺寸
                parameters.setPictureSize(360, 270);//设置图片大分辨率
                camera.setParameters(parameters);//将 Camera.Parameters 对象的设置作用于 Camera 对象
                camera.startPreview();//打开预览，此时还没有保存为照片
            }

            //当 SurfaceView 销毁时触发，此处不作处理
            @Override
            public void surfaceDestroyed(SurfaceHolder holder) {
            }
        });
    }

    //单击拍照按钮
    public void takePicture(View v){
        imageName = et.getText().toString();//输入文件名
        if (imageName.length() == 0) {
            //文件名为空时，不执行拍照操作
            Toast.makeText(MainActivity.this, "请输入有效的文件名", Toast.LENGTH_SHORT).show();
        }else {
            //文件名有效时，执行拍照操作
            camera.takePicture(null, null, new jpegCallback());//开始拍照
            Toast.makeText(MainActivity.this, "拍照成功", Toast.LENGTH_SHORT).show();
            //拍照完成，立即跳转至预览界面，即启动 PreviewActivity
            Intent intent = new Intent(this, PreviewActivity.class);
            intent.putExtra("imageName", imageName);//跳转时将文件名传递给 PreviewActivity
```

```
                startActivity(intent);//跳转至 PreviewActivity
            }
        }

        //单击退出按钮
        public void exit(View v){
            //单击之后直接返回桌面
            Intent intent = new Intent(Intent.ACTION_MAIN);
            intent.setFlags(Intent.FLAG_ACTIVITY_NEW_TASK);
            intent.addCategory(Intent.CATEGORY_HOME);
            startActivity(intent);
            System.exit(0); //终止程序，终止当前正在运行的 JVM
        }

        //Mainactivity 生命周期方法，当程序退出时，触发此方法
        @Override
        protected void onDestroy() {
            super.onDestroy();
            //处理程序退出时的资源释放
            if (camera != null ) {
                //如果 Camera 对象存在，退出的时候必须释放，不然会产生空指针
                camera.stopPreview();//停止预览
                camera.release();//释放 Camera 对象
                camera = null;//清空 Camera 对象
            }
        }

        // Mainactivity 生命周期方法，当 Mainactivity 失去焦点时，触发此方法
        @Override
        protected void onStop() {
            super.onStop();
            //跳转到 PreviewActivity 之后，Camera 对象也要释放
            camera.stopPreview();//停止预览
            camera.release();//释放 Camera 对象
            camera = null;//清空 Camera 对象
        }

        //定义 Camera.PictureCallback 接口的实现类 jpegCallback，处理照相机所得到的数据
        class jpegCallback implements Camera.PictureCallback{
            @Override
            public void onPictureTaken(byte[] data, Camera camera) {
                //图片捕获完成后，存放在字节数组 data 中，将 data 解码为 Bitmap 对象
                Bitmap bm = BitmapFactory.decodeByteArray(data, 0, data.length);
```

```
            imageSave(bm, imageName);//保存此图片
        }
    }

    //图片保存
    public void imageSave(Bitmap bm, String imageName) {
        File photosPath = new File("sdcard/photos");//在 SD 卡目录下创建文件 photos
        if (!photosPath.exists()) {//若不存在 photos 文件，则创建此文件
            photosPath.mkdirs();
        }
        FileOutputStream fos = null;
        try {
            fos = new FileOutputStream(photosPath + "/" + imageName + ".jpg");//创建文件输出流
        } catch (FileNotFoundException e) {
            // TODO Auto-generated catch block
            e.printStackTrace();
        }
        bm.compress(Bitmap.CompressFormat.JPEG, 100, fos);//保存图片
    }
}
```


Mainactivity 完成拍照功能，执行过程如下：首先获取 SurfaceHolder 对象，再给此对象添加回调，当 SurfaceView 创建时触发 surfaceCreated(SurfaceHolder holder)方法，在此方法中打开相机服务，开始取景。当移动手机时，SurfaceView 的结构发生改变，触发 surfaceChanged(SurfaceHolder holder, int format, int width, int height)方法，在此方法中设置 Camera 对象的参数。当单击拍照按钮时，执行文件名检查，文件名不为空时开始拍照，拍照完成后立即跳转至 PreviewActivity。

4）预览程序设计，在 PreviewActivity.java 添加如下代码：

```
public class PreviewActivity extends AppCompatActivity {

    private ImageView iv;
    private String imagePreview;

    //拍照完成，跳转至 PreviewActivity，此方法触发
    @Override
    protected void onCreate(Bundle savedInstanceState) {
        super.onCreate(savedInstanceState);
        setContentView(R.layout.activity_preview);

        //获取启动 PreviewActivity 的 Intent 对象
        Intent intent = getIntent();
        //从 Intent 对象封装的数据中取出文件名
```

```
        String imageName = intent.getStringExtra("imageName");
        //获取要预览照片的路径
        imagePreview = "sdcard/photos/" + imageName + ".jpg";

        iv = (ImageView) findViewById(R.id.iv);
        Bitmap bm = BitmapFactory.decodeFile(imagePreview);
        iv.setImageBitmap(bm);//显示预览照片
    }

    //删除拍摄照片
    public void deletePreview(View v){
        File file = new File(imagePreview);
        if (file.delete()){
           Toast.makeText(this, imagePreview + "删除成功", Toast.LENGTH_SHORT).show();
        }
        //删除照片之后返回到拍照界面
        Intent intent = new Intent(this, MainActivity.class);
        startActivity(intent);
    }

    //单击返回到拍照界面
    public void takePhoto(View v){
        Intent intent = new Intent(this, MainActivity.class);
        startActivity(intent);
    }

    //单击返回到桌面
    public void exit(View v){
        finish();//销毁 PreviewActivity
        //直接返回到桌面
        Intent intent = new Intent(Intent.ACTION_MAIN);
        intent.setFlags(Intent.FLAG_ACTIVITY_NEW_TASK);
        intent.addCategory(Intent.CATEGORY_HOME);
        startActivity(intent);
        System.exit(0);//终止程序，终止当前正在运行的 JVM
    }
}
```


拍照程序主要完成取景拍照功能，Mainactivity 跳转时携带文件名，PreviewActivity 从跳转的 Intent 对象中获取文件名，得到照片的保存路径，显示到 ImageView 上，达到预览照片的效果。预览照片完成之后有三种操作，分别是删除照片、继续拍照和退出程序。

因为此程序涉及 Activity 跳转，所以在 Mainactivity 中有几个生命周期方法必须重写。在跳转至 PreviewActivity 时，由于 Mainactivity 失去了焦点，所以执行 onStop()方法，在此方法中要释放 Camera 对象，见 Mainactivity.java 代码的 81～87 行；在单击设备的返回按键时，执行 onDestroy()方法，所以此方法也要重写，若 Camera 对象不为空，退出程序时要释放 Camera 对象，见 Mainactivity.java 代码的 69～78 行。

5）清单文件配置，在 AndroidManifest.xml 文件中添加如下代码：

```
<uses-permission android:name="android.permission.CAMERA" />
<uses-permission android:name="android.permission.WRITE_EXTERNAL_STORAGE" />
```

向其添加了使用相机和 SD 卡的写操作权限。

6）程序运行结果如图 7-9 所示。

输入文件名界面

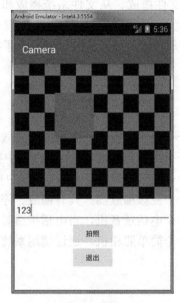

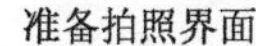

准备拍照界面

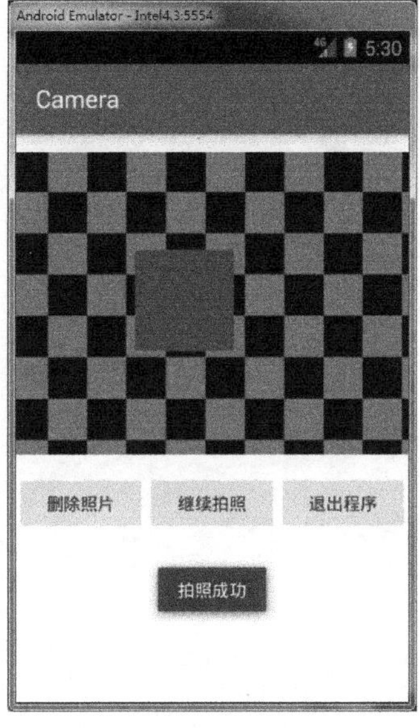

拍照成功界面

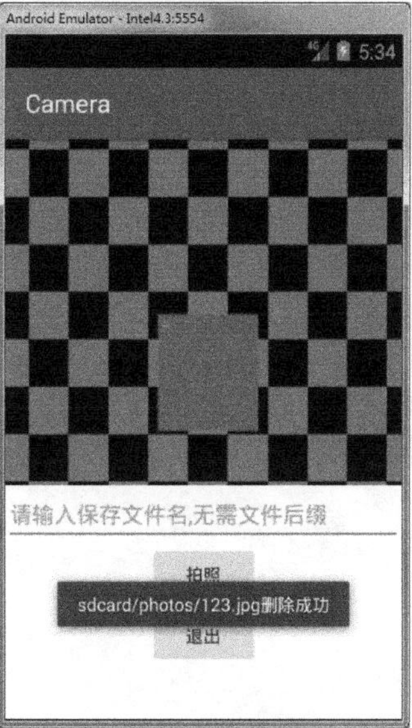

删除照片成功界面

图 7-9　照相机运行界面

本 章 小 结

本章介绍了 Android 平台下通过程序实现图形绘制、音频和视频播放、录音与拍照等操作。先介绍了 Android 图形绘制与特效，包括图像的绘制、平移、旋转及缩放等操作，保存指定格式的图像文件。其次，还介绍了音、视频的播放。在 Android 中音频有三种播放方式：从源文件播放、从文件系统播放和从流媒体播放；视频播放有两种方式：一种是应用视频视图组件 VideoView 播放视频，另一种方式是应用媒体播放器组件 MediaPlayer 播放视频。最后通过示例介绍了在 Android 中录音与拍照的应用。

习 题

1．绘制一个五角星图案，实现国旗的效果。
2．设计一个图片查看器，读取 SD 卡中指定图片。
3．设计一个音乐播放器，从 res 资源中播放音频文件。
4．设计一个视频播放器，具有播放、停止、暂停功能。
5．设计一个电话录音机，当电话接通时自动开启录音。
6．设计一个简单照相机，通过调用系统相机实现拍照摄像。

第 8 章　Android 网络技术

大多数应用都会使用到网络，与服务器、物联网的交互也是必不可少的。因此，在 Android 开发过程中，不可避免地需要进行网络通信编程。但是网络通信是一个费时费力的过程，可能带来不良的用户体验。所以为了改善用户体验，满足用户使用需求，本章在 Android 系统中针对一些常用的网络访问方式进行介绍，然后借助于子线程进行实现。同时介绍如何使用浏览网页，获得网络资源或提交数据。

8.1　Web 视图

网络应用程序是一种使用网页浏览器在互联网或者企业内部网上操作的应用软件。网络应用程序采用网页语言（例如 HTML、JavaScript、Java 等）进行编写，需要通过浏览器来运行。网络应用程序流行的原因之一是因为可以直接在各种计算机平台上运行，不需要事先安装或定期升级程序。常见的网页应用程序有网络商店、网络拍卖、网络论坛、博客和网络游戏等。

在编写网络应用程序时，Android 提供两种方式进行网页访问，一种是使用 Android SDK 开发并安装在一个 APK 用户设备；另一种是采用 Web 浏览器访问网页。如图 8-1 所示为 Android 提供的两种网页访问方式。如果采用编写网络应用程序方式，可以利用 API 包中的 WebKit 模块。WebView 作为应用程序的 UI 接口，为用户提供一系列的网页浏览和用户交互功能。

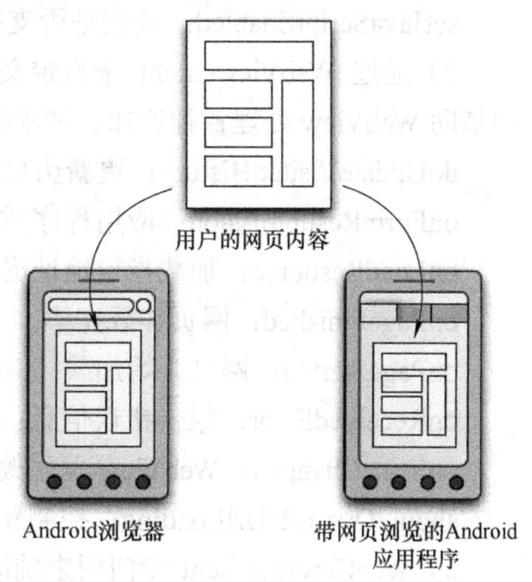

图 8-1　两种网页访问方式

8.1.1　浏览器引擎 WebKit

在 Android 手机中内置了一款高性能 WebKit 内核浏览器。WebKit 是一个开源的浏览器引擎，它是自由软件，在 GPL 条约下授权，同时支持 BSD 系统的开发，开放源代码。WebKit 的优势在于高效稳定、兼容性好，且源码结构清晰、易于维护。WebKit 内核有非常好的网页解析机制，其在手机上的应用也十分广泛，例如 Google 的 Android、Apple 的 iPhone、Nokia 的 Series 60 等所使用的 Browser 内核引擎都是基于 WebKit 的。Android 平台的 WebKit 模块由 Java 层和 WebKit 库两个部分组成，Java 层负责与 Android 应用程序进行通信，而 WebKit 类库负责实际的网页排版处理。

8.1.2 Web 视图对象

有时候需要在应用程序里展示一些网页，加载和显示网页通常都是浏览器的任务，但是需求里又明确指出不允许打开系统浏览器，而且也不可能自己去编写一个浏览器出来。Android 考虑到了这种需求，并提供了一个 WebView 控件，借助它就可以在自己的应用程序里嵌入一个浏览器，从而非常轻松地展示各种网页。

在 WebKit 的 API 包中，最重要、最常用的类是 Android.WebKit.WebView。WebView 类是 WebKit 模块 Java 层的视图类，所有需要使用 Web 浏览功能的 Android 应用程序都要创建该视图对象，用于显示和处理请求的网络资源。目前，WebKit 模块支持 HTTP、HTTPS、FTP 以及 JavaScript 请求。WebKit 作为应用程序的 UI 接口，为用户提供了一系列的网页浏览、用户交互接口，客户程序通过这些接口访问 WebKit 核心代码。

1）通过 webView.getSettings 设置 WebView 的一些属性、状态。

setAllowFileAccess：是否能访问文件数据；

setBuiltInZoomControls：设置是否支持缩放；

setCacheMode：设置缓冲的模式；

setJavaScriptEnabled：设置是否支持 JavaScript。

2）通过 WebViewClient 来自定义网页浏览程序。webView.setWebChromeClient 为专门辅助 WebView 处理各种通知、请求等事件的类。

doUpdateVisitedHistory：更新历史记录；

onFormResubmission：应用程序重新请求网页数据；

onLoadResource：加载指定地址提供的资源；

onPageFinished：网页加载完毕；

onPageStarted：网页开始加载；

onReceivedError：报告错误信息；

onScaleChanged：WebView 发生改变；

shouldOverrideUrlLoading：控制新的连接在当前 WebView 中打开。

3）WebChromeClient 专门用来辅助 WebView 处理 JavaScript 的对话框、图标、网站标题、加载进度栏等控件。

onCloseWindow：关闭 WebView；

onCreateWindow：创建 WebView；

onJsAlert：处理 JavaScript 中的 Alert 对话框；

onJsConfirm：处理 JavaScript 中的 Confirm 对话框；

onJsPrompt：处理 JavaScript 中的 Prompt 对话框；

onProgressChanged：加载进度条改变；

onReceivedIcon：网页图标更改；

onReceivedTitle：网页标题更改；

onRequestFocus：WebView 显示焦距。

8.1.3 Web 视图实例

下面给出一个使用 WebView 的实例。创建一个 WebView 的一般步骤如下：

1）在布局文件中声明 WebView。

2）在 Activity 中实例化 WebView。

3）调用 WebView 的 loadUrl( )方法，设置 WebView 要显示的网页。

4）为了让 WebView 能够响应超链接功能，调用 setWebViewClient()方法，设置 WebView 视图。

5）需要在 AndroidManifest.xml 文件中添加权限，否则会出现 Web page not available 错误：

```
<uses-permission android:name="android.permission.INTERNET"/>
```

下面通过一个实例来说明其用法。

例 8-1 应用 WebView 对象浏览网页。

WebView 的用法比较简单，首先新建一个 WebViewTest 项目，然后修改 activity_main.xml 中的代码如下：

```
<LinearLayout xmlns:android="http://schemas.android.com/apk/res/android"
        android:orientation="vertical" android:layout_width="match_parent"
        android:layout_height="match_parent">
<WebView
        android:id="@+id/web_view"
        android:layout_width="match_parent"
        android:layout_height="match_parent" />
</LinearLayout>
```

在布局文件中使用了一个 WebView 控件。这个控件就是用来显示网页的，这里给它设置了一个 id，并让它充满整个屏幕。接下来修改 MainActivity 中的代码如下：

```
public class MainActivity extends AppCompatActivity{
private android.webkit.WebView webView;
@Override
 protected void onCreate(Bundle savedInstanceState) {
    super.onCreate(savedInstanceState);
    setContentView(R.layout.activity_main);
    webView=(android.webkit.WebView)findViewById(R.id.web_view);
    webView.getSettings().setJavaScriptEnabled(true);
    webView.setWebViewClient(new WebViewClient());
    webView.loadUrl("http://baidu.com");
 }
}
```

在 Mainactivity 中，首先使用 findViewById()方法获取到了 WebView 的实例，然后调

用 WebView 的 getSettings()去设置浏览器属性，这里只调用了 setJavaScriptEnabled()方法来让 WebView 支持 JavaScript 脚本。接下来是很重要的一部分，调用了 WebView 的 setWebViewClient()方法，并传入了 WebViewClient 的匿名类作为参数，这段代码表示当需要从一个网页跳转到另一个网页时，希望目标网页仍然在当前 WebView 中显示，而不是打开系统浏览器。最后调用了 WebView 的 loadUrl()方法，并将网址传入，即可展示相应网页的内容。另外还需注意，由于本程序使用了网络功能，还需要在 AndroidManifest.xml 中进行如下权限声明：

```
<uses-permission android:name="android.permission.INTERNET"/>
```

在运行之前，需保证手机或模拟器是联网的，若使用的是模拟器，只需保证电脑能正常上网即可。运行效果如图 8-2 所示。

图 8-2 用 WebView 访问网页

8.2 获取网络资源

如果深入分析 HTTP 协议可能需要花费很长的篇幅。在 Android 开发中，对于 HTTP 协议，读者只需要稍微了解一些就足够了。它的工作原理很简单，就是客户端向服务器发出一条 HTTP 请求，服务器收到请求之后会返回一些数据给客户端，然后客户端再对这些数据进行解析和处理就可以了。

获得网络资源主要的方式是 HTTP 和 URL 两种请求。URL 对象全称是统一资源定位符，是指向互联网“资源”的指针，资源可以是简单的文件目录，也可以是更复杂的对象的引用，URL 可以由协议名、主机、端口和资源组成。HTTP 通信技术是网络通信中最常用的技术之一，客户端向服务器发出 HTTP 请求，服务器接收到客户端的请求后，处理客户端的请求，处理完成后再通过 HTTP 应答给客户端。这里的客户端一般是浏览器。本章中客户端是 Android 手机，服务器一般是 HTTP 服务器，HTTP 定义了与服务器的交互的不同方法。目前，Android 平台提供了几种与网络相关的接口，见表 8-1。

表 8-1　与网络相关的接口

接　口	描　述
java.io	虽然没有提供现实网络通信功能，但是仍然非常重要。该包中的类由其他 Java 包中提供的 socket 和链接使用。它们还用于与本地文件的交互
java.nio.	包含表示特定数据类型的缓冲区的类。适用于两个基于 Java 语言的端点之间的通信
java.net.*	标准 Java 接口。提供与联网有关的类，包括流、数据包套接字（socket）、Internet 协议、常见 HTTP 处理等。比如：创建 URL，以及 URLConnection/HttpURLConnection 对象、设置链接参数、链接到服务器、向服务器写数据、从服务器读取数据等通信
org.apache.*	Apache 接口。对于大部分应用程序而言，JDK 本身提供的网络功能已远远不够，这时需要 Android 提供的 Apache HttpClient。它是一个开源项目，功能更加完善，为客户端的 HTTP 编程提供高效、最新、功能丰富的工具包支持。可以将其视为流行的开源 Web 服务器
android.net.*	Android 网络接口。常常使用此包下的类进行 Android 特有的网络编程，如：访问 WiFi，访问 Android 联网信息，邮件等功能

表中后三种为 Android 平台提供的常用于网络访问的接口，其中使用最多的就是 java.net.*和 org.apache.*接口，下面介绍 HTTP 和 URL 的基本用法。

8.2.1　通过 URL 获取网络资源

URL（Unifrom Resource Locator）对象代表统一资源定位等，可以定位到互联网的资源上，如果用户已经知道网络上某个资源的 URL（例如图片、视频或者音乐文件等），那就可以直接通过使用 URL 进行网络连接以获得资源。资源获取一般过程如下：

1）创建 URL 对象。

2）调用常用的方法来获取相应资源。例如，使用 open Stream()，打开与此 URL 的连接，并返回读取到的数据流。

3）将获得的数据流进行处理。本实例将其显示在 ImageView 上。

例 8-2　通过 URL 获取网络图片资源（示例网址 http://p3.so.qhmsg.com/bdr/_240_/t010f51b2447a7bd9c8.jpg），效果如图 8-3 所示。

图 8-3　通过 URL 获取网络图片

新建项目 URLDemo，在布局文件中准备一个 ImageView 控件，activity_main.xml 代码如下：

```
<?xml version="1.0" encoding="utf-8"?>
<LinearLayout xmlns:android="http://schemas.android.com/apk/res/android"
      xmlns:app="http://schemas.android.com/apk/res-auto"
      xmlns:tools="http://schemas.android.com/tools"
      android:layout_width="match_parent"
```

```
        android:layout_height="match_parent"
        android:orientation="vertical"
 tools:context="androidlab.neu.edu.urldemo.MainActivity">
<ImageView
        android:layout_width="match_parent"
        android:layout_height="match_parent"
        android:id="@+id/imageView"/>
</LinearLayout>
```

MainActivity.java 的代码如下：

```
package androidlab.neu.edu.urldemo;
import android.graphics.drawable.Drawable;
import android.os.AsyncTask;
import android.support.v7.app.AppCompatActivity;
import android.os.Bundle;
import android.widget.ImageView;
import java.io.IOException;
import java.io.InputStream;
import java.net.MalformedURLException;
import java.net.URL;

public class MainActivity extends AppCompatActivity {
  private ImageView img;
  @Override
  protected void onCreate(Bundle savedInstanceState) {
      super.onCreate(savedInstanceState);
      setContentView(R.layout.activity_main);
      img = (ImageView)findViewById(R.id.imageView);
      MyTask myTask = new MyTask();
      myTask.execute();
  }
  class MyTask extends AsyncTask{
      @Override
      protected Object doInBackground(Object[] params){

          Drawable drawable = null;
          try{
              //设置要读取的资源路径
String url="http://p3.so.qhmsg.com/bdr/_240_/t010f51b2447a7bd9c8.jpg";
              //1.实例化 URL
              URL objURL = new URL(url);
              //2.读取数据流
              InputStream in  = objURL.openStream();
```

```
34              //3.处理输入流，转化成图片
35              drawable = Drawable.createFromStream(in,null);
36
37          } catch (MalformedURLException e) {
38              e.printStackTrace();
39          } catch (IOException e) {
40              e.printStackTrace();
41          }
42          return drawable;
43      }
44      @Override
45      protected void onPostExecute(Object o){
46          super.onPostExecute(o);
47          img.setImageDrawable((Drawable)o);
48      }
49  }
50}
```

此实例是程序直接与 URL 建立连接，然后以数据流的形式获取资源。代码 12～21 行是进行初始化并准备异步任务类，从 22 行开始为 MyTask 类结构内容，其中 Async Task 在本书第 4 章 4.3 节中进行了介绍。其中 24 行是在 doInBackground()方法中执行联网以获取网络资源，获取到的图片信息作为返回结果，传给 onPostExecute()中的参数。45 行是在 onPostExecute()方法中进行图片显示。同时不要忘记在 Mainfest 文件增加网络权限<uses-permission android: name ="android.permission.INTERNET"/>。上述代码是在异步任务类的 doInBackground()方法中通过 URL 方式获取网络的图片，然后获得的图片结果传给 onPostExecute()方法，并进行显示。所以，可以将 doInBackground()方法的返回值和 onPostExecute()方法的参数改写成 Drawable 对象，可以自行改造。

8.2.2　通过 URLConnection 获取网络资源

URLConnection 用于应用程序和 URL 之间建立连接，借助于 URLConnection 这个桥梁可以向 URL 发送请求，读取 URL 资源，一般步骤如下：

1）创建 URL 对象。

2）建立与 URL 的连接。由于 URLConnection 未抽象类不能直接实例化，通常通过 openConnection()方法获得。

3）获取返回的 InputStream。

4）将 InputStream 进行处理，显示到对应的控件上。

5）关闭流操作。

例 8-3　利用 URLConnection 方式实现例 8-2 的操作，主要 MainActivity.java 代码如下：

```
public class MainActivity extends AppCompatActivity {
 private ImageView img;
```

```
@Override
protected void onCreate(Bundle savedInstanceState) {
    super.onCreate(savedInstanceState);
    setContentView(R.layout.activity_main);
    img = (ImageView)findViewById(R.id.imageView);
    MyTask myTask = new MyTask();
    myTask.execute();
 }
 class MyTask extends AsyncTask{
     @Override
     protected Object doInBackground(Object[] params){

         Drawable drawable = null;
         try{
             //设置要读取的资源路径
String url="http://p3.so.qhmsg.com/bdr/_240_/t010f51b2447a7bd9c8.jpg";
             //1.实例化 URL
             URL objURL = new URL(url);
             //2.建立与 URL 的连接
            URLConnection conn=objURL.openConnection();
             conn.connect();
             //3.获取返回的 InputStream
             InputStream is = conn.getInputStream();
             //4.将 InputStream 进行处理
             drawable = Drawable.createFromStream(in,null);
             //5.关闭连接
             is.close();
         } catch (MalformedURLException e) {
             e.printStackTrace();
         } catch (IOException e) {
             e.printStackTrace();
         }
         return drawable;
     }
     @Override
     protected void onPostExecute(Object o){
         super.onPostExecute(o);
         img.setImageDrawable((Drawable)o);
     }
 }
}
```

例 8-3 是通过 URLConnection 的方式获取了网络图片资源，效果与例 8-2 相同。在以上建立的连接上，应用程序不仅可以从服务器端获取各种资源，也可以向服务器传递各种资源，主要是将上述的输入流换成输出流，然后对输出流进行处理，例如 OutputStream out=conn.getOutputStream()。除此之外，URLConnection 还有一个子类 HttpURLConnection，它在 URLConnection 的基础上增加了一些用于操作 HTTP 资源的便捷方法，此内容将在本章 8.3.1 节进行介绍。

8.2.3 通过 HTTP 获取网络资源

HTTP 是 Web 联网的基础，也是手机联网常用的协议之一，HTTP 协议是建立在 TCP 协议之上的一种应用，用于传送 www 方式的数据。HTTP 协议采用了请求/响应模式，是一个属于应用层的面向对象的协议。HTTP 协议主要用于 Web 浏览器和 Web 服务器之间的数据交换，例如在地址栏中输入 http://host:port/path，其中 http 表示要通过 HTTP 协议来定位网络资源，就相当于通知浏览器使用 HTTP 协议来和 host 所确定的服务器进行通信；host 表示合法的 Internet 主机域名或者 IP 地址；port 指定一个端口号，为空则使用默认端口 80；path 指定请求资源 URL。Android 中的 HTTP 协议版本是 HTTP1.1，采用了请求/响应模式：在客户端向服务器发送一个请求并接收后，只要不关闭网络连接，就可以继续向服务器发送 HTTP 请求，客户端发送的每次请求都需要服务器回送响应，在请求结束后，会主动释放连接。HTTP 的大致工作流程：客户端向服务器发出 HTTP 请求，服务器接收到客户端的请求后，处理客户端的请求，处理完成后再通过 HTTP 应答返回给客户端。这里的客户端是指 android 手机端，服务器一般是 HTTP 服务器。

HTTP 请求由三部分组成：请求行、消息报头、请求正文。请求行的格式为：

```
Method Request-URL HTTP-Version CRLF
```

其中 Method 表示请求方法，见表 8-2，主要使用 POST、GET 方式；Request-URL 是一个统一资源标识符；HTTP-Version 表示请求的 HTTP 协议版本；CRLF 表示回车和换行。

表 8-2 请求方法 Method 列表

方　法	描　述
Get	请求获取 Request-URL 所标识的资源
Post	在 Request-URL 所标识的资源后附加新的数据
Head	请求获取由 Request-URL 所标识的资源的响应消息报头
Put	请求服务器存储一个资源，并用 Request-URL 作为其标识
Delete	请求服务器删除 Request-URL 所标识的资源
Trace	请求服务器回送收到的请求信息，主要用于测试或诊断
Connect	保留将来使用
Options	请求查询服务器的性能，或者查询与资源相关的选项和需求

HTTP 响应也是由三个部分组成：状态行、消息报头、响应正文。状态行格式为：

```
HTTP-Version Status-Code Reason-Phrase CRLF
```

其中 HTTP-Version 表示服务器 HTTP 协议的版本；Status-Code 表示服务器发回的响应状态代码；Reason-Phrase 表示状态代码的文本描述；CRLF 表示回车和换行。

例如：HTTP/1.1 200 OK(CRLF)

状态代码由三位数字组成，第一个数字定义了响应的类别，且有五种可能取值。常见状态代码取值见表 8-3。

表 8-3 常见状态代码取值

常见状态代码	状 态 描 述	说 明
200	OK	客户端请求成功
400	Bad Request	客户端请求有语法错误，不能被服务器所理解
401	Unauthorized	请求未经授权
500	Internal Server Error	服务器发生不可预期的错误
503	Server Unavailable	服务器当前不能处理客户端请求，一段时间后，可能恢复正常

之前介绍 Android 提供了标准 Java 网络接口（java.net.*），还提供了 Apache 的网络接口（org.apache.*）和 Android 的网络接口（android.net.*）。Android SDK 默认集成了 Apache 的网络接口。HTTP 通信编程可以使用 Java 的 java.net.URL 类，也可以使用 Apache 组织提供的 HttpClient 类库，HttpClient 类库已集成到 Android 平台中。一般通过以下步骤进行网络资源访问：

1）创建 HttpGet 或 HttpPost 对象，将要请求的 URL 通过构造方法传入给 HttpGet 或 HttpPost 对象。

2）利用 DefaultHttpClient 类的 execute 方法发送 HTTP GET 或者 HTTP POST 请求，并返回 HttpResponse 对象。若使用 HttpPost 方法提交 HTTP POST 请求还需要 HttpPost 类的 setEntity()方法设置请求参数。

3）使用 HttpResponse 接口的 getEntity()方法返回响应消息，并且进行相应的处理。

HttpGet 的使用方法如下：

```
DefaultHttpClient client = new DefaultHttpClient ();
HttpGet get = new HttpGet("http://10.0.2.2/AndroidWeb/TestHello?name=admin");
HttpResponse response = client.execute(get);
HttpEntity entity = response.getEntity();
System.out.println(EntityUtils.toString(entity));
```

HttpPost 的使用方法如下：

```
DefaultHttpClient client = new DefaultHttpClient ();
HttpPost post = new HttpPost("http://10.0.2.2/AndroidWeb/TestHello");
//设置请求参数
List<BasicNameValuePair>params = new ArrayList<BasicNameValuePair>();
Params.add(new BasicNameValuePair("name","admin"));
//设置编码
```

```
UrlEncodedFormEntity entity = new UrlEncodedFormEntity (parans,"UTF-8");
post.setEntity(entity);
 //发送请求
HttpResponse response = client.execute(post);
HttpEntity entity = response.getEntity();
System.out.println(EntityUtils.toString(entity));
```

以上方式在 Android5.1 中已经不建议使用，Android6.0 版本不予支持，新的替代方法是 HttpClientBuilder.creat().build()。

8.3　Eclipse 下的 Tomcat 安装与配置

本章中的案例，服务器方是由 Eclipse 下的 Tomcat 配置运行。本节介绍 Tomcat 的下载过程和其配置过程，并介绍服务器的搭建过程。

8.3.1　开发环境的安装

Tomcat 是符合 Java EE 标准的最小的 Web Server，它可以完成大部分小型系统的开发，并且提供支持。Tomcat 最大的分水岭出现在 Tomcat 4.1 之后，而在 Tomcat 5.5 之后也发生了一些改变，直到目前使用的 Tomcat 7.0。从 Tomcat 官网上可以下载软件，网址为：http://tomcat.apache.org/。Tomcat 安装的一般步骤如下：

1）Tomcat 需要 JDK 的支持，因此下载之前要保证 JDK 可以正常使用。由于在 Android Studio 环境安装过程中也需要，此处默认已安装完成。

2）安装 Eclipse 或 MyEclipse。由于需要进行 Web 开发，所以下载的是 Java EE 版本。

3）安装 Tomcat。下载需要的版本安装即可，下载界面如图 8-4 所示。

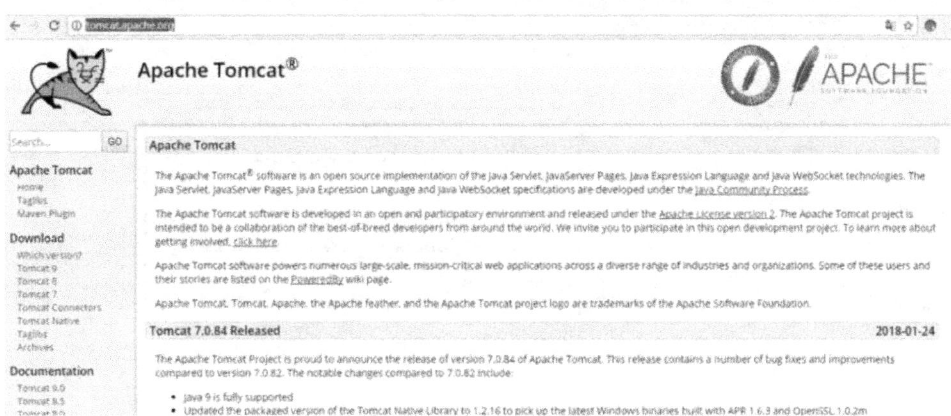

图 8-4　Tomcat 官网下载界面

4）打开环境变量的配置窗口，在系统环境变量一栏单击新建，输入内容如下：变量名：CATALINA_HOME；变量值：刚刚安装的路径。如图 8-5 所示。

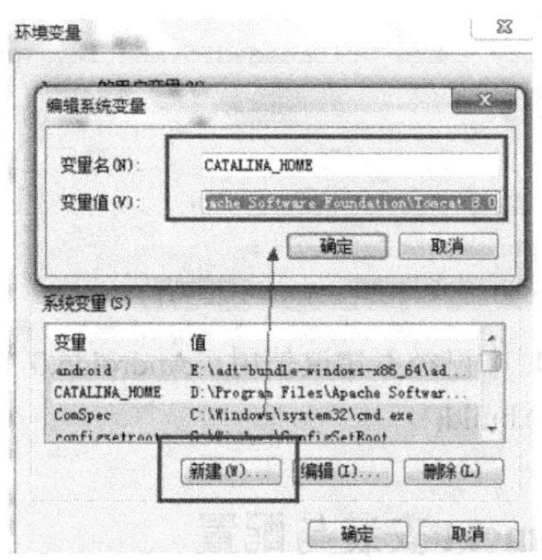

图 8-5 Tomcat 环境变量的配置

5）测试安装配置是否成功。找到安装路径下的 bin 文件夹，找到里面的执行文件如图 8-6、图 8-7。单击运行然后打开浏览器，输入 http://localhost:8080，如果出现图 8-8 所示的内容，则说明安装成功。

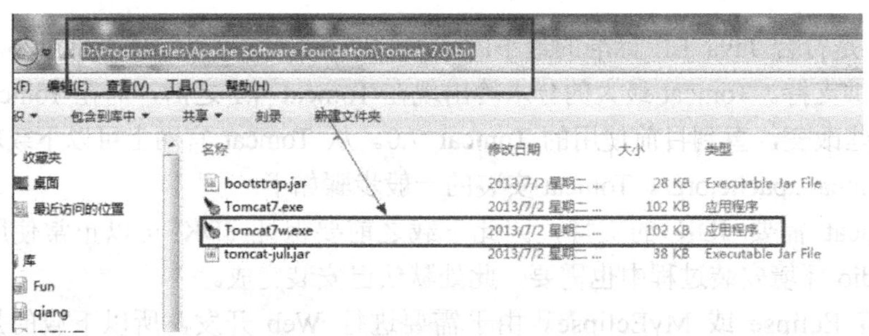

图 8-6 Tomcat 测试执行文件

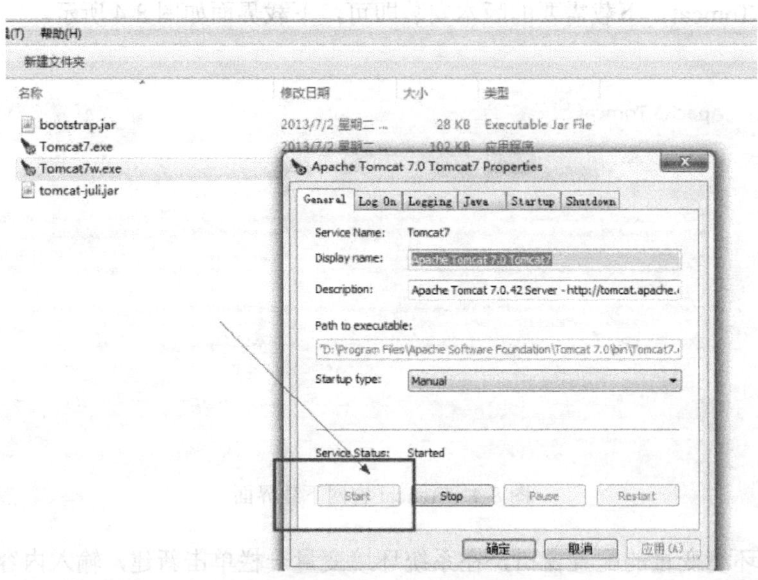

图 8-7 执行 Tomcat 测试

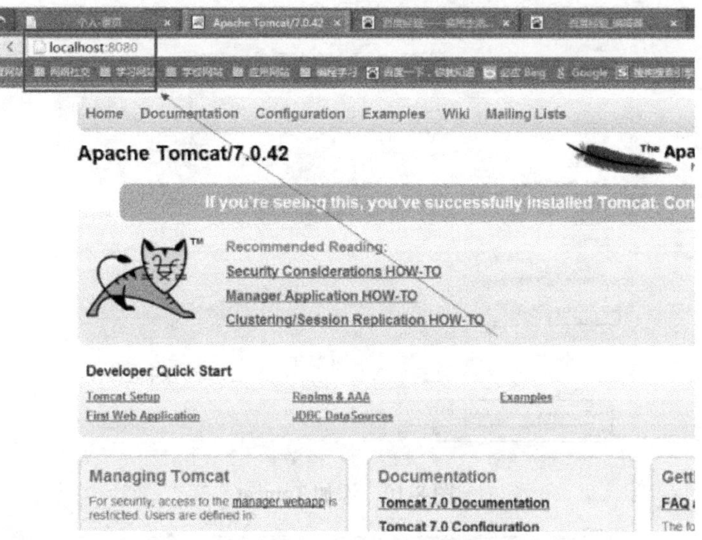

图 8-8 Tomcat 测试成功界面

8.3.2 服务器的搭建

本章利用 Tomact 和 Eclipse 类工具进行 Web 项目的开发。上节已经介绍了两种软件的下载安装和配置，本节主要介绍服务器搭建过程。

1）Eclipse 没有自带服务器环境，这里需要自己配置。如图 8-9 所示，单击“Windows”→“Preferences”→“Server”→“Runtime Environments”→“Add”。选择对应 Tomcat 的版本，这里选择 Tomcat 7.0 版本，单击“Next”，然后再选择 Tomcat 的安装路径和 JRE 版本完成配置工作，如图 8-10、图 8-11 所示。

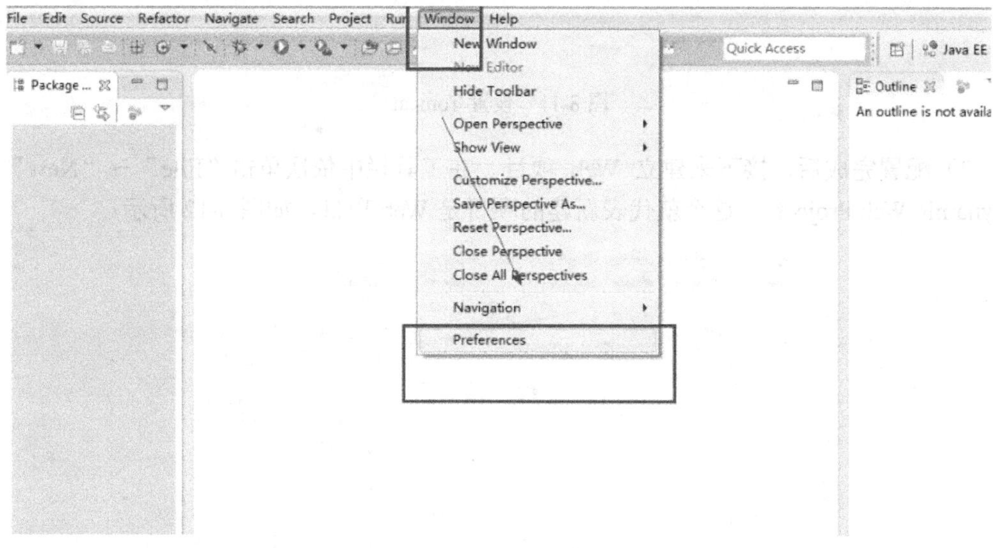

图 8-9 配置服务器环境

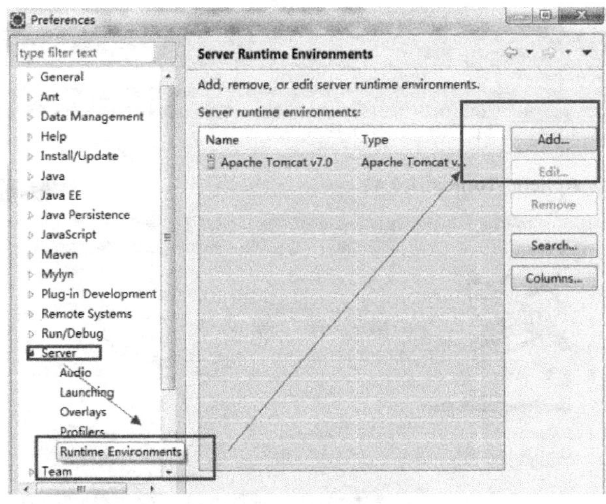

图 8-10　添加 Tomcat

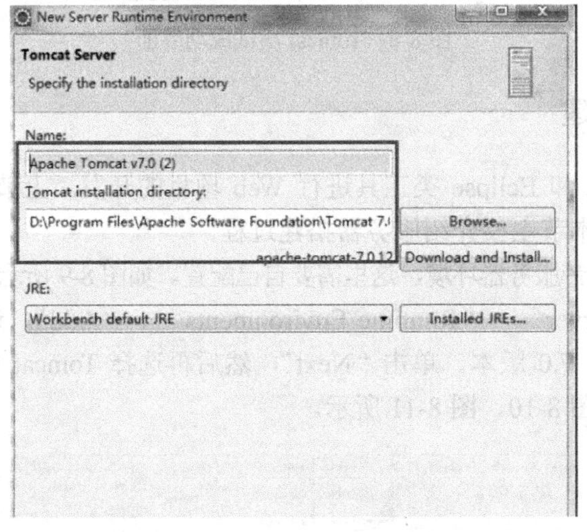

图 8-11　设置 Tomcat

2）配置完成后，接下来建立 Web 项目。在工具栏中依次单击“File”→“New”→“Dynamic Web Project”，这个就代表新建的项目是 Web 项目，如图 8-12 所示。

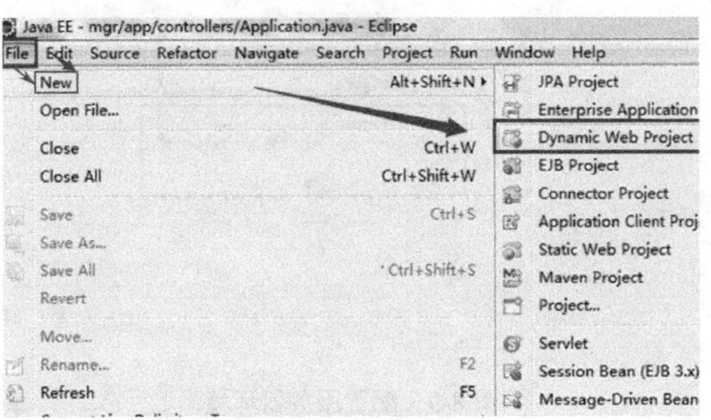

图 8-12　建立 Web 项目（一）

3）如果找不到“Dynamic Web Project”这个选项，说明以前没有建立过 Web 项目，所以不在快捷导航里，这时单击“Other”这个选项，如图 8-13 所示。

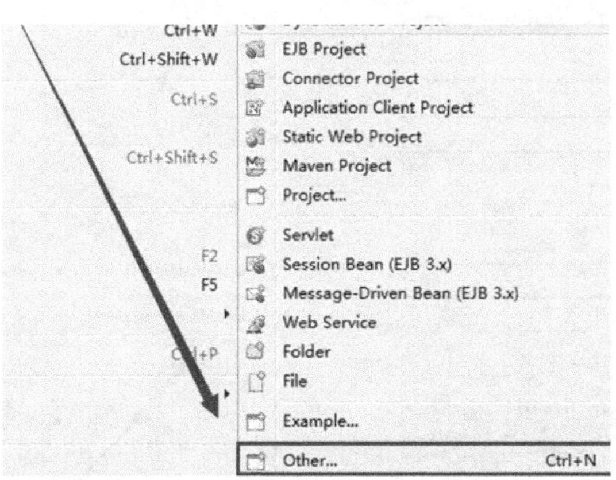

图 8-13　建立 Web 项目（二）

如图 8-14 所示，这个界面弹出的是查询窗口，其内容是所有可以建立的项目类型，比如 Java 项目、Web 项目等，都可以在这个窗口查询得到。在查询输入框里输入“web”，下面会列出所有 Web 相关的项目，鼠标选中“Dynamic Web Project”，然后单击“Next”按钮。

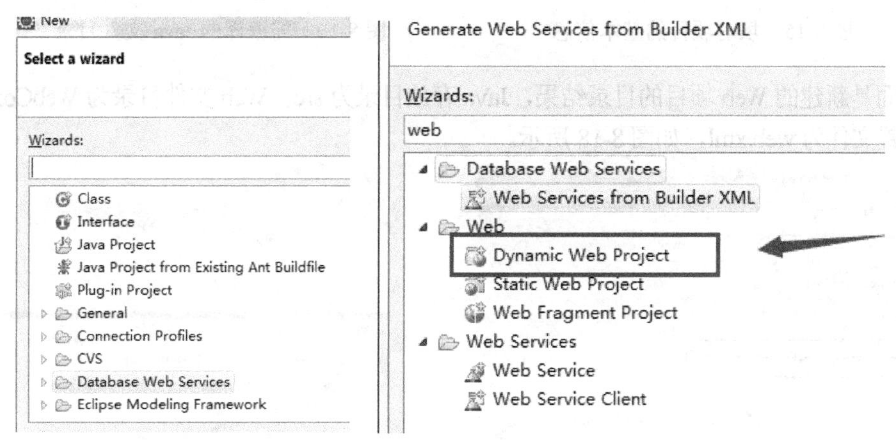

图 8-14　查询窗口

4）如图 8-15 所示，这个界面是填写项目的基本信息，包括项目名、项目运行时服务器版本，在这里项目名输入“Test”，之后单击“Next”。

5）如图 8-16 所示，这个窗口显示的 Web 项目中需要编译的 Java 文件目录，默认是 src 目录，这个不需要改，直接单击“Next”。

6）如图 8-17 所示的窗口，显示的是 Web 项目和 Web 文件相关的目录，即 html、jsp 和 js 等与 Web 相关的文件存放的目录，默认是 WebContent，也可以修改成用户想要的文件名。注意，下面有个复选框，表示是否要自动生成 web.xml 文件。web.xml 文件是 Web 项目的核心文件，也是 Web 项目的入口，老版本的 Eclipse 都会有这个文件，但是新版本的 Eclipse 因为可以使用在 Java 代码中注解的方式，所以提供让用户选择是否要生成，如果是新手最好选择生成，然后单击“Finish”。

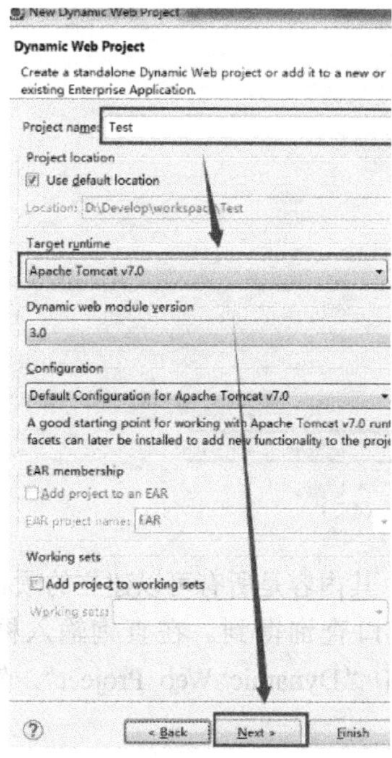

图 8-15　填写项目的基本信息

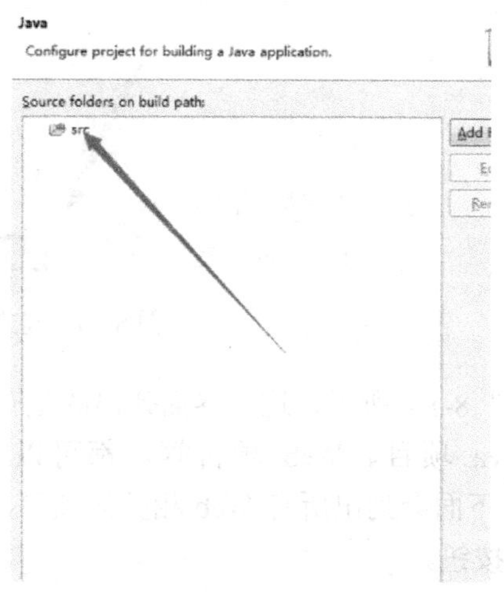

图 8-16　需编译的 Java 文件目录

下面是新建的 Web 项目的目录结果，Java 存放目录为 src；Web 文件目录为 WebContent；Web 配置文件为 web.xml，如图 8-18 所示。

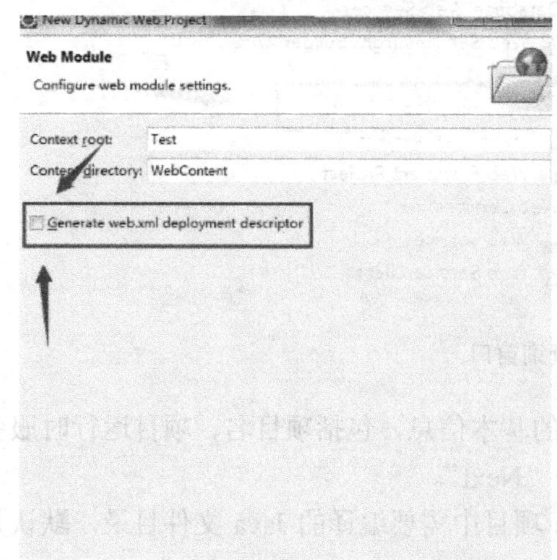

图 8-17　Web 项目和 Web 文件相关的目录

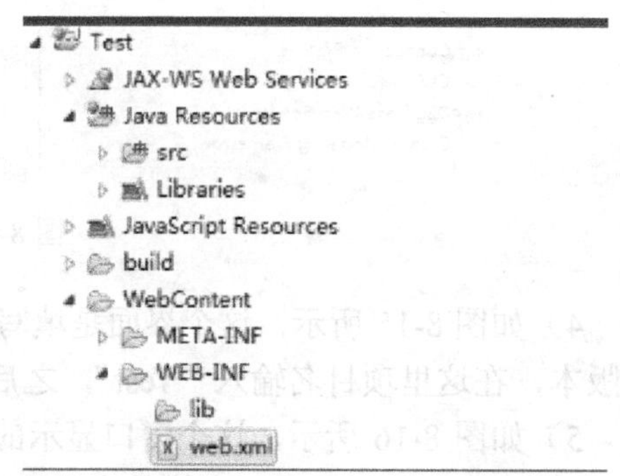

图 8-18　Web 项目的目录结果

7）Web 项目创建成功后，右键单击 src 目录，选择“New”→“Servlet”，新建 LoginServlet 类。若不在快捷导航里，方法同步骤 3），单击“Other”进行创建，如图 8-19 所示。

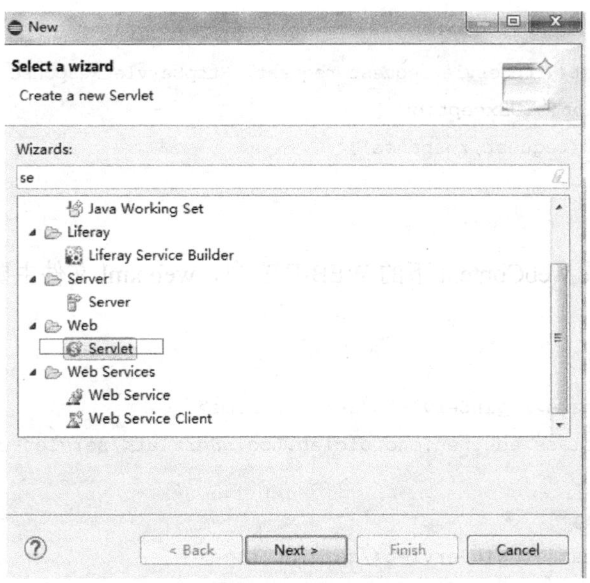

图 8-19 新建 LoginServlet 类

接下来，在 LoginServlet.java 中完成以下代码，根据 name 和 password 的值进行验证，确认登录是否成功。

```
package edu.neu.androidlab;
import java.io.IOException;
import java.io.OutputStream;
import java.io.PrintWriter;
import javax.servlet.ServletException;
import javax.servlet.http.HttpServlet;
import javax.servlet.http.HttpServletRequest;
import javax.servlet.http.HttpServletResponse;

public class LoginServlet extends HttpServlet {
  public void doGet(HttpServletRequest request, HttpServletResponse response) throws
  ServletException, IOException {
          String name = request.getParameter("name");
          String pass = request.getParameter("pass");
          System.out.println(name + ";" + pass);
          OutputStream os = response.getOutputStream();
        if("admin".equals(name) && "123".equals(pass)) {
            os.write("登陆成功".getBytes());
          }
      else {
            os.write("登录失败".getBytes());
          }
    }
```

```
public void doPost(HttpServletRequest request, HttpServletResponse response) throws
 ServletException, IOException {
          doGet(request,response);
      }
   }
```

在上述项目目录 WebContent 下的 WEB-INF 中，web.xml 文件主要内容如下：

```
<web-app>
  <servlet>
       <servlet-name>LoginServlet</servlet-name>
       <servlet-class>edu.neu.androidlab.LoginServlet</servlet-class>
  </servlet>
  <servlet-mapping>
       <servlet-name>LoginServlet</servlet-name>
       <url-pattern>/login</url-pattern>
  </servlet-mapping>
</web-app>
```

其中，edu.neu.androidlab.LoginServlet 是类名，/login 是需要输入的地址。因此，在此处添加请求的网址，然后运行 Web 项目，启动项目，客户端就可以根据搭建运行的服务器，进行登录验证。8.4 节中都需要使用此服务器。

8.4 基于 HTTP 协议的网络通信

深入介绍和分析 HTTP 协议可能需要花费很长的篇幅。在 Android 开发中，对于 HTTP 协议，读者只需要简单了解就足够了。它的工作原理很简单，就是客户端向服务器发出一条 HTTP 请求，服务器收到请求之后会返回一些数据给客户端，然后客户端再对这些数据进行解析和处理。

8.4.1 HttpURLConnection

HttpURLConnection 是 Java 的标准类，继承自 URLConnection 类，两者都是抽象类，所以无法直接实例化。首先需要获取到 HttpURLConnection 的实例，一般只需新建一个 URL 对象，并传入目标的网络地址，然后调用一下 openConnection()方法即可。创建一个 HttpURLConnection 链接的标准步骤如以下代码所示：

```
URL url = new URL("http://www.baidu.com");
HttpURLConnection connection = (HttpURLConnection) url.openConnection();
```

这样只是创建了 HttpRULConnection 的实例，并没有真正进行联网操作。因此，可以在链接之前对其进行一些参数的设置。比如设置一下 HTTP 请求所使用的方法。常用的方法主要有两个：GET 和 POST。GET 表示希望从服务器那里获得数据，而 POST 则希望提交数据给服务器。openConnection()方法只创建 URLConnection 或者 HttpURLConnection 实例，并不进行真正的链接操作，在链接之前可以对其属性进行设置，例如：

```
connection.setDoOutput(true); //设置输出流
connection.setDoInput(true);//设置输入流
connection.setRequestMethod("POST");//设置请求方式为 POST，默认为 GET
connection.setUseCaches(false);//设置 POST 请求方式不能够使用缓存
```

接下来还可以进行一些自由定制，例如设置链接超时、读取超时的毫秒数以及服务器希望得到的一些消息头等。这部分可以根据开发的实际情况进行编写，示例代码如下：

```
connection.setConnectTimeout(5000);
connection.setReadTimeout(5000);
```

然后再调用 getInputStream()方法就可以获取服务器返回的输入流了，剩下的任务就是对输入流进行读取，代码如下所示：

```
InputStream in = connection.getInputStream();
```

最后可以使用 disconnect()方法将 HTTP 链接关闭掉，代码如下所示：

```
connection.disconnect();
```

在完成 HttpURLConnection 实例的初始化之后，就可以通过 GET 方式或 POST 方式与服务器通信了。接下来具体介绍这两种方式。

1. GET 方式

HttpURLConnection 对网络资源的请求在默认情况下是使用 GET 方式，GET 请求可以获取静态页面，也可以把参数放在 URL 字符串后面，传递给服务器。数据传送和读取会用到 InputStreamReader 读取字节并将其解码为字符，其 read()方法每次读取一个或多个字节。BufferedReader 流能够读取文本行，读取的量比 InputStreamReader 要多，通过向 BufferedReader 传递一个 Reader 对象，来创建一个 BufferedReader 对象，常用的方法如下：

1）BufferedReader(Reader in)：创建一个使用默认大小输入缓冲区的缓冲字符输入流。其中参数 in 表示一个 Reader。

2）BufferedReader(Reader in，int sz)创建一个使用指定大小输入缓冲区的缓冲字符输入流。其中参数 in 表示一个 Reader；sz 表示输入缓冲区的大小。

使用 HttpURLConnectinon 访问网络资源的标准流程代码如下：

```
//http 地址
String httpUrl = "http://www,baidu.com";
StringBuffer buffer = new StringBuffer();
String line = null;
BufferedReader reader = null;
HttpURLConnection urlConn=null;
try{
    //创建 URL 对象
```

```
    URL url = new URL(httpUrl);
    //通过 URL 对象创建一个 HttpURLConnection 对象
    urlConn=(HttpURLConnection) url.openConnection();
    //得到读取内容的输入流
    InputStream in = new  InputStreamReader(urlConn.getInputStream());
    reader = new BufferedReader (in);
    while((line = reader.readLine())!=null) //逐行读取文件，将每行数据存入
                                            //line 中，当文件读取完毕后，line 为 null
    {
        buffer.append(line);   //逐行将 line 添加到 StringBuffer 对象中
    }
    }catch (Exception e)
    e.printStackTrace();
    }finally{
    if(reader!=null&&urlConn!=null){
        try {
            reader.close();   //关闭 BufferedReader 对象
            urlConn.disconnect();   //关闭 HttpURLConnection 对象
            } catch (Exception e1) {
            e1.printStackTrace();
        }
    }
}
```


以上是标准的 GET 请求获取数据的流程，参数的传递是直接放在 URL 后面；如果想要提交数据给服务器，就需要先调用 setRequestMethod 设置请求类型为 POST，并在获取输入流之前把要提交的数据通过 writeBytes()方法写出来即可。值得注意的是，参数要放在 Http 请求数据中，每条数据都要以键值对的形式存在，数据与数据之间用“&”符号隔开。下面通过一个具体的示例对两种方式进行演示。

例 8-4 用户账号密码（GET 方式）。

首先新建一个名为 GetHttpURLConnection 的项目，利用 HttpURLConnection 的 GET 方式获取网络上的文件。修改 activity_main.xml 中的代码，如下所示：

```
<LinearLayout xmlns:android="http://schemas.android.com/apk/res/android"
        android:orientation="vertical"
        android:layout_width="match_parent"
        android:layout_height="match_parent">
<EditText
        android:id="@+id/et_name"
        android:layout_width="match_parent"
        android:layout_height="wrap_content"
        android:hint="请输入用户名"
    />
```

```
<EditText
     android:id="@+id/et_pass"
     android:layout_width="match_parent"
     android:layout_height="wrap_content"
     android:hint="请输入密码"
  />
<Button
     android:layout_width="wrap_content"
     android:layout_height="wrap_content"
     android:text="提交"
     android:onClick="click"
  />
</LinearLayout>
```

布局中放置了两个 EditText 和一个 Button，EditText 用来输入用户名和密码，Button 用来提交登录请求。接着修改 MainActivity 中的代码，如下所示：

```
public class MainActivity extends AppCompatActivity {
 @Override
protected void onCreate(Bundle savedInstanceState) {
   super.onCreate(savedInstanceState);
   setContentView(R.layout.activity_main);
 }
 Handler handler = new Handler(){
  public void handleMessage(android.os.Message msg) {
      Toast.makeText(MainActivity.this, (String)msg.obj, 0).show();
  }
};
public void click(View v){
  EditText et_name = (EditText) findViewById(R.id.et_name);
  EditText et_pass = (EditText) findViewById(R.id.et_pass);
  final String name = et_name.getText().toString();
  final String pass = et_pass.getText().toString();
  Thread t = new Thread(){
      @Override
      public void run() {
          //提交的数据需要经过 URL 编码，英文和数字编码后不变
          @SuppressWarnings("deprecation")
           String path = "http://118.202.42.200:8080/Web/LoginServlet?name="+
       URLEncoder. encode(name) + "&pass=" + pass;
          try {
               URL url = new URL(path);
          HttpURLConnection conn = (HttpURLConnection) url.openConnection();
               conn.setRequestMethod("GET");
```

```
                conn.setConnectTimeout(5000);
                conn.setReadTimeout(5000);
                if(conn.getResponseCode() == 200){
                    InputStream is =conn.getInputStream();
                    String text = Utils.getTextFromStream(is);
                    Message msg = handler.obtainMessage();
                    msg.obj = text;
                    handler.sendMessage(msg);
                }
            } catch (Exception e) {
                // TODO Auto-generated catch block
                e.printStackTrace();
            }
        }
    };
  t.start();
 }
}
public class Utils {
public static String getTextFromStream(InputStream is){
 byte[] b = new byte[1024];
 int len = 0;
 //创建字节数组输出流，读取输入流的文本数据时，同步把数据写入数组输出流
 ByteArrayOutputStream bos = new ByteArrayOutputStream();
 try {
     while((len = is.read(b)) != -1){
         bos.write(b, 0, len);
     }
     //把字节数组输出流里的数据转换成字节数组
     String text = new String(bos.toByteArray());
     return text;
  } catch (IOException e) {
     // TODO Auto-generated catch block
     e.printStackTrace();
  }
 return null;
 }
}
```


其中，path 中的 ip 地址需要改为本机的 ip 地址，这里直接在 Click 方法中开启了子线程，然后在子线程里使用 HttpURLConnection 发出一条 HTTP 请求登录服务器端，接着利用 Utils 类对服务器返回的流进行读取与写入，再将结果存放到 Message 对象中。使用 Message 对象是因为子线程中无法对 UI 进行直接操作，希望将服务器返回的内容显

示到界面上，所以就创建了一个 Message 对象，并使用 Handler 将它发送出去。之后在 Handler 的 handleMessage()方法中对这条 Message 进行处理，用 Toast 将结果显示出来。在开始运行之前，需声明一下网络权限。修改 AndroidManifest.xml 中的代码，如下所示：

```
<uses-permission android:name="android.permission.INTERNET"/>
```

运行程序，由于服务器中设置初始的用户名和密码是 admin 和 123，所以账号输入正确显示登录成功，输入错误显示登录失败，如图 8-20 和图 8-21 所示。

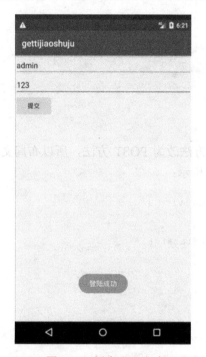

图 8-20　用户登录成功

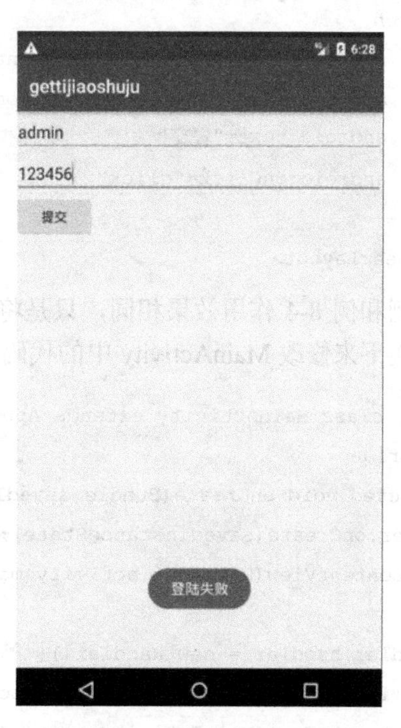

图 8-21　用户登录失败

2．POST 方式

POST 用来提交数据给服务器，POST 与 GET 的不同在于 POST 的参数不能放在 URL 字符串后面，而是放在 HTTP 请求数据中。

例 8-5　用户账号密码（POST 方式）。

新建一个 PostURLConnection 项目，修改 activity_main.xml 中的代码，如下所示：

```
<LinearLayout xmlns:android="http://schemas.android.com/apk/res/android"
        android:orientation="vertical"
        android:layout_width="match_parent"
        android:layout_height="match_parent">
<EditText
        android:id="@+id/et_name"
        android:layout_width="match_parent"
        android:layout_height="wrap_content"
```

```
        android:hint="请输入用户名"
    />
<EditText
        android:id="@+id/et_pass"
        android:layout_width="match_parent"
        android:layout_height="wrap_content"
        android:hint="请输入密码"
    />
<Button
        android:layout_width="wrap_content"
        android:layout_height="wrap_content"
        android:text="提交"
        android:onClick="click"
    />
</LinearLayout>
```

本例和例 8-4 作用效果相同，只是将 GET 方法改为 POST 方法，所以布局文件是一样的。接下来修改 MainActivity 中的代码，如下所示：


```
public class MainActivity extends AppCompatActivity {
 @Override
 protected void onCreate(Bundle savedInstanceState) {
   super.onCreate(savedInstanceState);
   setContentView(R.layout.activity_main);
  }
   Handler handler = new Handler(){
   public void handleMessage(android.os.Message msg) {
   Toast.makeText(MainActivity.this, (String)msg.obj, 0).show();
  }
 };
 public void click(View v){
    EditText et_name = (EditText) findViewById(R.id.et_name);
    EditText et_pass = (EditText) findViewById(R.id.et_pass);
    final String name = et_name.getText().toString();
    final String pass = et_pass.getText().toString();
    Thread t = new Thread(){
     @Override
     public void run() {
          //提交的数据需要经过 URL 编码，英文和数字编码后不变
          @SuppressWarnings("deprecation")
          String path = "http://118.202.42.200:8080/Web/LoginServlet?name=" + URLEncoder.
   encode(name) + "&pass=" + pass;
```

```
        try {
            URL url = new URL(path);
    HttpURLConnection conn = (HttpURLConnection) url.openConnection();
            conn.setRequestMethod("POST");
            conn.setConnectTimeout(5000);
            conn.setReadTimeout(5000);
            //拼接出要提交的数据的字符串
        String data = "name=" + URLEncoder.encode(name) + "&pass=" + pass;
            //添加 post 请求的两行属性
 conn.setRequestProperty("Content-Type", "application/x-www-form-urlencoded");
            conn.setRequestProperty("Content-Length", data.length() + "");
            //设置打开输出流
            conn.setDoOutput(true);
            //拿到输出流
            OutputStream os = conn.getOutputStream();
            //使用输出流往服务器提交数据
            os.write(data.getBytes());
            if(conn.getResponseCode() == 200){
                InputStream is = conn.getInputStream();
                String text = Utils.getTextFromStream(is);

                Message msg = handler.obtainMessage();
                msg.obj = text;
                handler.sendMessage(msg);
            }
        } catch (Exception e) {
            // TODO Auto-generated catch block
            e.printStackTrace();
        }
    }
  };
  t.start();
 }
}
```

同样，在 AndroidManifest.xml 文件中需添加<uses-permission android:name ="android.permissi on .INTERNET"/>权限，否则会出现错误。与 GET 方式相比，POST 方式多了两个请求属性，这里需要设置一下，代码如下：

```
conn.setRequestProperty("field", "newValue");
```

其中一个是属性名字，一个是属性值。这两个属性可以直接在浏览器通过 httpwatch 中查看，然后粘贴到对应位置即可。

8.4.2 HttpClient

对于标准 java.net.*可以完成一些基本的网络操作，但对于更复杂的操作，则需要用到 Apache 的 HttpClient 接口。首先需要了解一些重要的类：

1）ClientConnectionManager：客户端连接管理接口，它提供了一系列的方法用于连接对象的管理。

2）DefaultHttpClient：一个默认的 HTTP 客户端，可以使用它创建一个 HTTP 连接。

3）HttpGet 和 HttpPost：对应 GET 请求和 POST 请求。

4）HttpResponse：是一个 HTTP 连接的响应。当执行一个 HTTP 连接后，就会返回一个 HttpResponse，它封装了相应的所有信息。

下面将演示如何使用 HttpClient 来执行 GET 请求，代码如下：

```
String httpUrl = "http://www.baidu.com?par=abcd";
//创建 HttpGet 连接对象
HttpGet httpRequest = new HttpGet(httpUrl);
     try{
          //取得 HttpClient 对象
          HttpClient httpClient = new DefaultHttpClient();
          //请求 HttpClient，获得 HttpResponse
          HttpResponse httpResponse = httpClient.excute(httpRequest);
          //判断请求是否成功
          if(httpResponse.getStatusLine().getStatusCode==HttpStatus.SC_OK){
               //取得响应的内容
               String strResult = EntituUtils.toString(httpResponse.getEntity());
               }else{
                    System.out.println("请求出错!");
               }
          }catch (Exception e){
     e.printStackTrace();
}
```

同样，如果要执行 POST 请求，则需要先构建一个 HttpPost 对象，至于参数的传递，可以使用 List 来保存要传递的参数对象 NameValuePair，然后用 BasicNameValuePair 类来构造一个需要被传递的参数，最后调用 add 方法将这个参数保存到 List 中，在执行 Post 请求前将请求参数传递给 HttpPost 对象，代码如下：

```
String httpUrl = "http://www.baidu.com?";
//创建 HttpPost 连接对象
HttpPost httpRequest = new HttpPostt(httpUrl);
//所要传递的所有参数
List<NameValuePair> params = new ArrayList<NameValuePair>();
//添加参数
```

```
params.add(new BaseNameValuePair("par","abcdefg"));
    try{
        //设置字符集
        HttpEntity httpEntity = new UrlEncodedFormEntity(params,"utf-8");
        //将请求参数赋给 HttpPost 对象
        httpReques.setEntity(httpEntity);
        //取得 HttpClient 对象
        HttpClient httpClient = new DefaultHttpClient();
        //获得 HttpResponse
        HttpResponse httpResponse = httpClient.excute(httpRequest);
        //判断请求是否成功
        if(httpResponse.getStatusLine().getStatusCode==HttpStatus.SC_OK){
            //取得响应的内容
            String strResult = EntituUtils.toString(httpResponse.getEntity());
        }else{
            System.out.println("请求出错!");
        }
    }catch (Exception e){
        e.printStackTrace();
}
```


如果要抓取网络上的一张图片，使用 HttpClient 接口，其步骤与上面的演示基本一致，下面只给出关键的步骤。

方法一：获得 HttpEntity 对象后，通过 getContent()方法获得一个输入流，代码如下：

```
InputStream in = entity.getContent();
bitmap = BitmapFactory.decodeStream(in);
in.close();
```

方法二：直接获得字节数组，代码如下：

```
byte [] bytes = EntityUtils.toByteArray(entity);
bitmap = BitmapFactory.decodeByteArray(bytes, 0, bytes.length);
```

例 8-6　读取百度主页的脚本文件。

新建工程 HttpTest，并在 mainactivity.java 文件中添加如下代码，运行结果如图 8-22 所示。

```
package com.example.httptest;
import java.io.BufferedInputStream;
import java.io.InputStream;
import java.net.URL;
import java.net.URLConnection;
import org.apache.http.util.ByteArrayBuffer;
import org.apache.http.util.EncodingUtils;
import com.example.httptest.R;
```

```
9   import android.app.Activity;
10  import android.os.Bundle;
11  import android.widget.TextView;
12  public class MainActivity extends Activity {
13      /** Called when the activity is first created. */
14      @Override
15      public void onCreate(Bundle savedInstanceState) {
16          super.onCreate(savedInstanceState);
17          setContentView(R.layout.activity_main);
18          TextView tv = new TextView(this);
19          String myString = null;
20          try {
21              // 定义获取文件内容的 URL
22              URL myURL = new URL(
23              "http://www.baidu.com/hello.txt&quot");
24              // 打开 URL 链接
25              URLConnection ucon = myURL.openConnection();
26              // 使用 InputStream，从 URLConnection 读取数据
27              InputStream is = ucon.getInputStream();
28              BufferedInputStream bis = new BufferedInputStream(is);
29              // 用 ByteArrayBuffer 缓存
30              ByteArrayBuffer baf = new ByteArrayBuffer(50);
31              int current = 0;
32              while ((current = bis.read()) != -1) {
33                  baf.append((byte) current);
34              }
35              // 将缓存的内容转化为 String，用 UTF-8 编码
36              myString = EncodingUtils.getString(baf.toByteArray(), "UTF-8");
37          } catch (Exception e) {
38              myString = e.getMessage();
39          }
40          // 设置屏幕显示
41          tv.setText(myString);
42          this.setContentView(tv);
43      }
44  }
```


代码 22 行为 URL 类的实例，其中 myURL 表示要获取内容的网址，示例网址为 http://www.baidu.com/hello.txt。代码 25 行为 URLConnection 类的实例，通过 openConnection()方法打开网络链接 ucon。代码 27 行用字节流的形式表示从网络上读到的数据，为避免频繁读取字节流，提高读取效率，用 BufferedInputStream 缓存读到的字节流。代码 30～34 行利用 read 方法读入网络数据。代码 36 行，由于读到的数据只是字节流，无法直接显示到屏幕上，所以需在显示之前将字节流转换为可读取的字符串（如果读取的是.txt 等文件，是 UTF-8 格式的，就需要对数据进行专门的转换）。

图 8-22　显示 HTTP 协议报文

本章小结

本章在 Android 网络应用程序开发方面，介绍了 Android 手机中内置的 WebKit 内核浏览器，并介绍如何使用 WebView 浏览网页。重点是使用 HTTP 和 URL 获得网络资源。介绍了在 Android 中使用 HTTP 协议进行网络交互的知识，虽然 Android 中支持的网络通信协议有很多种，但是 HTTP 协议无疑是最常用的一种协议。通常使用 HttpURLConnection 和 HttpClient 来发送请求，主要应掌握两种请求方式 GET 和 POST。

习　题

1．简述通过 URL 获取网络资源的步骤。
2．在 HTTP 协议中有哪些请求方式？它们的作用各是什么？
3．简述 HttpURLConnection 中 GET 和 POST 方式的区别。
4．模仿本章获取网络资源的示例，编写获取网络图片的程序。
5．编写一个可以打开任意输入的网址并显示其页面的用户界面。

第 9 章　Android NDK

本章介绍基于 Android 系统的嵌入式硬件系统的组成、嵌入式微处理器的特点，由于 Android 应用层的类都是基于 Java 编写的，在执行过程中，如果 Java 类需要与 C/C++组件沟通时，VM 就会通过 JNI 去载入 C/C++组件，然后让 Java 的函数顺利地调用到 C/C++组件的函数。本章首先通过 Android NDK 自带的原生示例程序来展示 NDK 程序的编译和运行，然后介绍 Android NDK 系统的搭建，最后使用 Lame 库完成音频转码的 NDK 应用。

9.1　Android NDK 简介

Android NDK 被 Google 称为原生开发套件，即 Native Development Kit，作为 Android SDK 的补充工具库。Android NDK 是 Android SDK 的伴随工具，可以让用户用诸如 C/C++等原生编程语言开发 Android 应用程序，并能自动将源代码编译为可执行文件（文件扩展名为.so）。一般情况下，Android 应用程序开发主要使用 Java 语言，编译后产生的托管代码在 Dalvik 虚拟机上运行，Android 平台的第三方应用程序均是依靠基于 Java 的 Dalvik 特制虚拟机进行开发的。但在一些需要较高执行效率的地方，程序员希望能够使用非托管代码，以提高 Android 应用程序核心部分的运行速度。不仅如此，程序员还希望使用传统的 C 或 C++语言编写程序，并在程序封包文件（.apks）中直接嵌入原生库文件。原生 SDK 的公布可以让开发者更加直接地接触 Android 系统资源，并极大地提高了 Android 应用程序开发的灵活性。

Google 表示，在使用 Android NDK 的过程中，程序开发人员应该清楚认识到 Android NDK 的不足。使用原生 SDK 编程相比 Dalvik 虚拟机也有一些劣势，首先，使用 C/C++程序，并直接嵌入原生库文件中，会使程序更加复杂，程序的兼容性难以保障；其次，由于无法访问 Framework API 等嵌入模块，增加了程序的调试难度；最后，在程序设计中，需要考虑哪些核心代码部分适合 C/C++语言编写，从而使非托管代码的运行效率最高。因此开发者需要自行斟酌使用。

Android NDK 需要安装全部 Android SDK 1.5 或以上版本，Android NDK 集成了交叉编译器，支持 ARM、x86 及 MIPS 处理器指令集、JNI 接口和一些稳定的库文件。Android NDK 创建的原生库只能用于运行特定的最低版本的 Android 平台设备上，所需的最小平台版本取决于目标设备的 CPU 架构。这意味着如果使用 ARM 的设备，需要运行 Android 1.5 或更高版本的 NDK 生成的原生库嵌入的应用程序。而如果使用 x86 或 MIPS 架构的设备，需要运行 Android 2.3 或更高版本的应用程序。Android NDK 具体包括：

- 一套工具集，这套工具集可以将 C/C++源代码生成本地代码；
- 用于定义 NDK 接口的 C 头文件（*.h）和实现这些接口的库文件；

- 一套编译系统，可以通过非常少的配置生成目标文件。

具体应用如下：

1）项目需要调用底层 C/C++实现的功能代码。NDK 常用于驱动开发、音视频处理、文件压缩、人脸识别等。

2）运行更加高效。Java 运行过程是需要先生成字节码，然后在 JVM 中对字节码进行解释、翻译后才能被计算机识别。而 C/C++经过编译生成.exe 文件后直接给机器运行，这是 C/C++的运行效率高于 Java 的主要原因。

3）基于安全性的考虑。需要保密的情况下可以使用 NDK 来生成相应的本地代码，这是因为 Java 是半解释型语言，容易被反编译拿到源码，而 C/C++更为安全。

4）便于移植。C/C++经过多年的发展已经拥有很多优秀的库。

虽然在程序中使用 NDK 可以大大提高运行速度，但使用 NDK 也会带来很多副作用。例如，使用 NDK 并不是总会提高应用程序的性能，Java 与 C/C++之间的互调本身也增加了开销。而且使用 NDK 必须要控制内存的分配和释放，这样将无法利用 Dalvik 虚拟机来管理内存，也会给应用程序带来很大的风险。因此，需要根据具体的情况适度使用 NDK。

9.2 构建 NDK 系统

9.2.1 Android NDK 开发环境构建

Android NDK 的构建系统是基于 GNU Make 的，提供了头文件、库和交叉编译器工具链，可以在 Microsoft Windows、Apple Mac OS X 和 Linux 三种操作系统平台上运行。在安装前要确保已经安装最新版的 Android SDK 并升级应用程序和环境。NDK 兼容旧的平台版本，但没有旧版本的 SDK 工具。在安装 NDK 时，首先根据开发系统和软件要求（比如 CPU 架构）的不同选择 NDK 包，然后下载解压缩所选择的工具包。本书仅介绍 Microsoft Windows 系统的 NDK 系统构建，操作步骤如下。

首先在 Android Studio 的设置中安装工具 NDK、CMake 和 LLDB，这些工具可以帮助快速开发 C/C++的动态库，如图 9-1 所示。

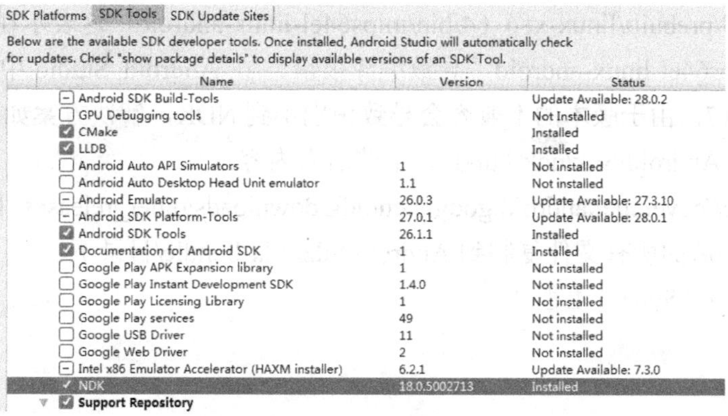

图 9-1　安装 NDK 等工具

NDK 工具包中提供了完整的一套将 C/C++代码编译成静态/动态库的工具。在 Android Studio 2.2 之后，工具中增加了 CMake 的支持，有两种选择来编译 C/C++代码，一个是 ndk-build+Android.mk+Application.mk 组合，另一个是 CMake+CMakeLists.txt 组合。ndk-build 文件是 Android NDK r4 中引入的一个 shell 脚本，其用途是调用正确的 NDK 构建脚本，但最终还是会去调用 NDK 自己的编译工具。Android.mk 和 Application.mk 是描述编译参数和一些配置的文件，比如指定使用 C++11 还是 C++14 编译，会引用哪些共享库，并描述关系等，还会指定编译的 ABI。有了这些 NDK 中的编译工具才能准确的编译 C/C++代码。CMake 则是一个跨平台的编译工具，它并不会直接编译出对象，而是根据自定义的语言规则（CMakeLists.txt）生成对应的 makefile 或 project 文件，然后再调用底层的编译。这两个组合与 Android 代码和 C/C++代码无关，只是不同的构建脚本和构建命令。本节主要讲解后者的组合。

所有的 Android NDK 组件都被安装在 Android/Sdk/ndk-bundle/目录下，下面介绍一些重要文件和子目录。

- ndk-build:该 shell 脚本是 Android NDK 构建系统的起始点；
- ndk-gdb：该 shell 脚本允许用 GNU 调试器调试原生组件；
- ndk-stack：该 shell 脚本可以帮助分析原生组件崩溃时的堆栈追踪；
- Build：该目录包含 Android NDK 构建系统的所有模块；
- platforms：该目录包含了支持不同 Android 目标版本的头文件和库文件。Android NDK 构建系统会根据具体的 Android 版本自动引用这些文档；
- Samples：该目录包含了一些示例应用程序，这些程序可以体现 Android NDK 的性能。示例项目对于学习使用 Android NDK 的特性很有帮助；
- Sources：该目录包含了可供开发人员导入到现有的 Android NDK 项目的一些共享模块；
- Toolchains：该目录包含目前 Android NDK 支持的不同目标机体系结构的交叉编译器。Android NDK 目前支持 ARM、X86 和 MIPS 体系结构。Android NDK 构建系统根据选定的体系结构使用不同的交叉编译器。

Android NDK 最重要的组件是它的构建系统，它包含了所有的其他组件。

安装完成后进入工程可能报以下错误：Android/Sdk/ndk-bundle/toolchains/mips64el-linux-android-4.9/prebuilt/linux-x86_64/bin/mips64el-linux-android，这表示在 ndk-bundle 路径下找不到 mips64el-linux-android，导致编译报错。在 Android Studio 中下载的 NDK 是默认为最新版 r17，由于版本的不兼容会导致识别不到 NDK，解决方案如下：

1）先清除 Android/Sdk/ndk-bundle/ 下的所有内容。

2）从 https://developer.android.google.cn/ndk/downloads/older_releases 下载 r16b 版本的 NDK，将解压缩后的所有文件复制到 Android/Sdk/ndk-bundle/目录下。

3）重新同步（Sync）工程。

9.2.2 JNI

在介绍 JNI 之前需要了解什么是中间件（Middleware）。中间件是处于操作系统和应用程序之间的软件，它包括一组服务，以便于运行在一台或多台机器上的多个软件通过网络进行交互。该架构通常用于支持分布式应用程序并简化其复杂度，它包括 Web 服务器、事务监控器和消息队列软件。中间件能够屏蔽操作系统和网络协议的差异，为应用程序提供多种通信机制，并提供相应的平台以满足不同领域的需要。中间件为应用程序提供了一个相对稳定的高层应用环境。同时，中间件也使程序开发人员面对一个简单而统一的开发环境，减少程序设计的复杂性，不必再为程序在不同系统软件上的移植而重复工作，从而大大减少了技术上的负担。中间件带给应用系统的，不只是开发的简便、开发周期的缩短，也减少了系统的维护、运行和管理的工作量，还减少了计算机总体费用的投入。

中间件是操作系统与应用程序的沟通桥梁，分为两层：函数层（Library）和虚拟机（Virtual Machine，VM）。应用程序用 Java 语言开发，操作系统代码则是 C 代码，它们之间的通信需要用 Java 本地接口（Java Native Interface，JNI）。从 Java1.1 开始，JNI 标准成为 Java 平台的一部分，它允许 Java 代码和其他语言写的代码进行交互。JNI 是本地编程接口，它使得在 Java 虚拟机（VM）内部运行的 Java 代码能够与其他编程语言编写的应用程序和库进行交互操作。JNI 一开始是为了本地已编译语言，尤其是 C 和 C++而设计的，但是它并不妨碍使用其他语言，只要调用约定受支持就可以了。

JNI 一般有以下一些应用场景：

1）高性能。在一些情况下因为处理运算量非常大，为了获取高性能，直接使用 Java 是不能胜任的，如一些图形的处理。

2）调用一些硬件的驱动或者一些软件的驱动，比如调用一些外部系统接口的驱动，如读卡器的驱动、OCI 驱动。

3）需要使用大内存，远远超过 VM 所能分配的内存，如进程内 Cache。

4）调用 C/C++或者操作系统提供的服务，如 Java 调用搜索服务，搜索是由 C/C++实现的。

中间件的开发首先要实现 JNI，为上层 Java 应用程序提供函数接口，然后要实现本地 C/C++代码，调用内核代码提供的接口。JNI 的源文件为普通的 cpp 文件，编译后为 so 文件。JNI 标准 so 文件和应用程序一般通过 NDK 这个工具一起打包在 apk 文件里。

由于 Android 的应用层的类都是以 Java 写的，在执行过程中，如果 Java 类需要与 C 组件沟通时，VM 就会通过 JNI 去载入 C 组件，然后让 Java 的函数顺利地调用到 C 组件的函数。JNI 中的各个文件，实际上就是普通的 C++源文件；在 Android 中实现的 JNI 库，需要链接动态库 libnativehelper.so 文件。

对于开发者自己实现的 JNI 库*.so 文件与 Java 应用一起打包到 apk 文件中。应用程序加载动态库后就可以调用本地函数。

通常 JNI 的使用自上至下有四层：本地库、JNI 库、声明本地接口的 Java 类、Java 调用者。JNI 在 Android 层次结构中的作用如图 9-2 所示。JNI 的各种方法需要在 C++代码中实现，并注册到系统中，另外还要在 Java 源代码中声明。

Java 的数据类型与 C/C++的数据类型是不一样的，而 JNI 是处于 Java 和 Native 本地库（大部分是用 C/C++写的）中间的一层，JNI 对于两种不同的数据类型之间必须做一种转换，所以在 JNI 跟 Java 之间就会有数据类型的对应关系。基本类型映射见表 9-1。

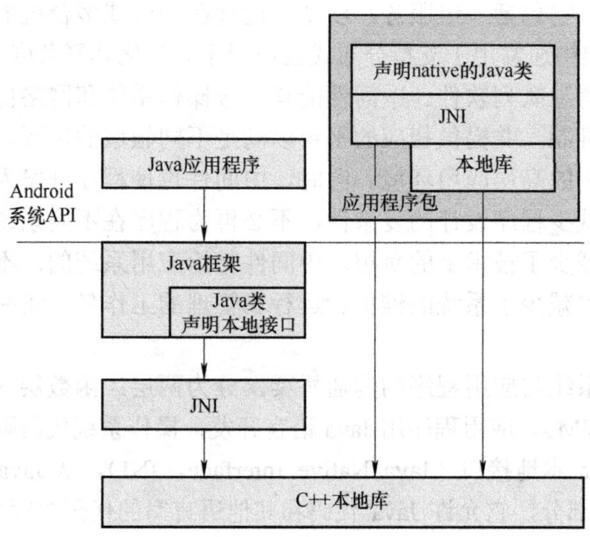

图 9-2　JNI 在 Android 层次结构中的作用

表 9-1　基本类型映射

Java 类型	本 地 类 型	说　明
boolean	jboolean	无符号，8 位
byte	jbyte	有符号，8 位
char	jchar	无符号，16 位
short	jshort	有符号，16 位
int	jint	有符号，32 位
long	jlong	有符号，64 位
float	jfloat	32 位
double	jdouble	64 位
void	void	N/A

一旦使用 JNI，Java 程序就丧失了 Java 平台的两个优点：

1）程序不再跨平台。要想跨平台，必须在不同的系统环境下重新编译本地语言部分。

2）程序不再是绝对安全的，本地代码的不当使用可能导致整个程序崩溃。一个通用规则是应该让本地方法集中在少数几个类当中，这样就降低了 Java 和 C 之间的耦合性。

9.2.3 解析 NDK 例程

Android NDK 最重要的组件是其构建系统，它包含了所有的其他组件。为更好地了解系统的构建，下面通过 NDK 中自带的例程来展示 NDK 程序的编译和运行过程。

首先新建 HelloNdkTest 工程并勾选“Include C++ support”，选择支持 C++如图 9-3 所示。

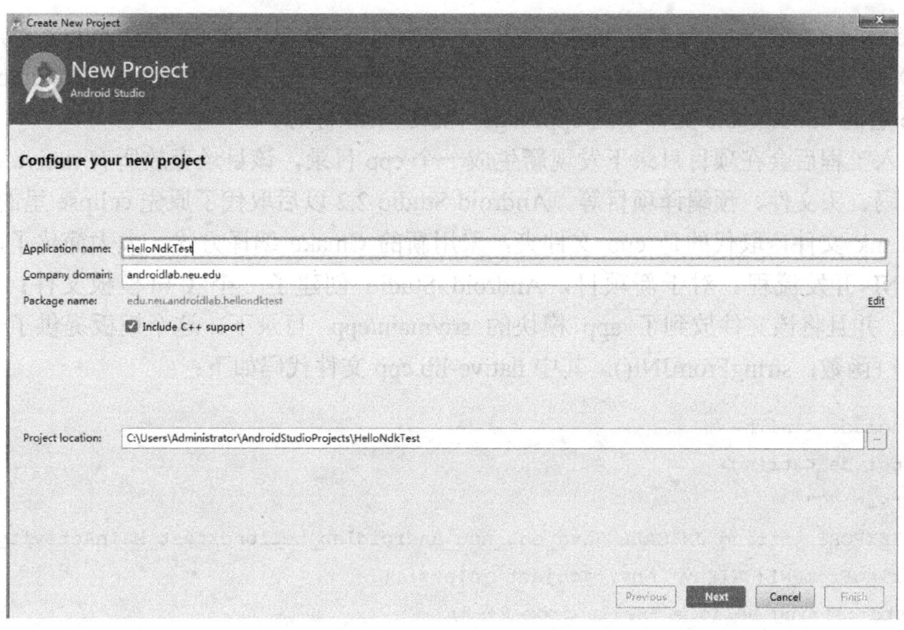

图 9-3　选择支持 C++

中间步骤一直选择 next 就可以，但是在 Customize C++ Support 选项卡中，可以对以下属性进行配置，如图 9-4 所示。

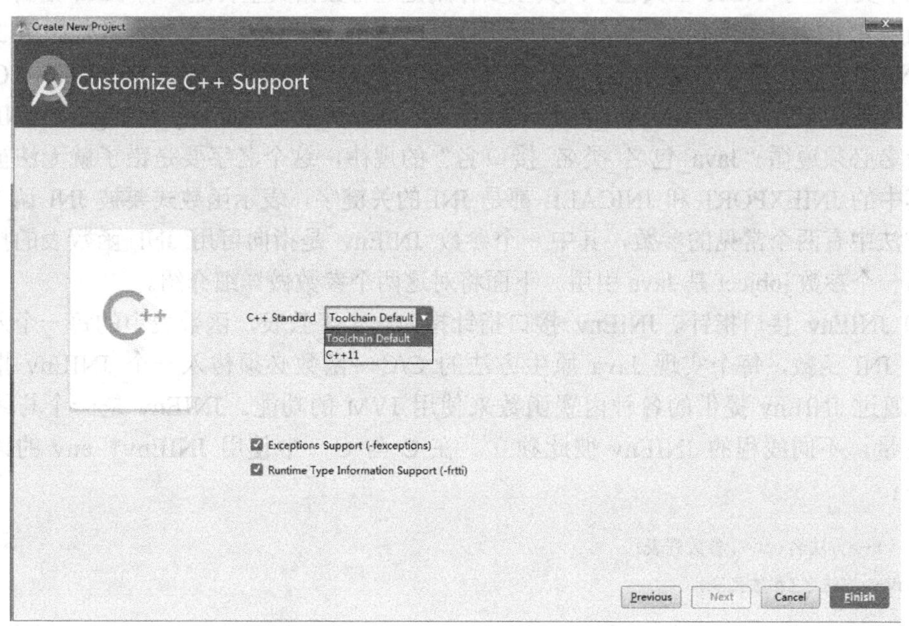

图 9-4　Customize C++ Support 选项卡

1）C++ Standard：单击下拉框，可以选择标准 C++，或者选择默认 CMake 设置的 Toolchain Default 选项。

2）Exceptions Support：如果想使用有关 C++异常处理的支持就勾选它，勾选之后

Android Studio 会在 module 层的 build.gradle 文件中的 cppFlags 中添加 -fexceptions 标志。

3）Runtime Type Information Support：勾选表示支持 RTTI，Android Studio 会在 module 层的 build.gradle 文件中的 cppFlags 中添加-frtti 标志。

进入工程后会在项目目录下发现新生成一个 cpp 目录，该目录存放所有 native code，包括源码、头文件、预编译项目等。Android Studio 2.2 以后取代了原先 eclipse 里的 jni 文件夹和 mk 文件，取代的是 cpp 文件夹，采用新的 Cmake 编译方式，大大简化了以前复杂的 JNI 开发流程。对于新项目，Android Studio 创建了一个 C++模板文件：native-lib.cpp，并且将该文件放到了 app 模块的 src/main/cpp/ 目录下。这个模板提供了一个简单的 C++函数：stringFromJNI()。其中 native-lib.cpp 文件代码如下：

```
1    #include <jni.h>
2    #include <string>
3    extern "C"
4    JNIEXPORT jstring JNICALL Java_edu_neu_androidlab_hellondktest_MainActivity_
     stringFromJNI(JNIEnv* env, jobject jclazz) {
5      std::string hello = "Hello from C++";
6      return env->NewStringUTF(hello.c_str());
7    }
```

这里主要定义了返回字符串"Hello from C++ "的方法。代码第 1 行引用了 jni.h 头文件，这个文件位于 NDK 工具包中，其主要作用是进行数据类型传递，将 Java 语言的数据类型利用 C 的语法重新定义，实现两种不同语言之间的数据类型转换。加入代码第 3 行是由于 JNI 中方法都是用 C 方式定义的，这里采用的是 C++文件，表示这部分代码按 C 语言编译。代码第 4 行 Java_edu_neu_androidlab_hellondktest_MainActivity_stringFromJNI 这个函数命名必须遵循“Java_包名_类名_接口名”的规律，这个名字要是错了就无法被调用到。其中的 JNIEXPORT 和 JNICALL 都是 JNI 的关键字，表示函数式要被 JNI 调用。在上述方法中有两个常见的参数，其中一个参数 JNIEnv 是指向可用 JNI 函数表的接口指针；另一个参数 jobject 是 Java 引用。下面将对这两个参数做详细介绍。

1）JNIEnv 接口指针。JNIEnv 接口指针指向一个函数表，函数表中的每一个入口指向一个 JNI 函数，每个实现 Java 原生方法的 C/C++函数必须传入一个 JNIEnv 指针，C/C++通过 JNIEnv 提供的各种内置函数来使用 JVM 的功能。JNIEnv 是一个与线程相关的变量，不同线程的 JNIEnv 彼此独立。在 C 与 C++中使用 JNIEnv* env 的语法分别如下：

```
C: (*env)->方法名(env,参数列表)
C++: env->方法名(参数列表)
```

上面两者的区别是，在 C 中必须先对 env 间接寻址（得到的内容仍然是一个指针），在调用方法时要将 env 传入作为第一个参数；C++则直接利用 env 指针调用其成员。JNIEnv 接口指针如图 9-5 所示。

2）在原生代码中的第二个参数 jobject 代表的是一个原生实例的方法，与类实例相关，只能在类实例中调用，通过第二个参数获取实例引用。原生代码不仅可以通过实例方法实现，也可以通过静态方法实现，与实例方法不同的是第二参数为 jclazz 值的类型，而且没有与实例绑定，可以在静态上下文直接引用。

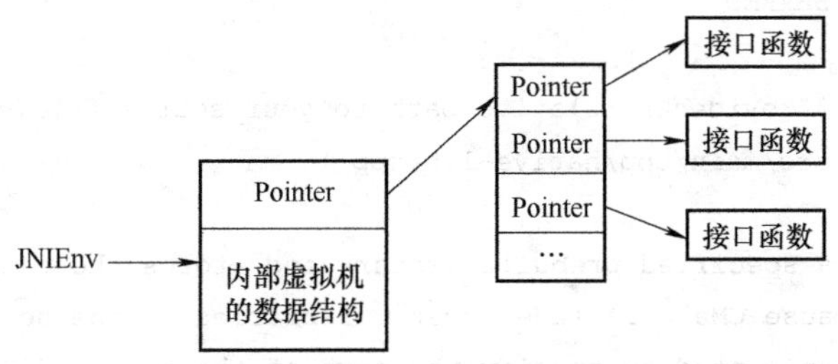

图 9-5 JNIEnv 接口指针

Android Studio 和 eclipse 对于 NDK 开发核心的不同，在于 Android Studio 使用的是 CMakeLists.txt 文件而 eclipse 里用的是.mk 文件。.externalNativeBuild 目录是存放 CMake 的地方。类似于 build.gradle 文件告诉 Gradle 如何编译项目，CMake 也需要一个脚本来告知如何编译 native-lib。Android Studio 创建了一个 CMake 脚本：CMakeLists.txt，并且将其放到了根目录下，观察 build.gradle 可发现，Gradle 自动构建了 CMakeLists.txt 脚本，如图 9-6 所示。

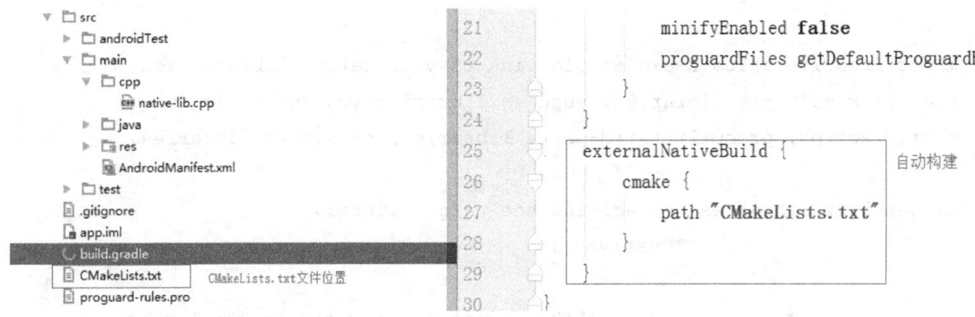

图 9-6 Gradle 自动构建 CMakeLists.txt 脚本

CMakeLists.txt 文件代码如下：

```
#For more information about using CMake with Android Studio, read the
#documentation: https://d.android.com/studio/projects/add-native-code.html
#Sets the minimum version of CMake required to build the native library.

cmake_minimum_required(VERSION 3.4.1)

#Creates and names a library, sets it as either STATIC
#or SHARED, and provides the relative paths to its source code.
#You can define multiple libraries, and CMake builds them for you.
#Gradle automatically packages shared libraries with your APK.

 add_library( #Sets the name of the library.
               native-lib
```

```
                #Sets the library as a shared library.
                SHARED

                #Provides a relative path to your source file(s).
                src/main/cpp/native-lib.cpp )

#Searches for a specified prebuilt library and stores the path as a
#variable. Because CMake includes system libraries in the search path by
#default, you only need to specify the name of the public NDK library
#you want to add. CMake verifies that the library exists before
#completing its build.

find_library( #Sets the name of the path variable.
                log-lib

                #Specifies the name of the NDK library that
                #you want CMake to locate.
                log )

#Specifies libraries CMake should link to your target library. You
#can link multiple libraries, such as libraries you define in this
#build script, prebuilt third-party libraries, or system libraries.

target_link_libraries( #Specifies the target library.
                         native-lib

                         #Links the target library to the log library
                         #included in the NDK.
                         ${log-lib} )
```


文件解析如下：

cmake_minimum_required()用于指定 CMake 的最低版本信息，不加入会收到警告。

add_library()用于指示 CMake 从原生代码构建一个原生库，就是从 cpp 经过编译得到 so 文件。

add_library()的第一个参数决定了最终生成的共享库的名字，例如将共享库的名字定义为 native-lib，那么最终生成的 so 文件将在前面加上 lib 前缀，也就是 libnative-lib.so。第二个参数根据源文件编译出来的是静态库还是共享库分别对应 STATIC/SHARED 关键字。静态库：以.a 结尾，静态库在程序链接的时候使用，链接器会将程序中使用到函数的代码从库文件中复制到应用程序中，一旦链接完成，在执行程序的时候就不需要静态库了。共享库：以.so 结尾，在程序的链接时并不像静态库那样在复制使用函数的代码，只是作些标记，然后在程序开始启动运行的时候动态地加载所需模块。第三个参数指定编译的源文件路径，这里是一个和 CMakeLists.txt 相关的相对路径，如果有多个源文件，那么直接在后面添加文件的路径即可。

find_library()将一个变量和 Android NDK 的某个库建立关联关系。该函数的第二个参数为 Android NDK 中对应的库名称，而调用该方法之后，就被和第一个参数所指定的变量关联在一起。在这种关联建立以后，可以使用这个变量在构建脚本的其他部分引用该变量所关联的 NDK 库。

target_link_libraries()把 NDK 库和自己的原生库 calculator 进行关联，这样就可以调用该 NDK 库中的函数。

MainActivity.java 文件则通过调用上述 native-lib.cpp 的动态链接库来获取输出的字符串，并显示到模拟器上。Java 文件代码如下：

```
public class MainActivity extends AppCompatActivity {
    static {
        System.loadLibrary("native-lib");
    }
    public native String stringFromJNI();

    @Override
    protected void onCreate(Bundle savedInstanceState) {
        super.onCreate(savedInstanceState);
         setContentView(R.layout.activity_main);
         TextView tv = (TextView) findViewById(R.id.sample_text);
         tv.setText(stringFromJNI());
   }
 }
```

Gradle 调用外部构建脚本也就是 CMakeLists.txt，CMake 会根据构建脚本的指令去编译 C++源文件 native-lib.cpp，对程序进行 Make Project 就可以生成 so 文件，将编译后的产物构建成 so 文件放进共享对象库中，并将其命名为 libnative-lib.so，然后 Gradle 将其打包到项目中。在运行期间，项目的 MainActivity 会调用 System.loadLibrary() 方法加载 native-lib，在 Java 中类初始化最先执行的是静态代码块，所以采用静态代码块将 NDK 编译的动态库文件加载进来，方法里的参数为文件名。通过 native 关键字定义一个本地方法，该方法需要在 C/C++代码中实现，方法没有花括号，并且以分号结尾。这样，原生函数 stringFromJNI()就可以为 Java 所用了。MainActivity.onCreate()方法会调用 stringFromJNI()，然后返回“Hello from C++”，并更新 TextView 的显示。

为了验证 Gradle 是否将 native-lib 打包进了 APK，可以使用 Android Studio 的 APK Analyzer 查看，选择 Build-Analyze APK，从 app/build/outputs/apk 路径进入，如图 9-7 所示，选择 lib 就可以看到 so 文件。

在进行 NDK 开发时，一般需要同时建立 Android 工程和 C/C++工程，然后使用 NDK 编译 C/C++工程，形成可以被调用的共享库，最后共享库文件会被复制到 Android 工程中，并被打包到 apk 文件中。其开发过程可分为以下几步：

1）定义 native 方法并生成方法签名。

2）用 C/C++实现本地的方法。

3）编译文件的实现。

4）生成动态连接库。

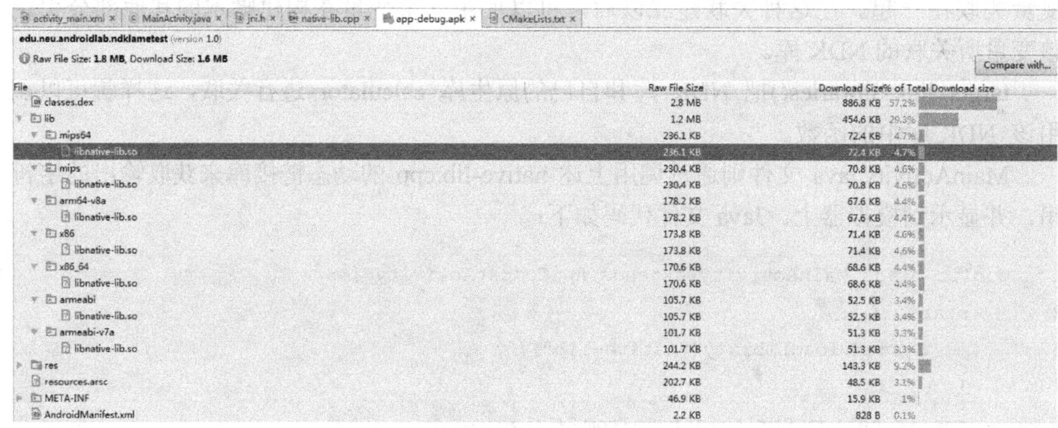

图 9-7　libnative-lib.so 文件位置

9.2.4　使用 C/C++实现本地方法

通过上节的介绍可以得知 NDK 开发的具体流程，接下来将重点介绍该代码的编写规范和一些常见问题。

例 9-1　调用 C/C++语言编写的加法程序。

新建 NdkTest 工程，在主活动中定义 native 方法，代码如下：

```
public class MainActivity extends AppCompatActivity {

    public native int add(int i,int j);
    public native String stringFromJNI();
    static {
        System.loadLibrary("native-lib");
    }
    @Override
    protected void onCreate(Bundle savedInstanceState) {
         super.onCreate(savedInstanceState);
         setContentView(R.layout.activity_main);
         TextView tv = (TextView) findViewById(R.id.sample_text);
         tv.setText(stringFromJNI());
         if(add(1,2) == 3){
             Log.e("LOG","--");
         }
     }
  }
```

add()方法实现两个数的相加，通过“Alt+Enter”快捷键选中“Create function”可以在 cpp 文件里快速生成该方法，在 cpp 文件夹里对应的方法签名，如图 9-8 所示。

```
public class MainActivity extends AppCompatActivity {

    public native  int add(int i, int j); Alt+Enter快捷键
    public native String
    static {
        System.loadLibrar
    }
```

```
Create function Java_edu_neu_androidlab_ndktest_MainActivity_add
Safe delete 'add(int, int)'
Generate missed test methods
Insert App Indexing API Code
Add Javadoc
```

图 9-8　快速生成本地方法签名

为 cpp 文件增加可打印日志的功能，这样可以方便调试程序。在 cpp 文件里增加以下代码：

```
#include <android/log.h>
#define LOGE(...)__android_log_print(ANDROID_LOG_ERROR,"C_LOG",__VA_ARGS__)
```

首先引入 Log 对应的头文件，再定义一个 ERROR 级别的日志，print 的第一个参数为日志级别，第二个参数为 TAG，第三个参数为具体信息，当采用“LOGE(...)”就可以打印出 ERROR 级别的日志。

```
JNIEXPORT jint JNICALL Java_edu_neu_androidlab_ndktest_MainActivity_add(JNIEnv *env,
jobject instance, jint i, jint j) {
  LOGE("%s","--");
  return i+j;
}
```

此时运行程序会出现以下错误：java.lang.UnsatisfiedLinkError: Native method not found，这说明只能找到一个方法，文件中存在 extern "C"代表可引用 C 语言的，需要在 extern "C"后面增加所有方法的方法签名。代码如下：

```
extern "C"{
  JNIEXPORT jint JNICALL Java_edu_neu_androidlab_ndktest_MainActivity_add(JNI
  Env*env, jobject instance, jint i, jint j);
  JNIEXPORT jstring JNICALL Java_edu_neu_androidlab_ndktest_MainActivity_string
 FromJNI(JNIEnv *env,jobject );
}
```

接下来继续完善程序功能。将 Java 中的一个字符串传给 C 代码，在 C 代码中为该字符串添加其他字符串后返回给 Java。将 Java 中的数组传给 C 代码，把数组中每个元素增加 1 后返回。cpp 文件代码如下：

```
#include <jni.h>
#include <string>
#include <string.h>
#include <android/log.h>
```

```
#define LOGE(...)__android_log_print(ANDROID_LOG_ERROR,"C_LOG",__VA_ARGS__)

extern "C"{
    //添加方法签名
    JNIEXPORT jint JNICALL Java_edu_neu_androidlab_ndktest_MainActivity_add(JNIEnv *env, jobject instance, jint i, jint j);
     JNIEXPORT jstring JNICALL Java_edu_neu_androidlab_ndktest_MainActivity_stringFromJNI(JNIEnv *env,jobject ,jstring s);
     JNIEXPORT jintArray JNICALL Java_edu_neu_androidlab_ndktest_MainActivity_ints(JNIEnv *env, jobject instance, jintArray i_);
}

 JNIEXPORT jint JNICALL Java_edu_neu_androidlab_ndktest_MainActivity_add(JNIEnv *env, jobject instance, jint i, jint j) {
     LOGE("%s","add");
     return i+j;
 }

 JNIEXPORT jstring JNICALL Java_edu_neu_androidlab_ndktest_MainActivity_stringFromJNI( JNIEnv *env,jobject ,jstring js) {
     LOGE("%s","string");
     const char* c = (*env).GetStringUTFChars(js,0);//jstring转char
     char b[20] = "C++拼接";//此变量存放拼接后字符串，需要设置长度
     return env->NewStringUTF(strcat(b,c));
 }

 JNIEXPORT jintArray JNICALL Java_edu_neu_androidlab_ndktest_MainActivity_ints(JNIEnv *env, jobject instance, jintArray i_) {
     LOGE("%s","int[]");
     int len = (*env).GetArrayLength(i_);
     jint *i = env->GetIntArrayElements(i_, NULL);
     for(int j = 0;j<len;j++){
         *(i + j) += 1; //组数中每个元素加1
     }
     env->ReleaseIntArrayElements(i_, i, 0);//释放空间
     return i_;
 }
```

C 语言不支持 String 类型的数据，但是可以通过 C 语言中的 char 类型的数组来表示，这里使用 JNI 自带函数 GetStringUTFChars()实现 string 数据类型转 char 数据类型。两字符串拼接使用 string.h 里的 strcat()方法，该方法把两个字符串参数拼接后传给第一个参数，所以应该设置字符串数组长度，如果直接使用 char* b= "C++拼接";语句定义第一个参数，会使第一个参数的容量固定，就不能存放拼接后的字符串了。

主活动中代码如下：

```
public class MainActivity extends AppCompatActivity {
    public native  int add(int i,int j);
    public native String stringFromJNI(String s);
    public native int[] ints(int[] i);
    static {
      System.loadLibrary("native-lib");
    }
    @Override
    protected void onCreate(Bundle savedInstanceState) {
        super.onCreate(savedInstanceState);
        setContentView(R.layout.activity_main);
        TextView tv = (TextView) findViewById(R.id.sample_text);
        tv.setText(stringFromJNI("Java"));
        if(add(1,2) == 3){
            int[] i = {1,2,3};
            Log.e("数组",ints(i).toString());
        }
    }
}
```


运行程序，LogCat 信息如图 9-9 所示，说明本地方法已成功被 C 代码实现并且已将数据返回给 Java 代码。

```
09-23 01:28:48.760 7472-7472/? E/C_LOG: string
09-23 01:28:48.760 7472-7472/? E/C_LOG: add
09-23 01:28:48.760 7472-7472/? E/C_LOG: int[]
09-23 01:28:48.760 7472-7472/? E/数组: [I@b1241ec8
```

图 9-9　LogCat 信息

NDK 开发本地方法时有些 C/C++对应的工具方法会经常用到，应保存起来作为工具代码。

9.3　NDK 实现音频转码

C/C++目前已有很多稳定、开源的框架，其成熟性是使用 NDK 开发 Android 的重要原因。下面通过音频转码案例来实现对已有框架的应用，熟悉 NDK 开发的真实流程，增加 NDK 开发经验。

9.3.1　Lame 编码器

录音功能在日常生活中经常使用，在应用中植入语音模块也变得尤为重要。但是，通常情况下本地录音保存的音频文件都是 wav 类型（无损原音），如果该格式文件用于本地保存网络传输，相比较主流的 mp3 文件，在音质相近的情况下需要消耗更多的本地内存和网络流量。所以，为了优化 App，需要对音频格式进行转化。Lame 编码器就提供了这一功能。

Lame 是目前最好的 mp3 编码器之一，也是编码高品质 mp3 的最佳选择之一。Lame 本身是控制台程序，需要加外壳程序才比较容易使用，也可以在别的软件（比如 EAC）中间调用。Lame 是一款出色的 mp3 压缩程序，使用了独创的人体听音心理学模型和声学模型，改变了人们对 mp3 高音发哑、低音发破的音质的印象。

声音文件主要有以下几个参数：采样率、码率、声道。

采样率即频率，一般是 44100kHz 的，这是音乐 CD 的标准。影响 mp3 音质的主要是码率，如今最好的是 320K 的 CBR（固定码率）和 VBR（可变码率），VBR 文件比 CBR 小一点。192K 的 VBR 是网上最流行的，能够同一时候满足音质和文件大小的要求。事实上 Lame 最大的特点就是它给用户提供了 VBR 压缩方式，这种方式在一些停顿、简单的信号处会自己主动降低码率和文件尺寸，是一种非常好的编码方式。声道主要分为单声道和立体声，单声道是比较原始的声音复制形式，这种缺乏位置感的录制方式是很落后的。立体声道是经对声音进行深层的分析剥离处理后，除用左、右声道音轨播放外又增加了中置音频和重低音音频音轨，经此处理方式后，声音播放的听觉更加清晰圆润并且能够准确地判断出声音的定位，使人如同身临其境。

作为追求高音质又节省空间的折中方法，VBR 是非常管用，当然还有一方面，由于码率是时刻变化的，所以稳定性自然要比 CBR 的稍微差一点。

接下来实现对 Lame 编码的移植，完成 wav 格式转 mp3 格式的应用。

首先，进入 Lame 官方网址（https://lame.sourceforge.io）下载 Lame 编码器，单击“Get Lame”，如图 9-10 所示。

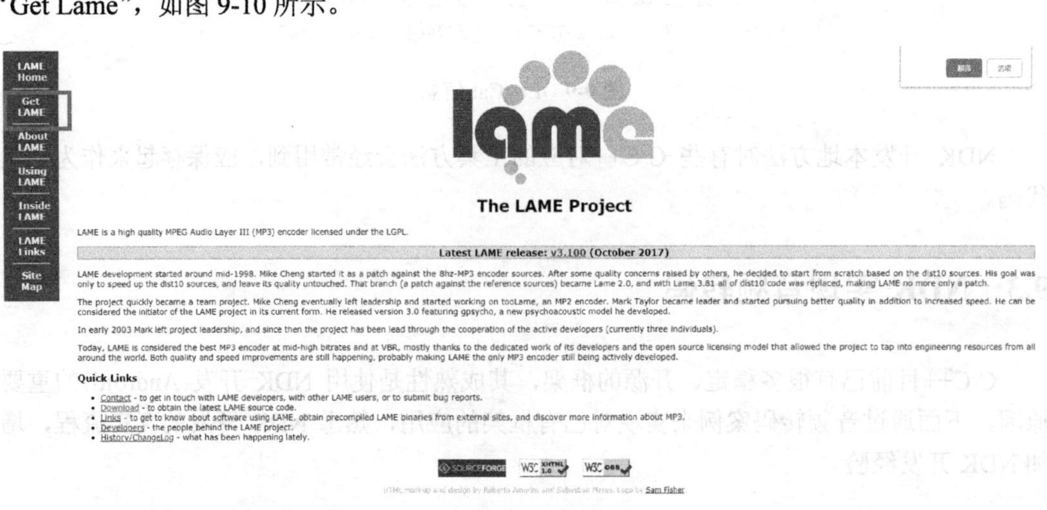

图 9-10　Lame 官方网址

单击“file area”进入，继续单击“Download Latest Version”下载 Lame，如图 9-11 所示。

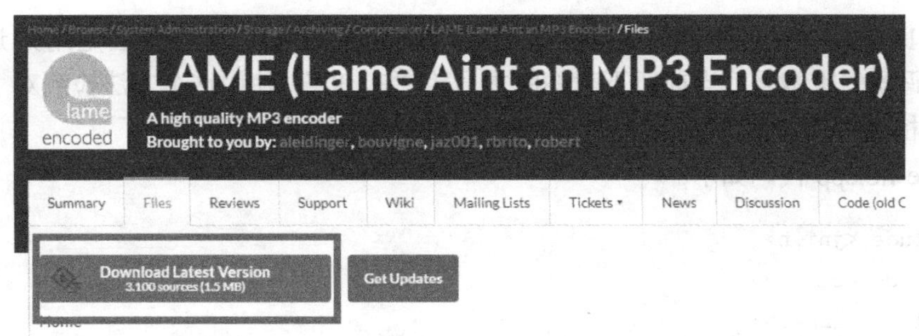

图 9-11　下载 Lame

9.3.2　业务实现

例 9-2　利用 Android 工程调用 C/C++编写的 Lame 编码器。

新建 NdkLameTest 工程，将所下载的压缩包解压后，找到“libmp3lame”文件夹，此文件夹下保存一些 C 代码的源文件和.h 的头文件，将此文件夹下所有的.c 和.h 文件都复制到 NdkLameTest 工程的 cpp 目录下，再把 Lame 文件的“include”文件夹下的“lame.h”文件也保存到 cpp 目录下，可以被调用的方法都封装在“lame.h”头文件中。

在 CMakeLists.txt 文件的 add_library()下添加所有 cpp 目录中所有.c 文件的路径，这样编译器在编译时就可找到所需要的.c 文件。添加 Lame 文件路径如图 9-12 所示。

```
add_library( # Sets the name of the library.
             native-lib

             # Sets the library as a shared library.
             SHARED

             # Provides a relative path to your source file(s).
             src/main/cpp/native-lib.cpp
             src/main/cpp/bitstream.c src/main/cpp/encoder.c src/main/cpp/fft.c
             src/main/cpp/gain_analysis.c src/main/cpp/id3tag.c src/main/cpp/lame.c
             src/main/cpp/mpglib_interface.c src/main/cpp/newmdct.c src/main/cpp/presets.c
             src/main/cpp/psymodel.c src/main/cpp/quantize.c src/main/cpp/quantize_pvt.c
             src/main/cpp/reservoir.c src/main/cpp/set_get.c src/main/cpp/tables.c
             src/main/cpp/takehiro.c src/main/cpp/util.c src/main/cpp/vbrquantize.c
             src/main/cpp/VbrTag.c    src/main/cpp/version.c
             )
```

图 9-12　添加 Lame 文件路径

其中 Lame 源码中部分代码需要修改：

1）util.h 中 570 行（大致位置）“extern ieee754_float32_t fast_log2(ieee754_float32_t x); ”改为“extern float fast_log2(float x); ”，因为 Android 下并不支持该类型。

2）set_get.h 中 24 行将“include <lame.h>”改为“include "lame.h"”。

3）在 id3tag.c 和 machine.h 两个文件里，将 HAVE_STRCHR 和 HAVE_MEMCPY 的 ifdef 结构体注释掉。

这里代码虽然经过修改，但是由于 Lame 版本和 Android 版本的变化，在编译时有可能出现其他错误，一般的错误是由于 Lame 文件的导包错误导致的，需要根据 IDE 的报错自行调整。

在“lame.h”头文件中提供了 get_lame_version()方法，这个方法是用来返回当前 Lame 编码器的版本号，当前所下载的版本号为“3.100”，使用这个方法检测对 Lame 编码器的移植是否成功。

native-lib.cpp 代码如下：

```
#include <jni.h>
#include <string>
#include <lame.h>
extern "C"
JNIEXPORT jstring JNICALL Java_edu_neu_androidlab_ndklametest_MainActivity_getLameVersion(JNIEnv *env,jobject ,jstring js) {
    return env->NewStringUTF(get_lame_version());
}
```

get_lame_version()方法返回的是一串数字的字符串类型数据。

主活动代码如下：

```
public class MainActivity extends AppCompatActivity {
    static {
        System.loadLibrary("native-lib");
    }
    public native String getLameVersion();//获取版本号

    @Override
    protected void onCreate(Bundle savedInstanceState) {
        super.onCreate(savedInstanceState);
         setContentView(R.layout.activity_main);
         TextView tv = (TextView) findViewById(R.id.sample_text);
         tv.setText(getLameVersion());
     }
 }
```


运行程序，若 TextView 显示出版本号信息，说明 Lame 编码器库移植成功。接下来继续完成该案例，文件路径和文件名通过 EditText 输入，使用 PopupMenu 控件进行码率和采样率的选择，使用 RadioButton 进行声道的选择，在进行转码时使用 Progressbar 进度条给出提示。

native_lib.cpp 完整代码如下：

```
#include <jni.h>
#include <stdlib.h>
#include <string>
#include <lame.h>
#include <android/log.h>
#define LOGE(...)__android_log_print(ANDROID_LOG_ERROR,"C_LOG",__VA_ARGS__)
extern "C"{
```

```
    JNIEXPORT jstring JNICALL Java_edu_neu_androidlab_ndklametest_MainActivity_g etLameVersion(JNIEnv *env,jobject ,jstring js);
    JNIEXPORT void JNICALL Java_edu_neu_androidlab_ndklametest_MainActivity_convert(JNIEnv *env, jobject instance, jstring inputname_,jstring output_,jint amplerat ed_,jint codespeed_,jint channel_);
 }
 //获取版本号
   JNIEXPORT jstring JNICALL Java_edu_neu_androidlab_ndklametest_MainActivity_getLameVersion(JNIEnv *env,jobject ,jstring js) {
     return env->NewStringUTF(get_lame_version());
 }
 //进行转化
 JNIEXPORT void JNICALL Java_edu_neu_androidlab_ndklametest_MainActivity_convert (JNIEnv *env, jobject instance, jstring inputname_,jstring output_,jint amplerated_,jint codespeed_,jint channel_) {
     LOGE("当前进度%d",1111);
     const char *inputname = env->GetStringUTFChars(inputname_, 0);
     const char *outputname = env->GetStringUTFChars(output_, 0);
     FILE * wav = fopen(inputname,"rb");//打开 wav 文件，只读
     FILE * mp3 = fopen(outputname,"wb"); //建立 mp3 文件，只写
     int read;
     int write;
     if(NULL == wav){
         LOGE("当前进度%d",2222);
     }
     short int wav_buffer[8192*2];//缓存区存放读取的 wav 数据
     unsigned char mp3_buffer[8192];//缓存区存放写入的 mp3 数据
     lame_t lame = lame_init();//初始化编码器
     lame_set_in_samplerate(lame,amplerated_);//设置采样率
     lame_set_num_channels(lame,channel_);//设置声道数
     lame_set_VBR(lame,vbr_default);//设置编码方式 VBR
     lame_init_params(lame);//完成设置
     int total;//显示进度
     do{
         LOGE("当前进度:%d",3333);
         //读取数据的长度
         read = fread(wav_buffer, sizeof(short int)*2,8192,wav);
         LOGE("当前进度:%d",4444);
         total += (read*4);
         LOGE("当前进度:%d",total);
         if(read == 0){
             //向缓存区写入数据
             write = lame_encode_flush(lame,mp3_buffer,8192);
```

```
            //写入到mp3文件中
            fwrite(mp3_buffer, sizeof(char),write,mp3);
        }else{
            write = lame_encode_buffer_interleaved(lame,wav_buffer,read,mp3_buffer,8192);
            fwrite(mp3_buffer, sizeof(char),write,mp3);
        }
    }while(read != 0);
    lame_close(lame);//关闭编码器
    //关闭wav和mp3文件
    fclose(mp3);
    fclose(wav);
    LOGE("当前进度:%",1010);
    env->ReleaseStringUTFChars(inputname_, inputname);
}
```

本地方法 convert()的后五个参数为输入文件的路径、输出文件的路径、采样率、码率和声道。首先对 lame 编码器进行初始化等设置，编码方式设置为 VBR，在 do-while 里循环读取数据，每次读取 8KB 的数据，当读取的数据为 0 时结束循环。最后不要忘记销毁编码器关闭 wav 和 mp3 对应的文件流。

主活动完整代码如下：

```
public class MainActivity extends AppCompatActivity {
    static {
        System.loadLibrary("native-lib");
    }
    public native String getLameVersion();//获取版本号
    public native void convert(String inputName, String output,int amplerate,int codespeed,int channel);//转码
    private EditText path;//文件路径
    private EditText name;//文件名
    private ProgressDialog pd;//转码提示
    private RadioButton radioButton1,radioButton2;//声道
    private TextView tvs,sor;//采样率、码率

    @Override
    protected void onCreate(Bundle savedInstanceState) {
        super.onCreate(savedInstanceState);
        setContentView(R.layout.activity_main);
        TextView tv = (TextView) findViewById(R.id.sample_text);
        pd = new ProgressDialog(this);
        tv.setText("Lame " + getLameVersion());//设置Lame版本
        path = (EditText) findViewById(R.id.path);
        name = (EditText) findViewById(R.id.name);
```

```
        radioButton1 = (RadioButton) findViewById(R.id.radio_button1);
        radioButton2 = (RadioButton) findViewById(R.id.radio_button2);
        radioButton2.setChecked(true);//默认声道
        tvs = (TextView) findViewById(R.id.show_sampling_rate);
        tvs.setText("44100");//默认采样率
        sor = (TextView) findViewById(R.id.show_code_rate);
        sor.setText("192");//默认码率
    }
    //“转码”按钮事件
    public void click(View v) {
        creatFile();
        final String inputName = path.getText().toString()+name.getText().toString()+".wav";//输入文件路径
        Log.e("J_LOG", inputName);
        File f = new File(inputName);
        if (!f.exists()) {
            Toast.makeText(MainActivity.this,"不存在此文件",Toast.LENGTH_SHORT).show();
            return;
        }
        //设置转换提示
        pd.setMessage("正在处理");
        pd.setTitle("提示");
        pd.setMax((int) f.length());
        pd.show();
        try {
            new Thread() {
                @Override
                public void run() {
                    //输出文件保存在根目录的“NdkLameTest”文件夹下，输出文件名和输入文件名相同
                    String outputName = Environment.getExternalStorageDirectory()+"/NdkLameTest/"+name.getText().toString()+".mp3";
                    convert(inputName,outputName,getSamplerate(),getByteSpeed(),getChannel());
                    pd.dismiss();//转换完关闭提示
                    Log.e("J_LOG", "转换完毕");
                }
            }.start();
        } catch (Exception e) {
            e.printStackTrace();
        }
    }
```

```
    //创建"NdkLameTest"目录
    public void creatFile() {
        boolean sdCardExist = Environment.getExternalStorageState().equals(android.
        os.Environment.MEDIA_MOUNTED);
        File sd = null;
        if (sdCardExist) {
            sd = Environment.getExternalStorageDirectory();// 获取根目录
        }
        String mPath = sd.getPath() + "/NdkLameTest";
        Log.e("J_LOG","文件目录: "+mPath);
        File file = new File(mPath);
        if (!file.exists()) {
            file.mkdir();
        }
    }
    //第一个“选择”按钮事件
    public void menuClick1(View v){
        PopupMenu popupMenu = new PopupMenu(this,v);//按键生成 menu 控件
        //联系 menu 布局文件
        popupMenu.getMenuInflater().inflate(R.menu.menu,popupMenu.getMenu());
        popupMenu.show();
        //启动 menu 中不同 item 对应的事件
        popupMenu.setOnMenuItemClickListener(new PopupMenu.OnMenuItemClick
    Listener(){
            @Override
            public boolean onMenuItemClick(MenuItem menuItem){
                switch(menuItem.getItemId()){
                    case R.id.code_speed_32:
                        sor.setText("32");
                        break;
                    case R.id.code_speed_64:
                        sor.setText("64");
                        break;
                    case R.id.code_speed_96:
                        sor.setText("96");
                        break;
                    case R.id.code_speed_128:
                        sor.setText("128");
                        break;
                    case R.id.code_speed_192:
                        sor.setText("192");
                        break;
```

```
                case R.id.code_speed_256:
                    sor.setText("256");
                    break;
                case R.id.code_speed_320:
                    sor.setText("320");
                    break;
            }
            return true;
        }
    });
}
//第二个“选择”按钮事件
public void menuClick2(View v){
    PopupMenu popupMenu = new PopupMenu(this,v);
    popupMenu.getMenuInflater().inflate(R.menu.menu_,popupMenu.getMenu());
    popupMenu.show();

    popupMenu.setOnMenuItemClickListener(new PopupMenu.OnMenuItemClickListener(){
        @Override
        public boolean onMenuItemClick(MenuItem menuItem){
            switch(menuItem.getItemId()){
                case R.id.Sampling_Rate_22050:
                    tvs.setText("22050");
                    break;
                case R.id.Sampling_Rate_24000:
                    tvs.setText("24000");
                    break;
                case R.id.Sampling_Rate_44100:
                    tvs.setText("44100");
                    break;
                case R.id.Sampling_Rate_48000:
                    tvs.setText("48000");
                    break;
            }
            return true;
        }
    });
}
//返回声道
public int getChannel(){
    if( radioButton2.isChecked()){
```

```
            return 2;//立体声
        }else
            return 1;//单声道
    }
    //通过 TextView 上的字符串返回码率，需要经过 String 转 int
    public int getByteSpeed(){
        //字符串转 int 类型
        String str = sor.getText().toString();
        try {
            int i = Integer.parseInt(str);
            return i;
        } catch (NumberFormatException e) {
            e.printStackTrace();
            Log.e("J_LOG","选择码率有误");
            return 320;
        }
    }
    //通过 TextView 上的字符串返回采样率，需要经过 String 转 int
    public int getSamplerate(){
        String str = tvs.getText().toString();
        try {
            int i = Integer.parseInt(str);
            return i;
        } catch (NumberFormatException e) {
            e.printStackTrace();
            return 44100;
        }
    }
}
```


PopupMenu 为显示位置不固定的弹出菜单，因为它显示在参照控件下方，所以展示位置随着参照控件的位置变化而变化。每个 PopupMenu 对应一个布局文件，通过 inflate() 方法加载布局文件，其布局文件必须存放在/res/menu/路径下，不能和 activity 的布局文件放在同一文件夹下。

布局文件此处省略，运行程序后的界面如图 9-13 所示。接下来下载 wav 格式的音乐并把文件名设为英文，通过 DDMS 存入模拟器的外部存储目录下，这里存放的目录为/sdcard/，在应用中输入文件路径和文件名，单击“转码”按钮，执行后如图 9-14 所示，显示正在转码，通过观察 LogCat 可查看转码进度。

当模拟器的进度条消失后，转码完毕，进入 DDMS 查看/sdcard/NdkLameTest/目录下的文件。如果是在真机上运行，安装成功后需要在设置中把读写手机内存的权限设置为开启。

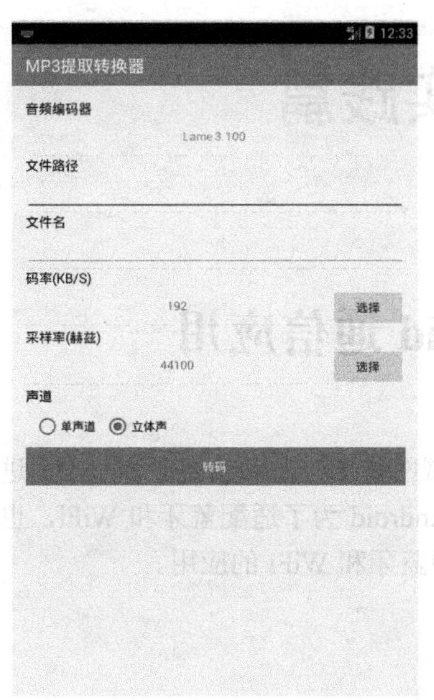

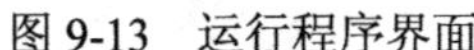
图 9-13　运行程序界面

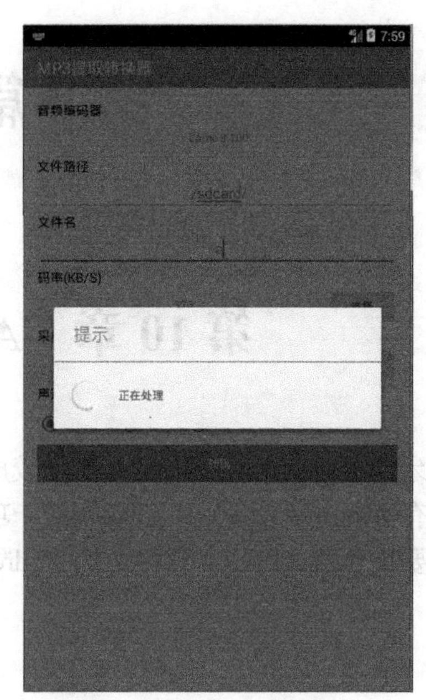

图 9-14　执行转码操作

本章小结

本章主要介绍了 Android NDK 的相关知识，从 NDK 的简单介绍到开发环境的配置以及开发流程，还介绍了使用 NDK 实现一些对代码性能要求较高的模块，并将这些模块嵌入到 Android 应用程序中，大大提高程序效率。此外，如果项目中包含了大量的逻辑计算或者是 3D 特效，这时 Android NDK 便会显示出它超强的功能。

NDK 不适用于大多数初学 Android 的编程者，因为使用 NDK 不可避免地会增加开发过程的复杂性，所以通常不值得使用。但如果需要执行以下操作可能很有用：从设备获取卓越性能以用于计算密集型应用，例如游戏或物理模拟；重复使用自己或其他开发者的 C/C++库等。

习　　题

1．简述 NDK 系统的搭建过程。
2．NDK 开发过程一般分为哪几步？
3．CMakeLists.txt 文件有什么作用？包含哪些内容？

第 2 篇　实践篇

第 10 章　Android 通信应用

蓝牙技术和 WiFi 技术是目前比较成熟的局域网技术，而利用蓝牙和 WiFi 进行通信也是所有 Android 设备中不可或缺的一项功能。Android 为了适配蓝牙和 WiFi，也提供了一些重要的通信 API，本章将讨论 Android 系统中蓝牙和 WiFi 的应用。

10.1　蓝牙通信

蓝牙（Bluetooth）是一种支持设备短距离通信的无线电技术。起源于 1994 年，最早由瑞典的手机业巨头爱立信开始研发，目的是以无线通信的方式取代手机与各种周边设备的有线连接。1998 年 2 月，爱立信、诺基亚、IBM、东芝和英特尔五大跨国公司组成研究小组，目标是建立一个全球性的小范围无线通信技术。现在蓝牙技术是一种无线数据与语音通信的开放全球新规范，它以低成本的近距离无线连接为基础，为固定与移动设备通信环境建立一个特别连接。利用蓝牙技术，能够有效地简化移动通信终端设备之间的通信，也能够成功地简化设备与因特网之间的通信，从而数据传输变得更加迅速高效，为无限通信拓宽了道路。蓝牙采用分散式网络结构以及快跳频和短包技术，支持点对点以及点对多点通信，工作在全球通信的 2.4GHz ISM（即工业、科学、医学）频段，其数据速率为 1Mbps，采用时分双工传输方案实现全双工传输。

10.1.1　蓝牙及其在 Android 下的驱动架构

1．蓝牙概述

蓝牙技术联盟（Bluetooth Special Interest Group，BluetoothSIG）是一家由电信、计算机、汽车制造、工业自动化和网络行业的领先厂商组成蓝牙技术协会。BluetoothSIG 致力于推动蓝牙无线技术的发展，为短距离连接移动设备制定低成本的无线规范，并将其推向市场。截至 2016 年 6 月，蓝牙经历了多个版本的演进，主要有 1.1、1.2、2.0、2.1、3.0、4.0、4.1、4.2、5.0 等版本，蓝牙的发展历程见表 10-1。

表 10-1　蓝牙的发展历程

版　本	规范发布日期	速　率	增 强 功 能
1.1	2001.2.22	748～810kbit/s	IEEE 802.15.1
1.2	2003.11.5	748～810kbit/s	快速连接、自适应跳频、错误监测和流程控制、同步能力

（续）

版　本	规范发布日期	速　率	增 强 功 能
2.0+EDR	2004.11.9	1.8～2.1Mbit/s	EDR 传输率提升至 2～3Mbit/s
2.1+EDR	2007.7.26	2.1Mbit/s	扩展查询响应、简易安全配对、暂停与继续加密、Sniff 省点
3.0+HS	2009.4.21	24Mbit/s	交替射频技术、802.11 协议适配层、电源管理、取消了 UMB 的应用
4.0+BLE	2010.6.30	24Mbit/s（3MB/s）	低功耗物理层和链路层、AES 加密、Attribute Protocol（ATT）、Generic Attribute Profile（GATT）、Security Manager
4.1	2013.12.6	24Mbit/s	与 4G 不构成干扰；通过 IPv6 连接到网络；可同时发送和接收数据
4.2	2014.12.4	60Mbit/s	FIPS 加密、安全连接、物联网
5.0	2016.6.16	120Mbit/s	室内定位、物联网

EDR：Enhanced Data Rate。通过提高多任务处理和多种蓝牙设备同时运行的能力，EDR 使得蓝牙设备的传输速度可达 3Mbit/s。

HS：High Speed。HS 使得 Bluetooth 能利用 WiFi 作为传输方式进行数据传输，其支持的传输速度最高可达 24Mbit/s。其核心是在 802.11 的基础上，通过集成 802.11 协议适配层，使得蓝牙协议栈可以根据任务和设备的不同，选择正确的射频。

BLE：Bluetooth Low Energy。蓝牙 4.0 最重要的一个特性就是低功耗。BLE 使得蓝牙设备可通过一粒纽扣电池供电以持续工作数年之久。很明显，BLE 使得蓝牙设备在钟表、远程控制、医疗保健及运动感应器等市场具有广泛应用。

早在 4.0 版本，蓝牙就已经走向了商用。在当时最新款的 Galaxy S4、iPad 4、MacBook Air 等电子设备上都已应用了蓝牙 4.0 技术。但是，相应的蓝牙耳机却没有及时推出，不能发挥蓝牙 4.0 应有的优势。不过这个局面已经被蓝牙知名品牌 woowi 打破，作为积极参与蓝牙 4.0 规范制定和修改的厂商，woowi 已于 2012 年 6 月率先发布全球第一款蓝牙 4.0 耳机——woowi hero。

2．Android 蓝牙驱动架构

Android 的蓝牙协议栈是使用 BlueZ 实现的，它是 Linux 平台上一套完整的蓝牙协议栈。对 GAP、SDP 和 RECOMM 等应用规范提供支持，并获得 SIG 认证，广泛应用于各 Linux 发行版本中，并被移植到众多移动平台上。由于 BlueZ 使用了 GPL（GNU 通用公共许可证）授权，为了避免使用未经授权的代码，Android 框架通过 D-BUSIPC（进程间通信机制）来与 BlueZ 的用户控件代码进行交互。BlueZ 提供了很多分散的应用，包括守护进程和一些工具，BlueZ 通过 D-BUS IPC 机制来提供应用层接口。从 Bluetooth 的规格可以看出，整个蓝牙的构架除了硬件的 RF、Baseband、Link Manager 以外，BlueZ 实现 L2CAP、RFCOMM、SDP、TCS 等软件部分，并以标准 socket 形式封装了 HCI、L2CAP、RFCOMM 协议，使得应用调用更加方便。

BlueZ 是 Linux 官方的 Bluetooth 栈，由主机控制接口（Host Control Interface，HCI）层、Bluetooth 协议核心、逻辑链路控制和适配协议（Logical Link Control and Adaptation Protocol，L2CAP）、SCO 音频层、其他 Bluetooth 服务、用户空间后台进程以及配置工具组成。Bluetooth 架构如图 10-1 所示。Linux 程序运行状态分为内核态和用户态，蓝牙协

议栈 BlueZ 可分为两部分：Kernel 层的内核代码和 Library 层的用户态程序及工具集，其中内核代码由 BlueZ 核心协议和驱动程序等模块组成。Bluetooth 协议实现在内核代码/net/bluetooth 中，包括 HCI、L2CAP、HID、RFCOMM、SCO、SDP、BNEP 等协议的实现。驱动程序放在/drivers/bluetooth 中，包括 Linux Kernel 对各种接口的 Bluetooth 设备的驱动，例如 USB 接口、串口等。用户态程序及工具集包括应用程序接口和 BlueZ 工具集，位于“externel/bluez”目录中。BlueZ 提供函数库以及应用程序接口，便于开发 Bluetooth 应用程序。BlueZ utils 是主要工具集，实现对 Bluetooth 设备的初始化和控制。

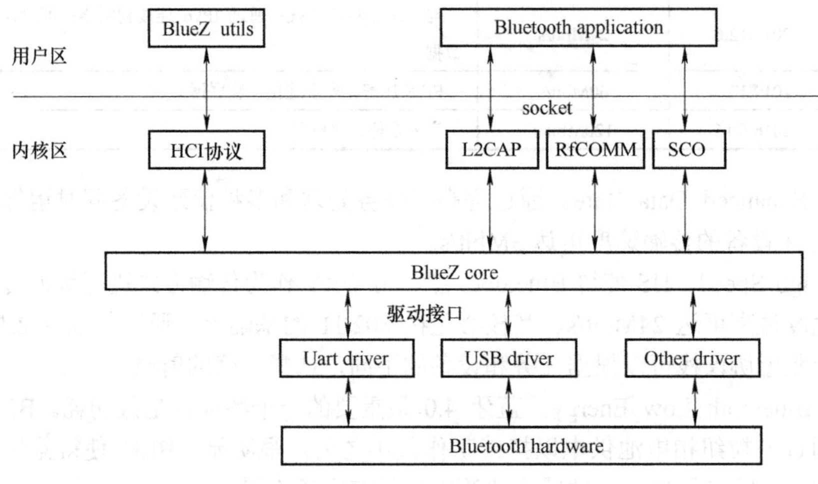

图 10-1 Bluetooth 架构

蓝牙系统的核心是 BlueZ，因此 JNI 和上层都围绕跟 BlueZ 的沟通进行。JNI 和 android 应用层，跟 BlueZ 沟通的主要手段是 D-BUS，D-BUS 是一套应用广泛的进程间通信（IPC）机制，相对于 Socket 等底层 IPC，它是更加复杂的 IPC 机制，支持更系统化的服务名、函数名等，同时也能对众多服务进程和客户端进行管理，调度通信消息的传递。跟 Android 框架使用的 Binder 类似。

如图 10-2 所示为 Android 蓝牙协议栈，它主要由底层硬件模块、中间协议层和高端应用层组成。对于某些应用可能只需要使用其中的某一列或多列，而没有必要使用全部协议。

（1）底层硬件模块

底层硬件模块是蓝牙技术的核心模块，所有嵌入蓝牙技术的设备都必须包括底层硬件模块。它主要由链路管理层（Link Manager Protocol，LMP）、基带层（Base Band，BB）、射频（Radio Frequency，RF）和蓝牙主机控制接口（Host Controller Interface，HCI）组成。其功能是：RF 通过 2.4GHz 无需申请的 ISM 频段，实现数据流的过滤和传输，它主要定义了工作在此频段的蓝牙接收机应满足的需求；BB 提供了两种不同的物理链路，即同步连接链路（Synchronous Connection Oriented，SCO）和异步无连接链路（Asynchronous Connection Less，ACL），负责跳频和蓝牙数据及信息帧的传输，且对所有类型的数据包提供了不同层次的前向纠错码（Frequency Error Correction，FEC）或循环冗余度差错校验（Cyclic Redundancy Check，CTC）；LMP 层负责两个或多个设备链路的建立和拆除及链路的安全和控制，如鉴权和加密、控制和协商基带包的大小等，它为上层软件模块提供了不同的访问入口；HCI 由基带控制器、连接管理器、控制和事件寄存器等组成，它是蓝牙协议中软硬件之间的接口，提供了一个调用下层 BB、LM、状态和控制寄存器等硬件的统一命令，上、下两个模块接口之间的消息和数据的传递必须通过 HCI 的解释才能进行。HCI 以上的协议软件实体运行在主机上，而 HCI 以下的功能由蓝牙设备来完成，二者之间通过传输层进行交互。

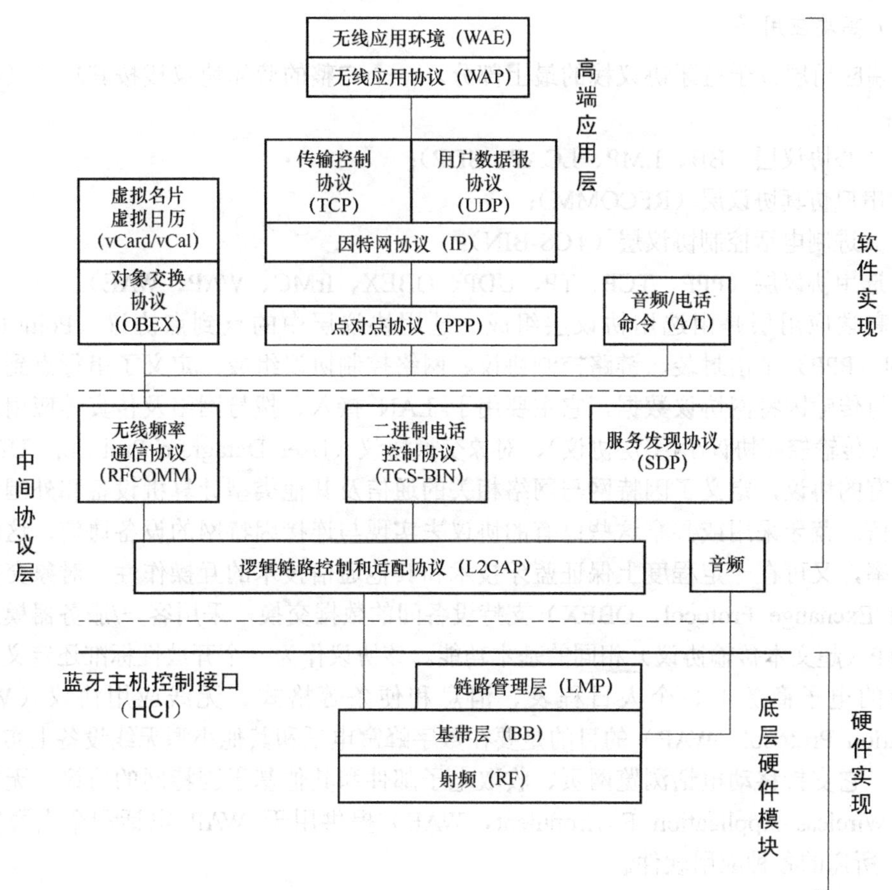

图 10-2 Android 蓝牙协议栈

（2）中间协议层

中间协议层由逻辑链路控制与适配协议（Logical Link Control and Adaptation Protocol，L2CAP）、服务发现协议（Service Discovery Protocol，SDP）、无线频率通信协议（Radio Frequency Communication，RFCOMM）和二进制电话控制协议（Telephony Control protocol Spectocol-BIN，TCS-BIN）组成。L2CAP 是蓝牙协议栈的核心组成部分，也是其他协议实现的基础。它位于基带之上，向上层提供面向连接和无连接的数据服务。它主要完成数据的拆装、服务质量控制、协议的复用、分组的分割和重组（Segmentation and Reassembly）及组提取等功能。L2CAP 允许高达 64KB 的数据分组。SDP 是一个基于客户/服务器结构的协议，它工作在 L2CAP 层之上，为上层应用程序提供一种机制来发现可用的服务及其属性，而服务属性包括服务的类型及该服务所需的机制或协议信息。RFCOMM 是一个仿真有线链路的无线数据仿真协议，符合 ETSI 标准的 TS 07.10 串口仿真协议。它在蓝牙基带上仿真 RS-232 的控制和数据信号，为原先使用串行连接的上层业务提供传送能力。TCS 是一个基于 ITU-T Q.931 建议的采用面向比特的协议，它定义了用于蓝牙设备之间建立语音和数据呼叫的控制信令（Call Control Signalling），并负责处理蓝牙设备组的移动管理过程。

（3）高端应用层

高端应用层位于蓝牙协议栈的最上部分。一个完整的蓝牙协议栈按其功能又可划分为四层：

- 核心协议层（BB、LMP、LCAP、SDP）；
- 串口仿真协议层（RFCOMM）；
- 二进制电话控制协议层（TCS-BIN）；
- 选用协议层（PPP、TCP、TP、UDP、OBEX、IrMC、WAP、WAE）。

而高端应用层是由选用协议层组成。选用协议层中的点到点协议（Point-to-Point Protocol，PPP）是由封装、链路控制协议、网络控制协议组成，定义了串行点到点链路应当如何传输因特网协议数据，它主要用于 LAN 接入、拨号网络及传真等应用规范。TCP/IP（传输控制协议/网络层协议）、对象交换协议（User Datagram Protocol，UDP）是三种已有的协议，定义了因特网与网络相关的通信及其他类型计算机设备和外围设备之间的通信。蓝牙采用或共享这些已有的协议去实现与连接因特网的设备通信，这样既可提高效率，又可在一定程度上保证蓝牙技术和其他通信技术的互操作性。对象交换协议（Object Exchange Protocol，OBEX）支持设备间的数据交换，采用客户/服务器模式提供与 HTTP（超文本传输协议）相同的基本功能。该协议作为一个开放性标准还定义了可用于交换的电子商务卡、个人日程表、消息和便条等格式。无线应用协议（Wireless Application Protocol，WAP）的目的是要在数字蜂窝电话和其他小型无线设备上实现因特网业务。它支持移动电话浏览网页、收取电子邮件和其他基于因特网的协议。无线应用环境（Wireless Application Environment，WAE）提供用于 WAP 电话和个人数字助理（PDA）所需的各种应用软件。

10.1.2 Android 下的 bluetooth 包

Android 所有关于蓝牙开发的类都在 android.bluetooth 包下，只有八个类，其中常用的四个类是：BluetoothAdapter、BluetoothDevice、BluetoothServerSocket 和 BluetoothSocket。

1. BluetoothAdapter 类

BluetoothAdapter 类代表了一个本地的蓝牙适配器，是所有蓝牙交互的入口点。利用它可以发现其他蓝牙设备，查询绑定了的设备，使用已知的 MAC 地址实例化一个蓝牙设备，建立一个 BluetoothServerSocket（作为服务器端）来监听来自其他设备的连接，BluetoothAdapter 类的主要方法见表 10-2。

表 10-2 BluetoothAdapter 类的主要方法

方 法	说 明
static synchronized BluetoothAdapter getDefaultAdapter()	静态方法，获取默认 BluetoothAdapter
BluetoothDevice getRemoteDevice(String address)	根据蓝牙地址获取远程蓝牙设备
String getName()	获取本地蓝牙名称
String getAddress()	获取本地蓝牙地址
int getState()	获取本地蓝牙适配器当前状态
BluetoothDevice getRemoteDevice(String address)	根据蓝牙地址获取远程蓝牙设备
boolean startDiscovery()	开始搜索
boolean cancelDiscovery()	取消搜索
boolean isDiscovering()	判断当前是否正在查找设备，是则返回 true
boolean enable()	打开蓝牙，这个方法打开蓝牙不会弹出提示
boolean disable()	关闭蓝牙
boolean isEnabled()	判断蓝牙是否打开，已打开返回 true；否则返回 false
BluetoothServerSocket listenUsingRfcommWithServiceRecord(String name,UUID uuid)	根据名称，UUID 创建并返回 BluetoothServerSocket（Android 2.3 系统及以下用）
BluetoothServerSocket listenUsingInsecureRfcommWithServiceRecord(String name,UUID uuid)	根据名称，UUID 创建并返回 BluetoothServerSocket（Android 2.3 系统以上用）
int getScanMode()	获取本地蓝牙扫描状态
Set<BluetoothDevice> getBondedDevices()	获取已绑定的设备信息

2．BluetoothDevice 类

BluetoothDevice 类被用于描述一个远程蓝牙设备，它拥有设备的名字、地址、连接状态等属性。它是对蓝牙设备硬件地址的一个轻量级包装，可从 BluetoothAdapter 的 getRemoteDevice()方法中获取当前蓝牙设备列表。BluetoothDevice 类的主要方法见表 10-3。

表 10-3 BluetoothDevice 类的主要方法

方 法	说 明
BluetoothSocket createRfcommSocketToServiceRecord(UUIDuuid)	创建一个 RFCOMM BluetoothSocket 套接字，准备使用 UUID 的 SDP 查找来启动与此远程设备的安全传出连接
BluetoothSocket createInsecureRfcommSocketToServiceRecord(UUIDuuid)	创建一个 RFCOMM BluetoothSocket 套接字，准备使用 UUID 的 SDP 查找来启动与此远程设备的不安全传出连接
String getName()	获取设备蓝牙名称
String getAddress()	获取设备蓝牙地址
int getBondState()	获取绑定状态

3．BluetoothServerSocket 类

如果去除了 Bluetooth 相信大家一定再熟悉不过了，既然是 Socket，方法就应该都差不多，这个类一般只有三个方法：

- public BluetoothSocket accept ()：接收客户端连接；
- public BluetoothSocket accept (int timeout)：接收客户端连接，指定连接超时时间；

• public void close ()：关闭端口，并释放所有相关的资源。在其他线程的该端口中引起阻塞，从而使系统马上抛出一个 IO 异常。关闭 BluetoothServerSocket 不会关闭接受自 accept()的任意 BluetoothSocket。

两个重载的 accept()方法都返回一个已连接的 BluetoothSocket 类。每当该调用返回的时候，它可以再次调用去接收以后新来的连接，最后的连接也是服务器端与客户端的两个 BluetoothSocket 的连接。执行这两个方法的时候，在接收到客户端的连接请求（或是连接超时）之前，都会阻塞线程，所以应该放在子线程里运行。

4．BluetoothSocket 类

BluetoothSocket 类是客户端，跟 BluetoothServerSocket 相对，是客户端交互的 Socket，一共有五个方法，见表 10-4。

表 10-4　BluetoothSocket 类的主要方法

方　法	说　明
void connect()	连接服务端设备
void close()	关闭 Socket 连接
InputStream getInptuStream()	获取输入流
OutputStream getOutputStream()	获取输出流
BluetoothDevice getRemoteDevice()	获取远程设备

10.1.3　蓝牙在 Android 下的应用

上节介绍了 Android 下的 bluetooth 包，本节将详细介绍在 Android 平台下如何应用蓝牙技术。

1．Android 蓝牙通信过程

Android 平台包括蓝牙网络栈，它允许设备以无线方式与其他蓝牙设备进行数据交换。应用程序框架提供了通过 Android 蓝牙 API 访问蓝牙的功能，这些 API 允许应用程序以无线方式连接至其他蓝牙设备，可实现点对点和点对多点的无线通信功能。

应用上节介绍的 Android 提供的蓝牙 API，Android 应用程序可以执行以下操作：

• 扫描其他蓝牙设备；
• 查询本地蓝牙适配器配对的蓝牙设备；
• 建立 RFCOMM 通道；
• 通过服务发现连接到其他设备；
• 与其他设备进行双向数据传输；
• 管理多个连接。

在这里以蓝牙在 Android 手机上的通信为例介绍蓝牙之间是如何通信的。在 Android 中要对蓝牙设备进行操作需要用到 Android 中与蓝牙开发相关的 API，Android 蓝牙 API 是对蓝牙无线频率通信协议（RFCOMM）进行的封装。RFCOMM 支持在逻辑链路控制和适配协议层上进行 RS-232 串行通信，同时，RFCOMM 是一个面向连接，通过蓝牙模块进行的数据流传输方式，它也被称为串行端口规范（Serial Port Profile，SPP）。对蓝牙端口的监听类似于 TCP 端口：使用 Socket 和 ServerSocket 类。在服务器端，使用

BluetoothServerSocket 类来创建一个监听服务端口。当一个连接被 BluetoothServerSocket 所接受，它会返回一个新的 BluetoothSocket 来管理该连接；在客户端，使用一个单独的 BluetoothSocket 类去初始化一个外接连接和管理该连接。为了创建一个对准备好的新来的连接去进行监听 BluetoothServerSocket 类，使用 BluetoothAdapter 类的 listenUsingRfcommWithServiceRecord()方法，然后调用 accept()方法去监听该连接的请求。在连接建立之前，该调用会被阻断，也就是说，它将返回一个 BluetoothSocket 类去管理该连接。每次获得该类之后，如果不再需要接受连接，最后调用 BluetoothServerSocket 类的 close()方法。关闭 BluetoothServerSocket 类不会关闭这个已经返回的 BluetoothSocket 类，因此 BluetoothSocket 类是线程安全的。特别的，close()方法会立即终止外界操作并关闭服务器端口。

在介绍对蓝牙设备进行操作之前，还需要了解一个比较重要的概念——介质访问控制（Medium/Media Access Control，MAC），也称为 MAC 地址、硬件地址或物理地址。MAC 地址是烧录在网卡（Network Interface Card，NIC）里的，由 48 位长（6B）、十六进制的数字组成。第 0～23 位称为组织唯一标志符（organizationally unique），是识别 LAN（局域网）节点的标识；第 24～47 位是由厂家自己分配，其中第 40 位是组播地址标志位。网卡的物理地址通常是由网卡生产厂家烧入网卡的 EPROM（一种闪存芯片，通常可以通过程序擦写），它存储的是传输数据时真正发送数据的设备和接收数据的主机地址。

两个蓝牙设备之间的通信过程如图 10-3 所示，两个设备上都要有蓝牙设备，也称为蓝牙适配器。 313

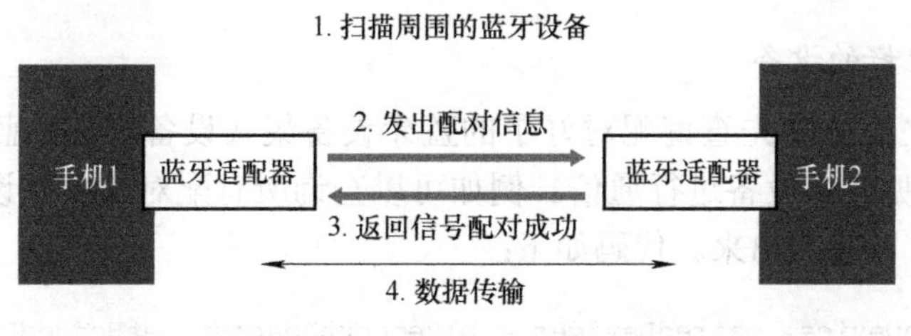

图 10-3 蓝牙通信过程示意图

也就是说，首先手机 1 扫描周围的蓝牙设备，找到有可用设备时就会向其发出配对信息（密钥），手机 2 在接到请求后输入相应密钥即配对完成，接下来就可以进行数据传输了。

2．Android 蓝牙通信各步骤的实现

（1）启动蓝牙功能

首先通过调用静态方法 getDefaultAdapter()获取蓝牙适配器 BluetoothAdapter，以后就可以使用该对象了。如果返回为空，则无法继续执行。代码如下：

```
BluetoothAdapter bluetoothAdapter = BluetoothAdapter.getDefaultAdapter();
if(bluetoothAdapter == null) {
    // 设备不支持蓝牙，无需进行下一步
}
```

其次，调用 isEnabled()来查询当前蓝牙设备的状态，如果返回为 false，则表示蓝牙设备没有开启。接下来需要封装一个 ACTION_REQUEST_ENABLE 请求到 Intent 里面，调用 startActivity ()方法使能蓝牙设备，代码如下：

```
if ( !bluetoothAdapter.isEnabled() ){
    Intent intent = new Intent(bluetoothAdapter.ACTION_REQUEST_ENABLE);
    startActivity(intent);
}
```

（2）查找设备

调用 BluetoothAdapter 类里的方法，可以查找远端设备（大概 10m 以内）或者查询在手机上已经匹配（或者说绑定）的其他手机。当然，需要确定对方蓝牙设备已经开启或者已经开启了“使能被发现”功能（对方设备可以被发现是能够发起连接的前提条件）。如果该设备是可以被发现的，会反馈回来一些对方的设备信息，比如名字、MAC 地址等，利用这些信息，设备就可以选择去向对方初始化一个连接。

如果是第一次与该设备连接，那么一个配对的请求就会自动显示给用户。当设备配对好之后，它的一些基本信息（主要是名字和 MAC 地址）就被保存下来并可以使用蓝牙的 API 来读取。使用已知的 MAC 地址就可以对远端的蓝牙设备发起连接请求。匹配好的设备和连接上的设备的不同点：匹配好只是说明对方设备发现了你的存在，并拥有一个共同的识别码，并且可以连接，连接上表示当前设备共享一个 RFCOMM 信道并且两者之间可以交换数据。也就是说蓝牙设备在建立 RFCOMM 信道之前，必须是已经配对好了的。

（3）查询匹配好的设备

在建立连接之前必须先查询配对好了的蓝牙设备集（设备周围的蓝牙设备可能不止一个），以便选取哪一个设备进行通信。例如可以查询所有配对的蓝牙设备，并使用一个数组适配器将其打印显示出来。代码如下：

```
Set<BluetoothDevice> pairedDevices = bluetoothAdapter.getBondedDevices();
// 如果存在配对好了的设备
if (pairedDevices.size() > 0) {
    //遍历配对好了的蓝牙设备集
    for (BluetoothDevice device : pairedDevices) {
        // 将设备名和设备地址加入到要显示的 ListView 数组适配器
      ListViewArrayAdapter.add(device.getName() + "\n" + device.getAddress());
    }
}
```

应当知道，建立一个蓝牙连接只需要 MAC 地址就足够了。

（4）扫描设备

扫描设备只需要简单调用 startDiscovery()方法，扫描的过程大概持续 12s，应用程序为了 ACTION_FOUND 动作需要注册一个 BroadcastReceiver 来接收设备扫描到的信息。对于每一个设备，系统都会广播 ACTION_FOUND 动作。代码如下：

```
//创建一个广播接收者来接收设备扫描到的信息
private final BroadcastReceiver Receiver = new BroadcastReceiver() {
    public void onReceive(Context context, Intent intent) {
        String action = intent.getAction();
        // 当 Discovery 扫描到了设备
        if (BluetoothDevice.ACTION_FOUND.equals(action)) {
            // 从意图对象中获取蓝牙设备
            BluetoothDevice device =intent.getParcelableExtra(BluetoothDevice.
            EXTRA_DEVICE);
            //将设备名和设备地址添加到 ListView 数组适配器中
            ListViewArrayAdapter.add(device.getName() + "\n" + device.getAddress());
        }
    }
};
// 注册广播接收者
IntentFilter filter = new IntentFilter(BluetoothDevice.ACTION_FOUND);
registerReceiver(mReceiver, filter); // Don't forget to unregister during onDestroy
```

注意：扫描的过程是一个很耗费资源的过程，一旦找到需要的设备之后，在发起连接请求之前，确保程序调用 cancelDiscovery()方法停止扫描。显然，如果已经连接上一个设备，启动扫描会减少通信带宽。

（5）使能被发现

如果想让设备能够被其他设备发现，将 ACTION_REQUEST_DISCOVERABLE 动作封装在 Intent 对象中并调用 startActivityForResult(intent)方法就可以了。它将在不使应用程序退出的情况下使设备能够被发现。默认情况下的使能时间是 120s，当然可以通过添加 EXTRA_DISCOVERABLE_DURATION 字段来改变使能时间（最大不超过 300s，这是出于对设备上的信息安全考虑）。代码如下：

```
Intent intent = new Intent(BluetoothAdapter.ACTION_REQUEST_DISCOVERABLE);
intent.putExtra(BluetoothAdapter.EXTRA_DISCOVERABLE_DURATION, 300);
startActivity(intent);
```

运行该段代码之后，系统会弹出一个对话框来提示启动设备使能被发现（此过程中如果蓝牙功能没有开启，系统会开启）。并且，如果准备对该远端设备发现一个连接，不需要开启使能设备被发现功能，因为该功能只是在应用程序作为服务器端的时候才需要。

（6）连接设备

在应用程序中，想建立两个蓝牙设备之间的连接，必须运行客户端和服务器端的程序（因为任何一个设备都必须可以作为服务器端或者客户端）。一个开启服务来监听，一个发起连接请求（使用服务器端设备的 MAC 地址）。当它们都拥有一个蓝牙套接字在同一 RFCOMM 信道上的时候，可以认为它们之间已经连接上了。服务器端和客户端通过不同的方式使用蓝牙套接字。当一个连接监听到的时候，服务器端获取到蓝牙套接字。当客户可打开一个 RFCOMM 信道给服务器端时，客户端获取到蓝牙套接字。

注意：在此过程中，如果两个蓝牙设备还没有配对好，Android 系统会通过一个通知或者对话框的形式来通知用户。RFCOMM 连接请求会在用户选择之前阻塞。

（7）服务器端的连接

当要连接两台设备时，一个必须作为服务器端（通过持有一个打开的 BluetoothServer Socket），目的是监听外来连接请求，当监听到以后提供一个连接上的 BluetoothSocket 给客户端，当客户端从 BluetoothServerSocket 得到 BluetoothSocket 以后就可以销毁 Bluetooth ServerSocket，除非还想监听更多的连接请求。

建立服务套接字和监听连接的基本步骤：首先通过调用 listenUsingRfcommWith ServiceRecord(String, UUID)方法来获取 BluetoothServerSocket 对象，参数 String 代表了该服务的名称，UUID 代表了和客户端连接的一个标识（128 位格式的字符串 ID，相当于 PIN 码），UUID 必须双方匹配才可以建立连接。其次调用 accept()方法来监听可能到来的连接请求，当监听到以后，返回一个连接上的蓝牙套接字 BluetoothSocket。最后，在监听到一个连接以后，需要调用 close()方法来关闭监听程序（一般蓝牙设备之间是点对点的传输）。注意：accept()方法不应该放在主 Activity 里面，因为它是一种阻塞调用（在没有监听到连接请求之前程序就一直停在那里）。解决方法是新建一个线程来管理，代码如下：


```
private class AcceptThread extends Thread {
    private final BluetoothServerSocket serverSocket;
    public AcceptThread() {
        //使用稍后分配给 serverSocket 的临时对象 tmp，因为 serverSocket 是 final 型的
        BluetoothServerSocket tmp = null;
        try {
            // MY_UUID 是定义的 UUID 对象
           tmp = bluetoothAdapter.listenUsingRfcommWithServiceRecord(NAME, MY_UUID);
        } catch (IOException e) { }
        serverSocket = tmp;
    }
    public void run() {
        BluetoothSocket socket = null;
        //继续侦听，直到发生异常或返回 BluetoothSocket 对象
        while (true) {
            try {
                socket = serverSocket.accept();
            } catch (IOException e) {
                break;
            }
            //如果一个连接被接收
            if (socket != null) {
                //在一个单独的线程中来管理此连接
```

```
                manageConnectedSocket(socket);
                serverSocket.close();
                break;
            }
        }
    }
    //将取消侦听套接字，并使线程完成
    public void cancel() {
        try {
            serverSocket.close();
        } catch (IOException e) { }
    }
}
```

（8）客户端的连接

为了初始化一个与远端设备的连接，需要先获取代表该设备的一个 BluetoothDevice 对象。通过 BluetoothDevice 对象来获取 BluetoothSocket 并初始化连接，具体步骤如下：

使用 BluetoothDevice 对象里的方法 createRfcommSocketToServiceRecord(UUID)来获取 BluetoothSocket。UUID 就是匹配码。然后，调用 connect()方法。如果远端设备接收了该连接，它们将在通信过程中共享 RFCOMM 信道，并且 connect()方法返回。代码如下：


```
private class ConnectThread extends Thread {
    private final BluetoothSocket socket;
    private final BluetoothDevice device;
    publicConnectThread(BluetoothDevice bluetoothDevice) {
        //使用稍后分配给 socket 的临时对象，因为 socket 是最终的
        BluetoothSocket tmp = null;
        device = bluetoothDevice;
        //获取 BluetoothSocket 以连接给定的蓝牙设备
        try {
            // MY_UUID 是 UUID 对象，也适用于此代码
            tmp = device.createRfcommSocketToServiceRecord(MY_UUID);
        } catch (IOException e) { }
        socket = tmp;
    }
    public void run() {
        //取消发现，因为它会降低连接速度
        bluetoothAdapter.cancelDiscovery();
        try {
            //通过套接字连接设备，直到成功之前都会阻塞线程或抛出异常
            socket.connect();
```

```
            } catch (IOExceptionconnectException) {
                // Unable to connect; close the socket and get out
                try {
                    socket.close();
                } catch (IOExceptioncloseException) { }
                return;
            }
            //在一个单独的线程中来管理此连接
            manageConnectedSocket(socket);
        }
    }
```

注意：conncet()方法也是阻塞调用，一般建立一个独立的线程来调用该方法。在设备 discover 过程中不应该发起连接 connect()，这样会明显减慢速度以至于连接失败。且数据传输完成只有调用 close()方法来关闭连接，才可以节省系统内部资源。

（9）管理连接（主要涉及数据的传输）

当设备连接上以后，每个设备都拥有各自的 BluetoothSocket。现在就可以实现设备之间数据的共享了。

1）首先通过调用 getInputStream()和 getOutputStream()方法来获取输入输出流，然后通过调用 read(byte[]) 和 write(byte[])方法来读取或者写数据。

2）实现细节：因为读取和写入数据操作都是阻塞调用，需要建立一个专用线程来管理。代码如下：

```
private class ConnectedThread extends Thread {
    private final BluetoothSocket socket;
    private final InputStream is;
    private final OutputStream os;
    publicConnectedThread(BluetoothSocket bluetoothSocket) {
        socket = bluetoothSocket;
        InputStream tmpIn = null;
        OutputStream tmpOut = null;
        //使用临时对象获取输入和输出流，因为成员流都是final 型的
        try {
            tmpIn = bluetoothSocket.getInputStream();
            tmpOut = bluetoothSocket.getOutputStream();
        } catch (IOException e) { }
        is = tmpIn;
        os = tmpOut;
    }
    public void run() {
        byte[] buffer = new byte[1024];
```

```
            //流缓冲区存储整数字节;
            // read()返回的字节数
            //继续监听输入流，直到发生异常
            while (true) {
                try {
                    //从输入流中读取数据
                    bytes = is.read(buffer);
                    //将获取的字节发送到主线程
                    handler.obtainMessage(MESSAGE_READ,bytes,-1,buffer).sendTo Target();
                } catch (IOException e) {
                    break;
                }
            }
        }
        //从主Activity调用此方法将数据发送到远程设备
        public void write(byte[] bytes) {
            try {
                os.write(bytes);
            } catch (IOException e) { }
        }
        //从主Activity调用此方法以关闭连接
        public void cancel() {
            try {
                socket.close();
            } catch (IOException e) { }
        }
    }
```


例 10-1　实现蓝牙扫描操作功能。

扫描已配对的蓝牙设备主要有以下几步：

1）在 AndroidManifest 文件中声明对蓝牙使用的权限。

2）获得 BluetoothAdapter 对象。

3）判断当前设备中是否拥有蓝牙设备。

4）判断当前设备中的蓝牙设备是否已经打开。

5）得到所有已经配对的蓝牙设备对象。

首先在 Android Studio 中新建工程 SearchBluetoothDevice，清单文件 Androidmanifest.xml 代码如下：

```
<?xml version="1.0" encoding="utf-8"?>
<manifest xmlns:android="http://schemas.android.com/apk/res/android"
    package="edu.neu.androidlab.searchbluetoothdevice">
    <uses-permission android:name="android.permission.BLUETOOTH"/>
```

```
5      <application
6          android:allowBackup="true"
7          android:icon="@mipmap/ic_launcher"
8          android:label="@string/app_name"
9          android:roundIcon="@mipmap/ic_launcher_round"
10         android:supportsRtl="true"
11         android:theme="@style/AppTheme">
12         <activity android:name=".MainActivity">
13             <intent-filter>
14                 <action android:name="android.intent.action.MAIN" />
15                 <category android:name="android.intent.category.LAUNCHER" />
16             </intent-filter>
17          </activity>
18      </application>
19  </manifest>
```

代码 4 行向其中加入了对蓝牙设备使用的权限，其布局文件 activity_main.java 代码如下：


```
<LinearLayout xmlns:android="http://schemas.android.com/apk/res/android"
xmlns:tools="http://schemas.android.com/tools"
    android:layout_width="match_parent"
    android:layout_height="match_parent"
    android:orientation="vertical"
    tools:context="edu.neu.androidlab.searchbluetoothdevice.MainActivity">

    <Button
        android:layout_width="match_parent"
        android:layout_height="wrap_content"
        android:onClick="click"
        android:text="扫描蓝牙设备"/>
    <TextView
        android:layout_width="match_parent"
        android:layout_height="wrap_content"
        android:textSize="18sp"
        android:id="@+id/tv"/>
</LinearLayout>
```

在这里定义了一个按钮和文本显示框，单击按钮搜索附近蓝牙设备，文本显示框显示已配对蓝牙设备。最主要的工作则是在 Mainactivity.java 中实现，主代码如下：

```
public class MainActivity extends AppCompatActivity {

    @Override
```

```
    protected void onCreate(Bundle savedInstanceState) {
        super.onCreate(savedInstanceState);
        setContentView(R.layout.activity_main);
    }
    public void click(View v){
        TextView tv = (TextView)findViewById(R.id.tv);
        //通过调用BluetoothAdapter类中的getDefaultAdapter()方法获取设备的蓝牙适配器
        BluetoothAdapter bluetoothAdapter = BluetoothAdapter.getDefaultAdapter();
        if(bluetoothAdapter != null){    //当前设备有蓝牙适配器
            Toast.makeText(this, "本机有蓝牙设备", Toast.LENGTH_SHORT).show();
            if (!bluetoothAdapter.isEnabled()){   //判断蓝牙设备是否已经打开
                // isEnabled()返回false，发送ACTION_REQUEST_ENABLE请求，请求打开蓝牙设备
                Intent intent = new Intent(bluetoothAdapter.ACTION_REQUEST_ENABLE);
                startActivity(intent);
            }
            //定义一个数组适配器将已配对设备保存下来
            Set<BluetoothDevice> devices = bluetoothAdapter.getBondedDevices();
            if (devices.size() > 0){
                for (BluetoothDevice device : devices){
                    //打印出所有已经配对过的设备
                    tv.setText(device.getName() + ":" + device.getAddress());
                }
            }
        }else {   //当前设备没有蓝牙适配器
            Toast.makeText(this, "本机没有蓝牙设备", Toast.LENGTH_SHORT).show();
        }
    }
}
```

在这里首先通过调用静态方法 getDefaultAdapter()获得系统默认的蓝牙适配器，当然也可以自己指定适配器，得到 BluetoothAdapter 对象并判断这个对象是否为空，如果是空的话则说明这台设备根本没有蓝牙适配器，不为空则调用 isEnable()方法，判断当前蓝牙设备是否可用，然后创建一个 Intent 对象来封装 ACTION_REQUEST_ENABLE 请求，请求系统打开蓝牙适配器，接着用 getBondedDevices()方法来得到已配对的蓝牙设备，最后利用 for 循环遍历 BluetoothDevice 在文本显示框中显示出可用的蓝牙设备及其地址。

当前蓝牙未开启时单击按钮则会询问是否打开蓝牙，如图 10-4 所示。单击允许，则正在打开蓝牙，如图 10-5 所示，可以看到蓝牙已打开，如图 10-6 所示，本机已与魅蓝 Note5 配对，其中的 A4:44:D1:F4:39:1C 是与之配对的手机的 MAC 地址。

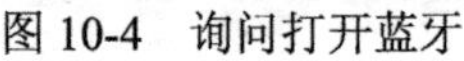

图 10-4　询问打开蓝牙

图 10-5　正在打开蓝牙

图 10-6　显示扫描结果

10.2　WiFi 通信

WiFi 是一种无线联网技术。日常生活中常见无线路由器，那么在这个无线路由器信号覆盖的范围内都可以采用 WiFi 连接的方式进行联网。如果无线路由器连接了一个 ADSL 线路或其他的联网线路，则又被称为“热点”。无线网络在掌上设备上应用越来越广泛，而智能手机就是其中一分子。与早前应用于手机上的蓝牙技术不同，WiFi 具有更大的覆盖范围和更高的传输速率，因此 WiFi 手机成了移动通信业界的时尚潮流。Android 当然也不会缺少这项功能，本节将对其进行详细介绍。

10.2.1　Android 下的 WiFi 包

android.net.WIFI 包为 Android 提供了对 WiFi 操作的相关方法，主要包括以下几个类和接口。

1．ScanResult

ScanResult 主要用来描述已经检测出的接入点，包括接入点的地址，接入点的名称，身份认证，频率，信号强度等信息。

2．WifiConfiguration

WifiConfiguration 是 WiFi 网络的配置，包括安全设置等。

3．WifiInfo

WifiInfo 是 WiFi 无线连接的描述，包括接入点、网络连接状态、隐藏的接入点、IP 地址、连接速度、MAC 地址、网络 ID、信号强度等信息。WifiInfo 类的主要方法见表 10-5。

表 10-5　WifiInfo 类的主要方法

方　法	说　明
String getBSSID()	获取 BSSID
Static NetworkInfo.DetailedState getDetailedStateOf(SupplicantState suppState)	获取客户端的连通性
bollean getHiddenSSID()	获得 SSID 是否被隐藏
int getIpAddress()	获取 IP 地址
int getLinkSpeed()	获得连接的速度
String getMacAddress()	获得 MAC 地址
int getRssi()	获得 802.11n 网络的信号
String getSSID()	获得 SSID
SupplicantState getSupplicanState()	返回具体客户端状态的信息

4. WifiManager

WifiManager 是 WiFi 管理的主要类，提供了 WiFi 连接管理的各方面的基本 API。通过调用 getApplicationContext().getSystemService(Context.WIFI_SERVICE)获得实例操作。其主要功能如下：

1）配置网络列表：该列表可以查看和更新，各个条目的属性也可以被修改。

2）查看网络状态：查看目前活跃的 WiFi 网络，可以查询网络状态的动态信息。

3）扫描网络：扫描网络，查看接入点信息。

4）定义广播：定义了几种 WiFi 状态改变的广播。

10.2.2　WiFi 网卡

1. WiFi 网卡状态

如果要对 WiFi 进行操作就必须了解 WiFi 网卡有几种状态，因为连接无线路由器时主要是通过 WiFi 网卡进行的，WiFi 网卡的状态是通过一系列整型常量来表示的，见表 10-6。

表 10-6　WiFi 网卡状态

值	常　量	说　明
int（0）	WIFI_STATE_DISABLING	WiFi 正在关闭
int（1）	WIFI_STATE_DISABLED	WiFi 网卡不可用
int（2）	WIFI_STATE_ENABLING	WiFi 网卡正在打开
int（3）	WIFI_STATE_ENABLED	WiFi 网卡可用
int（4）	WIFI_STATE_UNKNOWN	未知网卡状态

通常通过以下代码获取网卡状态：

```
WifiManager wifiManager = (WifiManager)getApplicationContext().getSystemService(Context.
WIFI_SERVICE);
wifiManager.getWifiState();
```

2. WiFi 网卡操作权限

对 WiFi 网卡的操作需要得到某些控制权限，见表 10-7。

表 10-7　WiFi 网卡操作权限

类　型	常　量	说　明
String	ACCESS_NETWORK_STATE	访问网络的权限
String	ACCESS_WIFI_STATE	访问 WiFi 的权限
String	CHANGE_NETWORK_STATE	修改网络状态的权限
String	CHANGE_WIFI_MULTICAST_STATE	允许应用程序输入的 WiFi 组播模式
String	CHANGE_WIFI_STATE	改变 WiFi 连接状态的权限

10.2.3　更改 WiFi 状态

对 WiFi 网卡进行操作时要用到 WifiManager 来进行，其中所用到的基本代码如下：

```
WifiManager wifiManager = (WifiManager)getApplicationContext().getSystemService(Context.
WIFI_SERVICE);
                                                   //获取 WifiManager 对象
wifiManager.setWifiEnabled(true);                  //打开网卡
wifiManager.getWifiState();                        //获取网卡当前状态
wifiManager.setWifiEnabled(false);                 //关闭网卡
```

例 10-2　通过实例实现对 WiFi 的操作。

1）在 Android studio 中新建名为 Wifi 的工程，并在其布局文件 activity_main.xml 中添加如下代码：


```
<?xml version="1.0" encoding="utf-8"?>
<LinearLayout xmlns:android="http://schemas.android.com/apk/res/android"
    xmlns:tools="http://schemas.android.com/tools"
    android:layout_width="match_parent"
    android:layout_height="wrap_content"
    android:orientation="vertical"
    tools:context="edu.neu.androidlab.wifi.MainActivity">
    <LinearLayout
        android:layout_width="match_parent"
        android:layout_height="match_parent"
        android:orientation="vertical"/>
        <LinearLayout
            android:layout_width="match_parent"
            android:layout_height="wrap_content"
            android:orientation="horizontal">
            <Button
                android:layout_width="wrap_content"
                android:layout_height="wrap_content"
                android:onClick="open"
                android:text="打开 WiFi"/>
            <Button
```

```
                    android:layout_width="wrap_content"
                    android:layout_height="wrap_content"
                    android:onClick="scan"/>
                <Button
                    android:layout_width="wrap_content"
                    android:layout_height="wrap_content"
                    android:onClick="close"
                    android:text="关闭 WiFi"/>
                <Button
                    android:layout_width="match_parent"
                    android:layout_height="wrap_content"
                    android:onClick="getState"
                    android:text="网卡状态"/>
            </LinearLayout>
            <TextView
                android:layout_width="match_parent"
                android:layout_height="wrap_content"
                android:id="@+id/tv_wifistate"
                android:text="WiFi 网卡状态："/>
            <TextView
                android:layout_width="match_parent"
                android:layout_height="wrap_content"
                android:id="@+id/tv_wifiable"
                android:text="当前无可用网络"/>
        </LinearLayout>
        <ScrollView
            android:layout_width="match_parent"
            android:layout_height="match_parent">
            <TextView
                android:layout_width="match_parent"
                android:layout_height="match_parent"
                android:id="@+id/tv_wifilist"/>
        </ScrollView>
    </LinearLayout>
```

2）在清单文件 AndroidManifest.xml 中添加对 WiFi 网卡的操作权限，代码如下：

```
<uses-permission android:name="android.permission.CHANGE_WIFI_STATE"/>
<uses-permission android:name="android.permission.ACCESS_WIFI_STATE"/>
```

3）最后完成 MainActivity.java，主要代码如下：

```
public class MainActivity extends AppCompatActivity {
   private TextView tv_wifilist;
```

```
    private TextView tv_wifiable;
    private TextView tv_state;
    private StringBuffer sb;
    private WifiManager wifiManager;     //定义一个 WifiManager 对象
    private ScanResult scanResult;       //定义一个 ScanResult 对象用于保存扫描到的 WiFi
    private List<ScanResult> wifiList;   //定义一个 WiFi 连接列表
    private Timer timer;  //定义一个定时器对象

    Handler handler = new Handler(){      //主线程处理子线程发送的 WiFi 状态
        @Override
        public void handleMessage(Message msg) {
            switch (msg.what){
                case 0: tv_state.setText("WiFi 网卡状态为：正在关闭 WiFi");break;
                case 1: tv_state.setText("WiFi 网卡状态为：网卡不可用");break;
                case 2: tv_state.setText("WiFi 网卡状态为：正在打开 WiFi");break;
                case 3: tv_state.setText("WiFi 网卡状态为：网卡可用");break;
                case 4: tv_state.setText("WiFi 网卡状态为：未知网卡");break;
            }
        }
    };

    @Override
    protected void onCreate(Bundle savedInstanceState) {
        super.onCreate(savedInstanceState);
        setContentView(R.layout.activity_main);

        tv_wifilist = (TextView) findViewById(R.id.tv_wifilist);
        tv_state = (TextView) findViewById(R.id.tv_wifistate);
        tv_wifiable = (TextView) findViewById(R.id.tv_wifiable);
        sb = new StringBuffer();  //定义一个字符串包对象用来存储要显示的 WiFi 列表
        //利用 getSystemService (Context.WIFI_SERVICE) 方法获得 WifiManager 对象
  wifiManager  =  (WifiManager)getApplicationContext().getSystemService(Context.WIFI_SERVICE);
        getWifiState();            //后台刷新 WiFi 状态
        getWifiList();             //获取 WiFi 列表
    }
    public void getWifiState(){            //定义后台刷新 WiFi 状态函数
        if (timer == null) {
            timer = new Timer();           //用定时器开启子线程刷新 WiFi 状态
            timer.schedule(new TimerTask() {
                @Override
```

```
            public void run() {        //将 WiFi 状态封装到 msg 并发送至主线程
                Message msg = new Message();
                msg.what = wifiManager.getWifiState();
                handler.sendMessage(msg);
            }
        }, 5, 50); //开始计时任务后的 5ms，第一次执行 run 方法，以后每 50ms 执行一次
    }
}
//获取 WiFi 列表
public void getWifiList(){
    if (wifiManager.isWifiEnabled()) {
        wifiList = wifiManager.getScanResults();
        if (wifiList != null) {
            for (int i = 0; i < wifiList.size(); i++) {
                scanResult = wifiList.get(i);
                sb = sb.append(scanResult.SSID + ";")
                        .append(scanResult.BSSID + ";")
                        .append(scanResult.capabilities + ";")
                        .append(scanResult.frequency + ";")
                        .append(scanResult.level + "\n\n");
            }
            tv_wifiable.setText("扫描到的 WiFi 网络：");
            tv_wifilist.setText(sb.toString());
        }
    }
}
//打开 WiFi
public void open (View v){
    if (!wifiManager.isWifiEnabled()){
        wifiManager.setWifiEnabled(true);
    }
}
//关闭 WiFi
public void close(View v) {
    if (wifiManager.isWifiEnabled()) {
        wifiManager.setWifiEnabled(false);
            tv_wifiable.setText("无法扫描到网络");
            tv_wifilist.setText("");
    }
}
//扫描 WiFi
public void scan(View v) {
```

```
        if (wifiManager.isWifiEnabled()) {
            //每次单击扫描之前清空上一次的扫描结果
            if (sb != null) {
                sb = new StringBuffer();
            }
            wifiManager.startScan();
            wifiList = wifiManager.getScanResults();
            if (wifiList != null) {
                for (int i = 0; i < wifiList.size(); i++) {
                    //得到扫描结果
                    scanResult = wifiList.get(i);
                    sb = sb.append(scanResult.SSID + ";")
                            .append(scanResult.BSSID + ";")
                            .append(scanResult.capabilities + ";")
                            .append(scanResult.frequency + ";")
                            .append(scanResult.level + "\n\n");
                }
                tv_wifiable.setText("扫描到的 WiFi 网络: ");
                tv_wifilist.setText(sb.toString());
            }
        }
    }
    //查询 WiFi 状态
    public void getState(View v) {
        switch (wifiManager.getWifiState()){
          case 0: Toast.makeText(this, "WiFi 正在关闭", Toast.LENGTH_SHORT).show();break;
          case 1: Toast.makeText(this, "WiFi 网卡不可用", Toast.LENGTH_SHORT).show();break;
          case 2: Toast.makeText(this, "WiFi 网卡正在打开", Toast.LENGTH_SHORT).show();break;
          case 3: Toast.makeText(this, "WiFi 网卡可用", Toast.LENGTH_SHORT).show();break;
          case 4: Toast.makeText(this, "未知网卡状态", Toast.LENGTH_SHORT).show();break;
        }
    }
}
```


在这里首先通过 getApplicationContext().getSystemService(Context.WIFI_SERVICE)来获得 WifiManager 对象，再调用 WifiManager 类里的方法完成各项操作。由于 WiFi 网卡的状态要不停地刷新，所以需要一个子线程用来刷新网卡状态。此案例中定义了一个定时器，用于向主线程发送 Wifi 状态，每隔 50ms 刷新一次 Wifi 状态，主线程中利用 handler 来接收 WiFi 网卡状态，保证手机能实时显示 WiFi 网卡状态。

4）程序在真机上的运行结果。

① 打开应用时，界面如图 10-7 所示。

② 单击打开 WiFi 时，网卡状态会由正在打开变为网卡可用，分别如图 10-8 和图 10-9 所示。

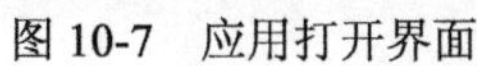
图 10-7　应用打开界面

图 10-8　打开 WiFi

图 10-9　网卡可用状态

③ 单击扫描 WiFi 时，如图 10-10 所示。

④ 单击关闭 WiFi 时，网卡状态会由正在关闭变为网卡不可用，分别如图 10-11 和图 10-12 所示。

图 10-10　扫描 WiFi

图 10-11　关闭 WiFi

图 10-12　网卡不可用状态

本 章 小 结

本章主要介绍了 Android 在蓝牙和 WiFi 这两种常见局域网中的通信应用，包括通信方式的介绍、通信中所需的各种 API 及其使用方法。在蓝牙中主要介绍了蓝牙系统的基本构成及其驱动架构，以及在 Android 下各种 API 及通信方式。在 WiFi 中主要介绍了 WiFi 包里面的几个 API 以及网卡的状态和操作权限，最后以实例的方式详细介绍了 WiFi 的基本操作。

习　题

1．设计一个蓝牙通信的应用程序，使两台手机之间能够发送信息。

2．编写一个管理 WiFi 的应用程序，具有打开、关闭、扫描、连接 WiFi 的功能。

第 11 章　定位与电子地图开发

所谓定位，就是获取当前设备的地理位置信息。目前手机的定位技术主要有两种，一种是基于 GPS（全球定位系统）的定位，另一种是基于移动运营网基站的定位。基于 GPS 的定位方式是利用手机上的 GPS 定位模块将自己的位置信号发送到定位后台来实现手机定位的。基站定位则是利用基站与手机距离的测算来确定手机位置的。后者不需要手机具有 GPS 定位能力，但是精度很大程度依赖于基站的分布及覆盖范围的大小，有时误差会超过 1km。前者定位精度较高，但 GPS 卫星信号穿透能力弱，因此在室内无法使用而且耗电量高。此外还有利用 Wifi 在小范围内定位的方式。

随着生活水平的提高，一些 APP 对定位有了更高的要求，比如微信的实时位置共享、各种导航工具等，都要求能实时定位出设备所在的位置，并准确地显示在地图上。由此也推动了各种电子地图的发展，目前主流的电子地图有高德地图、百度地图、搜狗地图等。本章将会以高德地图为例，介绍地图应用程序的开发。

11.1　使用 GPS 定位

GPS 是 20 世纪 70 年代由美国陆、海、空三军联合研制的新一代空间卫星导航定位系统，其主要目的是为陆、海、空三军提供实时、全天候和全球性的导航服务，并用于情报收集、核爆监测和应急通信等一些军事目的。经过 20 余年的研究实验，耗资 300 亿美元，到 1994 年 3 月，全球覆盖率高达 98%的 24 颗 GPS 卫星已布设完成，24 颗 GPS 卫星在离地面 2 万 2 千千米的高空上，以 12 小时的周期环绕地球运行，使得在任意时刻，在地面的任意一点都可以同时观测到 4 颗以上的卫星。由于卫星的位置精确，在 GPS 观测中，可以得到卫星到接收机的距离，利用三维坐标中的距离公式和 3 颗卫星，就可以组成 3 个方程式，解出观测点的位置（X,Y,Z）。考虑到卫星的时钟与接收机时钟之间的误差，实际上有 4 个未知数，X、Y、Z 和时钟误差，因而需要引入第 4 颗卫星，形成 4 个方程式求解，从而得到观测点的经纬度和高度。总体来说，GPS 定位准确、覆盖面广。

Android 提供了地理定位服务的 API，可以用来获取当前设备的地理位置。应用程序可以定时请求更新设备当前的地理定位信息，也可以借助一个 Intent 接收器来实现如下功能：以经纬度和半径划定的一个区域，当设备出入该区域时，可以发出提醒信息。

首先，介绍 Location 包中几个重要的类，然后通过实例来说明如何在程序代码中使用 GPS 来获取移动设备的位置。

LocationManager 类：该类提供访问定位服务的功能，也提供获取最佳定位提供者的功能。另外，临近警报功能也可以借助该类来实现。LocationManager 系统服务是提供设备位置信息服务的核心组件，它提供了一系列方法来处理与位置相关的问题，包括查询上一个已知位置，注册或注销来自某个 LocationProvider 的周期性的位置更新，注册或注销接近某个坐标时对一个已定义的 Intent 的触发等。可以通过 getSystemService(Context.LOCATION_SERVICE)的方法得到该类的实例。LocationManager 类常用的属性和方法见表 11-1。

表 11-1 LocationManager 类常用的属性和方法

属性和方法	描　述
String GPS_PROVIDER	静态字符串常量，表明 LocationProvider 是 GPS
String NETWORK_PROVIDER	静态字符串常量，表明 LocationProvider 是网络
boolean addGpsStatusListener(GpsStatus.Listenerlistener)	添加一个 GPS 状态监听器
void addProximityAlert(double latitude, double longitude,float radius, long expiration, PendingIntent intent)	添加一个趋近警告
List<String> getAllProviders()	获得所有的 LocationProvider 列表
String getBestProvider(Criteria criteria, booleanenabledOnly)	根据 Criteria 返回最适合的 LocationProvider
Location getLastKnownLocation(String provider)	根据 Provider 获得位置信息
LocationProvider getProvider(String name)	获得指定名称的 LocationProvider
List<String> getProvider(booleanenableOnly)	获得可利用的 LocationProvider 列表
void removeProximityAlert(PendingIntent intent)	删除趋近警告
void requestLocationUpdates(String provider, long minTime, float minDistance, PendingIntent intent)	通过给定的 Provider 名称，周期性地通知当前 Activity
void requestLocationUpdates(String provider, long minTime, float minDistance, LocationListener listener)	通过给定的 Provider 名称，并将其绑定指定的 LocationListener 监听器

LocationProvider 类：该类是定位提供者的抽象类。定位提供者具备周期性报告设备地理位置的功能。可以通过该类设置提供者的一些属性。通过 Criteria 类为 LocationProvider 设置条件，获得合适的 LocationProvider。LocationProvider 类常用的属性和方法见表 11-2。

表 11-2 LocationProvider 类常用的属性和方法

属性和方法	描　述
AVAILABLE	静态整型常量，标示是否可利用
OUT_OF_SERVICE	静态整型常量，不在服务区
TEMPORAILY_UNAVAILABLE	静态整型常量，临时不可利用
getAccuarcy()	获得精度
getName()	获得名称
getPowerRequirement()	获得电源需求
hasMonetaryCost()	花钱的还是免费的
requiresCell()	是否需要访问基站网络
requiresNetWork()	是否需要 Intent 网络数据
requiresSatelite()	是否需要访问卫星
supportsAltitude()	是否能够提供高度信息
supportsBearing()	是否能够提供方向信息
supportsSpeed()	是否能够提供速度信息

LocationListener 类：为了实现自己的逻辑功能还需要对其设置监听器。该类定义了常见的 Provider 状态变化和位置变化的方法，接下来只要在 LocationManager 中注册此监听器，就可以完成对各种状态的监听。

Criteria 类：该类使得应用能够通过在 LocationProvider 中设置的属性来选择合适的定位提供者。

要想实现定位除了用到 LocationProvider 和 LocationManager 外，还要用到 Location 类，它用于描述当前设备的地理位置信息，包括了经纬度、方向、高度和速度等。可以通过 LocationManager 类的 getLastKnownLocation(String provider)方法获得 Location 实例。

例 11-1　获得 GPS 信息。

1）新建工程 getLocation，首先在布局文件 activity_main.xml 中添加如下代码：

```
<?xml version="1.0" encoding="utf-8"?>
<LinearLayout xmlns:android="http://schemas.android.com/apk/res/android"
    xmlns:tools="http://schemas.android.com/tools"
    android:layout_width="match_parent"
    android:layout_height="match_parent"
    android:orientation="vertical"
    tools:context=" edu.neu.androidlab.getlocation.MainActivity">
    <Button
        android:layout_width="match_parent"
        android:layout_height="wrap_content"
        android:text="GPS 定位"
        android:onClick="getLocation"/>
    <Button
        android:layout_width="match_parent"
        android:layout_height="wrap_content"
        android:text="停止定位"
        android:onClick="stop"/>
    <TextView
        android:layout_width="match_parent"
        android:layout_height="wrap_content"/>
    <TextView
        android:layout_width="match_parent"
        android:layout_height="wrap_content" />
</LinearLayout>
```

2）在 MainActivity.java 中添加如下代码：

```
public class MainActivity extends AppCompatActivity {
```

```
    private TextView tv;
    private LocationManager locationManager;
    private Location location;
    private double latitude ;
    private double longitude ;

    //位置更新监听器
    private LocationListener myLocationListener = new LocationListener() {
        @Override
        public void onLocationChanged(Location location) {
            updateView(location); //当位置发生改变时，更新文本显示框的内容
        }

        @Override
        public void onStatusChanged(String provider, int status, Bundle extras) {
//此方法没用到，但不可省略
        }

        @Override
        public void onProviderEnabled(String provider) {
            System.out.println("provider 可用");
            updateView(location);
        }

        @Override
        public void onProviderDisabled(String provider) {
            updateView(null);
            System.out.println("provider 不可用");
        }
    };

    @Override
    protected void onCreate(Bundle savedInstanceState) {
        super.onCreate(savedInstanceState);
        setContentView(R.layout.activity_main);

        tv = (TextView) findViewById(R.id.tv);
        //获取位置管理器
        locationManager = (LocationManager)getSystemService(Context.LOCATION_SERVICE);
        try{
```

```
//指定由 GPS 定位来获取位置信息
            location = locationManager.getLastKnownLocation(LocationManager.GPS_
PROVIDER);
        }catch (SecurityException e) {
            e.printStackTrace();
        }
        updateView(location); //更新位置信息
    }
    //开始定位
    public void getLocation(View v) {
        System.out.println("开始搜索位置");
        try {
            //设置监听器，当距离超过 minInstance，且时间超过 minTime 时更新
            //因为位置信息实时更新，所以将第二个参数和第三个参数都设置成 0

    locationManager.requestLocationUpdates(LocationManager.GPS_PROVIDER, 0,
0, myLocationListener);
        }catch (SecurityException e){
            e.printStackTrace();
        }
    }
//停止定位
    public void stopLocation(View v){
        System.out.println("停止搜索位置");
        locationManager.removeUpdates(myLocationListener);//移除位置监听器
    }

    //更新位置信息
    private void updateView(Location location){
        if (location == null){
            tv.setText("未定位到当前位置");
        }else {
            latitude = location.getLatitude();
            longitude = location.getLongitude();
            tv.setText("纬度: " + latitude + "\n" + "经度: " + longitude );
            System.out.println("定位成功");
        }
    }
}
```

上述代码中通过调用 getSystemService(Context.LOCATION_SERVICE)方法来获取位置管理器 LocationManager 对象，有了 LocationManager 对象之后，就可以开始监听位置

的变化了。可以通过调用 LocationManager 对象的 requestLocationUpdates(String provider, long minTime, float minDistance, LocationListener listener)来监听位置的变化。

对于第一个参数，有两个可选值，分别为 LocationManager.NETWORK_PROVIDER 和 LocationManager.GPS_PROVIDER，前者用于移动网络定位，后者则是通过 GPS 定位。

3）由于是通过 GPS 定位的方式去获取用户所处的地理位置信息，所以还需要在其清单文件 AndroidManifest.xml 中添加 GPS 定位权限，具体代码如下：

```
<uses-permission android:name="android.permission.ACCESS_FINE_LOCATION"/>
```

4）程序运行结果如图 11-1 所示。

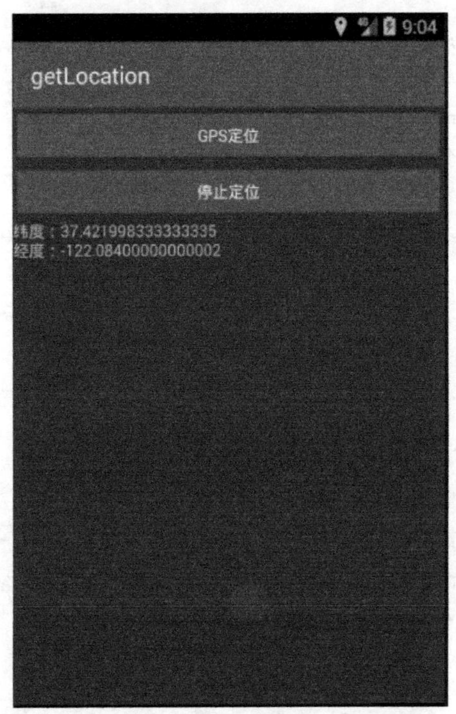

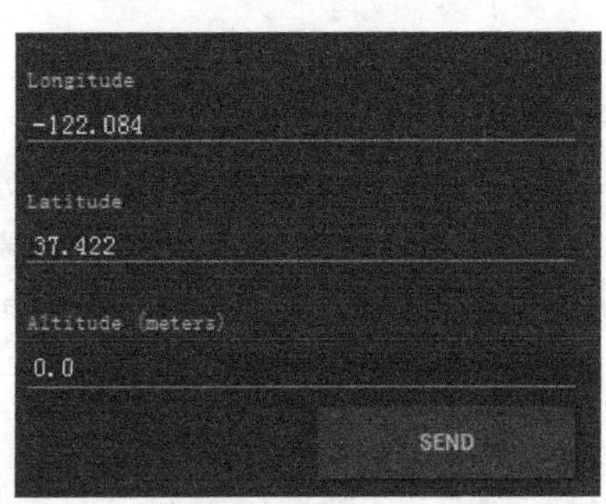

图 11-1　在模拟器中显示 DDMS 设置的位置

11.2　电子地图的开发

如今，电子地图的应用越来越广泛，提供电子地图服务的产品也越来越多，本节将以高德地图为例，介绍电子地图的开发过程。

11.2.1　下载 Android 地图的 SDK 开发包

在进行地图应用开发之前，必须先下载 Android 地图的 SDK 开发包。高德地图的 Android 地图 SDK 的下载地址为：https://lbs.amap.com/api/android-sdk/download。下载页面如图 11-2 所示。

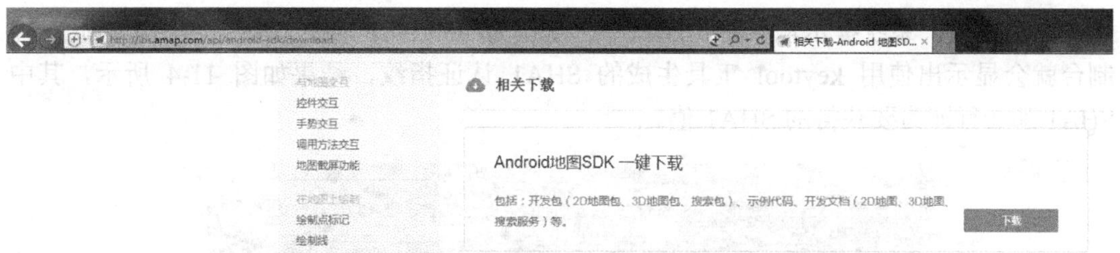

图 11-2　Android 地图 SDK 下载页面

11.2.2　申请地图服务 Key

在 Android 平台进行地图开发需要申请一组验证通过的 Key，这样用户编写的地图应用才可以下载地图数据，使用地图服务，否则只会显示网格。

如果想获得高德地图的 Key，需要提供两个信息——SHA1 签名和地图应用程序的包名。

1．获取 SHA1 指纹

首先找到 debug.keystore 文件所在目录，通常位于 C:\Users\Administrator\.android 目录中，如图 11-3 所示。

图 11-3　查找 debug.keystore 文件所在的目录

这个 debug.keystore 文件就是获取 SHA1 指纹的文件，接下来还需要找到 keytool.exe 所在的目录，通常位于 JDK 所在的目录。本书中，该文件位于 D:\Program Files\Android\Android Studio\jre\jre\bin 目录下，有了这些，就可以获取 SHA1 指纹了。

按 WIN+R 键，输入 cmd 打开命令行，输入以下命令：

```
"D:\Program Files\Android\Android Studio\jre\jre\bin\keytool.exe" -list -v -keystore
"C:\Users\Administrator\.android\debug.keystore"
```

回车之后，系统提示输入密钥库口令，默认为 android。输入口令后再回车，此时控制台就会显示出使用 keytool 工具生成的 SHA1 认证指纹，结果如图 11-4 所示，其中 SHA1 那一行即为要获得的 SHA1 值。

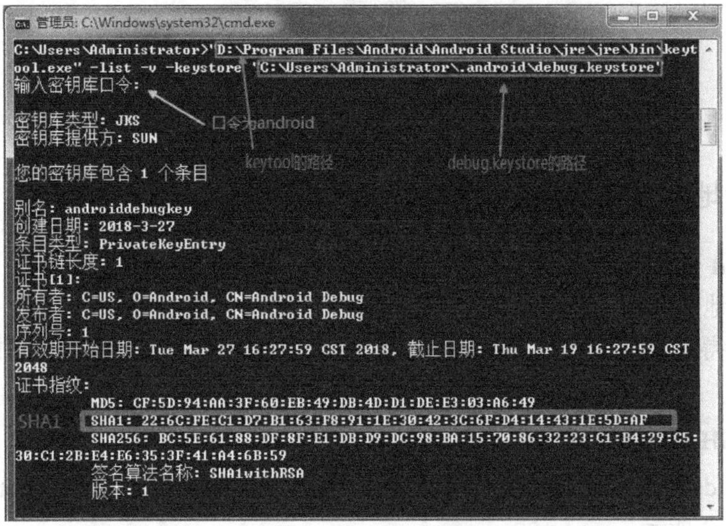
管理员: C:\Windows\system32\cmd.exe
C:\Users\Administrator>"D:\Program Files\Android\Android Studio\jre\jre\bin\keytool.exe" -list -v -keystore "C:\Users\Administrator\.android\debug.keystore"
输入密钥库口令:
口令为android
密钥库类型: JKS
密钥库提供方: SUN
keytool的路径
debug.keystore的路径
您的密钥库包含 1 个条目
别名: androiddebugkey
创建日期: 2018-3-27
条目类型: PrivateKeyEntry
证书链长度: 1
证书[1]:
所有者: C=US, O=Android, CN=Android Debug
发布者: C=US, O=Android, CN=Android Debug
序列号: 1
有效期开始日期: Tue Mar 27 16:27:59 CST 2018, 截止日期: Thu Mar 19 16:27:59 CST 2048
证书指纹:
MD5: CF:5D:94:AA:3F:60:EB:49:DB:4D:D1:DE:E3:03:A6:49
SHA1
SHA1: 22:6C:FE:C1:D7:B1:63:F8:91:1E:30:42:3C:6F:D4:14:43:1E:5D:AF
SHA256: BC:5E:61:88:DF:8F:E1:DB:D9:DC:98:BA:15:70:86:32:23:C1:B4:29:C5:30:C1:2B:E4:E6:35:3F:41:A4:6B:59
签名算法名称: SHA1withRSA
版本: 1

图 11-4　使用 keytool 工具生成的 SHA1 认证指纹

2．获取地图应用的包名

在 Android Studio 中创建地图应用，打开 Android 项目的 build.gradle 文件，applicationId 即为应用包名，如图 11-5 所示。

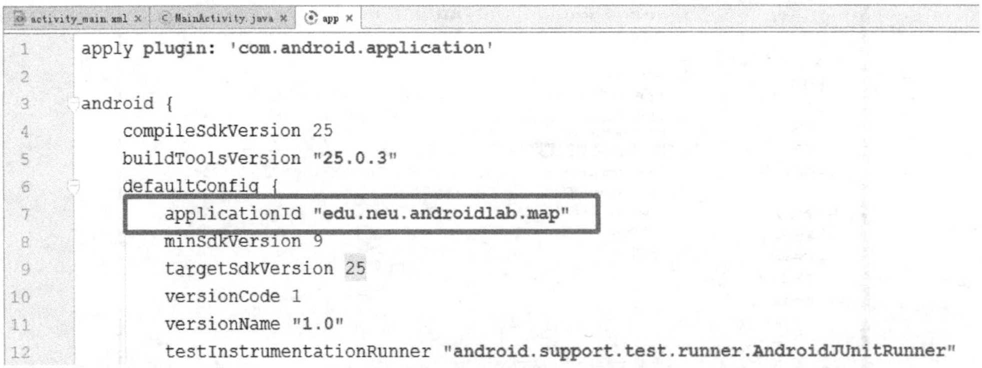
activity_main.xml
MainActivity.java
app
apply plugin: 'com.android.application'
android {
compileSdkVersion 25
buildToolsVersion "25.0.3"
defaultConfig {
applicationId "edu.neu.androidlab.map"
minSdkVersion 9
targetSdkVersion 25
versionCode 1
versionName "1.0"
testInstrumentationRunner "android.support.test.runner.AndroidJUnitRunner"

图 11-5　获取地图应用项目的包名

3．获取 Key

首先需要在高德注册网页（https://lbs.amap.com/dev/id/choose）注册成为高德地图开发者，然后在高德开放平台（https://lbs.amap.com）登录控制台，在控制台依次单击应用管理→创建新应用，在弹出的信息框里填入应用名称和类型，最后在创建的新应用里单击添加新 Key，依次输入 SHA1 值和包名，如图 11-6 所示。单击提交按钮后得到地图应用程序的 Key，如图 11-7 所示。

图 11-6　输入 SHA1 值和包名

Key名称	Key	绑定服务	操作
Map	a9bd13f0542976a88b5821d871aa5b8e	Android平台	设置 删除

图 11-7　得到地图应用程序的 Key

11.2.3　创建简单的电子地图

例 11-2　创建一个显示地图的应用程序。

在 Android studio 中创建名为 Map 的新项目，包名为 edu.neu.androidlab.map。

1）导入地图开发包。将下载的 Android 地图 SDK 里的 2D 地图开发包 Amap_2DMap_V5.2.0_20170627.jar 导入到 Android 项目的 APP\libs 目录下。然后单击右键 Amap_2DMap_V5.2.0_20170627.jar，在弹出的菜单中选择 Add As Library 命令完成 jar 包的导入，如图 11-8 所示。

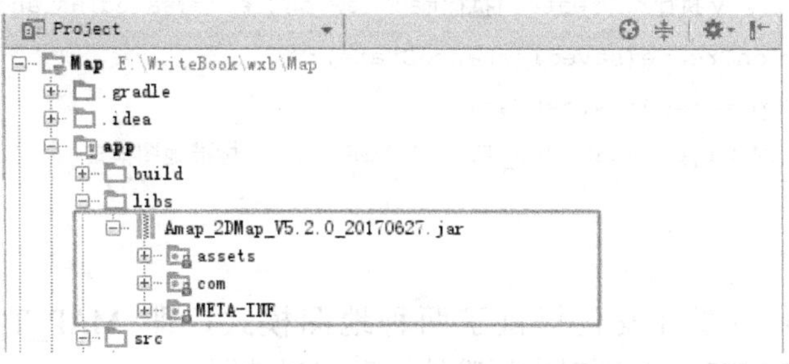

图 11-8　导入地图开发包

2）设计布局文件。在 activity_main.xml 中添加如下代码：

```
1   <?xml version="1.0" encoding="utf-8"?>
2   <RelativeLayout xmlns:android="http://schemas.android.com/apk/res/android"
3      xmlns:tools="http://schemas.android.com/tools"
4      android:layout_width="match_parent"
5      android:layout_height="match_parent"
6      tools:context="edu.neu.androidlab.map.MainActivity">
7      <com.amap.api.maps2d.MapView
8         android:layout_width="match_parent"
9         android:layout_height="match_parent"
10        android:id="@+id/map">
11     </com.amap.api.maps2d.MapView>
12  </RelativeLayout>
```

代码 7 行的 MapView 是在地图开发包中自定义的视图组件。

3）设计主程序。MainActivity.java 设计如下：

```
package edu.neu.androidlab.map;

import android.support.v7.app.AppCompatActivity;
import android.os.Bundle;

import com.amap.api.maps2d.AMap;
import com.amap.api.maps2d.MapView;

public class MainActivity extends AppCompatActivity {

   @Override
   protected void onCreate(Bundle savedInstanceState) {
      super.onCreate(savedInstanceState);
      setContentView(R.layout.activity_main);

      MapView mapView = (MapView)findViewById(R.id.map);
      //在activity执行onCreate时执行mapView.onCreate(savedInstanceState)，创建地图
      mapView.onCreate(savedInstanceState);
      AMap aMap = mapView.getMap();
      aMap.setMapType(AMap.MAP_TYPE_NORMAL); //标准地图模式
   }
}
```

本例用的 2D 地图开发包提供了两种地图模式，即 MAP_TYPE_NORMAL 和 MAP_TYPE_SATELLITE，分别对应标准地图和卫星地图。

4）配置清单文件。在清单文件 AndroidManifest.xml 中添加如下代码，设置地图 Key 及位置访问权限。

```
1   <?xml version="1.0" encoding="utf-8"?>
2   <manifest xmlns:android="http://schemas.android.com/apk/res/android"
3       package="edu.neu.androidlab.map">

4       <application
5           android:allowBackup="true"
6           android:icon="@mipmap/ic_launcher"
7           android:label="@string/app_name"
8           android:roundIcon="@mipmap/ic_launcher_round"
9           android:supportsRtl="true"
10          android:theme="@style/AppTheme">
11          <activity android:name=".MainActivity">
12              <intent-filter>
13                  <action android:name="android.intent.action.MAIN" />
14                  <category android:name="android.intent.category.LAUNCHER" />
15              </intent-filter>
16              <meta-data
17                  android:name="com.amap.api.v2.apikey"
18                  android:value="a9bd13f0542976a88b5821d871aa5b8e">
19              </meta-data>
20          </activity>
21      </application>

22      <!--允许程序打开网络套接字-->
23      <uses-permission android:name="android.permission.INTERNET" />
24      <!-- 定位 -->
25      <!-- 用于访问 GPS 定位 -->
26      <uses-permission android:name="android.permission.ACCESS_FINE_LOCATION"/>
27      <uses-permission android:name="android.permission.ACCESS_LOCATION_EXTRA_COMMANDS"/>
28      <!--允许程序获取网络状态-->
29      <uses-permission android:name="android.permission.ACCESS_NETWORK_STATE" />
30      <!--允许程序访问 WiFi 网络信息-->
31      <uses-permission android:name="android.permission.ACCESS_WIFI_STATE" />
32      <!--允许程序读写手机状态和身份-->
33      <uses-permission android:name="android.permission.READ_PHONE_STATE" />
34      <!--允许程序访问 CellID 或 WiFi 热点来获取粗略的位置-->
35      <uses-permission android:name="android.permission.ACCESS_COARSE_LOCATION" />
36  </manifest>
```

代码 16～19 行即为设置地图服务的 Key，缺少此项，地图不能正确显示。

5）程序运行结果如图 11-9 所示。

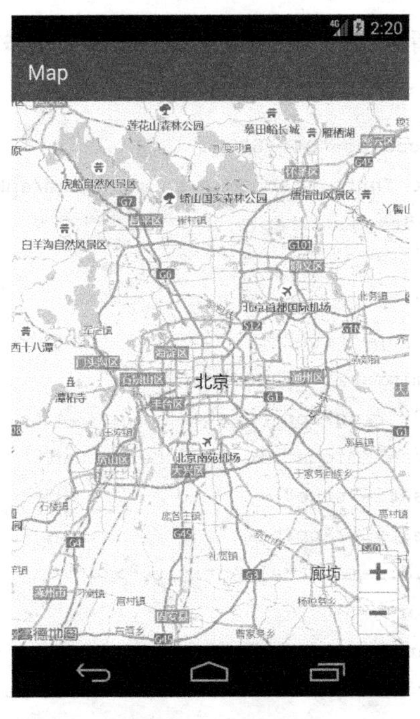

图 11-9　显示地图

11.3　定位与电子地图结合

前两节分别介绍了定位和地图的相关知识，本节将要介绍如何在地图中显示设备所处的位置。

例 11-3　实现定位与电子地图的结合，在地图中准确显示位置。

在 Android Studio 中新建项目 LocationInMap，按照 11.2 节介绍的方法去控制台申请地图服务 Key。

1）导入地图开发包。将下载的地图 SDK 的 jar 包添加进去，如图 11-10 所示。

2）给 3D 地图添加 so 库。此次创建的地图是 3D 地图包，3D 地图需要添加 so 库。在 main 目录下创建文件夹 jniLibs，将下载文件的 armeabi 文件夹复制到这个目录下，如果已经有这个目录，将下载的 so 库复制到这个目录即可。如图 11-11 所示。

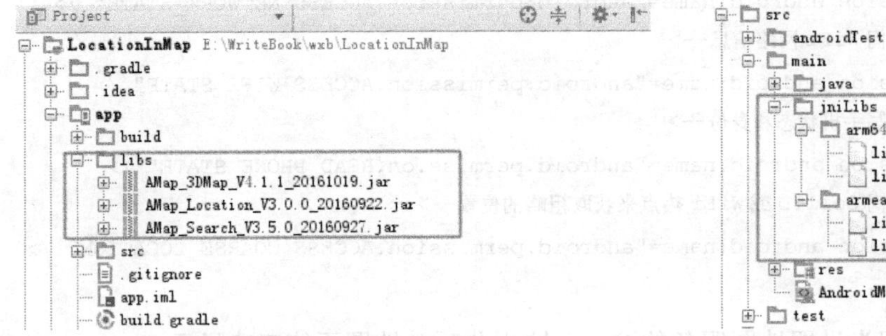

图 11-10　导入地图开发包

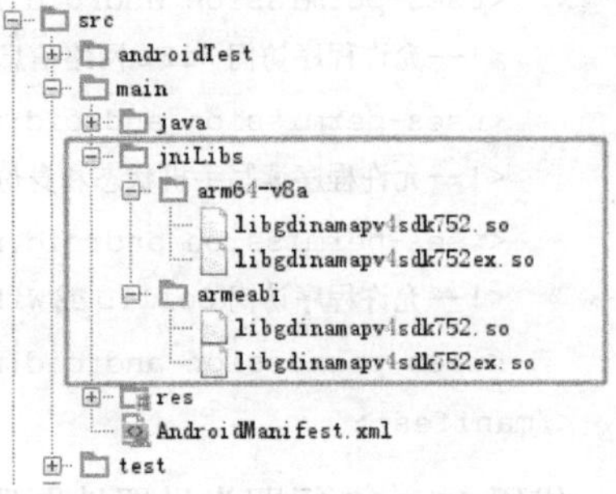

图 11-11　给 3D 地图添加 so 库

3）设计界面布局。在布局文件 activity_main.xml 文件中添加如下代码：

```
<?xml version="1.0" encoding="utf-8"?>
<LinearLayout xmlns:android="http://schemas.android.com/apk/res/android"
    xmlns:tools="http://schemas.android.com/tools"
    android:layout_width="match_parent"
    android:layout_height="match_parent"
    android:orientation="vertical"
    tools:context="edu.neu.androidlab.locationinmap.MainActivity">
    <TextView
        android:id="@+id/text_map"
        android:layout_width="match_parent"
        android:layout_height="wrap_content"
        android:text="定位中......"
        android:gravity="center"
        android:paddingTop="5dp"
        android:textColor="@color/colorAccent"
        android:textSize="14sp"/>
    <com.amap.api.maps.MapView
        android:id="@+id/map"
        android:layout_width="match_parent"
        android:layout_height="match_parent"/>
</LinearLayout>
```


顶部文本显示框用于显示设备所处的准确位置，MapView 用于显示设备在地图中的位置。

4）配置清单文件。在 AndroidManifest.xml 文件中添加地图服务的 Key、定位权限，定位服务，完整代码如下：

```
<?xml version="1.0" encoding="utf-8"?>
<manifest xmlns:android="http://schemas.android.com/apk/res/android"
    package="edu.neu.androidlab.locationinmap">
    <application
        android:allowBackup="true"
        android:icon="@mipmap/ic_launcher"
        android:label="@string/app_name"
        android:roundIcon="@mipmap/ic_launcher_round"
        android:supportsRtl="true"
        android:theme="@style/AppTheme">
        <activity android:name=".MainActivity">
            <intent-filter>
                <action android:name="android.intent.action.MAIN" />
                <category android:name="android.intent.category.LAUNCHER" />
            </intent-filter>
```

```
        </activity>
        <meta-data
            android:name="com.amap.api.v2.apikey"
            android:value="7feacf62c25eb03b7a077d850ed8ebc3">
        </meta-data>
        <!--配置定位服务-->
        <service android:name="com.amap.api.location.APSService"/>
</application>

    <!--用于进行网络定位-->
    <uses-permission android:name="android.permission.ACCESS_COARSE_LOCATION"/>
    <!--用于访问 GPS 定位-->
    <uses-permission android:name="android.permission.ACCESS_FINE_LOCATION"/>
    <!--获取运营商信息，用于支持提供运营商信息相关的接口-->
    <uses-permission android:name="android.permission.ACCESS_NETWORK_STATE"/>
    <!--用于访问 WiFi 网络信息，WiFi 信息会用于进行网络定位-->
    <uses-permission android:name="android.permission.ACCESS_WIFI_STATE"/>
    <!--这个权限用于获取 WiFi 的获取权限，WiFi 信息会用来进行网络定位-->
    <uses-permission android:name="android.permission.CHANGE_WIFI_STATE"/>
    <!--用于访问网络，网络定位需要上网-->
    <uses-permission android:name="android.permission.INTERNET"/>
    <!--用于读取手机当前的状态-->
    <uses-permission android:name="android.permission.READ_PHONE_STATE"/>
    <!--写入扩展存储，向扩展卡写入数据，用于写入缓存定位数据-->
    <uses-permission android:name="android.permission.WRITE_EXTERNAL_STORAGE"/>
    <!--用于申请调用 A-GPS 模块-->
    <uses-permission android:name="android.permission.ACCESS_LOCATION_EXTRA_COMMANDS"/>
    <!--用于申请获取蓝牙信息进行室内定位-->
    <uses-permission android:name="android.permission.BLUETOOTH"/>
    <uses-permission android:name="android.permission.BLUETOOTH_ADMIN"/>
</manifest>
```

5）设计主程序。Mainactivity.java 部分代码如下：

```
public class MainActivity extends AppCompatActivity implements AMapLocationListener, GeocodeSearch.OnGeocodeSearchListener {

    private AMapLocationClient locationClient = null;
    private AMapLocationClientOption locationOption = null;
    private TextView textView;
    private String[] strMsg;
    private AMap aMap;
    private MapView mapView;
    private GeocodeSearch geocoderSearch;
```

```java
    private Marker geoMarker;
    private static LatLonPoint latLonPoint;

    @Override
    protected void onCreate(Bundle savedInstanceState) {
        super.onCreate(savedInstanceState);
        setContentView(R.layout.activity_main);
        textView = (TextView) findViewById(R.id.text_map);
        mapView = (MapView) findViewById(R.id.map);
        mapView.onCreate(savedInstanceState);  //此方法必须重写
        Location();  //定位开始
    }

    //初始化地图
    private void initMap(){
        if (aMap == null) {
            aMap = mapView.getMap();
            //自定义标示位置的图标
            geoMarker = aMap.addMarker(new MarkerOptions().anchor(0.5f, 0.5f)
            .icon(BitmapDescriptorFactory.fromBitmap(BitmapFactory.decodeResource
  (getResources(), R.mipmap.punch_dw))));
        }
        geocoderSearch = new GeocodeSearch(this);
        geocoderSearch.setOnGeocodeSearchListener(this);
        getAddress(latLonPoint);
    }

    @Override
    public void onLocationChanged(AMapLocation location) {
        //当位置发生改变时，将位置信息封装至 handler 中
        if (location != null) {
            Message msg = mHandler.obtainMessage();
            msg.obj = location;
            msg.what = Utils.MSG_LOCATION_FINISH;
            mHandler.sendMessage(msg);
        }
    }

    Handler mHandler = new Handler() {
        //解析定位结果
        public void dispatchMessage(android.os.Message msg) {
            switch (msg.what) {
                //定位完成
                case Utils.MSG_LOCATION_FINISH:
                    String result = "";
```

```
                    try {
                        AMapLocation loc = (AMapLocation) msg.obj;
                        result = Utils.getLocationStr(loc, 1);
                        strMsg = result.split(",");
Toast.makeText(MainActivity.this, "定位成功", Toast.LENGTH_LONG).show();
                        textView.setText("地址：" + strMsg[0] + "\n" + "经度：" + strMsg[1] + " " + "纬度：" + strMsg[2]);
                        latLonPoint= new LatLonPoint(Double.valueOf(strMsg[2]), Double.valueOf(strMsg[1]));
                        initMap();
                    } catch (Exception e) {
                        Toast.makeText(MainActivity.this, "定位失败", Toast.LENGTH_LONG).show();
                    }
                    break;
                default:
                    break;
            }
        };
    };

    public void Location() {
        // TODO Auto-generated method stub
        try {
            locationClient = new AMapLocationClient(this);  //初始化定位
            locationOption = new AMapLocationClientOption();
            // 设置定位模式为低功耗模式
locationOption.setLocationMode(AMapLocationClientOption.AMapLocationMode.Battery_Saving);
            locationClient.setLocationListener(this);// 设置定位监听
            locationOption.setOnceLocation(true); //设置为单次定位
            locationClient.setLocationOption(locationOption);// 设置定位参数
            locationClient.startLocation();// 启动定位
            mHandler.sendEmptyMessage(Utils.MSG_LOCATION_START);
        } catch (Exception e) {
            Toast.makeText(MainActivity.this, "定位失败", Toast.LENGTH_LONG).show();
        }
    }

     //响应逆地理编码
    public void getAddress(final LatLonPoint latLonPoint) {
        //第一个参数表示一个 Latlng 值，第二参数表示范围多少米，第三个参数表示是火星坐标系还是GPS 原生坐标系
        RegeocodeQuery query = new RegeocodeQuery(latLonPoint, 200, GeocodeSearch.AMAP);
        geocoderSearch.getFromLocationAsyn(query);// 设置同步逆地理编码请求
```

```
    }

    //地理编码查询回调,不能省略
    @Override
    public void onGeocodeSearched(GeocodeResult result, int rCode) {

    }

     //逆地理编码回调
    @Override
    public void onRegeocodeSearched(RegeocodeResult result, int rCode) {
        if (rCode == 1000) {
            if (result != null && result.getRegeocodeAddress() != null && result.getRegeocodeAddress().getFormatAddress() != null) {
                Toast.makeText(this,result.getRegeocodeAddress().getFormatAddress() + "附近",Toast.LENGTH_LONG).show();
                aMap.animateCamera(CameraUpdateFactory.newLatLngZoom(AMapUtil.convertToLatLng(latLonPoint), 15));
                geoMarker.setPosition(AMapUtil.convertToLatLng(latLonPoint));
            }
        }
    }

    //方法必须重写
    @Override
    public void onResume() {
        super.onResume();
        mapView.onResume();
    }

    //方法必须重写
    @Override
    public void onPause() {
        super.onPause();
        mapView.onPause();
    }

    //方法必须重写
    @Override
    public void onSaveInstanceState(Bundle outState) {
        super.onSaveInstanceState(outState);
        mapView.onSaveInstanceState(outState);
    }
```

```
    @Override
    public void onDestroy() {
        super.onDestroy();
        mapView.onDestroy();
    }
}
```

此次设计的 MainActivity 用于实现定位监听，当程序运行时，开始定位，利用 AMapLocationListener 类中的 onLocationChanged 方法，一旦检测到位置变化，通过 handler 来解析位置信息并显示到屏幕上。此外，要注意重写 Mainactivity 中的几个生命周期方法。

6）程序在真机上的运行结果如图 11-12 所示。

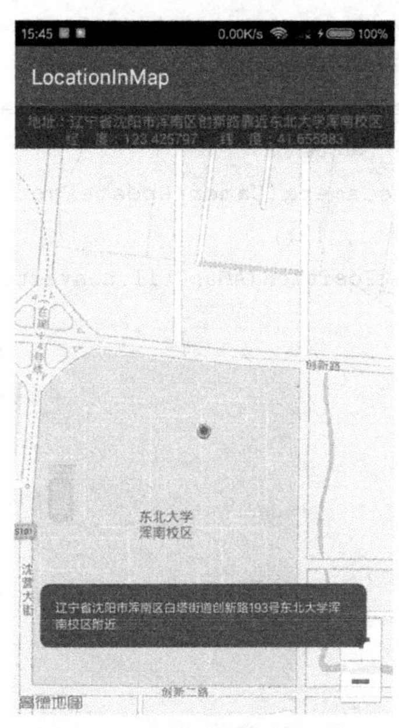

图 11-12　在地图中显示位置

本 章 小 结

本章先介绍了 GPS 定位及其在 Android 中的应用，通过一个实例讲解了 GPS 在 Android 中的用法。此外，还介绍了在 Android 中进行地图应用开发的必要步骤，即下载 SDK 和申请地图服务 Key。基于高德地图 SDK，先介绍了如何创建一个简单的电子地图，最后再对定位与地图进行结合，实现了在地图中显示出设备的准确位置。

习　　题

编写一个地图应用程序，使其能实现通过地图中心进行兴趣点选择的功能。

第 12 章　Android 传感器应用

Android 是一个面向应用程序开发的平台，拥有具有吸引力的用户界面元素、数据管理和网络应用等优秀的功能。Android 还提供了许多颇具特色的接口，比如传感器。传感器是让 Android 设备区别于计算机的重要功能之一。如果没有传感器，Android 设备可能只是一个小屏幕的 Web 浏览器，同时其输入机制也很笨拙。只要手机设备的硬件提供了传感器，Android 应用就可以通过它们来获取设备的外界条件，包括设备的运行状态、当前摆放方向、外界的磁场、温度和压力等。Android 系统提供了驱动程序去管理这些传感器，当传感器硬件感知到外部环境发生改变时，Android 系统负责管理这些传感器数据。

大多数的手机应用都已经使用了传感器。比如微信中的"摇一摇"、各种运动记录 APP、游戏"神庙逃亡"等，因此用好传感器已经是手机应用开发的必修课。

Android 1.5（API level 3）开始提供一套标准传感器以及相关的 API。到 Android 4.4 为止，系统已经内置了对多达 13 种传感器的支持，分别是：加速度传感器、测量环境温度的温度传感器、重力传感器、陀螺仪传感器、光线传感器、线性加速度传感器、磁力传感器、方向传感器、压力传感器、距离传感器、湿度传感器、旋转向量传感器和测量设备温度的温度传感器。本章将介绍 Android 传感器的应用。

12.1　利用 Android 传感器

12.1.1　传感器的定义

传感器是一种检测装置，能感受到被测量的信息，并将这些信息按一定规律转换成为电信号或其他所需形式的信息输出，以满足信息的传输、处理、存储、显示、记录和控制等要求。它是实现自动检测和自动控制的首要环节。国家标准 GB/T 7665—2005 中传感器的定义是："能感受被测量并按照一定的规律转换成可用输出信号的器件或装置，通常由敏感元件和转换元件组成。"

12.1.2　Android 中传感器关联类和接口

1．Sensor 类

Android 系统中内置了很多类型的传感器，这些传感器被封装在 Sensor 类中。Sensor 类是管理各种传感器共同属性（名字、供应商、类型、版本）的类，包括以下内容。

（1）主要常量

在 Sensor 类中，能使用的传感器种类通过常量来定义，表 12-1 所示即为 Android 系统中几种常见传感器及其返回值。但是根据硬件，传感器搭载是任意的，比如 HTC Desire 516t 实际上有 ACCELEROMETER、PROXIMITY、LIGHT 三种传感器。

表 12-1 Android 系统中常见传感器及其返回值

常 量 名	说 明	返 回 值
TYPE_ACCELEROMETER	加速度传感器	1
TYPE_GYROSCOPE	陀螺仪	4
TYPE_LIGHT	光线传感器	5
TYPE_MAGNETIC_FIELD	磁力传感器	2
TYPE_ORIENTATION	方向传感器	3
TYPE_PRESSURE	压力传感器	6
TYPE_PROXIMITY	距离传感器	8
TYPE_AMBIENT_TEMPRATURE	温度传感器	13
TYPE_ALL	全部的传感器	−1

（2）主要方法

Sensor 类中的主要方法是用来获取硬件传感器信息，见表 12-2。

表 12-2　Sensor 类的主要方法

方 法	返 回 值
float getMaximumRange()	返回传感器可测量的最大范围
float getMinimumDelay()	返回传感器的最小延迟
String getName()	返回传感器的名称
float getPower()	返回传感器的功率
float getResolution()	返回传感器的分辨率
int getType()	返回传感器的类型
String getVentor()	返回传感器的供应商
int getVersion()	返回传感器的版本

在定义了传感器中 Sensor 类的主要常量及方法后，就可通过如 sensor.getName()方式来获取某一具体传感器的名称，其他具体信息的获取同该方法类似。

2. SensorManager 类

SensorManager 类是所有传感器的一个综合管理类，包括了传感器的种类、采样率、精确度等，是 Android 为应用提供传感器硬件访问能力的系统服务。和其他系统服务一样，它允许用户注册或解除传感器相关事件。一旦注册成功，应用将会接收到从硬件传来的传感器数据。

（1）主要常量

在 SensorManager 类中有很多个常量被定义，但是这些中最重要的是关于传感器反应速度的，一般用于注册监听器时为其指定延迟和测量速率。关于传感器反应速度的常量见表 12-3。

表 12-3　关于传感器反应速度的常量

常 量 名	说　明	返 回 值
SENSOR_DELAY_FASTEST	最快反应速度时使用	0
SENSOR_DELAY_GAME	游戏用	1
SENSOR_DELAY_UI	适用于用户界面功能，如旋转屏幕	2
SENSOR_DELAY_NORMAL	默认值	3

（2）主要方法

SensorManager 类中常用的方法见表 12-4，主要用来获取传感器及注册和解除传感器的监听器。

表 12-4　SensorManager 类中的常用方法

方　法	说　明
boolean registerListener(SensorEventListener listener, Sensor sensor, int rate)	为指定的传感器注册监听器
void unregisterListener(SensorEventListener listener)	为所有传感器解除已注册的监听器
void unregisterListener(SensorEventListener listener, Sensor sensor)	为指定的传感器解除已注册的监听器
List<Sensor> getSensorList(int type)	获得可用传感器列表
Sensor getDefaultSensor(int type)	获得给定类型的默认传感器

SensorManager 不能直接生成实例对象。SensorManager 的实例是通过 Context 类定义的 getSystemService 方法获取的，其代码如下：

```
SensorManager sensorManager = (SensorManager)getSystemService(SENSOR_SERVICE);
```

对于 Sensor 对象的访问提供了两种方法：getSensorList()方法检索所有给定类型的传感器；getDefaultSensor()返回指定类型的默认传感器。其实现代码如下：

```
//获取某种传感器列表
List <Sensor>pressureSensors = sensorManager.getSensorList(Sensor.TYPE_PRESSURE);
//获取某种默认的传感器
Sensor defaultAccelerometer = sensorManager.getDefaultSensor(Sensor.TYPE_ACCELEROMETER);
```

对于注册传感器，SensorManager 的常用方法如下：

```
public booleanregisterListener(SensorEventListenerlistener, Sensor sensor, int rate);
```

其中三个参数的含义为：

listener：监听传感器事件的监听器。该监听器需要实现 SensorEventListener 接口。

sensor：传感器对象。

rate：指定获取传感器数据的频率。其具体的值已在表 12-3 中列出。在 Android 4.0.3 中，这些速率被硬编码为 0、20ms、67ms 和 200ms。也可以通过传入一个传感器速率值到注册器中来指定延迟。然而这些速率仅用于提示系统，因为接收事件的速率可能会快于或慢于指定的延迟。

例 12-1　获取实机设备上的各种传感器的信息。

获取手机中传感器的步骤如下：

（1）获取 SensorManager 对象

（2）执行 SensorManager 对象的 getSensorList ()方法获取 Sensor 对象

（3）获取 Sensor 对象中的各种属性

1）在 Android studio 中新建工程 getSensorInfo，布局文件 activity.xml 添加如下代码：

```
<?xml version="1.0" encoding="utf-8"?>
<ScrollView xmlns:android="http://schemas.android.com/apk/res/android"
    xmlns:tools="http://schemas.android.com/tools"
    android:layout_width="match_parent"
    android:layout_height="match_parent"
    tools:context="edu.neu.androidlab.getsensorinfo.MainActivity">
    <TextView
        android:layout_width="match_parent"
        android:layout_height="match_parent"
        android:id="@+id/tv"/>
</ScrollView>
```

2）主程序 MainActivity.java 添加如下代码：


```
public class MainActivity extends AppCompatActivity {

    @Override
    protected void onCreate(Bundle savedInstanceState) {
        super.onCreate(savedInstanceState);
        setContentView(R.layout.activity_main);

        //获取显示文本框
        TextView tv = (TextView) findViewById(R.id.tv);
        //利用 getSystemService(SENSOR_SERVICE)方法获取 SensorManager 对象
        SensorManager sensorManager = (SensorManager)getSystemService(SENSOR_SERVICE);
        //利用 SensorManager 类的 getSensorList(Sensor.TYPE_ALL)方法获取所有传感器列表
        List<Sensor> sensorList = sensorManager.getSensorList(Sensor.TYPE_ALL);
        //创建一个显示文本
        StringBuffer sb = new StringBuffer();
        sb.append("经检测该手机有" + sensorList.size() + "个传感器，他们分别是：\n\n");
        //遍历传感器列表，获取所有传感器属性
        for (Sensor sensor : sensorList){
            switch(sensor.getType()){
                case Sensor.TYPE_ACCELEROMETER:
                    sb.append(sensor.getType() + " 加速度传感器 acceleromter");
                    break;
                case Sensor.TYPE_GYROSCOPE:
                    sb.append(sensor.getType() + " 陀螺仪传感器 gyroscope");
                    break;
```

```
                case Sensor.TYPE_LIGHT:
                    sb.append(sensor.getType() + " 光线传感器 light");
                    break;
                case Sensor.TYPE_MAGNETIC_FIELD:
                    sb.append(sensor.getType() + " 磁力传感器 magnetic field");
                    break;
                case Sensor.TYPE_ORIENTATION:
                    sb.append(sensor.getType() + " 方向传感器 orientation");
                    break;
                case Sensor.TYPE_PRESSURE:
                    sb.append(sensor.getType() + " 压力传感器 pressure");
                    break;
                case Sensor.TYPE_PROXIMITY:
                    sb.append(sensor.getType() + " 距离传感器 proximity");
                    break;
                case Sensor.TYPE_AMBIENT_TEMPERATURE:
                    sb.append(sensor.getType() + " 温度传感器 temperature");
                    break;
                case Sensor.TYPE_GRAVITY:
                    sb.append(sensor.getType() + " 重力传感器 gravity");
                    break;
                case Sensor.TYPE_RELATIVE_HUMIDITY:
                    sb.append(sensor.getType() + " 湿度传感器 temperature");
                    break;
                default:
                    sb.append(" 未知传感器");
                    break;
            }
            sb.append("\n" +
                    " 设备名称：" + sensor.getName() + "\n" + " " +
                    "设备版本：" + sensor.getVersion() + "\n" +
                    " 供应商：" + sensor.getVendor() + "\n"+"" +
                    "最大量程："+sensor.getMaximumRange()+"\n"+"" +
                    "传感器功率："+sensor.getPower()+"\n"+
                    "传感器分辨率："+sensor.getResolution()+"\n"+
                    "传感器最小延迟："+sensor.getMinDelay()+"\n"+
                    "传感器类型："+sensor.getType()+"\n"+"\n");
        }
        tv.setText(sb);//显示获得的所有传感器信息
    }
}
```

3）最终运行结果如图 12-1 所示。

图 12-1　获取手机全部传感器信息

3. SensorEvent 类

SensorEvent 类从本质上来说是一个数据结构，包含了硬件传感器输出到应用的信息。它是对从传感器事件上取得的信息进行整理和管理的类，被管理的值全部用公用的 field 定义。SensorEvent 类的主要字段（field）见表 12-5。

表 12-5　SensorEvent 类的主要字段（field）

字　段	内　容
int accuracy	传感器的精度
Sensor sensor	Sensor 类中生成 SensorEvent 的实例
long timestamp	SensorEvent 发生的时间，以毫秒为单位
final float[] values	表示传感器数据的数组。数组的大小以及数组值的含义取决于产生数据的传感器

需要注意的是，传感器的精度指的是输出值的可靠度或者是“可信度”，而不是与物理值的接近程度。主要可分为以下几个等级：

int　SENSOR_STATUS_ACCURACY_HIGH

int　SENSOR_STATUS_ACCURACY_LOW

int　SENSOR_STATUS_ACCURACY_MEDIUM

int　SENSOR_STATUS_NO_CONTACT

int　SENSOR_STATUS_UNRELIABLE

4. SensorEventListener 类

SensorEventListener 类是提供回调以通知应用传感器相关事件的接口。为了能掌控这些事件，应用需要创建一个类实现 SensorEventListener 接口，并将其注册到 SensorManager。在这个封装的接口中可以获得传感器的值，其主要方法有以下两类：

1）void onAccuracyChanged(Sensor sensor,int accuracy)：该方法在传感器的精准度发生

改变时调用。其参数包括两个整数：一个表示传感器，另一个表示该传感器新的准确度。

2）void onSensorChanged(SensorEvent event)：该方法在传感器值更改时调用。该方法只由受此应用程序监视的传感器调用。该方法的参数包括一个 SensorEvent 对象，该对象主要包括一组浮点数，表示传感器获得的方向、加速度等信息。

传感器值的取得需要通过 SensorManager 中的 registerListener 方法对加载 SensorEvent-Listener 接口的对象进行登录处理。传感器的取值过程如图 12-2 所示。

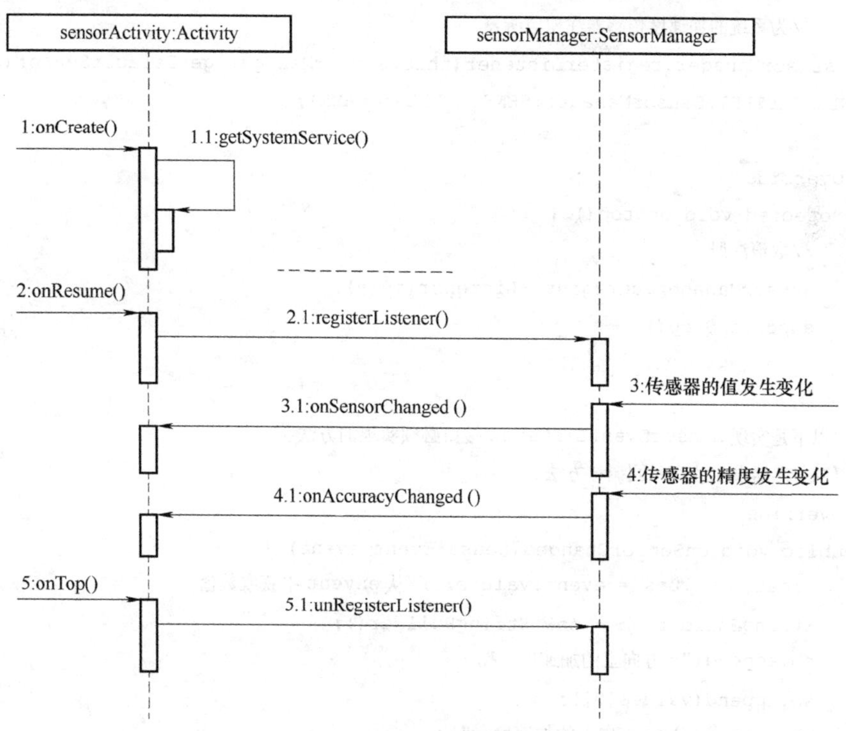

图 12-2　传感器取值过程

例 12-2　以加速度传感器为例来说明获取传感器值的具体步骤。

1）新建工程 getAccelerometerValue。

2）主程序 MainActivity.xml 添加如下代码：

```
public class MainActivity extends AppCompatActivity implements SensorEventListener {

    private TextView tv;
    private SensorManager sensorManager;

    @Override
    protected void onCreate(Bundle savedInstanceState) {
        super.onCreate(savedInstanceState);
        setContentView(R.layout.activity_main);

        tv = (TextView)findViewById(R.id.tv);
```

```
        //在活动创建时获取 SensorManager 对象
        sensorManager = (SensorManager)getSystemService(Context.SENSOR_SERVICE);
    }

    @Override
    protected void onResume() {
        super.onResume();
        //为系统的加速度传感器注册监听器
      sensorManager.registerListener(this,sensorManager.getDefaultSensor(Sensor.TYPE_ACCELEROMETER),SensorManager.SENSOR_DELAY_GAME);
    }
    @Override
    protected void onStop() {
        //取消注册
        sensorManager.unregisterListener(this);
        super.onStop();
    }

    //以下是实现 SensorEventListener 接口必须实现的方法
    //当传感器发生改变时回调该方法
    @Override
    public void onSensorChanged(SensorEvent event) {
        float[] values = event.values; //从 envent 中获取数值
        StringBuilder sb = new StringBuilder();
        sb.append("x 方向上的加速度：");
        sb.append(values[0]);
        sb.append("\ny 方向上的加速度：");
        sb.append(values[1]);
        sb.append("\nz 方向上的加速度：");
        sb.append(values[2]);
        tv.setText(sb.toString());
    }

    @Override
    public void onAccuracyChanged(Sensor sensor, int accuracy) {
    }
}
```


本程序直接使用了 MainactivityActivity 充当传感器监听器，因此该 Mainactivity Activity 实现了 SensorEventListener 接口，并实现了该接口中的 onSensorChanged()方法。为了取得传感器的值需要加载 SensorEventListener，并通过 onResume()方法进行注册，在该方法中实现 SensorEventListener 接口中的 onSensorChanged()方法时，通过调用 SensorEvent 对象的 values()方法来获取传感器的值。不同的传感器返回的值的个数是不等的。对于加速度传感器来说，它将返回三个值，分别代表手机设备在 x、y、z 三个方向上的加速度。最后在 onStop()方法中解除所有传感器。其结果如图 12-3 所示。

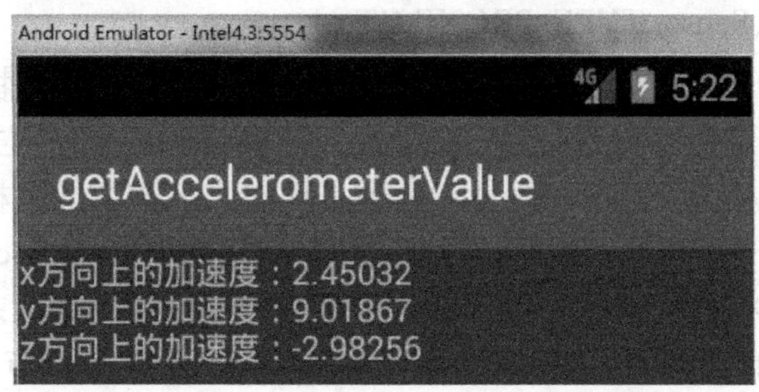

图 12-3　获取加速度传感器的值

12.2　Android 中常用的传感器

Android 中的传感器大致可以分为两大类，一类是感知环境的传感器，另一类则是感知设备方向和运动的传感器。在 12.1 节中已经介绍了如何获得 Android 设备的加速度值，实际上 Android 系统对所有类型传感器的处理完全一样，只不过是传感器的类型有所区别。接下来将具体介绍 Android 中常用的传感器。

12.2.1　感知环境

1．光线传感器（Sensor.TYPE_LIGHT）

光线传感器主要是用来检测手机周围光的强度，位于一个小的黑色玻璃开口下面。它只是一个光电二极管，工作方式和 LED 的物理原理相同，但是发光条件却正好相反。不是在施加电压时发光，而是在光入射时产生电压。与其他传感器不同的是，该传感器只读取一个数值，即手机周围光的强度，单位为勒克斯（lx）。通常的动态范围为 1～30000 lx。在 Android 中这些范围被几个常量值所代替，见表 12-6。

表 12-6　光线传感器常量值

常　量	值
SensorManager.LIGHT_NO_MOON	0.001
SensorManager.LIGHT_FULLMOON	0.25
SensorManager.LIGHT_CLOUDY	100
SensorManager.LIGHT_SUNRISE	400
SensorManager.LIGHT_OVERCAST	10000
SensorManager.LIGHT_SHADE	20000
SensorManager.LIGHT_SUNLIGHT	110000
SensorManager.LIGHT_SUNLIGHT_MAX	120000

上面的八个常量只是临界值。读者在实际使用光线传感器时要根据实际情况确定一个范围。例如，当太阳逐渐升起时，它的值很可能会超过 LIGHT_SUNRISE，当它的值

逐渐增大时，就会逐渐越过 LIGHT_OVERCAST，而达到 LIGHT_SHADE，当然，如果天气特别好，也可能会达到LIGHT_SUNLIGHT，甚至更高，在此不过多讨论。

2．距离传感器（Sensor.TYPE_PROXIMITY）

距离传感器包含一个在光电探测器边上的弱红外 LED。当有物体离传感器足够近时，红外光距离传感器会检测到反射的红外光。距离传感器分为两类，一类是用来检测物体与手机的距离，单位是 cm。而另一类则是现在大多数智能手机中的距离传感器用法：测量物体是否在一个阈值距离内，其有价值的阈值距离为 2～4cm。一些距离传感器只能返回远和近两个状态，当距离传感器大于最大距离时返回远状态，小于最大距离时返回近状态。距离传感器可用于接听电话时自动关闭 LCD 屏幕以节省电量。一些芯片集成了距离传感器和光线传感器两者的功能。

3．温度传感器（Sensor.TYPE_AMBIENT_TEMPERATURE）

温度传感器提供室内外温度，单位为摄氏度（℃）。这种传感器是为了取代已逐步淘汰的用于检测 CPU 温度的 Sensor.TYPE_TEMPERATURE。温度传感器会返回一个数据，该数据代表手机设备周围的温度。

12.2.2 感知设备方向和运动

1．方向传感器（Sensor.TYPE_ORIENTATION）

方向传感器用于感应手机设备的摆放状态。方向传感器可返回三个角度，这三个角度即可确定手机的摆放状态，分别为方向角（Azimuth）、倾斜角（Pitch）以及旋转角（Roll），如图 12-4 所示。

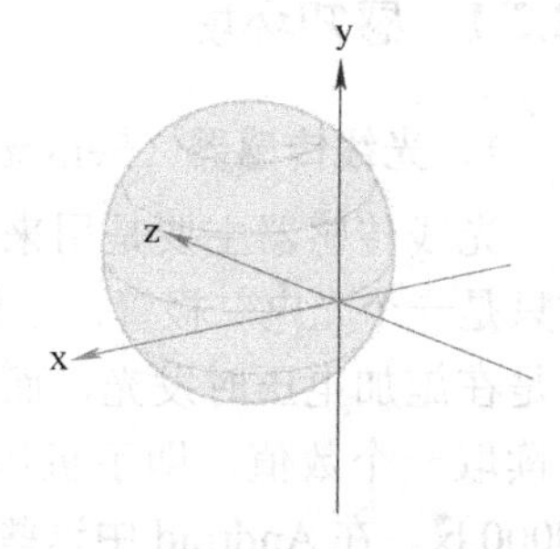

图 12-4 方向传感器坐标

方向传感器比较特殊，因为它的数值是相对于绝对方向的。它得到的是手机设备的绝对姿态值。注意下面说的 x、y、z 轴均是手机自身的坐标轴。

1）方向角：表示手机自身的 y 轴与地磁场北极方向的角度，即手机顶部朝向与正北方向的角度。当手机绕着自身的 z 轴旋转时，该角度值将发生改变。例如该角度为 0 时，表示手机顶部指向正北；为 90°时，代表手机顶部指向正东；为 180°时，代表手机顶部指向正南；为 270°时，代表手机顶部指向正西。

2）倾斜角：表示手机顶部或尾部翘起的角度。当手机绕着自身的 x 轴旋转，该角度会发生变化，范围是−180°～180°。当 z 轴正向朝着 y 轴正向旋转时，该角度是正值；当 z 轴正向朝着 y 轴负向旋转时，该角度是负值。假设将手机屏幕朝上水平放在桌子上，如果桌子是完全水平的，该角度应该是 0。假如从手机顶部抬起，直到将手机沿 x 轴旋转 180°（屏幕向下水平放在桌面上），这个过程中，该角度值会从 0 变化到−180°如果从手机底部开始抬起，直到将手机沿 x 轴旋转 180°（屏幕向下水平放在桌面上），该角度的值会从 0 变化到 180°。

3）旋转角：表示手机左侧或右侧翘起的角度。当手机绕着自身 x 轴旋转时，该角度值将会发生变化，取值范围是−90°～90°。当 z 轴正向朝着 x 轴正向旋转时，该角度是负值；当 z 轴正向朝着 x 轴负向旋转时，该角度是正值。利用方向传感器可开发出水平仪等应用。

2．加速度传感器（Sensor.TYPE_ACCELEROMETER）

加速度传感器又叫 G-sensor，返回 x、y、z 三轴的加速度数值。该数值包含地心引力的影响，单位是 m/s^2。但其坐标与方向传感器不同，如图 12-5 所示，将手机平放在桌面上，x 轴方向默认值为 0，y 轴方向默认值为 0，z 轴方向默认为 $9.8m/s^2$。且对于这三个值有如下约定：

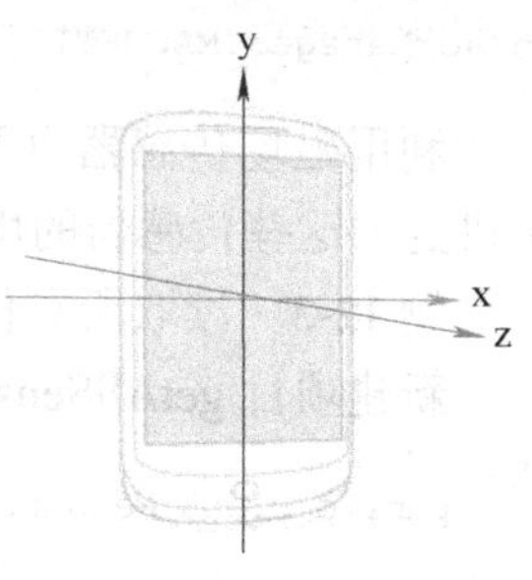

图 12-5　加速度传感器坐标

```
values[0]:x 轴上为负 gx;
values[1]:y 轴上为负 gy;
values[2]:z 轴上为负 yz。
```

加速度传感器典型的动态范围为 0±2*g* 或者±4*g*，分辨率为 $0.1m/s^2$，在速度传感器中会经常用到的传感器常量及其数值主要有两种：

```
SensorManager.GRAVITY_EARTH: 9.80665
SensorManager.STANDARD_GRAVITY: 9.80665
```

加速度传感器可能是最为成熟的一种微机电传感器（MEMS）产品之一。市场上的加速度传感器种类很多，手机中常用的加速度传感器有 BOSCH（博世）的 BMA 系列，AMK 的 897X 系列，ST 的 LIS3X 系列等。这些传感器一般提供±2*g* 至±16*g* 的加速度测量范围，采用 I2C 或 SPI 接口和 MCU 相连，数据精度小于 16bit。

3．磁力传感器（Sensor.TYPE_MAGNETIC_FIELD）

磁力传感器主要用于读取手机设备外部的磁场强度。即使周围没有任何的直接磁场，手机设备也始终会处于地球磁场中。随着手机设备摆放状态的改变，周围磁场在手机的 x、y、z 方向上的影响会发生改变。Android 输出的磁场以微特斯拉（μT）为单位。磁力传感器的分辨率为 0.1μT，它的输出值绝对精确度较低，同时会受当地环境的影响。如果想获取高精度测量值，此时就需要用到 GeomagneticField 类，该类中主要的方法如表 12-7 所示。

表 12-7　磁力传感器中常用的方法

方　法	返 回 值
float　getDeclination()	磁北和给定位置实际北方之间的角度
float　getFieldStrength()	总的磁场强度（以纳特斯拉为单位）
float　getHorizontalStrength()	水平方向的磁场强度（以纳特斯拉为单位）
float　getInclination()	磁场向上或向下与水平线偏移的角度
float　getX()	磁场向北分量（以纳特斯拉为单位）
float　getY()	磁场向东分量（以纳特斯拉为单位）
float　getZ()	磁场向下分量（以纳特斯拉为单位）

跟其他传感器一样，在 SensorManager 中定义了相关的常量以及它们的值，具体如下：

```
SensorManager.MAGNETIC_FIELD_EARTH_MAX: 60.0
```

```
SensorManager.MAGNETIC_FIELD_EARTH_MIN: 30.0
```

利用磁场传感器可开发出指南针、罗盘等磁场应用。下面通过一个实例来介绍上面所讲到的这些传感器的用法。

例 12-3 读取所有传感器的值并显示。

新建项目 getAllSensorsValues，主程序 MainActivity.java 部分代码如下：

```
public class MainActivity extends AppCompatActivity implements SensorEventListener {

    private SensorManager sensorManager;
    private TextView tv_accelerometer;
    private TextView tv_orientation;
    private TextView tv_magnetic;
    private TextView tv_temperature;
    private TextView tv_proximity;
    private TextView tv_light;
    private TextView tv_pressure;
    private TextView tv_humidity;

    @Override
    protected void onCreate(Bundle savedInstanceState) {
        super.onCreate(savedInstanceState);
        setContentView(R.layout.activity_main);

        tv_accelerometer = (TextView) findViewById(R.id.tv_accelerometer);
        tv_orientation = (TextView)findViewById(R.id.tv_orientation);
        tv_magnetic = (TextView) findViewById(R.id.tv_magnetic);
        tv_temperature = (TextView) findViewById(R.id.tv_temperature);
        tv_proximity = (TextView)findViewById(R.id.tv_proximity);
        tv_light = (TextView) findViewById(R.id.tv_light);
        tv_pressure = (TextView) findViewById(R.id.tv_pressure);
        tv_humidity = (TextView) findViewById(R.id.tv_humidity);

        sensorManager = (SensorManager) getSystemService(Context.SENSOR_SERVICE);
    }

    @Override
    protected void onResume() {
        super.onResume();
        //获取所有传感器
        List<Sensor> sensorList = sensorManager.getSensorList(Sensor.TYPE_ALL);
        //为所有传感器注册监听
        for (Sensor sensor : sensorList){
            sensorManager.registerListener(this, sensor, SensorManager.SENSOR_DELAY_NORMAL);
        }
```

```
    }

    @Override
    protected void onStop() {
       super.onStop();
       //取消监听
       sensorManager.unregisterListener(this);
    }

    @Override
    public void onSensorChanged(SensorEvent event) {

       switch (event.sensor.getType()) {
          //加速度的值表示
          case Sensor.TYPE_ACCELEROMETER: {
             float[] values = event.values;
             StringBuilder sb = new StringBuilder();
             sb.append("加速度传感器(Accelerometer)");
             sb.append("\nx: ");
             sb.append(values[0]);
             sb.append("\ny: ");
             sb.append(values[1]);
             sb.append("\nz: ");
             sb.append(values[2]);
             tv_accelerometer.setText(sb.toString());
             break;
          }
          //倾斜度的值表示
          case Sensor.TYPE_ORIENTATION: {
             float[] values = event.values;
             StringBuilder sb = new StringBuilder();
             sb.append("方向传感器(orientation)");
             sb.append("\nAzimuth: ");
             sb.append(values[0]);
             sb.append("\nPitch: ");
             sb.append(values[1]);
             sb.append("\nRoll: ");
             sb.append(values[2]);
             tv_orientation.setText(sb.toString());
             break;
          }
          //磁力传感器的值表示
          case Sensor.TYPE_MAGNETIC_FIELD: {
             float[] values = event.values;
             StringBuilder sb = new StringBuilder();
```

```
                sb.append("磁力传感器(magnetic)");
                sb.append("\nx: ");
                sb.append(values[0]);
                sb.append("\ny: ");
                sb.append(values[1]);
                sb.append("\nz: ");
                sb.append(values[2]);
                tv_magnetic.setText(sb.toString());
                break;
            }
            //获取温度传感器的值
            case Sensor.TYPE_AMBIENT_TEMPERATURE: {
                float[] values = event.values;
                StringBuilder sb = new StringBuilder();
                sb.append("温度传感器(temperature)");
                sb.append("\ntemperature: ");
                sb.append(values[0]);
                tv_temperature.setText(sb.toString());
                break;
            }
            //获取距离传感器的值
            case Sensor.TYPE_PROXIMITY: {
                float[] values = event.values;
                StringBuilder sb = new StringBuilder();
                sb.append("距离传感器(proximity)");
                sb.append("\nproximity: ");
                sb.append(values[0]);
                tv_proximity.setText(sb.toString());
                break;
            }
            //获取环境光线传感器的值
            case Sensor.TYPE_LIGHT: {
                float[] values = event.values;
                StringBuilder sb = new StringBuilder();
                sb.append("环境光线传感器(light)");
                sb.append("\nlight: ");
                sb.append(values[0]);
                tv_light.setText(sb.toString());
                break;
            }
            //获取压力传感器的值
            case Sensor.TYPE_PRESSURE: {
                float[] values = event.values;
                StringBuilder sb = new StringBuilder();
                sb.append("压力传感器(pressure)");
                sb.append("\npressure: ");
```

```
                sb.append(values[0]);
                tv_pressure.setText(sb.toString());
                break;
            }
            //获取湿度传感器的值
            case Sensor.TYPE_RELATIVE_HUMIDITY: {
                float[] values = event.values;
                StringBuilder sb = new StringBuilder();
                sb.append("湿度传感器(humidity)");
                sb.append("\nhumidity: ");
                sb.append(values[0]);
                tv_humidity.setText(sb.toString());
                break;
            }
        }
    }

    @Override
    public void onAccuracyChanged(Sensor sensor, int accuracy) {
    }
}
```


与例 12-2 相似，上述程序也是用 MainActivity 实现 SensorEventListener 接口，因此也实现了该接口中的 onSensorChanged()方法。要取得所有传感器的值，就必须先获取所有的传感器，因此在 onResume()方法中，先定义集合 sensorList 存入获取的所有的传感器，再遍历此集合给所有传感器注册监听器，最后再通过 onSensorChanged()方法获取所有传感器的值。程序运行结果如图 12-6 所示。

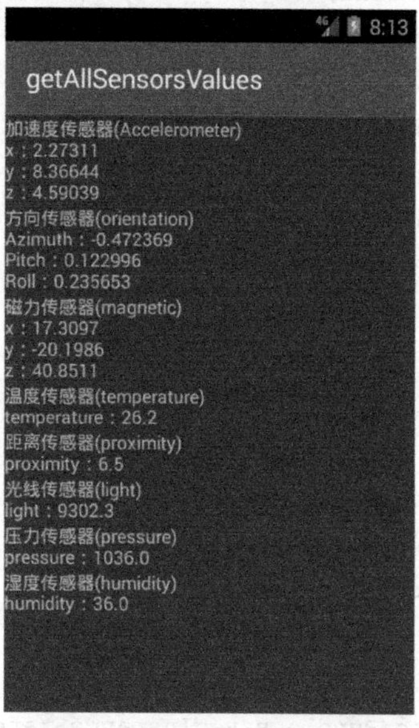

图 12-6　获取所有传感器的值

12.3 Android 传感器开发案例

对传感器的支持是 Android 的特性之一，通过对传感器的使用可以开发出很多有趣的应用，下面就通过使用加速度传感器来开发两个有趣的应用。

12.3.1 摇一摇抽奖

加速度传感器是最常见的传感器，大部分 Android 手机都内置了加速度传感器，加速度传感器运用最广泛的功能就是微信的摇一摇功能，用户通过摇晃手机寻找周围的人，其他类似的应用还有摇骰子、玩游戏等。下面以摇一摇的实现演示传感器开发的步骤，思路如下：

1）声明一个 SensorManager 对象，该对象从系统服务 SENSOR_SERVICE 中获取实现。

2）重写 Activity 的 onResume 方法，在该方法中注册传感器监听事件，并指定待监听的传感器类型。

3）重写 Activity 的 onPause 方法，在该方法中解除传感器事件。

4）编写一个传感器事件监听器，该监听器继承自 SensorEventListener，同时需实现 onSensorChanged 和 onAccuracyChanged 两个方法。其中，前一个方法在感应信息变化时触发，业务逻辑都在这里处理；后一个方法在精度改变时触发，一般无需处理。

例 12-4 实现摇动手机模拟抽奖的应用程序。

在 Android studio 中创建 Shake 的工程，主程序代码如下：

```
package edu.neu.androidlab.shake;

import android.content.Context;
import android.hardware.Sensor;
import android.hardware.SensorEvent;
import android.hardware.SensorEventListener;
import android.hardware.SensorManager;
import android.os.Vibrator;
import android.support.v7.app.AppCompatActivity;
import android.os.Bundle;
import android.widget.TextView;

public class MainActivity extends AppCompatActivity implements SensorEventListener {
    private TextView tv_shake;
    private SensorManager mSensroMgr;
    private Vibrator mVibrator;

    @Override
    protected void onCreate(Bundle savedInstanceState) {
        super.onCreate(savedInstanceState);
```

```
        setContentView(R.layout.activity_main);
        tv_shake = (TextView) findViewById(R.id.tv_shake);
        mSensroMgr = (SensorManager) getSystemService(Context.SENSOR_SERVICE);
        mVibrator = (Vibrator) getSystemService(Context.VIBRATOR_SERVICE);
    }

    @Override
    //取消监听
    protected void onPause() {
        super.onPause();
        mSensroMgr.unregisterListener(this);
    }

    @Override
    //注册监听
    protected void onResume() {
        super.onResume();
        mSensroMgr.registerListener(this,  mSensroMgr.getDefaultSensor(Sensor.TYPE_ACCELEROMETER), SensorManager.SENSOR_DELAY_NORMAL);
    }

    @Override
    public void onSensorChanged(SensorEvent event) {
        if (event.sensor.getType() == Sensor.TYPE_ACCELEROMETER) {
        // values[0]:x 轴, values[1]: y 轴, values[2]: z 轴
            float[] values = event.values;
            if ((Math.abs(values[0]) > 20 || Math.abs(values[1]) > 20 || Math.abs(values[2]) > 20)) {
                tv_shake.setText(Utils.getNowDateTimeFormat() + " 恭喜您摇到奖品了! ");
                // 系统检测到摇一摇事件后，震动手机提示用户
                    mVibrator.vibrate(500);
            }
        }
    }

    @Override
    public void onAccuracyChanged(Sensor sensor, int accuracy) {
    //当传感器精度改变时回调该方法，一般无需处理
    }
}
```

上面的程序思路很简单，一旦检测到手机的摇动幅度超过阈值，就在屏幕上打印摇一摇的结果说明文字。另外，由于该程序摇一摇时需要使用系统震动的权限，因此还需要在清单文件 AndroidManifest.xml 中授权震动的权限，代码如下：

```
<uses-permission android:name="android.permission.VIBRATE"/>
```

最后程序运行结果如图 12-7 所示。

图 12-7　摇一摇抽奖

12.3.2　重力小球

该案例要实现的效果是在屏幕上绘制具有“重力”的小球，具体要实现的功能有：程序启动时，小球位于屏幕正中央，在重力作用下做自由落体运动，最后静止在屏幕上；用手拖动小球，再给小球任意方向一个加速度，小球将来回“碰撞”屏幕边界，在“重力”作用下，最后也会静止在屏幕上；任意时刻摇动手机，小球将不断“碰撞”屏幕边界。

例 12-5　实现在重力作用下小球的运动过程。

由于要实现小球的运动，需要不断绘制界面，SurfaceView 可以在非 UI 线程中绘制界面，因此在重绘频繁的情况下，可以考虑使用 SurfaceView。再结合 7.1.2 节所讲的图形绘制过程，在此可以自定义一个继承 SurfaceView 的组件，用来不断地绘制整个界面，所以此案例的重点在于设计此 SurfaceView 组件。

在 Android studio 中创建名为 gravityJumpingBall 的工程，在 Mainactivity.java 所在文件夹下新建名为 GravityJumpingView.java 的文件，添加如下代码：

```
public class GravityJumpingView extends SurfaceView implements Runnable, Callback, SensorEventListener{
    private Paint mPaint;
```

```
    private Sensor sensorG;
    private SensorManager manager;
    private int viewWidth;
    private int viewHeight;
    private int radiusBall;
    private boolean isRunning;
    private int centerXmin, centerXmax, centerYmin, centerYmax;//声明小球圆心坐标的最大值和最小值
    private int centerX, centerY;//声明小球的圆心坐标
    private float aX, aY;//声明 x、y 方向的加速度
    private float vX, vY;//声明 x、y 方向的速度
    private Canvas mCanvas;
    private SurfaceHolder mHolder;
    private long interval = 1000 / 60 ;
    private boolean first = true;
    private int lastCx,lastCy;//上一次的坐标
    private VelocityTracker velocityTracker;//声明 VelocityTracker 类变量

    //传感器状态改变时调用此方法，获取 x、y 方向的加速度
    @Override
    public void onSensorChanged(SensorEvent event) {
        /** 将当前加速度赋值给全局变量用以在线程中更新圆球圆心位置
        对于加速度传感器，其 event.values[]的 0,1,2 下标的三个值分别对应当前手机 x、y、z 方向的加速度
        这个坐标系，以手机屏幕左至右为 x 方向正方向，下至上为 y 方向正方向，垂直屏幕指向屏幕上方为 z 正方向
        和 2d 时的相关 x、y 方向(如 onTouchEvent()中的 event.getY())不同 **/
        aX = event.values[0];
        aY = event.values[1];
    }

    // 传感器精度改变时调用此方法，在本例中无需任何处理
    @Override
    public void onAccuracyChanged(Sensor sensor, int accuracy) {
    }

    //以下三个都是 GravityJumpingView 类的默认构造器
    public GravityJumpingView(Context context, AttributeSet attrs) {
        super(context, attrs);
        init(context);
    }
    public GravityJumpingView(Context context) {
        super(context);
```

```
            init(context);
        }
        public GravityJumpingView(Context context, AttributeSet attrs, int defStyle) {
            super(context, attrs, defStyle);
            init(context);
        }

        //初始化传感器和画笔
        private void init(Context context) {
            //创建画笔
            mPaint = new Paint();
            //取出边缘锯齿
            mPaint.setAntiAlias(true);
            // 获取 SensorManager 对象
            manager = (SensorManager) context.getSystemService(Context.SENSOR_SERVICE);
            // 通过传感器管理器获得加速度传感器
            sensorG = manager.getDefaultSensor(Sensor.TYPE_ACCELEROMETER);
            //GravityJumpingView 获取 SurfaceView 控制器
            mHolder = this.getHolder();
            /**为 SurfaceView 的 SurfaceHolder 添加回调接口，这个接口的三个方法分别在 Surface 创建，销毁和改变时触发
            一个 surface 可以理解为对应的 SurfaceView 的一个可见区域，并且它是直接对应到内存中的，因此有自己的生命周期
            分别就对应了 surfaceCreate、surfaceChange、surfaceDestroy 三个方法**/
            mHolder.addCallback(this);
        }

        //在 surface 创建时调用此方法
        @Override
        public void surfaceCreated(SurfaceHolder holder) {
            //调用 startJumping 方法，注册监听，初始化数据，并启动绘制线程
            startJumping();
        }

        //在 surface 创建时调用此方法
        @Override
        public void surfaceChanged(SurfaceHolder holder, int format, int width, int height) {
        }

        // 在 surface 销毁时调用此方法
        @Override
        public void surfaceDestroyed(SurfaceHolder holder) {
```

```
        //调用 endJumping 方法停止线程，解除传感器注册
        endJumping();
    }

    //通过使这个 View 本身实现 Runnable 接口来绘制界面，并通过 Runnable 的线程休眠达到控制帧数的效果
    //因为传感器的数据变化较快，控制重绘次数避免绘制太多次
    @Override
    public void run() {
        //给加速度传感器注册监听,第三个参数用于控制传感器获取数值的频率
        manager.registerListener(this, sensorG, SensorManager.SENSOR_DELAY_NORMAL);
        while (isRunning) {
            long start = System.currentTimeMillis();//获取开始时的系统时间
            // 这里的反向是由于坐标系转换
            vX -= aX / 3;     //计算 x 轴方向上的偏移量
            vY += aY / 3;     //计算 y 轴方向上的偏移量
            //centerX,centerY 表示绘制小球的实时球心位置
            centerX += vX; //计算出小球运动后的球心 x 坐标
            centerY += vY; //计算出小球运动后的球心 y 坐标
            //检测小球是否运动
            if(centerX == lastCx && centerY == lastCy){
                lastCx = centerX;
                lastCy = centerY;
                continue;
            }
            //检测小球运动是否碰撞屏幕左右边界
            if (!(centerX < centerXmax && centerX > centerXmin)) {
                // 若超出了屏幕左边界，就将球心坐标置为 centerXmin
                // 若超出了屏幕右边界，就将球心坐标置为 centerXmax
                centerX = centerX <= centerXmin ? centerXmin : centerXmax;
                // 使反向后的 vX 的数值变为之前的 4/5 是为了模拟碰撞过程中弹性形变造成的动能损失
                vX = -vX * 4 / 5;
            }
            // 判断小球运动是否碰撞屏幕上下边界
            if (!(centerY < centerYmax && centerY > centerYmin)) {
                // 若超出了屏幕上边界，就将球心坐标置为 centerYmin
                // 若超出了屏幕下边界，就将球心坐标置为 centerYmax
                centerY = centerY <= centerYmin ? centerYmin : centerYmax;
                // 使反向后的 vY 的数值变为之前的 4/5 是为了模拟碰撞过程中弹性形变造成的动能损失
                vY = -vY * 4 / 5;
            }
            // 在数据更新后的绘画过程
            synchronized (mHolder) {
                // mCanvas=mHolder.lockCanvas(dirty)方法,dirty 是一个 Rect 类的实例,
```

```
                // 通过这个方法可以只在dirty这个矩形的区域内更新画面，以进一步优化绘制的内存消耗
                //在这里使用的 lockCanvas()方法会绘制整个 Canvas 区域
                mCanvas = mHolder.lockCanvas();
                draw();//调用此方法完成绘制
                // 完成编辑曲面中的像素
                // 在此调用之后，曲面的当前像素将显示在屏幕上，但其内容会丢失
                // 特别是当再次调用 lockCanvas()时，无法保证 Surface 的内容保持不变
                mHolder.unlockCanvasAndPost(mCanvas);
            }
            try {
                long consuming = System.currentTimeMillis() - start; //计算小球运动经历的时间
                long a = interval - consuming;//计算运动经历的时间与设定的间隔时间 interval的差值
                if (a > 0) {
                    // 此差值大于 0，表示运动还没达到设定的间隔时间
                    // 就让线程休眠至设定的间隔时间开始工作，达到控制每秒帧数的效果
                    Thread.sleep(a);
                }
            } catch (InterruptedException e) {
                e.printStackTrace();
            }
        }
        //保存运动之后的坐标
        lastCx = centerX;
        lastCy = centerY;
        // 在循环结束后解除传感器监听事件
        if (manager != null && this != null) {
            manager.unregisterListener(this);
        }
    }

    //设置绘制属性
    private void draw() {
        if (mPaint == null || mCanvas == null) {
            return;
        }
        if (first) {
            mPaint.setColor(Color.BLUE);
            mPaint.setStyle(Style.STROKE);
            mCanvas.drawRect(0, 0, viewWidth, viewHeight, mPaint);
            first = false;
            mPaint.setStyle(Style.FILL_AND_STROKE);
            mPaint.setColor(Color.BLUE);
```

```
        }
        // 画黄色背景
        mPaint.setShader(null);
        mCanvas.drawColor(Color.YELLOW);
        drawBall();//调用此方法绘制小球
    }

    //绘制小球
    private void drawBall() {
        int left = centerX - radiusBall;
        int top = centerY - radiusBall;
        int right = centerX + radiusBall;
        int bottom = centerY + radiusBall;
        LinearGradient gradient = new LinearGradient(left, top, right, bottom,
    Color.BLACK, Color.GRAY, Shader.TileMode.CLAMP);
        mPaint.setShader(gradient);
        mCanvas.drawCircle(centerX, centerY, radiusBall, mPaint);
    }

    //此方法用于初始化数据，并启动绘制线程
    private void startJumping() {
        isRunning = true;
        viewWidth = getWidth();
        viewHeight = getHeight();
        radiusBall = Math.min(viewWidth, viewHeight) / 20;
        // centerX、centerY 的 min、max 分别对应圆心的最小值和最大值
        // centerX、centerY 代表绘制圆形的实时圆心位置
        centerXmin = radiusBall;
        centerXmax = viewWidth - radiusBall;
        centerYmin = radiusBall;
        centerYmax = viewHeight - radiusBall;
        if (centerX == 0 && centerY == 0) {  //起始坐标
            centerX = viewWidth / 2;
            centerY = viewHeight / 2;
        }
        new Thread(this).start();//启动线程，刷新整个界面
    }

    //此方法用于停止子线程，释放并回收 VelocityTracker 对象
    private void endJumping() {
        isRunning = false;
        if (velocityTracker != null) {
            velocityTracker.clear();
```

```
            velocityTracker.recycle();
        }
    }

    // 处理小球的触摸事件
    @Override
    public boolean onTouchEvent(MotionEvent event) {
        if (!isTouchBall(event)) {
            return false;
        }
        if (velocityTracker == null) {
            //获得 VelocityTracker 类实例
            velocityTracker = VelocityTracker.obtain();
        }
        //将事件加入到 VelocityTracker 类实例中
        velocityTracker.addMovement(event);
        switch (event.getAction()) {
            case MotionEvent.ACTION_MOVE:
                //获得触摸时小球的坐标
                centerX = (int) event.getX();
                centerY = (int) event.getY();
                break;
            default:
                break;
        }
        //确定手指离开屏幕时小球的速度
        velocityTracker.computeCurrentVelocity((int) interval);
        vX = velocityTracker.getXVelocity();//获取 x 轴方向的速度
        vY = velocityTracker.getYVelocity();//获取 y 轴方向的速度
        invalidate();//刷新整个 view 界面
        return true;
    }

    //判断是否发生触摸事件
    private boolean isTouchBall(MotionEvent event) {
        int dx = (int) (event.getX() - centerX);//计算 x 和 y 方向偏移量
        int dy = (int) (event.getY() - centerY);
        //如果位移小于小球直径，就认为是发生了触摸事件
        return Math.sqrt(Math.pow(dx, 2) + Math.pow(dy, 2)) <= radiusBall * 2;
    }

    //设备屏幕状态改变时调用此方法
    @Override
```

```
238    public void onScreenStateChanged(int screenState) {
239        super.onScreenStateChanged(screenState);
240        if (screenState == SCREEN_STATE_OFF) {
241            //屏幕关闭调用 endJumping 方法
242            endJumping();
243        } else {
244            //屏幕开启调用 startJumping 方法
245            startJumping();
246        }
247    }
248 }
```

本程序定义了一个 GravityJumpingView 类，继承 SurfaceView 类，实现 Runnable、Callback 和 SensorEventListener 接口，所以必须实现的方法有：surfaceCreated()、surfaceChanged()、surfaceDestroyed()、run()，onSensorChanged()和 onAccuracyChanged()。在 surfaceCreated()方法中调用 startJumping()方法，startJumping()方法启动线程注册监听，初始化数据，并开始绘制小球，见代码 176～192 行；在 surfaceDestroyed()方法中调用 endJumping()方法停止绘制小球子线程，释放并回收 VelocityTracker 对象，解除传感器注册，见代码 194～200 行。

此外，通过 SensorEventListener 对象来监听传感器状态的改变，必须重写里面的 onSensorChanged 和 onAccuracyChanged 方法，在 onSensorChanged()方法中获取小球的加速度值 aX 和 aY，见代码 21～32 行，这个加速度值用于在子线程中计算小球的坐标，见代码 88～92 行。

如果在小球的运动过程中被触摸到还需处理屏幕的触摸事件，检测到触摸事件之后，立即获取触摸的坐标，用来更新小球的球心坐标，见代码 216～217 行。停止触摸之后，小球将由于“惯性”继续运动，获取此时小球的速度值 vX 和 vY，见代码 224～225 行，这个值也是用于在子线程中计算小球的坐标，见代码 88～92 行。

最后，由于 GravityJumpingView 类继承 SurfaceView，它的回调中两个主要的方法：通过 getHolder().lockCanvas()获得一个 Canvas 对象，在这个 Canvas 上作画，然后 getHolder().unlockCanvasAndPost(Canvas canvas)提交画布，并显示，注意这三步操作要加同步锁，见代码 116～126 行。

有了自定义组件 GravityJumpingView，只需在布局文件 activity.xml 添加如下代码加载 GravityJumpingView 即可运行此应用：

```
<?xml version="1.0" encoding="utf-8"?>
<LinearLayout xmlns:android="http://schemas.android.com/apk/res/android"
    xmlns:tools="http://schemas.android.com/tools"
    android:layout_width="match_parent"
    android:layout_height="match_parent"
    tools:context="edu.neu.androidlab.gravityjumpingball.MainActivity">
    <edu.neu.androidlab.gravityjumpingball.GravityJumpingView
        android:layout_width="wrap_content"
```

```
        android:layout_height="wrap_content" />
</LinearLayout>
```

最后，程序运行结果如图 12-8 所示。

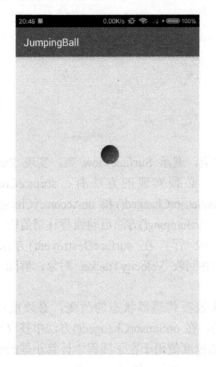

图 12-8　重力小球

本 章 小 结

Android 系统的特色之一就是对传感器的支持。本章详细介绍了 Android 系统所支持的传感器类型，如何使用传感器 API 来获取传感器数据，如何通过 SensorManager 来注册传感器监听器，如何在 SensorEventListener 中对传感器进行监听，如何使用几种常用的传感器等。最后通过两个加速度传感器的有趣应用进一步介绍了传感器开发的流程。

习　　题

1．利用 Android 中的传感器设计一个水平仪。
2．利用 Android 中的传感器设计一个计步器。

参考文献

[1] 李宁宁．基于 Android Studio 应用程序开发教程[M]．北京：电子工业出版社，2016．

[2] 张思民．Android Studio 应用程序设计[M]．北京：清华大学出版社，2017．

[3] MURAT Y．Android Studio 高级编程[M]．任强，等译．北京：清华大学出版社，2017．

[4] ZIGURD M，LAIRD D，G BLAKE M，等．Android 程序设计[M]．祝洪凯，李妹芳，译．2 版．北京：机械工业出版社，2014．

[5] ONUR C．Android C ++ 高级编程——使用 NDK [M]．于红，佘建伟，冯艳红，译．北京：清华大学出版社，2014．

[6] 邓文渊．Android 开发基础教程[M]．北京：人民邮电出版社，2014．

[7] 罗雷，韩建文，汪杰．Android 系统应用开发实战详解[M]．北京：人民邮电出版社，2014．

[8] MARKO G．Learning Android：Develop Mobile Apps Using Java and Eclipse [M]．2nd．Boston：O'Reilly Media，2014．

[9] 弗里森．Android 开发范例代码大全[M]．赵凯，陶冶，译．2 版．北京：清华大学出版社，2014．

[10] WEI M L．Android application development cookbook：93 recipes for building winning apps[M]．New Jersey：John Wiley & Sons，2013．

[11] 王英强，等．Android 应用程序设计[M]．北京：清华大学出版社，2013．

[12] 张思民．Android 应用程序设计[M]．北京：清华大学出版社，2013．

[13] 秦建平．Android 编程宝典[M]．北京：北京航空航天大学出版社，2013．

[14] 李刚．疯狂 Android 讲义[M]．3 版．北京：电子工业出版社，2013．

[15] 迈耶．Android 4 高级编程[M]．佘建伟，赵凯，译．3 版．北京：清华大学出版社，2013．

[16] MICHAEL B，DONN F．Android application development for dummies [M]．New Jersey：John Wiley & Sons，2012．

[17] ROB H．Android fully loaded / Rob Huddleston [M]．New Jersey：John Wiley & Sons，2012．

[18] JASON O．Android UI Fundamentals：Develop & Design [M]．San Francisco：Peachpit Press，2012．

[19] FRANK A，ROBI S，CHRIS K，等．Android in action [M]．Greenwich：Manning Publications，2012．

[20] 吴亚锋，于复兴．Android 应用开发完全自学手册——核心技术、传感器、2D/3D、多媒体与典型案例[M]．北京：人民邮电出版社，2012．

[21] 明日科技．Android 从入门到精通[M]．北京：清华大学出版社，2012．

[22] 王石磊，吴峥．Android 多媒体应用开发实战详解：图像、音频、视频、2D 和 3D[M]．北京：人民邮电出版社，2012．

[23] 关东升，等．Android 开发案例驱动教程[M]．北京：机械工业出版社，2011．

[24] 林城．Google Android 2．X 应用开发实战[M]．北京：清华大学出版社，2011．

[25] 杨丰盛．Android 技术内幕：系统卷[M]．北京：机械工业出版社，2011．

[26] JEFF F，DAVE S．Android recipes：a problem - solution approach [M]．New York：APress，2011．
[27] MARK L M．Beginning Android 2[M]．New York：APress，2010．
[28] 吴亚峰，索依娜．Android 核心技术与实例详解[M]．北京：电子工业出版社，2010．
[29] 杨丰盛．Android 应用开发揭秘[M]．北京：机械工业出版社，2010．
[30] 余志龙，等．Google Android SDK 开发范例大全[M]．2 版．北京：人民邮电出版社，2010．
[31] 郭宏志．Android 应用开发详解[M]．北京：电子工业出版社，2010．
[32] 靳岩，姚尚朗．Google Android 开发入门与实战[M]．北京：人民邮电出版社，2009．
[33] 盖索林．Google Android 开发入门指南[M]．北京：人民邮电出版社，2009．
[34] 申康．蓝牙协议体系结构[J]．微电子技术，2001(6)：55-57．